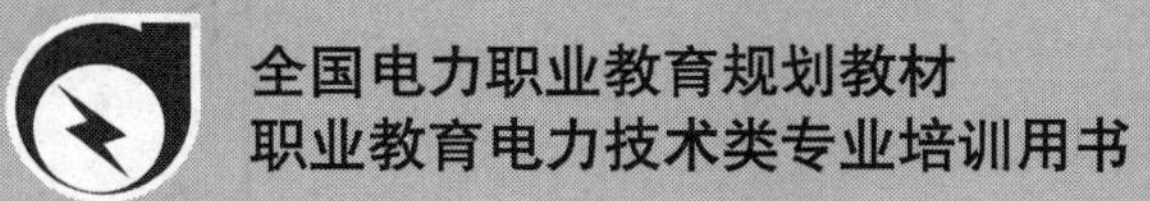

工程制图

主　编　王枕霞　张海萍
副主编　李军丽　孙安荣
编　写　刘福强　冀向永
主　审　张大庆

中国电力出版社
http://jc.cepp.com.cn

内 容 提 要

本书为全国电力职业教育规划教材。

本书主要内容包括：工程制图基本知识与技能、投影基础知识、立体及交线、轴测投影、组合体、机件的常用表达方法、标准件及常用件、零件图、装配图、其他图样、计算机绘图等。

本书可作为高职高专非机械类专业工程制图教材，也可供有关工程技术人员参考使用。

图书在版编目（CIP）数据

工程制图/王枕霞主编. —北京：中国电力出版社，2007.8（2016.7重印）

全国电力职业教育规划教材

ISBN 978-7-5083-5829-1

Ⅰ. 工… Ⅱ. 王… Ⅲ. 工程制图—职业教育—教材 Ⅳ. TB23

中国版本图书馆 CIP 数据核字（2007）第 088751 号

中国电力出版社出版、发行

（北京市东城区北京站西街 19 号 100005 http://jc.cepp.com.cn）

北京天宇星印刷厂印刷

各地新华书店经售

*

2007 年 8 月第一版 2016 年 7 月北京第七次印刷

787 毫米×1092 毫米 16 开本 14.25 印张 357 千字

定价 **21.60** 元

前言

工程制图课是工科类专业的基础课程，高职工程制图课的教学目标为以培养识读、绘制工程图样能力为主。为了适应高职教育拓宽专业面、优化课程结构、精选教学内容的发展趋向需要，在集合编者多年来教学改革的经验基础上，编写了这本《工程制图》教材及与之配套的《工程制图习题集》。该套教材的建议学时数为60～120学时。

本书主要有以下特点：

（1）淡化画法几何内容和手工作图部分。由于各院校对《工程制图》教学课时都作了不同程度的压缩，因此教材对传统工程制图的内容作了一定的删减，尤其对画法几何的内容，本书仅选用了最基本和必要的部分。教材其他内容的选择也力求做到少而精，针对性强，简练实用。

（2）本书采用我国最新颁布的《机械制图》和《技术制图》国家标准。

（3）为了适应非机械类不同专业需要，增设了其他图样一章。

（4）本书计算机绘图部分选用AutoCAD2004版本，主要介绍其基本操作、绘图与编辑，通俗易懂，便于讲授与自学。

本书由保定电力职业技术学院的王枕霞、张海萍任主编，李军丽、孙安荣任副主编。参加编写的有冀向永（第一章）、张海萍（第二、五、六章）、王枕霞（第四、九、十章）、李军丽（第三、八章）、刘福强（第七章）、孙安荣（第十一章）。本书由华北电力大学的张大庆老师担任主审。在编写过程中，得到了所在单位有关领导及工程图学教师的支持与帮助，在此表示衷心的感谢。

由于编者水平所限，书中难免有错误与不当之处，敬请读者批评指正。

编　者

2007年4月

目 录

前言

绪论 …… 1

第一章 工程制图的基本知识与技能 …… 2

第一节 国家标准《技术制图》和《机械制图》的有关规定 …… 2

第二节 绘图工具及其使用 …… 10

第三节 几何作图 …… 11

第四节 平面图形的分析与画法 …… 15

第二章 投影基础知识 …… 18

第一节 投影法及三视图 …… 18

第二节 点的投影 …… 22

第三节 直线的投影 …… 25

第四节 平面的投影 …… 27

第三章 立体及交线 …… 32

第一节 平面立体 …… 32

第二节 回转体 …… 36

第三节 平面与立体表面相交 …… 40

第四节 立体与立体表面相交 …… 46

第五节 基本体的尺寸标注 …… 52

第四章 轴测投影 …… 55

第一节 轴测图的基本知识（GB/T 4458.3—1984） …… 55

第二节 正等轴测图（GB/T4458.3—1984） …… 56

第三节 斜二测轴测图（GB/T 4458.3—1984） …… 60

第四节 组合立体的轴测图画法 …… 61

第五章 组合体 …… 64

第一节 组合体组成分析 …… 64

第二节 组合体三视图的画法 …… 65

第三节 组合体的尺寸注法 …… 67

第四节 读组合体的三视图 …… 70

第六章 机件的常用表达方法 …… 77

第一节 视图（GB/T 4458.1—2002） …… 77

第二节 剖视图（GB/T 4458.6—2002） …… 79

第三节 断面图（GB/T 4458.6—2002） …… 89

第四节　其他表达方法 …… 92
第五节　表达方法综合举例 …… 95
第六节　第三角投影法简介（GB/T 14692—1993） …… 96
第七章　标准件及常用件 …… 99
第一节　螺纹 …… 99
第二节　螺纹紧固件 …… 106
第三节　键和销 …… 112
第四节　齿轮 …… 115
第五节　滚动轴承 …… 120
第六节　弹簧 …… 124
第八章　零件图 …… 127
第一节　零件图的作用和内容 …… 127
第二节　零件的视图选择 …… 128
第三节　零件图的尺寸标注 …… 133
第四节　零件图上的技术要求 …… 138
第五节　看零件图 …… 149
第六节　零件测绘 …… 151
第九章　装配图 …… 155
第一节　装配图的作用和内容 …… 155
第二节　装配图的表达方法 …… 156
第三节　装配图的尺寸标注和技术要求 …… 158
第四节　装配图中零、部件的序号和明细栏 …… 159
第五节　装配结构的合理性 …… 160
第六节　装配图的画法 …… 161
第七节　读装配图及拆画零件图 …… 163
第十章　其他图样 …… 168
第一节　展开图 …… 168
第二节　电气图样 …… 173
第十一章　计算机绘图 …… 177
第一节　AutoCAD2004 简介 …… 177
第二节　基本绘图命令 …… 179
第三节　常用编辑命令 …… 183
第四节　绘图工具与绘图环境 …… 187
第五节　尺寸标注 …… 191
附录 …… 195

绪　　论

一、本课程的性质和研究对象

图样是准确地表达物体的形状、大小以及技术要求的图。在现代工业中，设计、制造、安装各种设备时都离不开工程图样；在使用、维修、检测过程中也需要阅读工程图样来了解其结构和性能。图样是技术部门的一种重要技术文件，是表达和交流技术思想的重要工具，是工程界的技术语言，它可以用手工绘制，也可以有计算机绘制。因此每个工程技术人员都必须能够绘制和阅读工程图样。

本课程是研究绘制和阅读工程图样的基本原理和方法，手工和计算机绘制图样的基本技能以及工程制图国家标准的课程。通过本课程的学习能够具备读、画机械图样的能力，为后续专业课程的学习奠定良好基础。

本课程是一门既有系统理论又有较强实践性的技术基础课程。

二、本课程的主要任务

本课程主要包括工程制图的基础知识、机械图样、计算机绘图及其他图样四部分。本课程的主要教学任务是：

（1）掌握用正投影法图示、图解空间几何形体的基本原理和方法。

（2）掌握用绘图工具的尺规绘图和计算机绘图的操作技能。

（3）学习和贯彻国家标准《机械制图》和《技术制图》的有关规定，具有查阅标准的基本能力。

（4）能够绘制和阅读零件图和装配图。

（5）了解展开图、电路图等其他图样的绘制方法和国标规定。

此外，通过本课程的学习还应有意识地培养学生的分析问题和解决问题的能力；培养认真负责的工作态度和严谨细致的工作作风；加强标准化意识。

三、本课程的学习方法

本课程的实践性较强，既要掌握理论又要掌握技能，因此在学习中要注意：

（1）要认真学习投影原理，在理解基本概念的基础上，由浅入深地通过一系列的绘图和读图实践，分析和想象空间形体与图纸上图形之间的对应关系，逐步提高空间思维能力，掌握正投影的基本作图方法及其应用。

（2）作习题和作业时，应在掌握有关基本概念的基础上，按照正确的方法和步骤作图，养成正确使用绘图工具和仪器的习惯，学会计算机绘图的操作过程。

（3）熟悉工程制图的基本规定和基本知识，遵守有关国家标准的规定，会查阅和使用有关的手册和国家标准，通过习题和作业培养绘图和读图能力。

（4）由于图样在生产建设中起着很重要的作用，绘图和读图的差错都会带来损失。所以在做习题和作业时，应培养认真负责的工作态度和严谨细致的工作作风。

第一章

工程制图的基本知识与技能

第一节　国家标准《技术制图》和《机械制图》的有关规定

图样是用于表达设计思想、进行技术交流和指导加工制造的重要技术文件。国家标准的《技术制图》和《机械制图》是我国制定的技术标准之一，工程技术人员必须严格遵守国家标准的有关规定。本节仅介绍部分国家标准。

一、图纸的幅面及格式（GB/T 14689—1993）❶

1. 图纸幅面

图样要画在图纸上，图纸的幅面应优先选用表 1-1 中规定的基本幅面。必要时图纸可按基本幅面短边的整数倍加长。

表 1-1　　图　纸　幅　面

幅面代号	A0	A1	A2	A3	A4
$B\times L$	841×1189	594×841	420×594	297×420	210×297
a	25				
c	10			5	
e	20		10		

从表中可以看出 A0 图纸幅面最大，其余图纸幅面均为前一图号的图纸幅面沿其长边的对折。

2. 图框格式

图样要绘制出图框，图框是限制绘图区域的线框，用粗实线绘制。图框有留装订边和不留装订边两种格式，如图 1-1 和图 1-2 所示，图中的尺寸 a、c 和 e 按表 1-1 的规定选用。

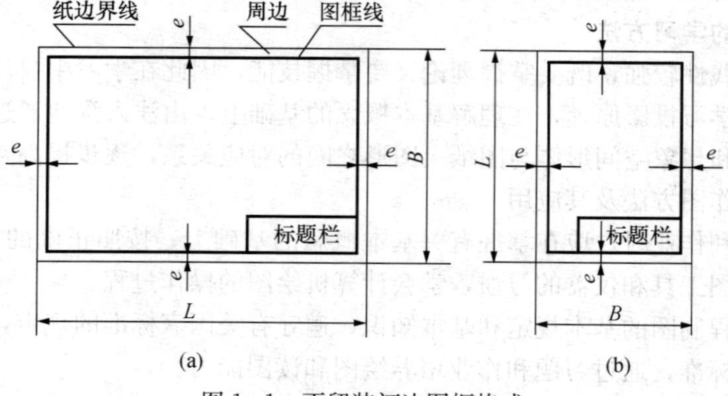

图 1-1　不留装订边图框格式

❶ GB/T 14689—1993 是图纸幅面和格式的国家标准代号，其中“GB”是“国标”两字汉语拼音的首字母组合，“T”为推荐性国标，发布顺序编号为 14689，发布的年号是 1993 年。

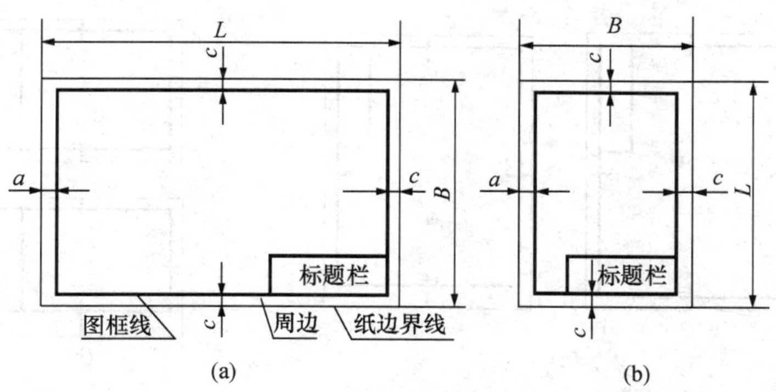

图 1-2　留装订边图框格式

3. 标题栏及其方位

每张图纸必须在图框的右下角绘制出标题栏，标题栏中的文字方向为看图方向。标题栏的内容、格式及尺寸按 GB/T 10609.1—1989 的规定，如图 1-3 所示。建议制图作业中使用图 1-4 的标题栏格式。

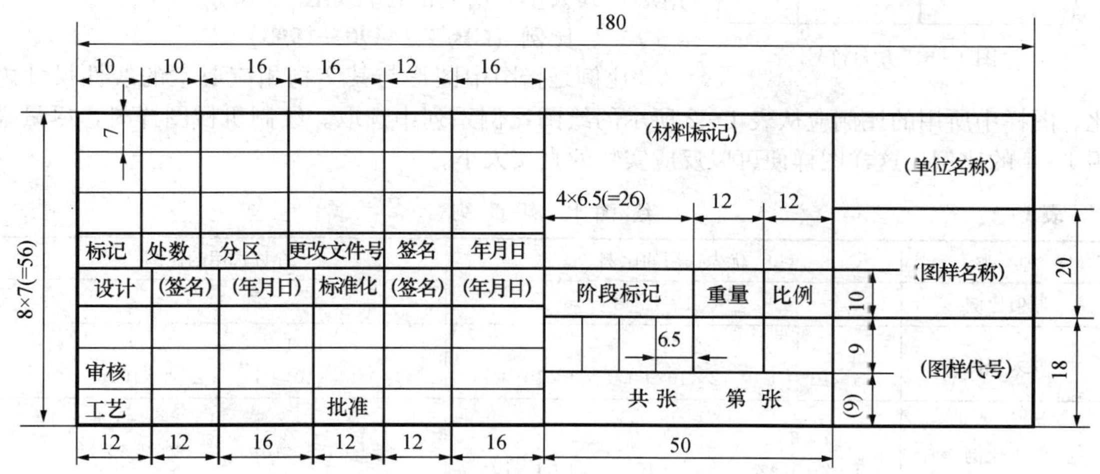

图 1-3　标题栏格式

如果标题栏的长边置于水平方向并与图纸的长边平行则构成 X 型图纸，如图 1-1（a）和图 1-2（a）所示；如果标题栏的长边与图纸的长边垂直则构成 Y 型图纸，如图 1-1（b）和图 1-2（b）所示。为了利用预先印制的图纸，允许将 X 型图纸的短边置于水平位置使用，将 Y 型图纸的长边置于水平位置使用，如图 1-5 所示。

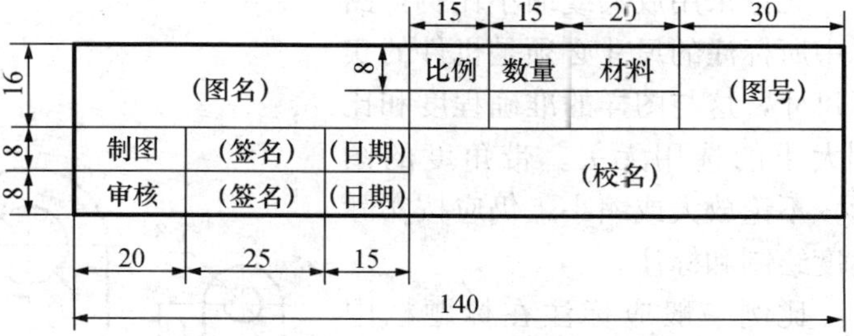

图 1-4　制图作业中使用的标题栏格式

4. 附加符号

（1）对中符号。为了使图样复制和缩微摄影时定位方便，均应在图纸各边长的中点处画出对中符号，如图 1-5 所示。对中符号用粗实线绘制，线宽不小于 0.5mm，长度从图纸边界开

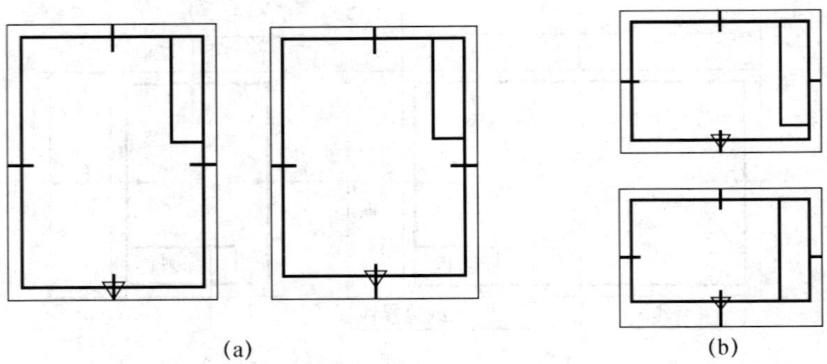

图 1-5 X 型图纸的短边置于水平、Y 型图纸的长边置于水平

始至伸入图框内约 5mm。当对中符号处在标题栏范围内时，则伸入标题栏中的部分省略不画。

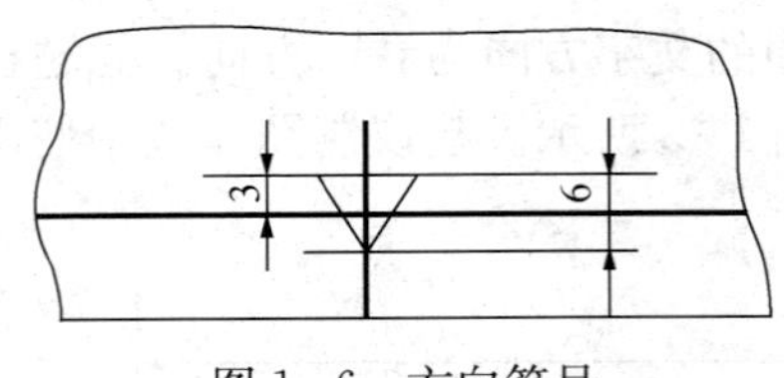

图 1-6 方向符号

（2）方向符号。使用预先印制的图纸时，为了明确绘图与看图时图纸的方向，应在图纸的下边对中符号处画出一个方向符号，方向符号是用细实线绘制的等边三角形，其大小和所处的位置如图 1-6 所示。

二、比例（GB/T 14690—1993）

比例是指图中图形与其实物相应要素的线性尺寸之比。图样中所用的比例应从表 1-2 所示的绘图比例系列中选取。绘制机械图样时，尽量采用 1∶1 的比例，这样图样便可以反应实物的真实大小。

表 1-2 **绘图比例系列**

种 类	优先选用的比例	允许选用的比例
原值比例	1∶1	
放大比例	5∶1 2∶1 5×10^n∶1 2×10^n∶1 1×10^n∶1	4∶1 2.5∶1 4×10^n∶1 $2.5^n\times10$∶1
缩小比例	1∶2 1∶5 1∶10 1∶2×10^n 1∶5×10^n 1∶1×10^n	1∶1.5 1∶2.5 1∶3 1∶4 1∶6 1∶1.5×10^n 1∶2.5×10^n 1∶3×10^n 1∶4×10^n 1∶6×10^n

注 n 为正整数。

无论采用放大或缩小比例，图样中所标注的尺寸必须是机件的实际尺寸，这与图样的准确程度和比例大小的选用无关。带角度的图形，不论放大或缩小，仍应按实际角度绘制和标注。

比例一般应标注在标题栏中的比例栏内。必要时可在视图名称的下方或右侧标注比例。图 1-7 是采用不同比例画出的同一图形。

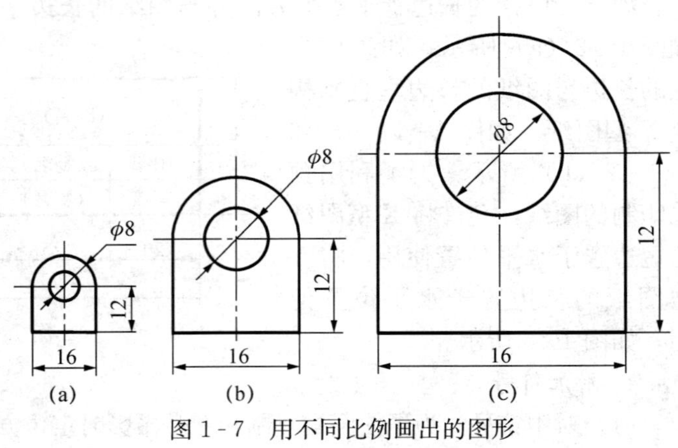

图 1-7 用不同比例画出的图形

(a) 1∶2；(b) 1∶1；(c) 2∶1

三、字体（GB/T 14691—1993）

图样中书写的字体必须做到：字体工整、笔画清楚、间隔均匀、排列整齐。

字体高度（用 h 表示）的公称尺寸系列为：1.8，2.5，3.5，5，7，10，14，20mm。如需要书写更大的字，其字体高度应按$\sqrt{2}$的比率递增。字体高度代表字体的号数。

汉字应写成长仿宋体字，见图 1-8，并应采用我国正式公布推行的简化字。汉字的高度 h 不应小于 3.5mm，字宽一般为 $h/\sqrt{2}$。长仿宋体字的书写要领是：横平竖直、注意起落、结构均匀、填满方格。

汉字应字体工整笔画清楚排列整齐间隔均匀

院校系专业班级姓名制图审核序号件数名称比例材料重量备注

螺栓螺母螺钉技术要求铸造圆倒角起模斜度深度均布旋转球销锥热处理精度等级淬火

图 1-8　汉字书写示例

数字和字母可写成斜体或直体。斜体字字头向右倾斜，与水平基准线约成 75°。

字母和数字分 A 型和 B 型两种，B 型字体的笔画宽度（d）为字高（h）的 1/10，A 型为 1/14，见图 1-9。

图 1-9　B 型数字和字母书写示例

四、图线（GB/T 4457.4—2002 和 GB/T 17450—1998）

图样是用不同图线画成的。为了便于绘图和看图，利于统一，国家标准规定了图线的名称、形式，图线宽度的一般应用等。

1. 图线的型式及应用

国家标准 GB/T 4457.4—2002《机械制图　图线》中规定了 10 种线型，表 1-3 列出了机械制图中常用的图线型式及应用。

表 1-3 线型及应用

代码 No.	图线名称	图线型式	线宽	应用举例
01.1	细实线		$d/2$	过渡线、尺寸线、尺寸界线、指引线、基准线、剖面线、重合断面的轮廓线、短中心线、螺纹牙底线、投影线等
	波浪线		$d/2$	断裂处的边界线、局部剖视和局部视图的边界线
	双折线		$d/2$	断裂处的边界线、局部剖视和局部视图的边界线
01.2	粗实线	d	d	可见轮廓线、可见棱边线、相贯线、螺纹牙顶线、齿顶圆线、螺纹长度终止线等
02.1	细虚线	$3d$ $12d$	$d/2$	不可见轮廓线、不可见过渡线
04.1	细点画线	$6d$ $24d$	$d/2$	轴线、中心线、对称线、分度圆（线）
04.2	粗点画线		d	有特殊要求的线或表面的表示线
05.1	细双点画线	$9d$ $24d$	$d/2$	相邻辅助零件的轮廓线、可动零件极限位置的轮廓线、坯料的轮廓线、中断线等

2. 图线的基本尺寸

所有线型的图线宽度 d 应按图样的类型和尺寸大小在 0.13，0.18，0.25，0.35，0.5，0.7，1，1.4，2mm 数系中选择。在机械图样上采用粗、细两种线宽，其线宽比率是 2∶1。常用粗线的宽度建议采用 0.7 或 1mm。

3. 图线的画法

（1）在同一图样中同类图线的规格应一致，即图线的宽度、深浅应一致；虚线、点画线及双点画线的线段长度和间隔应各自大致相等，图线应用如图 1-10 所示。

（2）图线相交时，都应画线段相交，而不应是点或间隙相交，如图 1-11 所示。

（3）点画线一般超出轮廓线 2～5mm，如图 1-11 所示。直径较小可以用细实线代替，如图 1-11 所示。

五、尺寸注法（GB/T 16675.2—1996 和 GB/T 4458.4—2003）

物体的大小是由尺寸所决定的，尺寸标注应严格遵守国家标准的有关规定，必须做到正确、完整、清晰、合理。

1. 尺寸标注的基本规则

（1）机件的真实大小应以图样上所注的尺寸数值为依据，与图形的大小及绘图的准确度无关。

（2）图样中的尺寸以毫米为单位时，不需标注计量单位的代号或名称。

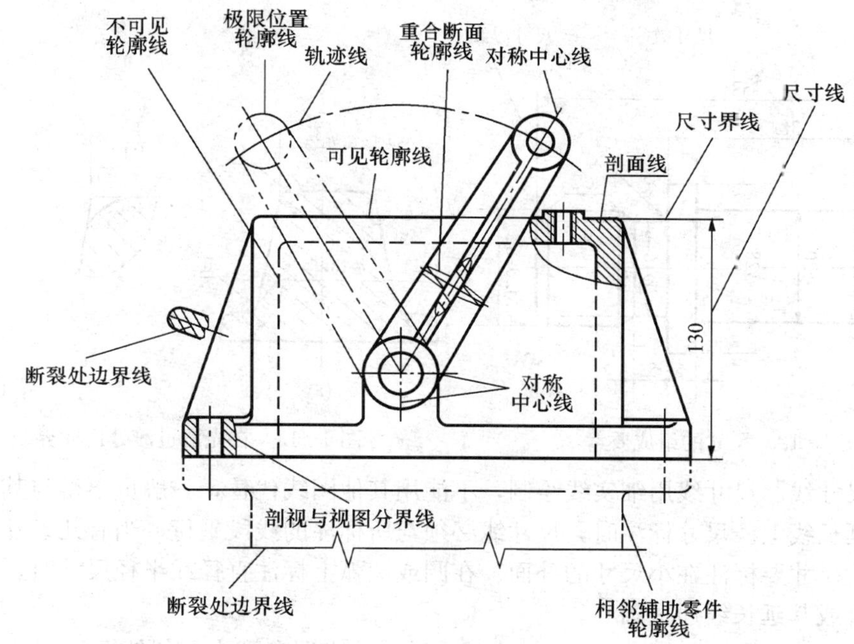

图 1-10　图线应用举例

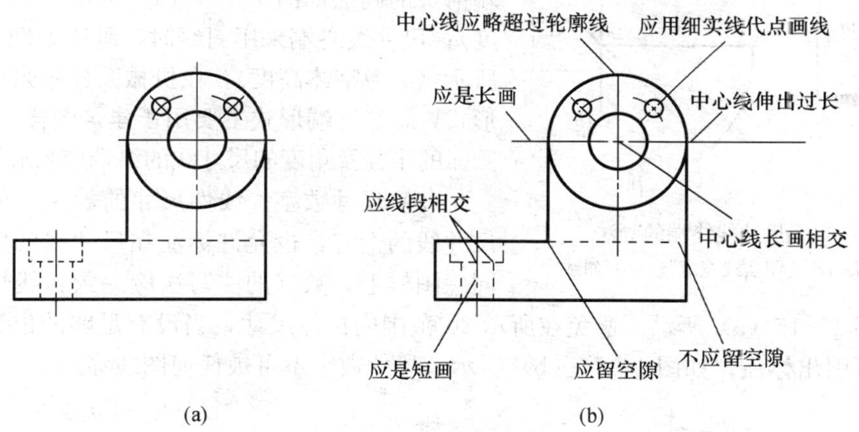

图 1-11　图线画法正误比较

(3) 图样中所标注的尺寸为该图样所示机件的最后完工尺寸，否则应另加说明。

(4) 机件的每一尺寸一般只标注一次，并应标注在反映该结构最清晰的图形上。

2. 尺寸的组成要素

图样上的尺寸主要由尺寸界线、尺寸线和尺寸数字 3 个要素组成。有时为了说明特殊含义，还在尺寸数字之前附加某种规定的符号，如ϕ、R 等，如图 1-12 所示。

(1) 尺寸界线。尺寸界线表示尺寸标注的范围。用细实线绘制，并由图形的轮廓线、轴线或对称中心线引出，也可利用轮廓线、轴线或对称中心线作为尺寸界线。尺寸界线一般应与尺寸线垂直，并超出尺寸线终端 2～3mm。

在光滑过渡处标注尺寸时，必须用细实线将轮廓线延长，从它们的交点处引出尺寸界线，如图 1-13 所示。

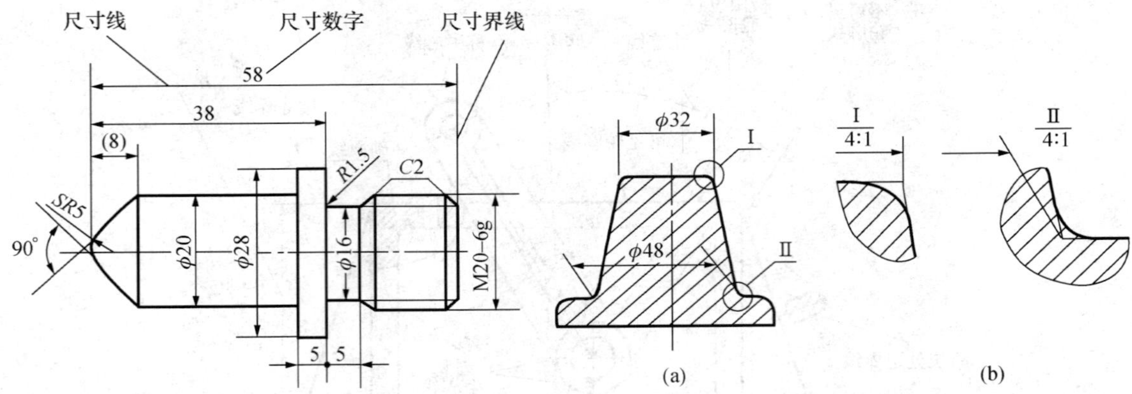

图 1-12 尺寸的组成要素

图 1-13 在光滑过渡处尺寸界线的画法

(2) 尺寸线。尺寸线用细实线绘制，不能用其他图线代替，一般也不得与其他图线重合或画在其延长线上。尺寸标注时，尺寸线必须与所标注的线段平行；当有几条互相平行的尺寸线时，大尺寸要标注在小尺寸的外面。在圆或圆弧上标注直径或半径尺寸时，尺寸线一般应通过圆心或其延长线通过圆心。

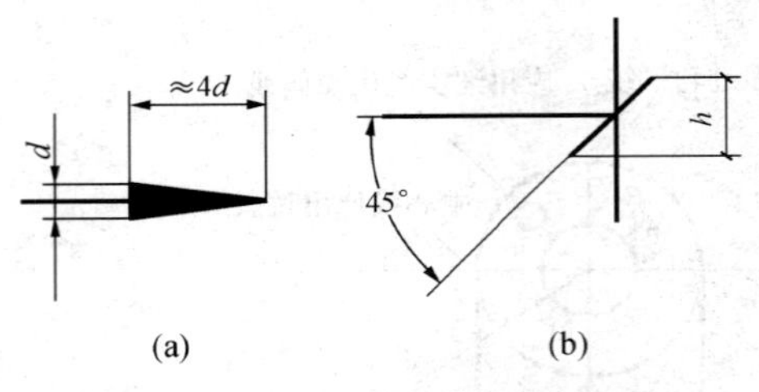

图 1-14 尺寸线终端的画法

(a) 箭头（d 为粗实线宽度）；(b) 斜线

尺寸的终端有箭头和斜线两种形式，尺寸线终端箭头的画法如图 1-14（a）所示（d 为粗实线宽度）；尺寸线终端采用斜线时，画法如图 1-14（b）所示（h 为字体高度）。在机械图样中采用箭头这种形式，斜线终端形式主要用于建筑图样。圆的直径、圆弧的半径及角度的尺寸线的终端应画成箭头。

(3) 尺寸数字。线性尺寸的数字一般应注写在尺寸线的上方，也允许标注在尺寸线的中断处。在同一图样上，数字的注写法应一致，线性尺寸的数字方向如图 1-15（a）所示。避免在所示 30°范围内标注尺寸，当没有足够的位置标注尺寸数字时，可引出标注，如图 1-15（b）所示，尺寸数字不可被任何图线穿过。

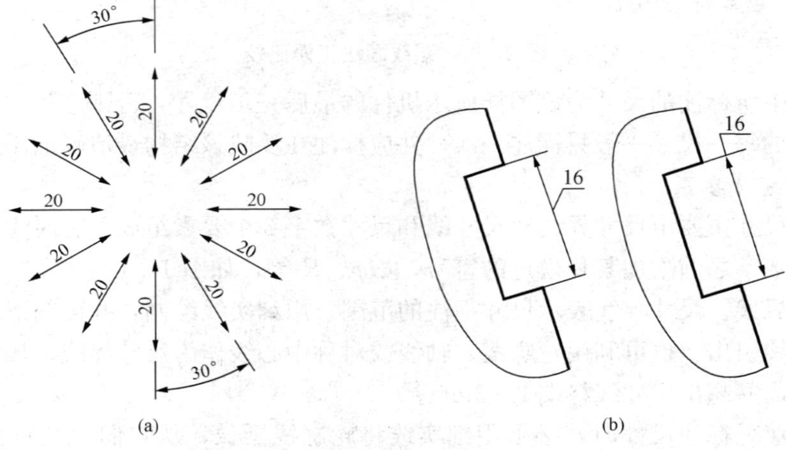

图 1-15 线性尺寸数字的注写

常见的尺寸标注示例如表 1 - 4 所示。

表 1 - 4　　常见的尺寸标注示例

尺寸种类	图　　例	说　　明
直线尺寸	正确　错误 正确　错误	串连尺寸尺寸线画在同一直线上；并列尺寸，小尺寸在内，大尺寸在外，避免尺寸线与尺寸界线相交 两排尺寸线间隔以能注写尺寸数字为准，一般不小于 7～10mm
圆和圆弧	ϕ17　ϕ20　ϕ16　R6　R8	圆或大于半圆的弧，一般标注直径，尺寸数字前加注符号“ϕ”；等于或小于半圆的弧，一般标注半径，尺寸数字前加注符号“R” 尺寸线要过圆心。如果圆的轮廓线未全部画出，尺寸线也可以相应断去一部分
大圆弧	10　R100　R65	当圆弧半径过大，或在图纸范围内无法标出其圆心位置时，可按左图形式标注；当不需标出圆心位置时，可按右图形式标注
小尺寸和小圆弧	4　3　3　2　3　1　2　3　4　3 R4　R4　R4　R3　R2 ϕ10　ϕ10　ϕ10　ϕ4　ϕ4	没有足够的位置画出箭头或注写尺寸数字时，可将箭头画在尺寸界线外面，可以用小圆点或 45°细斜线代替两个串联小尺寸间的箭头 尺寸数字也可写在外面，或者引出标注
角　度	90°　65°　20°　5°　75°	尺寸界线沿径向引出，尺寸线是以角的顶点为圆心的圆弧 角度数字一般填写在尺寸线的中断处，并一律按水平方向书写。当角度尺寸线较短，填写数字有困难时，可将数字标注在尺寸线附近或引出标注
弧长和弦　长	$\frown{32}$　40　180　594　150	尺寸界线应平行于该弧（或弦）的垂直平分线，当弧度较大时，也可沿径向引出 标注弧长时，尺寸线用圆弧画，尺寸数字的上方要加注符号“⌒”

第二节 绘图工具及其使用

正确使用制图工具可以提高图样质量，加快绘图速度。下面介绍常用绘图工具及其使用方法。

一、图板、丁字尺、三角板

1. 图板

图板板面要平整，图板工作边要光滑平直。用胶纸或胶布将图纸固定在图板左下方的适当位置，如图 1 - 16 所示。

2. 丁字尺

丁字尺由尺身和尺头组成，尺身和尺头的工作边都要光滑平直。使用时左手握住尺头，使尺头工作边紧靠图板左侧工作边，利用尺身工作边由左向右画水平线。由上向下移动丁字尺，可画出一组水平线，如图 1 - 17 所示。

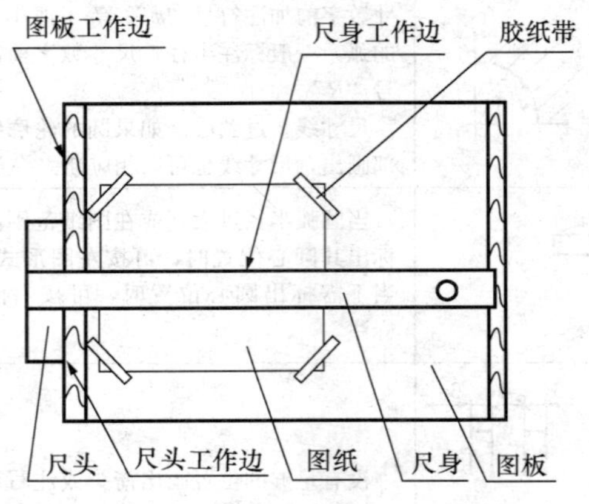

图 1 - 16 图板、丁字尺及图纸的固定

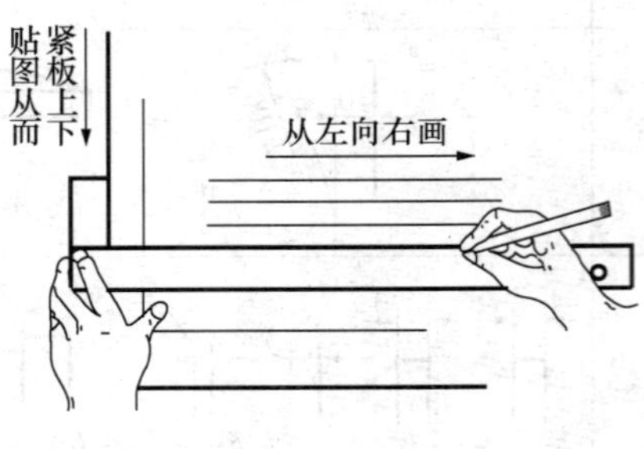

图 1 - 17 画水平线

3. 三角板

一副三角板有两块，一块为 45°等腰直角三角形，另一块为 30°～60°直角三角形。三角板各边要光滑平直，各个角度应准确。

三角板与丁字尺配合使用，可以画垂直线及与水平线成 30°，60°，45°的倾斜线，如图 1 - 18（a）所示。利用两块三角板可以画出与水平线成 15°倍数的倾斜线，以及任意已知直线的平行线和垂直线，如图 1 - 18（b）所示。

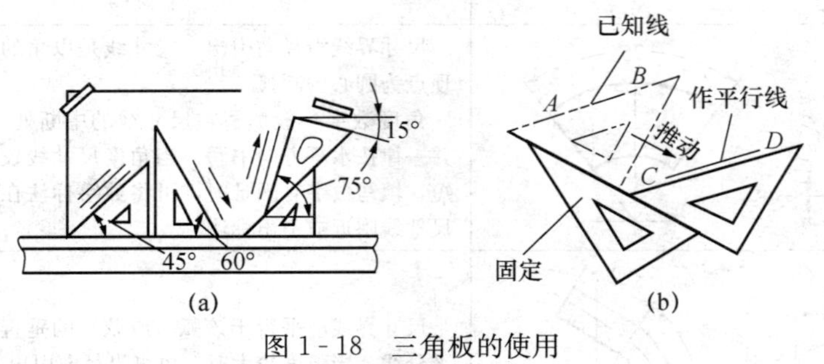

图 1 - 18 三角板的使用

二、圆规、分规

1. 圆规

圆规主要用于画圆及圆弧。圆规的一条腿装铅芯，另一条腿装钢针。使用时钢针尖要略长

于铅芯尖，并将钢针带有台阶的一端扎在圆心处，钢针台阶应与铅芯尖端平齐，如图 1 - 19 所示，使笔尖与纸面垂直。画圆时，一般按顺时针方向转动圆规并使圆规向前进方向稍倾斜。

2. 分规

分规用于量取尺寸和截取线段。当分规两条腿并拢时，两针尖应能对齐。用分规等分线段的方法如图 1 - 20 所示。

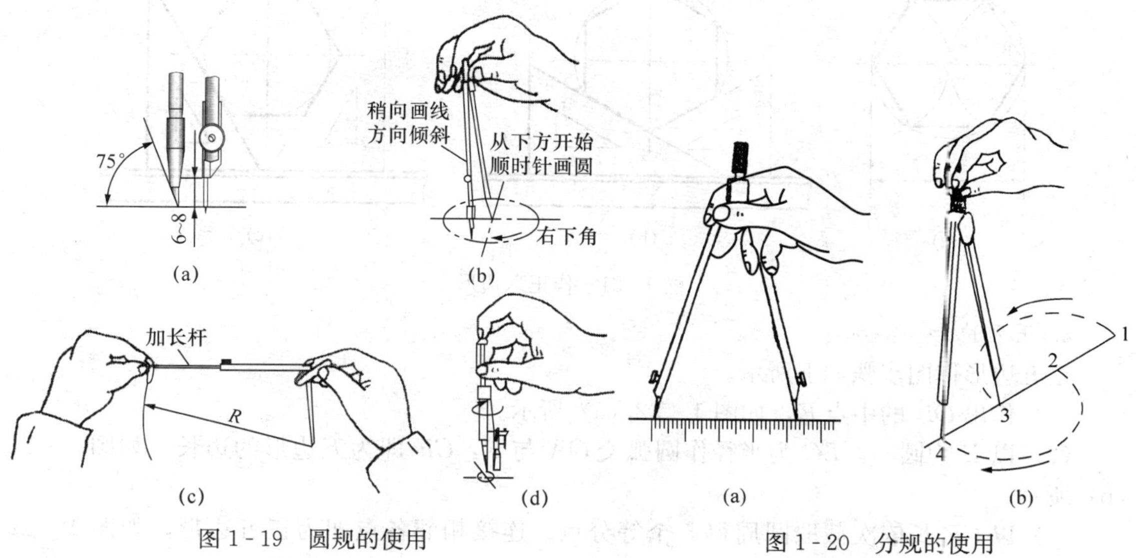

图 1 - 19　圆规的使用

图 1 - 20　分规的使用

三、绘图铅笔及铅芯

绘图铅笔铅芯的软硬用字母“B”和“H”表示。B 前的数值越大，表示铅芯越软；H 前的数值越大，表示铅芯越硬。HB 表示铅芯软硬适中。绘图时根据其不同用途，建议按表 1 - 5 选用适当的铅笔及圆规的笔芯，并将其削磨成一定的形状。

表 1 - 5　绘图铅笔及圆规笔芯的选用

类别	铅笔				圆规		
笔芯软硬	2H	H	HB	B	H	HB	B、2B
用途	画底稿线	画点划线、细实线	写数字、画箭头	描深粗实线	画底稿线	画点划线圆、细实线圆、虚线圆	描深粗实线圆
笔芯形式	5~7　25~30 （圆锥形）		0.6~0.8　5~7　25~30 （四棱柱磨斜）		（圆柱磨斜）		（四棱柱磨斜）

第三节　几　何　作　图

机件的结构形状多种多样，但它们基本上都是由圆弧、直线和其他曲线组成的几何图形。现介绍常见的几种几何作图方法。

一、等分圆周及作正多边形

1. 正六边形

用30°～60°直角三角板或圆规作图，如图1-21所示。

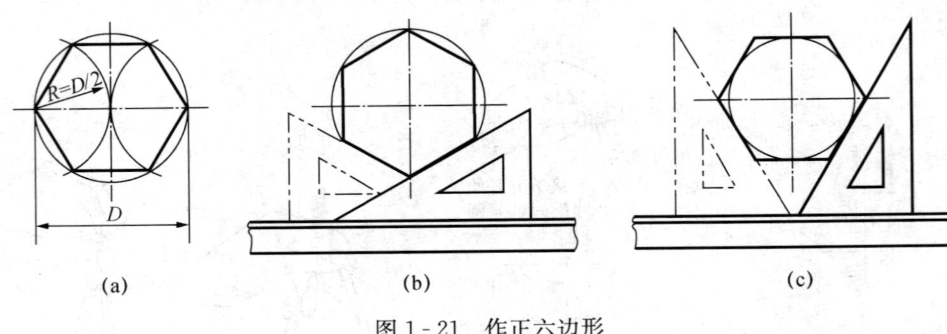

图1-21 作正六边形

2. 正五边形

正五边形作图步骤如下所示。

(1) 作出OB的中点E，如图1-22 (a) 所示。

(2) 以E为圆心，EC为半径作圆弧交OA与F，CF即为五边形的边长，如图1-22 (b) 所示。

(3) 以CF长依次截取圆周得5个等分点。连接相邻各点即为正五边形，如图1-22 (c) 所示。

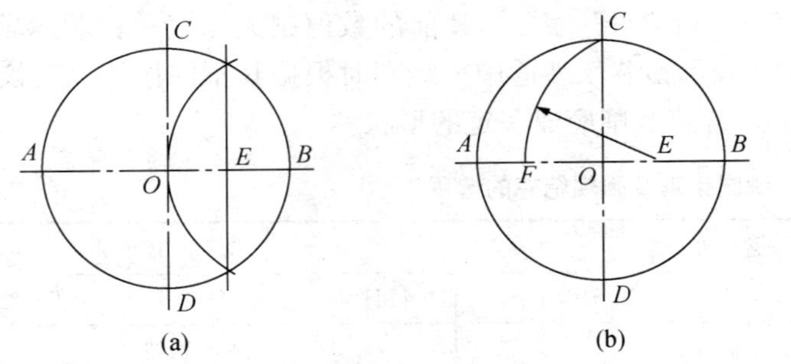

图1-22 五等分圆周及作正五边形

二、斜度和锥度

1. 斜度

一直线对另一直线或一平面对另一平面的倾斜程度，称为斜度。其大小用它们之间夹角的正切值来表示，斜度$S=(H-h)/L=\tan\alpha$，在图样中以$1:n$的形式标注。

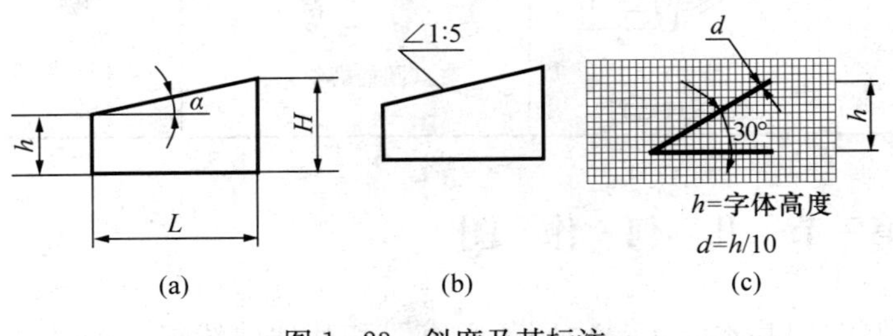

图1-23 斜度及其标注

标注斜度时，用符号“∠”或“⦣”表示。斜度符号的倾斜方向应与斜度的方向一致，如图1-23 (b) 所示。

斜度符号的画法：线宽用“d”表示，d 值为 $1/10h$。直线间的夹角为 30°，h 为字体的高度，如图 1－23（c）所示。

斜度画法如图 1－24 所示。

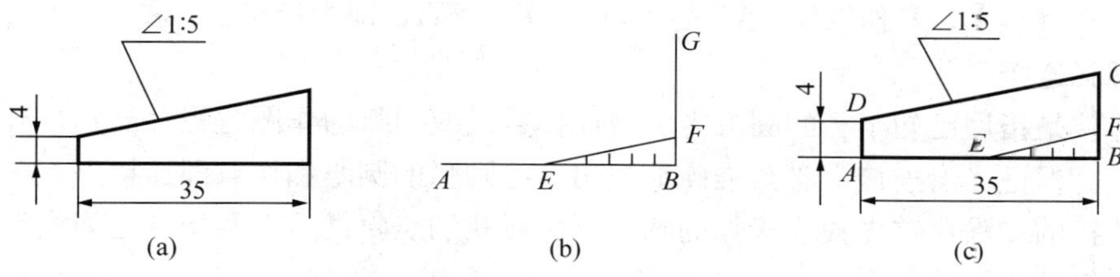

图 1－24　斜度的画法

（1）求作如图 1－24（a）所示的斜度。

（2）作 $AB \perp BG$，在 BG 上任取 1 个单位并在 AB 上作出 5 个单位，连接 E 和 F，即为 1∶5 的斜度，如图 1－24（b）所示。

（3）按尺寸定出点 D，过点 D 作 EF 的平行线交 BF 的延长线于点 C，即为所求，如图 1－24（c）所示。

2. 锥度

正圆锥的底圆直径与其高度之比；若是圆台，则为上下底圆直径之差与圆台高度之比，称为锥度。圆锥锥度 $C = (D - d)/L = 2\tan(\alpha/2)$，在图样中以 1∶$n$ 的形式标注。锥度符号的画法如图 1－25（b）所示，其配置在基准线上，基准线与圆锥的轴线平行，通过引出线与圆锥的轮廓线相连。锥度符号的方向应与圆锥方向一致，如图 1－25（a）所示。

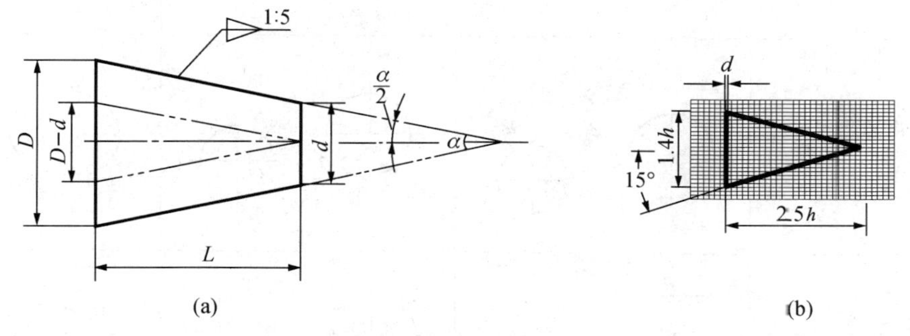

图 1－25　锥度及其标注

锥度画法如图 1－26 所示。

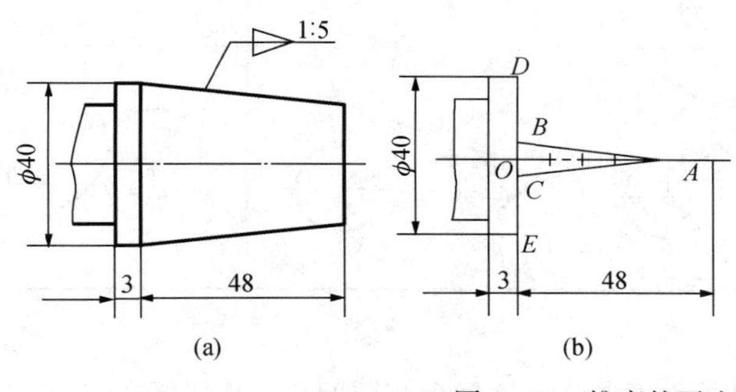
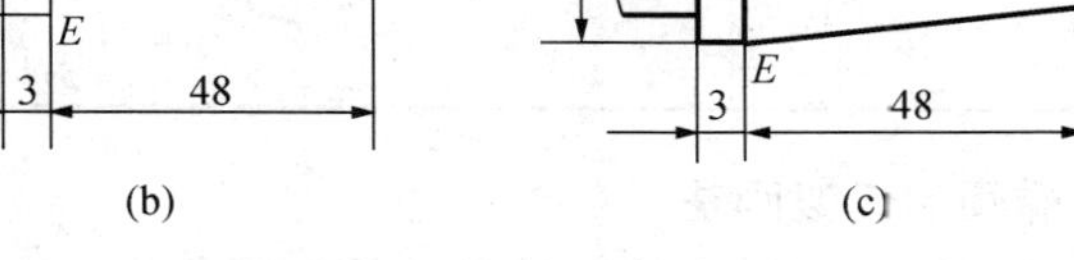

图 1－26　锥度的画法

（1）求如图 1-26 所示锥度。

（2）画出已知部分，取 BC 为 1 个单位，OA 为 5 个单位，连接 AB、AC，即为 1∶5 的锥度，如图 1-26（b）所示。

（3）分别过点 D、E 作 AB、AC 的平行线 DF、EG，即为所求，如图 1-26（c）所示。

三、圆弧连接

圆弧连接是指用已知半径的圆弧光滑地连接直线或圆弧的作图过程。已知半径的圆弧称为连接弧。为保证光滑连接，必须准确地找出连接圆弧的圆心和切点即连接点。

圆弧连接的步骤：首先找连接弧的圆心，然后找切点，最后在两切点之间光滑连接。

圆弧连接的作图见表 1-6。

表 1-6　圆弧连接的作图方法与步骤

连接方式	方法与步骤		
	求连接弧的圆心 O	求出两个切点 M、N	以 O 为圆心，R 为半径从点 M 至 N 画圆弧
用半径为 R 的圆弧连接两已知直线	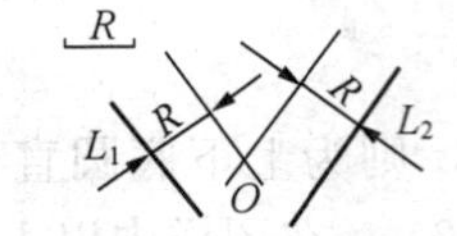	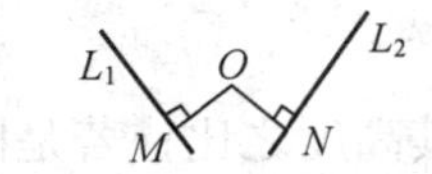	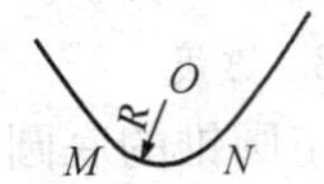
用半径为 R 的圆弧连接已知直线和外接已知圆弧	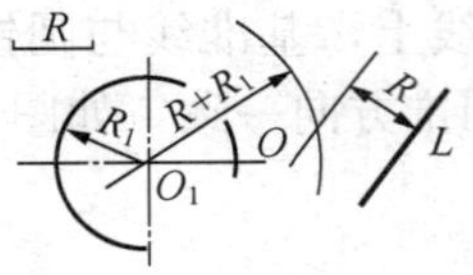	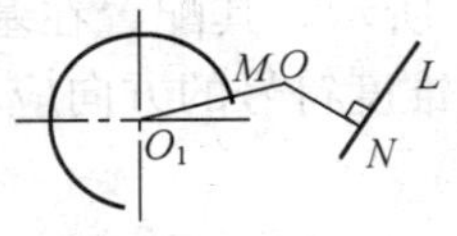	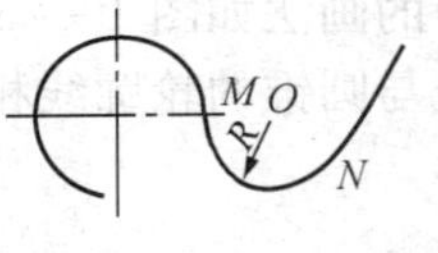
用半径为 R 的圆弧外接两已知圆弧	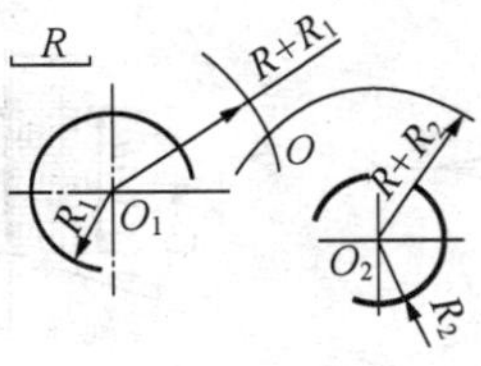	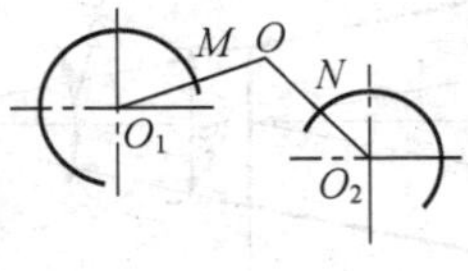	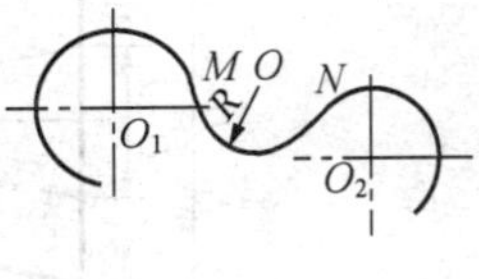
用半径为 R 的圆弧内接两已知圆弧	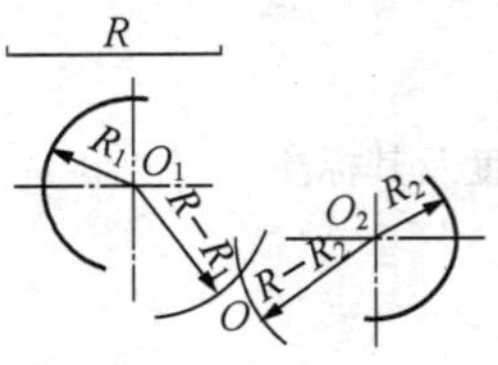	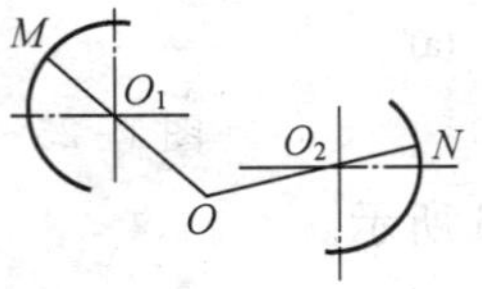	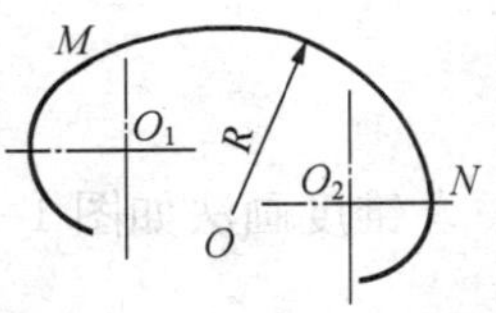
用半径为 R 的圆弧分别与两已知圆弧内、外接	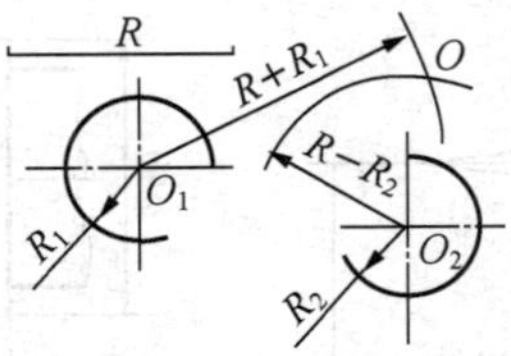	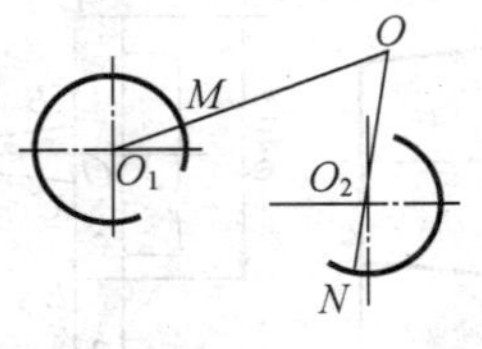	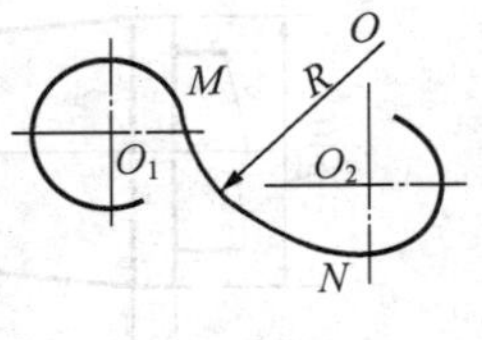

四、椭圆的近似画法

在机械图样中，椭圆是比较常见的平面曲线。这里介绍用四心法作椭圆。

已知长、短轴，用四心法作椭圆，如图 1 - 27 所示。

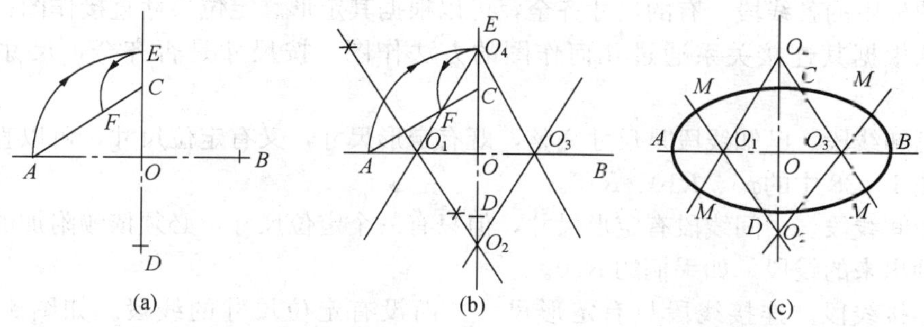

图 1 - 27 用四心法画椭圆

（1）作长轴 AB，短轴 CD；连 AC；以 O 为圆心，OA 为半径画圆弧交 OC 延长线于点 E，以 C 为圆心，CE 为半径画弧交 AC 于点 F，如图 1 - 27（a）所示。

（2）作 AF 的中垂线，分别与长、短轴交于点 O_1、O_2；作 O_1，O_2 关于圆心 O 的对称点 O_3、O_4，即为所求四圆心；连接 O_2O_1、O_2O_3、O_4O_1、O_4O_3 并延长之，如图 1 - 27（b）所示。

（3）分别以 O_2、O_4 为圆心，O_2C 为半径画弧；以 O_1、O_3 为圆心，O_1A 为半径画弧，并分别相切于点 M，可得所求椭圆，如图 1 - 27（c）所示。

第四节 平面图形的分析与画法

平面图形是由若干直线和曲线封闭连接组合而成的。画平面图形时只有通过对这些直线或曲线尺寸及连接关系的分析，才能确定平面图形的作图步骤。下面以图 1 - 28 为例说明平面图形的分析方法和作图步骤。

1. 平面图形的尺寸分析

平面图形中所标注的尺寸按其作用可分为两类。

（1）定形尺寸。定形尺寸是确定平面图形中各个组成部分形状大小的尺寸，如图 1 - 28 中的ϕ20、ϕ5、15、R15、R50、R10、ϕ32等。

（2）定位尺寸。定位尺寸是确定平面图形中各个组成部分之间的相对位置的尺寸，如图 1 - 28 中的 8 是确定ϕ5 小圆位置的定位尺寸。有些尺寸既是定位尺寸又是定形尺寸，如图 1 - 28 中的 75。

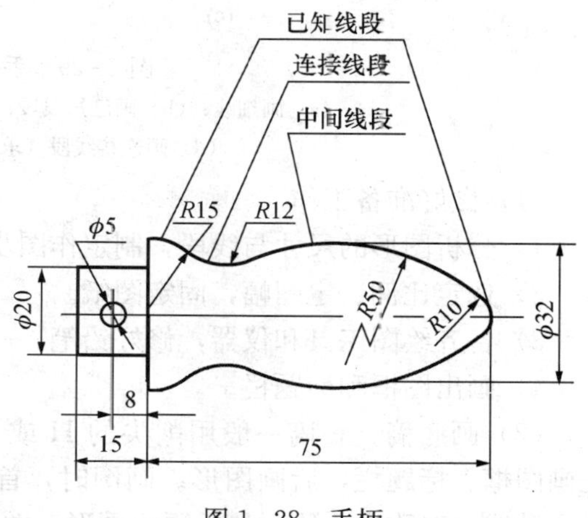

图 1 - 28 手柄

（3）尺寸基准。尺寸基准就是标注尺寸的起点。平面图形中有水平和垂直两个方向的尺寸基准。通常选择对称图形的对称中心线、较大圆的中心线、主要轮廓线作为尺寸基准。对平面图形来说，一般需要两个方向的定位尺寸，如图 1 - 28 所示。

2. 线段分析

平面图形中的各线段，有的尺寸齐全，可以根据其定形、定位尺寸直接作图；有的尺寸不全，必须根据其连接关系通过几何作图的方法作图。按尺寸是否齐全，尺寸可以分成三类。

（1）已知线段。已知线段是尺寸完整，既有定形尺寸，又有定位尺寸，可以直接画出的线段。如图 1 - 28 中的ϕ5、R10、R15。

（2）中间线段。中间线段有定形尺寸，但只有一个定位尺寸，必须依赖附加的一个几何条件才能画出来的线段。如手柄的 R50。

（3）连接线段。连接线段只有定形尺寸，而没有定位尺寸的线段。如图 1 - 28 中的 R12，它必须根据与其相邻线段的连接关系才能画出。

3. 绘图方法和步骤（如图 1 - 29 所示）

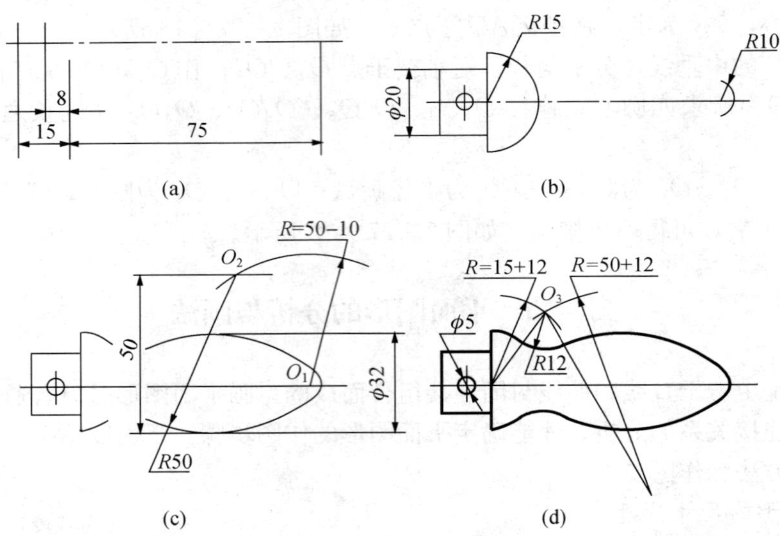

图 1 - 29 手柄平面图形的绘制

（a）画细线；（b）画已知线段；（c）画中间线段（求出圆心、切点）；
（d）画连接线段（求出圆心、切点），描深图形

（1）做好准备工作。

1）分析图形的尺寸与线段，制定作图步骤。

2）选定比例、定图幅，固定图纸。

3）备齐绘图工具和仪器，修好铅笔。

4）画出图框和标题栏。

（2）画底稿。底稿一般用削尖的 H 或 2H 铅笔准确、轻轻地绘制。画底稿的步骤是：先画图框、标题栏，后画图形。画图时，首先要根据其尺寸布置好图形的位置，画出基准线、轴线、对称中心线，然后再画图形，并遵循先主体后细部的原则。

（3）描深底稿。描深底稿一般可以按以下顺序进行：先粗后细、先实后虚、先小后大、先圆后直、先上后下、先左后右、先水平后垂直，最后描倾斜，然后一次性画出尺寸线、尺寸界线、箭头，填写尺寸数字和标题栏等。

4. 绘图时应注意事项

（1）画底稿时，细线类图线可一次画好，不必描深。

（2）描深前必须全面检查底稿，把错线、多余线和作图辅助线擦去。

（3）描深图线时，用力要均匀，以保证图线浓淡一致。

（4）为保证图面整洁，要擦净绘图工具，尽量减少三角板在已加深的图线上反复移动。

第二章

投影基础知识

第一节 投影法及三视图

一、投影法的分类

日常生活中，当太阳光或灯光照射物体时，会在墙上或地面上出现物体的影子，这种现象叫做投影。人们将这些现象进行科学地总结和抽象，建立了投影法。如图 2-1 所示，在光源 S 和平面 P 之间有一空间点 A，连接 SA 并延长与 P 平面相交于点 a，即为空间点 A 在平面 P 上的投影。这种使物体在投影面上产生图像的方法称为投影法，平面 P 称为投影面，光源 S 称为投射中心，直线 SA 称为投射线。投影法分为两类：中心投影法和平行投影法。

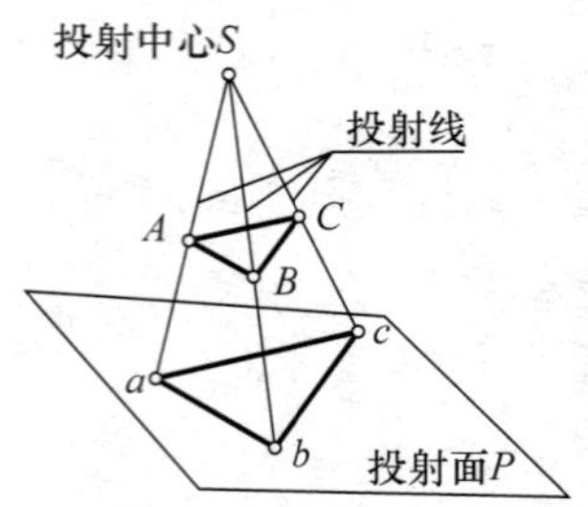

图 2-1 中心投影法

1. 中心投影法

投射线都汇交于一点的投影法称为中心投影法，如图 2-1 所示。中心投影法常用于绘制建筑物或产品的立体图，也称为透视图，其特点是直观性好，立体感强，但可度量性差。

2. 平行投影法

如果将投射中心 S 移到无穷远处，则所有的投射线都互相平行，这种投射线互相平行的投影法称为平行投影法。根据投射线与投影面是否垂直，平行投影法可分为两种。

正投影法　如图 2-2（a）所示，投射线互相平行并垂直于投影面的投影方法称为正投影法，所得到的投影称为正投影。机械工程中最常用的多面正投影图就是采用正投影法绘制的。这种投影图能正确地表达物体的真实形状和大小，作图比较方便，在机械工程中应用最为广泛。

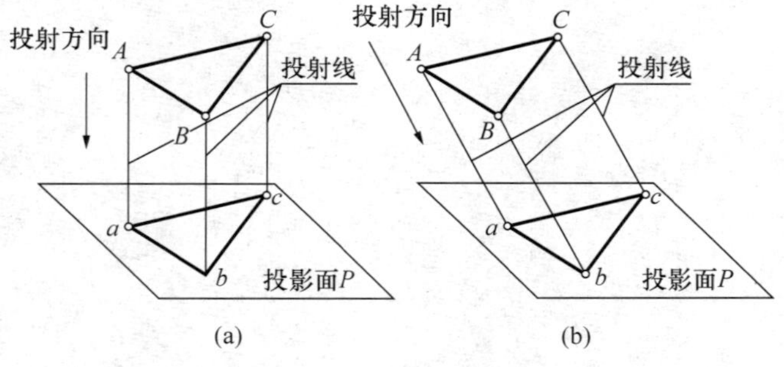

图 2-2 平行投影法

（a）正投影法；（b）斜投影法

斜投影法　如图 2-2（b）所示，投射方向（或投射线）倾斜于投影面的投影方法称为斜投影法。斜投影法在工程上用得较少，常用于绘制机械零件的立体图，也称为轴测图，其特点是直观性强，但作图比较麻烦，而且也不能反映物体的真实形状，在机械工程图中只作为一种辅助图样。

二、正投影的投影特性

（1）真实性。当物体上的平面（或直线）与投影面平行时，其投影反映实形（或实长）。

（2）积聚性。当物体上的平面（或直线）与投影面垂直时，则在投影面上的投影积聚为一条线（或一个点）。

（3）类似性。当物体上的平面（或直线）与投影面倾斜时，其投影的面积变小（或长度变短)，但投影的形状仍与原来形状类似。

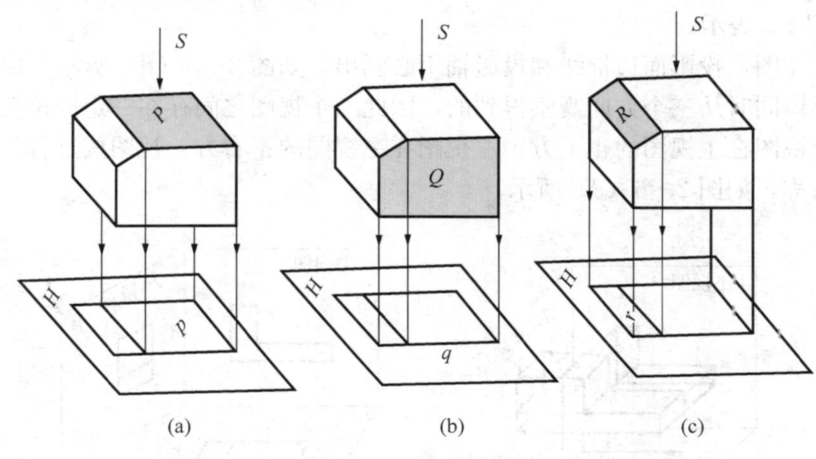

图 2-3　正投影特性

(a) $P /\!/ H$ 有真实性；(b) $Q \perp H$ 有积聚性；(c) $R \angle H$ 有类似性

三、三视图的形成

按国家标准《机械制图》的规定，用正投影法得到的物体在投影面上的投影称为视图。

视图中可见轮廓线用粗实线表示，不可见轮廓线用虚线表示，对称中心线用点画线表示。如图 2-4 所示，两个立体的形状不同但视图相同，所以一个视图不能完全确定物体的形状。一般的物体由长、宽、高三个方向的尺寸决定，因此一般情况下三个视图可以将物体的结构形状表达清楚。

三投影面体系的构成如图 2-5 所示。由互相垂直的正立投影面（简称正面或 V 面）、水平投影面（简称水平面或 H 面）、侧立投影面（简称侧面或 W 面）组成。三个投影面之间的交线称为投影轴，分别用 OX、OY、OZ 表示。三个投影轴的交点称为原点，用 O 表示。将物体放在三投影面体系中，按国家标准规定由前向后投影在 V 面上得到的视图称为主视图；由上向下投影在 H 面上得到的视图称为俯视图；由左向右投影在 W 面上得到的视图称为左视图。这 3 个视图统称为三视图。

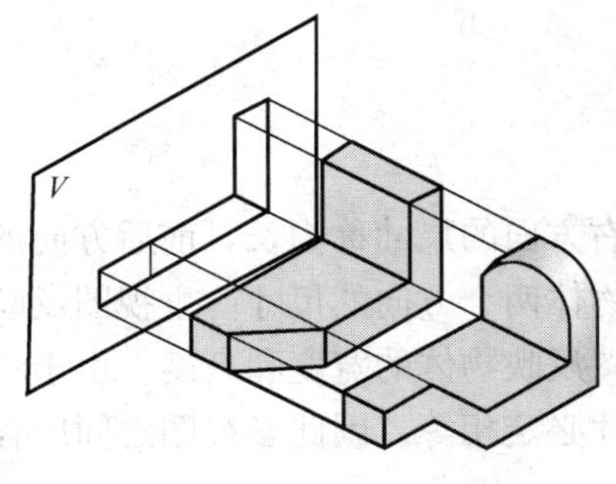

图 2-4　一个视图不能确定机件的形状

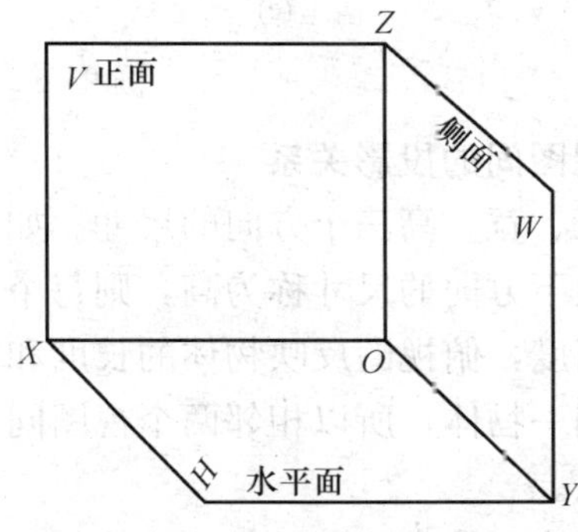

图 2-5　三投影面体系

为了将三视图画在同一平面内，需要将三个投影面展开为一个大平面。展开方向如图 2-6 (b)所示，规定 V 面保持不动，将 H 面绕 OX 轴向下旋转 90°，W 面绕 OZ 轴向右旋转 90°，使 H 面、W 面与 V 面处于同一平面上，这样就得到如图 2-6 (c) 所示的展开后的三视图。

OY 轴是 H 面和 W 面的交线，投影面展开后随 H 面旋转的 Y 轴用 Y_H 表示，随 W 面旋转的 Y 轴用 Y_w 表示。

为了简化作图，投影面边框线和投影轴不必画出，如图 2－6（d）所示。由于三个视图是空间一个形体同时从三个方向观察得到的，因此三个视图之间存在一定的位置关系即以主视图为准，俯视图在主视图的正下方，左视图在主视图的正右方。视图按这种位置配置时一律不需标注名称，如图 2－6（d）所示。

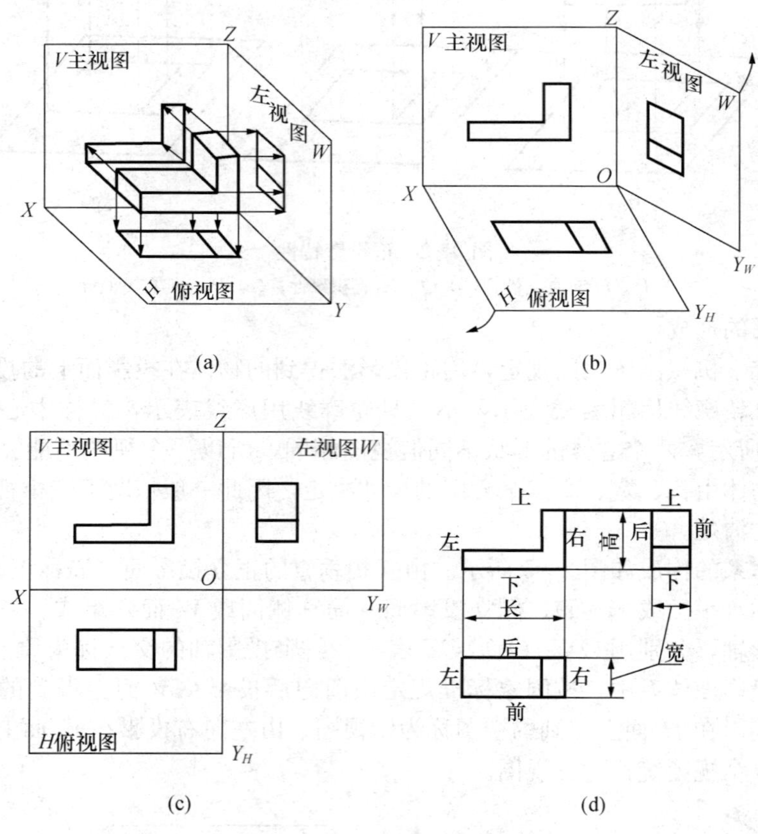

图 2－6　三视图的形成

四、三视图间的投影关系

物体有长、宽、高三个方向的尺寸。如果把物体左右方向的尺寸称为长，前后方向的尺寸称为宽，上下方向的尺寸称为高，则每个视图都反映物体两个方向的尺寸。主视图反映物体的长度和高度，俯视图反映物体的长度和宽度，左视图反映物体的宽度和高度。由于三视图反映的是同一物体，所以相邻两个视图同一方向的尺寸必定相等，因此三视图之间应存在如下投影关系。

（1）主视图和俯视图同时反映物体的长度，相等且对正（长对正）。

（2）主视图和左视图同时反映物体的高度，相等且平齐（高平齐）。

（3）俯视图和左视图同时反映物体的宽度，宽度应相等（宽相等）。

上述投影关系可以简称为视图之间的三等关系，它不仅适用于整个形体的投影，也适用于形体上每个局部结构的投影。

按上述关系画图或读图时，应特别注意物体的前后位置在俯视图和左视图中的反映，俯视图和左视图中，靠近主视图的一边是物体的后面，远离主视图的一边是物体的前面。

五、三视图的作图方法和步骤

画物体的三视图时，应遵循正投影法的基本原理及三视图的投影关系。现以图 2 - 7 所示的弯板为例，说明作图的方法和步骤。

1. 分析形体的形状

弯板可看成由底板和竖板组成，其中底板左端中部切去了一个方槽，竖板两端各切去一个角，如图 2 - 7（a）所示。

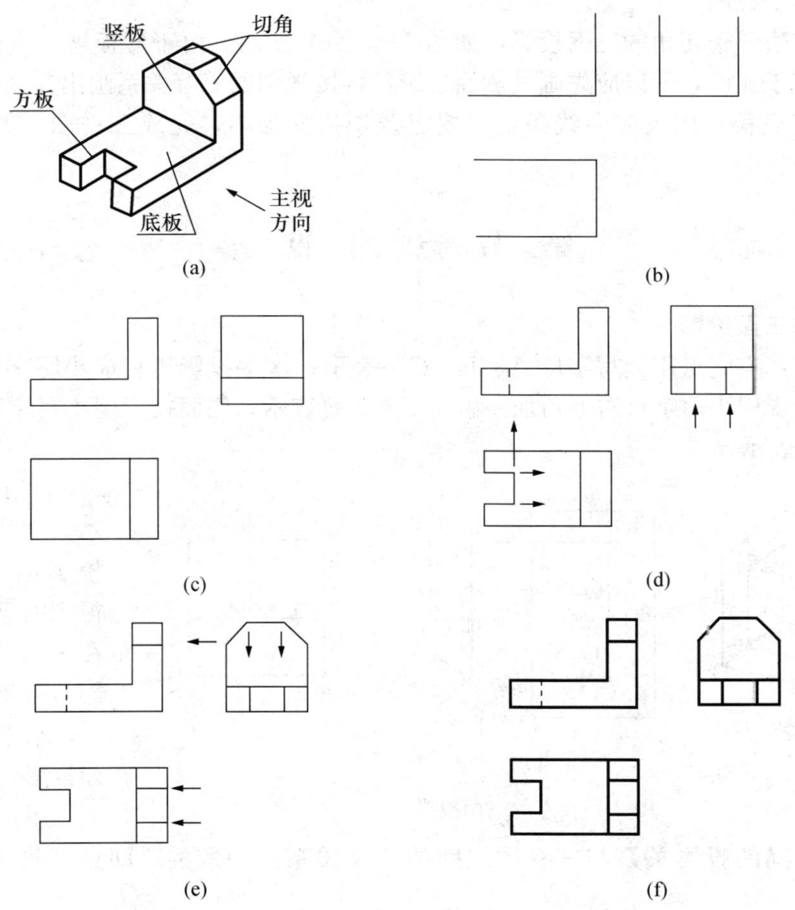

图 2 - 7　三视图的作图步骤

（a）分析物体形状，选择主视图；（b）画作图基准线；（c）画弯板（由底板和竖板组成）的三视图；（d）画左端方槽的三面投影（先画水平投影）；（e）画右边切角的三面投影（先画侧面投影）；（f）描粗加深，完成三视图

2. 主视图的选择

首先将弯板放正，使弯板上有尽可能多的表面平行或垂直于投影面，然后选择能反映弯板形状特征的方向作为主视图的投影方向，并考虑使其余两个视图简单易画，虚线少，如图 2 - 7 (a)所示。

主视图确定后，俯视图和左视图也就随之确定了。

3. 作图

(1) 画作图基准线（如中心线、对称线及某些边线），如图 2-7 (b) 所示。

(2) 画弯板的三视图时，可暂不考虑物体上开的槽和切角，而先画出完整的底板和竖板。

首先从主视图开始，按三等关系将三个视图结合起来绘制。画各组成部分表面的投影时，应首先画出投影具有真实性或积聚性的表面，如图 2-7 (c) 所示。

(3) 画左端方槽的三面投影，如图 2-7 (d) 所示。由于构成方槽的三个平面的水平投影都有积聚性，反映了方槽的形状特征，所以可先画出方槽的水平投影，再按视图的三等关系画出其余两个视图。

(4) 画右边两个切角的三面投影，如图 2-7 (e) 所示。由于弯板被切去两个角或所形成的平面垂直于侧面，所以应先画其侧面投影，再按视图的三等关系画出其余两个投影。

(5) 检查底稿，擦去多余线条，按规定线型描深加粗，完成三视图，如图 2-7 (f) 所示。

第二节 点 的 投 影

一、点的三面投影

国标规定：空间点用大写字母 A、B、C…表示；水平投影用相应小写字母 a、b、c…表示；正面投影用小写字母右上角加一撇 a'、b'、c'表示；侧面投影用小写字母右上角加两撇 a''、b''、c''表示。

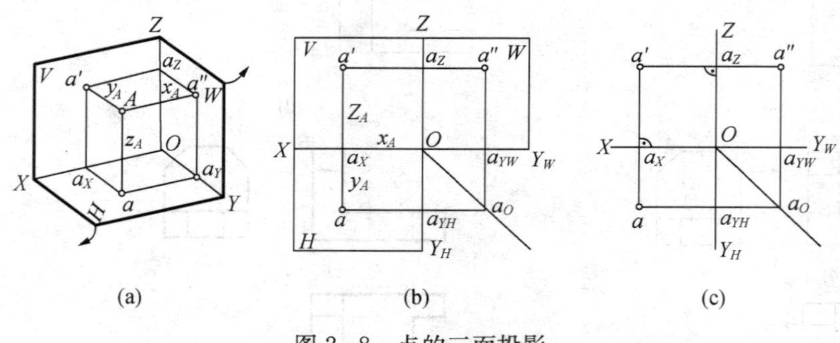

图 2-8 点的三面投影

如图 2-8 (a) 所示，空间点 A 向三个投影面分别作垂线，得到的垂足就是 A 点在三个投影面上的投影，分别为正面投影 a'，水平投影 a 和侧面投影 a''。

由此可以看出 A 点三个投影之间的投影关系与三视图之间的三等关系是一致的，即点的投影规律为以下几点。

(1) 点的水平投影 a 与正面投影 a'的连线垂直于 OX 轴，即 $aa' \perp OX$。

(2) 点的正面投影 a'与侧面投影 a''的连线垂直于 OZ 轴，即 $a'a'' \perp OZ$。

(3) 点的水平投影 a 到 OX 轴的距离等于其侧面投影 a''到 OZ 轴的距离。因此过 a 的水平线与过 a''的垂直线必相交于过原点 O 的 45°斜线。

二、点的投影与直角坐标的关系

若把三投影面体系看做空间直角坐标体系，则 V、H、W 面即为坐标面，X、Y、Z 即为坐标轴，O 点即为坐标原点。由图 2-8 可知：A 点的三个直角坐标 x_A、y_A、z_A 即为 A 点到三个投影面的距离，它们与 A 点的投影 a、a'、a''的关系如下。

1）$x_A = Oa_X = a'a_Z = aa_{YH}$ =点 A 到 W 面的距离 Aa''。

2）$y_A = Oa_{YH} = Oa_{YW} = aa_X = a''a_Z$ =点 A 到 V 面的距离 Aa'。

3）$z_A = Oa_Z = a'a_X = a''a_{YW}$ =点 A 到 H 面的距离 Aa。

点 $A(x_A、y_A、z_A)$ 在三投影面体系中有唯一的一组投影 a、a'、a''；反之，若已知 A 点的一组投影 a、a'、a''，即可确定该点的空间坐标值。

图 2-9（b）是 V 面上的点 B、H 面上的点 C、X 轴上的点 D 的三面投影图。从中可以看出，投影面和投影轴上点的坐标与投影具有如下规律。

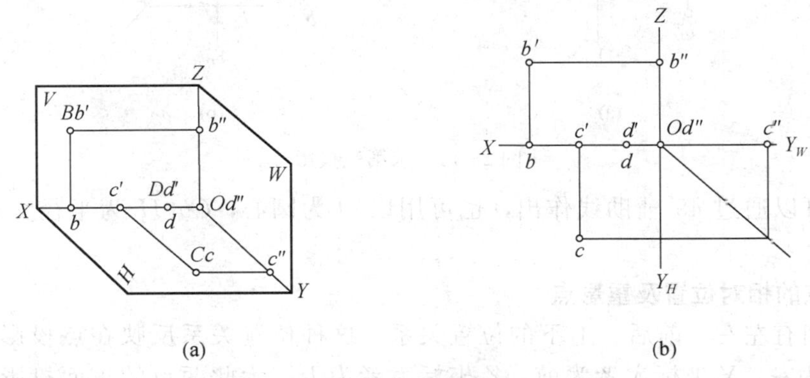

图 2-9 投影面和投影轴上的投影

（1）投影面上的点有一个坐标为零，在该投影面上的投影与该点重合，另两个投影分别在相应的投影轴上。

（2）投影轴上的点有两个坐标为零，在包含这条轴的两个投影面上的投影都与该点重合，另一投影面上的投影与原点重合。

【例 2-1】 已知点 $A(15,10,12)$，求作其三面投影。

作图步骤如下。

（1）作投影轴 OX、OY、OZ，在 OX 轴上量取 15mm 得 a_x，如图 2-10（a）所示。

（2）过 a_x 作 OX 轴的垂线，自 a_x 向下量 10mm 得 a，向上量 12mm 得 a'，如图 2-10（b）所示。

（3）根据 a、a'求出 a''，如图 2-10（c）所示。

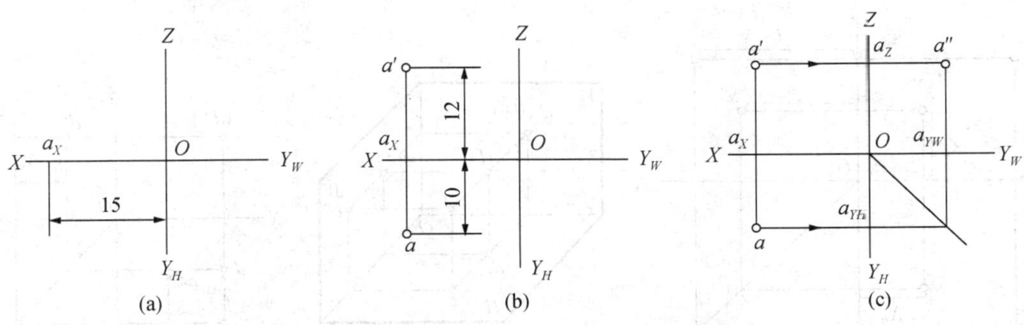

图 2-10 根据点的坐标求作三面投影

【例 2-2】 已知点 B 的两个投影 b、b'，求出其第三个投影 b''［图 2-11（a）］。

分析：由于 bb''连线垂直于 Z 轴，b''必在过 b'且垂直于 Z 轴的直线上；又由于 b''到 Z 轴的距离等于b到X轴的距离，使$b''bz=bbx$，便可定出b''的位置，如图 2 - 11（b）所示。

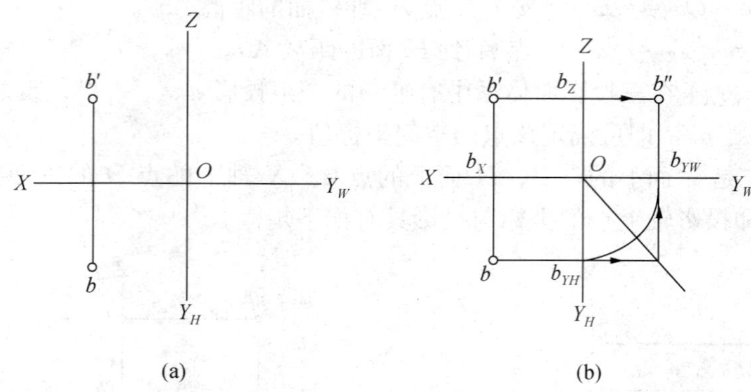

图 2 - 11 求第三投影

作图：可以通过 45°辅助线作出，也可用以O为圆心，Ob_YH为半径交OY_W于bY_W作出。

三、两点的相对位置及重影点

两点之间有左右、前后、上下的位置关系。这种位置关系反映在点投影的坐标上为X坐标大者为左，Y坐标大者为前，Z坐标大者为上。为此两点的正面投影反映了其左右、上下关系，水平投影反映了其左右、前后关系，侧面投影反映了上下、前后关系。如图 2 - 12 所示，$x_A > x_B$，即A在B的左方（或a'在b'的左方）。$y_A > y_B$，即A在B的前方（或a''在b''的前方）。$z_A > z_B$，即A在B的上方（或a''在b''的上方）。可见点A在点B的左、前、上方。

当空间两点有两个坐标对应相等时，该两点将处于某一投影面的同一投影线上。因此在该投影面上具有重合的投影，则此两点称为该投影面的重影点。

如图 2 - 13 所示，D点在C点的正后方，D点与C点无左右距离差和上下距离差，其在V面上的投影重合，故C点与D点称为V面的重影点。由于$Y_C > Y_D$，向V面投影时C点遮住了D点，所以D点不可见。规定不可见的投影点加括号表示，如（d'）。因此可把重影点的可见性总结为前遮后、上遮下、左遮右。

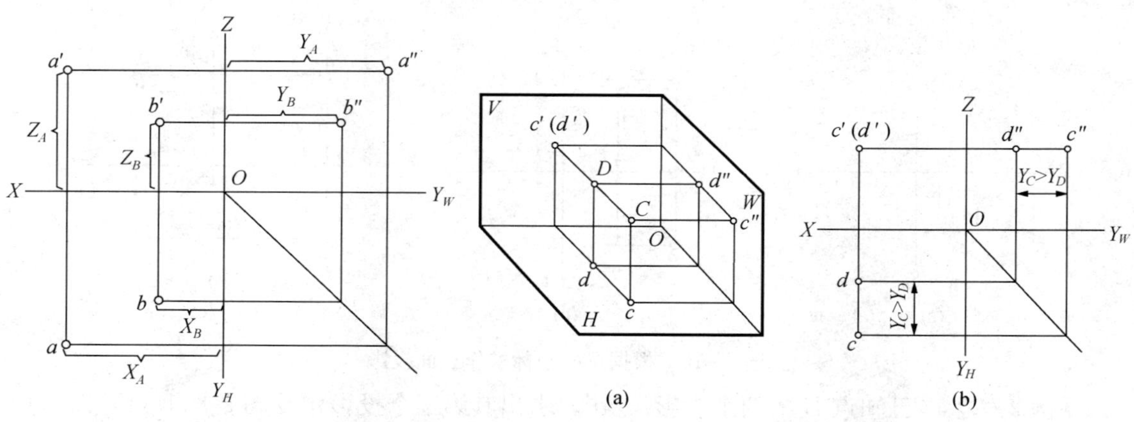

图 2 - 12 两点的相对位置

图 2 - 13 重影点

第三节 直线的投影

一、直线的投影

首先指出本书所说的直线均指线段，两点可确定一条直线。由正投影可知，空间一条直线向任一平面进行投影，一般情况下投影仍为一条直线，特殊情况时会积聚为一点。因此作直线在三面投影体系中的投影，只要作出直线上任意两点的投影，连接该两点的同面投影即得到直线的投影。

直线与投影面 H、V、W 的倾角分别用 α、β、γ 表示。

二、各种位置直线的投影特性

根据直线对投影面的相对位置，可将直线分为投影面平行线、投影面垂直线和投影面倾斜线三类。其中，前两类直线称为特殊位置直线，后一类直线称为一般位置直线。它们具有不同的投影特性，现分述如下。

1. 一般位置直线

与三个投影面都倾斜的直线称为一般位置直线，如图 2 - 14 所示。设倾斜线 AB 对 H 面的倾角为 α；对 V 面的倾角为 β；对 W 面的倾角为 γ。则直线的实长，投影长和倾角之间的关系为：$ab = AB\cos\alpha$；$a'b' = AB\cos\beta$；$a''b'' = AB\cos\gamma$。

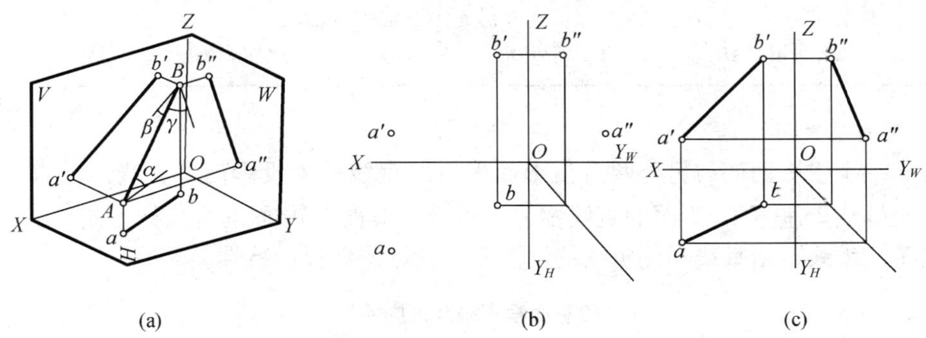

图 2 - 14 一般位置直线的投影

$ab = AB\cos\alpha$；$a'b' = AB\cos\beta$；$a''b'' = AB\cos\gamma$

由上式可知，当直线处于倾斜位置时，$0° < \alpha < 90°$、$0° < \beta < 90°$、$0° < \gamma < 90$，直线的三个投影 ab、$a'b'$、$a''b''$ 均小于实长。

由此可得出一般位置直线的投影特性：3 个投影都与投影轴倾斜且都小于实长，各个投影与投影轴的夹角都不反映直线对投影面的倾角。

2. 投影面平行线

平行于一个投影面而与另外两个投影面倾斜的直线称为投影面平行线。平行于 V 面的直线称为正平线；平行于 H 面的直线称为水平线；平行于 W 面的直线称为侧平线。表 2 - 1 分别列出了正平线、水平线、侧平线的轴测图、投影图及投影特性。

投影面平行线的投影特性归纳如下。

(1) 在所平行的投影面上的投影反映实长（真实性），它与两投影轴的夹角分别反映该直线对另外两个投影面的真实倾角。

(2) 在另外两个投影面上的投影平行于相应的投影轴且小于实长。

表 2-1 **投影面平行线及投影特性**

名称	正平线（$AB /\!/ V$ 面）	水平线（$AB /\!/ H$ 面）	侧平线（$AB /\!/ W$ 面）
轴测图	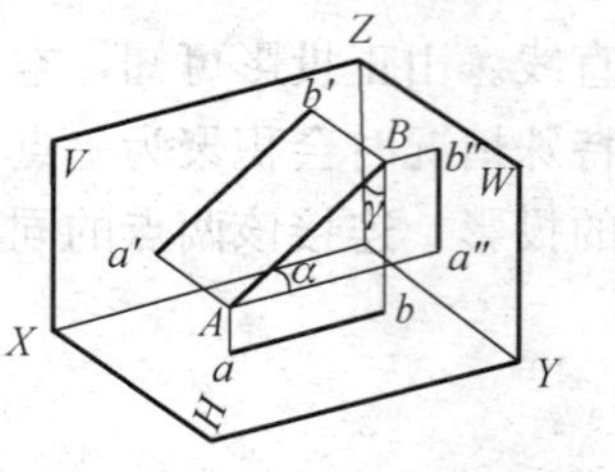	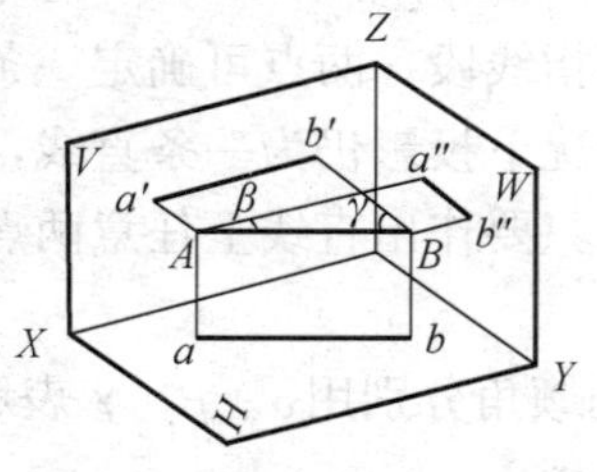	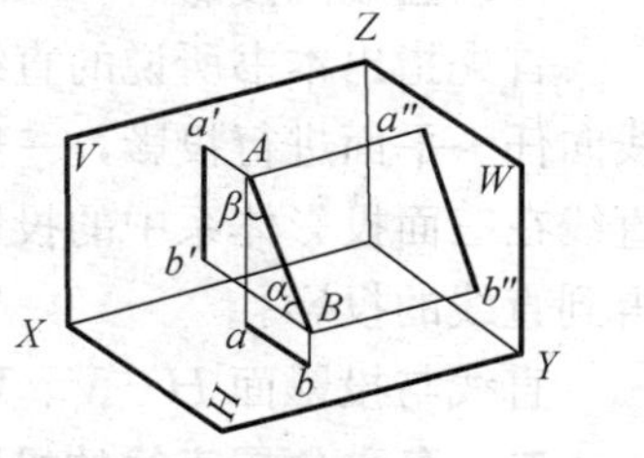
投影图	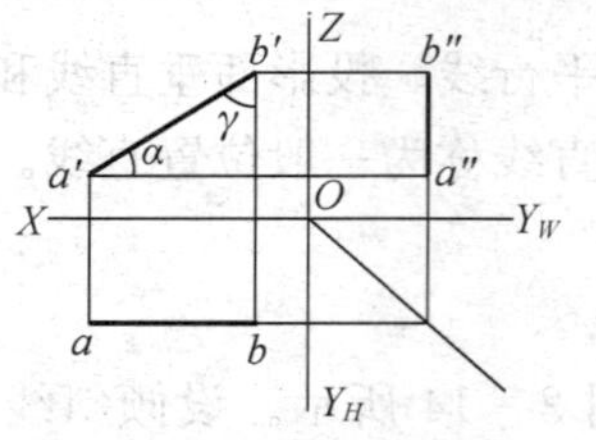	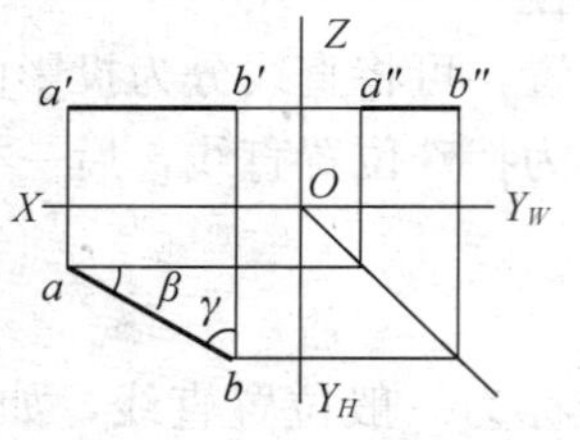	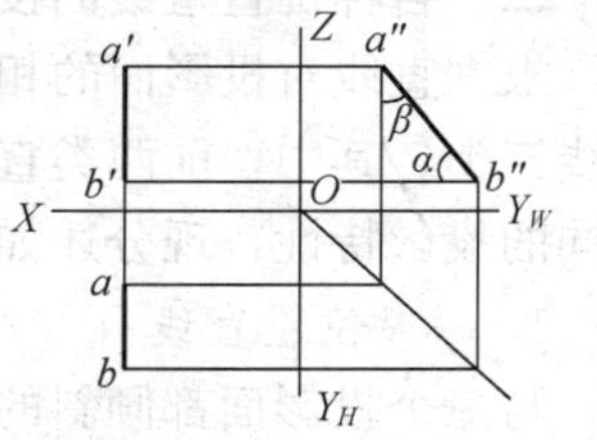
投影特性	(1) $a'b'=AB$ (2) V 面投影反映 α、γ (3) $ab /\!/ OX$、$ab < AB$，$a''b'' /\!/ OZ$、$a''b'' < AB$	(1) $ab=AB$ (2) H 面投影反映 β、γ (3) $a'b' /\!/ OX$、$a'b' < AB$，$a''b'' /\!/ OY_W$、$a''b'' < AB$	(1) $a''b''=AB$ (2) W 面投影反映 α、β (3) $a'b' /\!/ OZ$、$a'b' < AB$，$ab /\!/ OY_H$、$ab < AB$

3. 投影面垂直线

垂直于一个投影面而与另外两个投影面平行的直线称为投影面垂直线。垂直于 V 面的直线称为正垂线；垂直于 H 面的直线称为铅垂线；垂直于 W 面的直线称为侧垂线。表 2-2 分别列出了正垂线、铅垂线和侧垂线的轴测图、投影图和投影特性。

表 2-2 **投影面垂直线及投影特性**

名称	正垂线（$AB \perp V$ 面）	铅垂线（$AB \perp H$ 面）	侧垂线（$AB \perp W$ 面）
轴测图	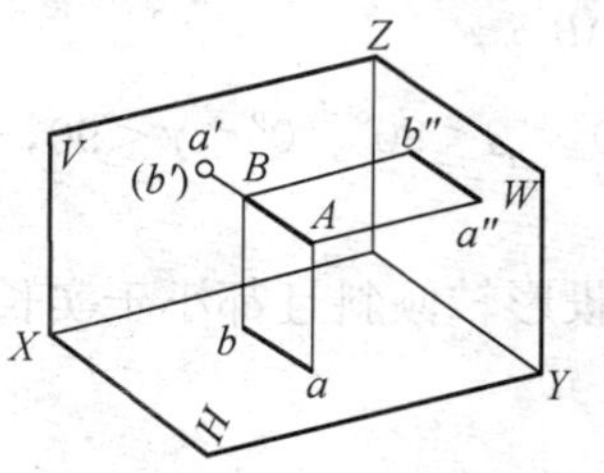	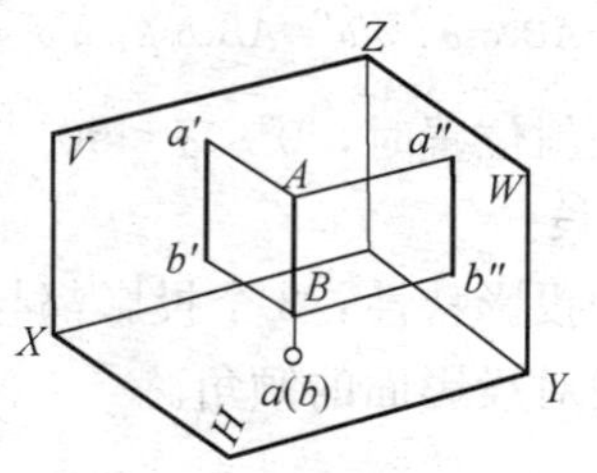	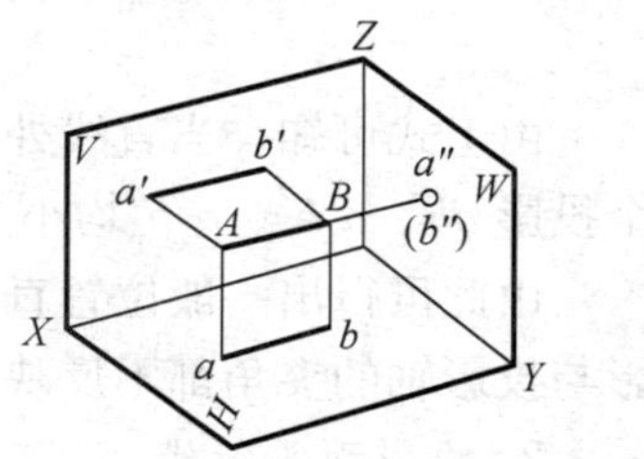
投影图	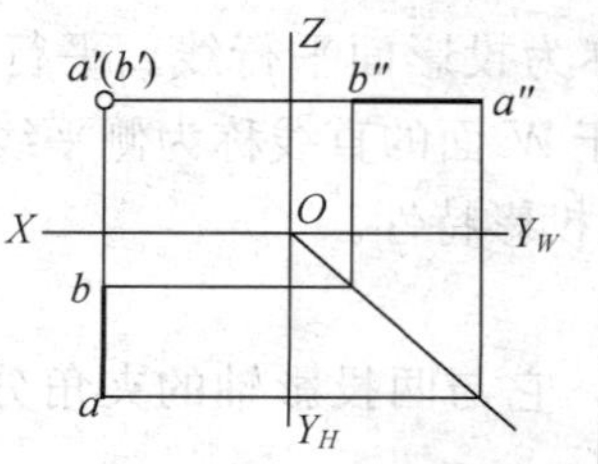	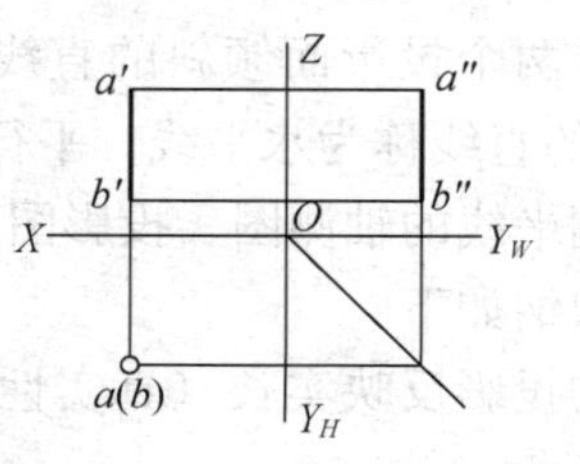	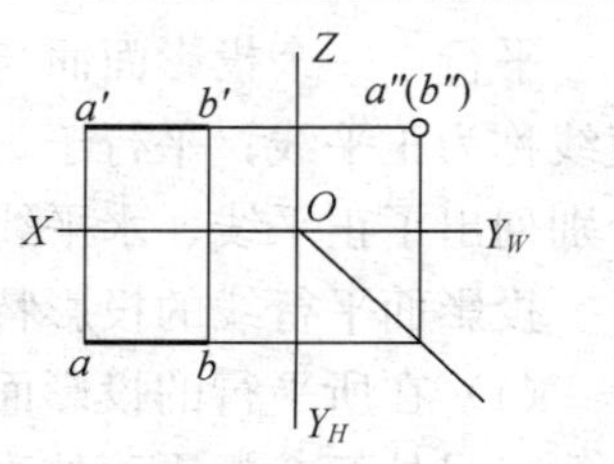

名称	正垂线（$AB\perp V$ 面）	铅垂线（$AB\perp H$ 面）	侧垂线（$AB\perp W$ 面）
投影特性	（1）a'（b'）重影成一点 （2）$ab\perp OX$、$a''b''\perp OZ$ （3）$ab=a''b''=AB$	（1）a（b）重影成一点 （2）$a'b'\perp OX$、$a''b''\perp OY_W$ （3）$a'b'=a''b''=AB$	（1）a''（b''）重影成一点 （2）$a'b'\perp OZ$、$ab\perp OY_H$ （3）$a'b'=ab=AB$

投影面垂直线的投影特性归纳如下。

（1）在所垂直的投影面上的投影为一点（重聚性）。

（2）在另外两个投影面上的投影，垂直于相应的投影轴，且反映实长。

第四节　平面的投影

一、平面的表示法

不属于同一直线的三点可确定一个平面。因此平面可以用下列任何一组几何要素的投影来表示，如图 2－15 所示。在投影图中，常用平面图形来表示空间的平面。

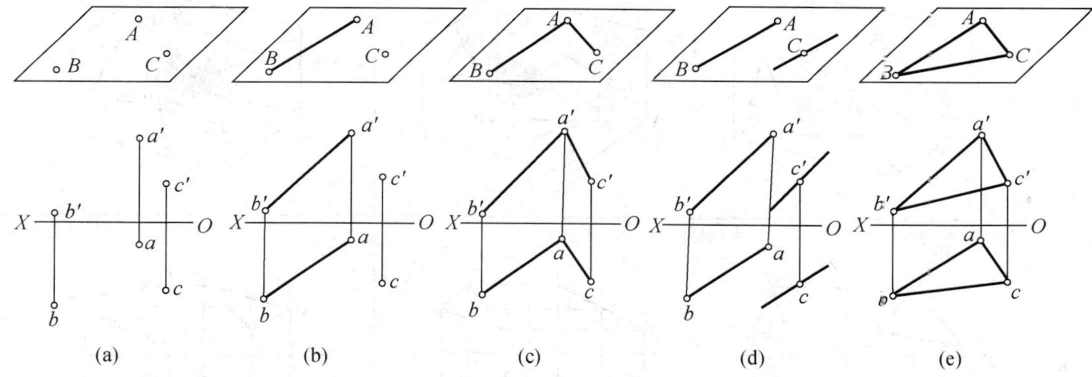

图 2－15　平面的表示法

（a）不在直线上的三点；（b）一直线和直线外一点；（c）相交两直线；（d）平行两直线；（e）任意平面图形

二、各种位置平面的投影

在投影体系中，平面相对于投影面来说也有平行、垂直和一般位置（既不平行也不垂直）3 种情况，它们的投影特性分述如下。

1．一般位置平面的投影特性

平面与其投影面所夹的锐角称为该平面对投影面的倾角，分别用 α、β、γ 表示平面对 H 面、V 面、W 面的倾角。

与三个投影面都处于倾斜位置的平面称为一般位置平面，如图 2－16 所示。$\triangle ABC$ 与三个投影面都倾斜，因此它的三个投影$\triangle abc$、$\triangle a'b'c'$、$\triangle a''b''c''$均为类似形，不反映实形，也不反映该平面与投影面的倾角。

2．投影面垂直面的投影特性

垂直于一个投影面而与其他两个投影面都倾斜的平面称为投影面垂直面。垂直于 H 面的平面称为铅垂面；垂直于 V 面的平面称为正垂面；垂直于 W 面的平面称为侧垂面。

表 2－3 列出了铅垂面、正垂面、侧垂面的轴测图、投影图及投影特性。

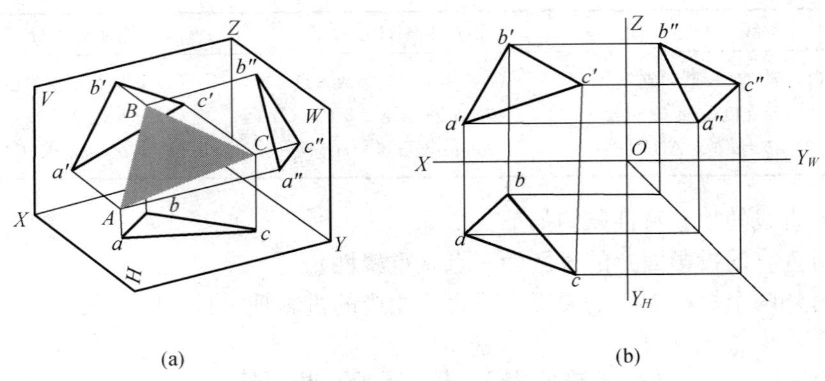

图 2-16 一般位置平面的投影特性

表 2-3 **投影面垂直面及投影特性**

名称	铅垂面（△$ABC\perp H$ 面）	正垂面（△$ABC\perp V$ 面）	侧垂面（△$ABC\perp W$ 面）
轴测图			
投影图			
投影特性	（1）水平投影（或水平迹线）是积聚性投影 （2）H 面投影反映 β、γ （3）正面、侧面投影为类似形	（1）正面投影（或正面迹线）是积聚性投影 （2）V 面投影反映 α、γ （3）水平、侧面投影为类似形	（1）侧面投影（或侧面迹线）是积聚性投影 （2）W 面投影反映 α、β （3）正面、水平投影为类似形

投影面垂直面的投影特性归纳如下。

（1）在所垂直的投影面上的投影积聚成一条直线；它与投影轴的夹角分别反映平面与另两个投影面的倾角。

（2）在另外两个投影面上的投影为平面的类似形。

3. 投影面平行面的投影特性

平行于一个投影面而与另外两个投影面垂直的平面称为投影面平行面。平行于 H 面的平面称为水平面；平行于 V 面的平面称为正平面；平行于 W 面的平面称为侧平面。

表 2-4 列出了水平面、正平面、侧平面的轴测图、投影图及投影特性。

表 2-4　　投影面平行面及投影特性

名称	水平面（△ABC∥H 面）	正平面（△ABC∥V 面）	侧平面（△ABC∥W 面）
轴测图	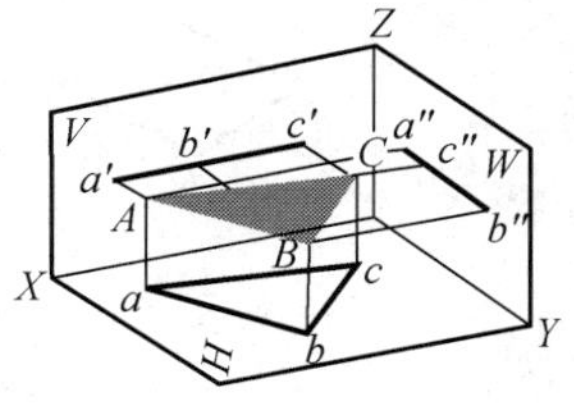	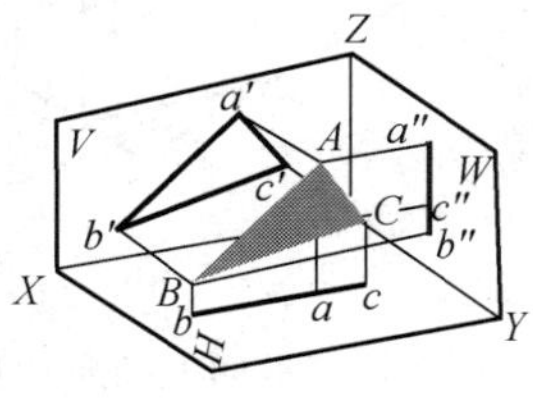	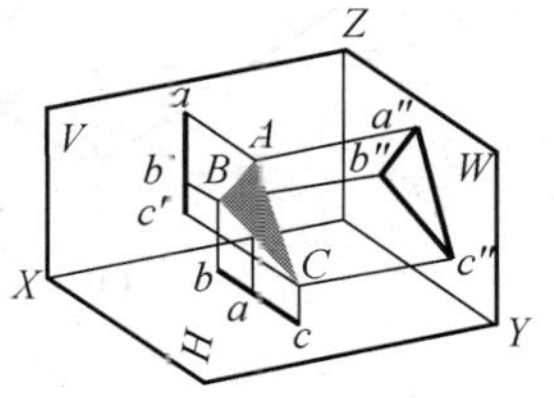
投影图	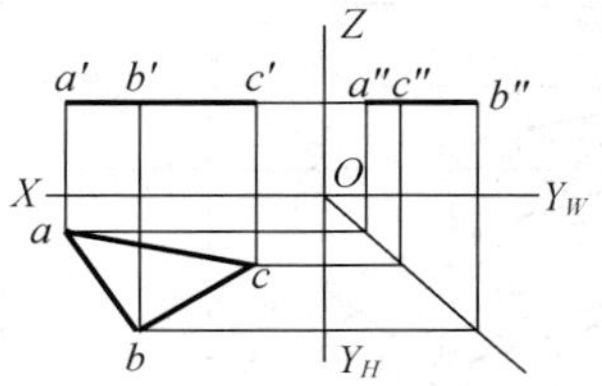	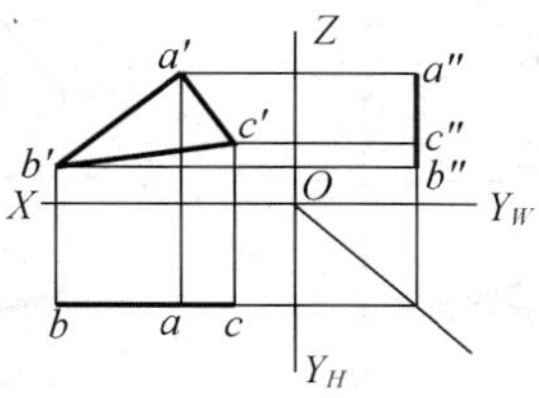	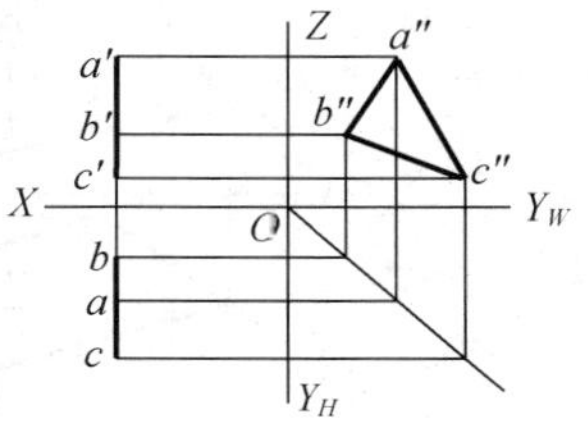
投影特性	（1）水平投影反映实形 （2）正面、侧面投影积聚为直线，且分别平行于 OX、OY_W 轴	（1）正面投影反映实形 （2）水平、侧面投影积聚为直线，且分别平行于 OX、OZ 轴	（1）侧面投影反映实形 （2）正面、水平投影积聚为直线，且分别平行于 OZ、OY_H 轴

投影面平行面的投影特性归纳如下。

（1）在所平行的投影面上的投影反映实形。

（2）在另外两个投影面上的投影分别积聚成直线，且平行于相应的投影轴。

三、平面上的点和直线

在平面的投影图中，取平面内的点和直线必须具备以下几何条件。

（1）在平面内所取的点，必须是该平面内直线上的点。

（2）在平面内所取的直线，必须过平面内的两个已知点；或者过平面内的一个已知点，且平行于此平面内的另一条直线。

如图 2-17（a）所示，点 D 在属于平面 ABC 的直线 AB 上，所以点 D 在平面 ABC 内。如图 2-17（b）所示，直线 DE 通过平面 ABC 上的两个点 D、E，所以直线在平面 ABC 内。如图 2-17（c）所示，直线 DE 通过平面 ABC 上的点 D，且平行于平面 ABC 上的直线 BC，故直线 DE 在平面 ABC 内。

需要指出的是在平面内取点和直线，必须遵循“点、线互为利用”的原则，它们彼此互为因果，相互制约，逐步扩展，变幻无穷。

【例 2-3】 已知一平面 $ABCD$，①判别 K 点是否在该平面上；②已知平面上一点 E 的正面投影 e'，作出其水平投影 e，如图 2-18（a）所示。

分析：判别一点是否在平面上或者在平面上取点都必须在平面上取直线。

作图：图 2-18（b）所示。

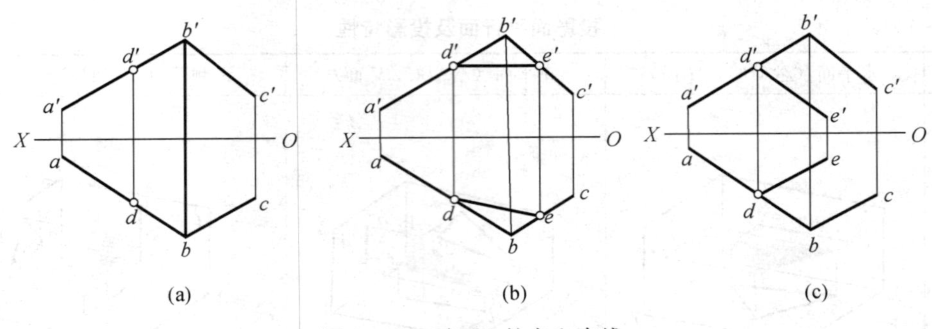

图 2-17 平面上的点和直线

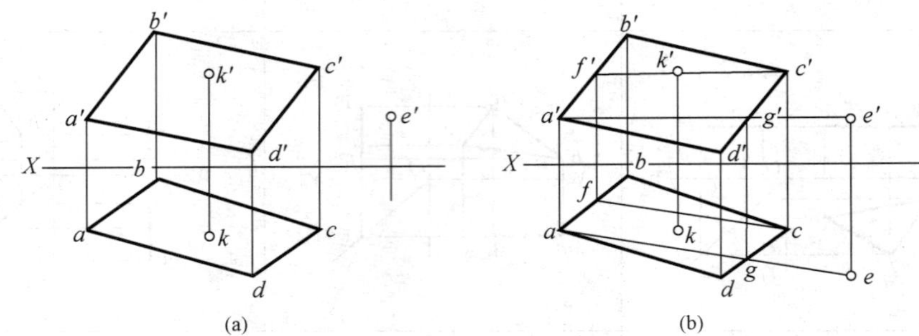

图 2-18 平面上的点

（1）连接 $c'k'$ 并延长与 $a'b'$ 交于 f'，由 $c'f'$ 求出其水平投影 cf，则 CF 是平面 $ABCD$ 上的一条直线，如 K 点在 CF 上，则 k、k' 应分别在 cf、$c'f'$ 上。从作图中得知 k 点不在 cf 上，所以 K 点不在平面上。

（2）连接 $a'e'$，与 $c'd'$ 交于 g'，由 $a'g'$ 求出水平投影 ag，则 AG 是平面上的一条直线，如 E 点在平面上，则 E 应在 AG 上，所以 e 点应在 ag 上，因此过 e' 点作投影连线与 ag 延长线的交点 e 即为所求 E 点的水平投影。

由此可见，即使点的两个投影都在平面图形的投影轮廓线范围内，该点也不一定在平面上。即使一点的两个投影都在平面图形的投影轮廓线范围外，该点也不一定不在平面上。

【例 2-4】 已知在平行四边形 $ABCD$ 上开一燕尾槽Ⅰ、Ⅱ、Ⅲ、Ⅳ，要求根据其正面投影作出其水平投影，如图 2-19（a）所示。

分析：平面上燕尾槽的水平投影可根据平面上取点、线的方法作出。

作图：如图 2-19（b）、（c）所示。

（1）由于Ⅰ、Ⅱ两点在 AB 上，则 1、2 在 ab 上。

（2）延长 $3'4'$ 与 $b'c'$、$a'd'$ 相交于 $5'$、$6'$，分别求出水平投影 5、6。

（3）Ⅲ、Ⅳ两点在Ⅴ、Ⅵ上，因此 3、4 应在 5、6 上，可由 $3'$、$4'$ 作投影连线作出。

（4）连接 1—4—3—2 即得燕尾槽的水平投影。

【例 2-5】 在△ABC 上，过 A 点作 H 面的平行线，如图 2-20（a）所示。

分析：在一个平面上过 A 点可以作无数条直线，其中必有 H 面的平行线，这是平面上的特殊位置直线。该直线应符合直线在平面上的几何条件，同时具有投影面平行线的投影特性。

作图：如图 2-20（b）所示。

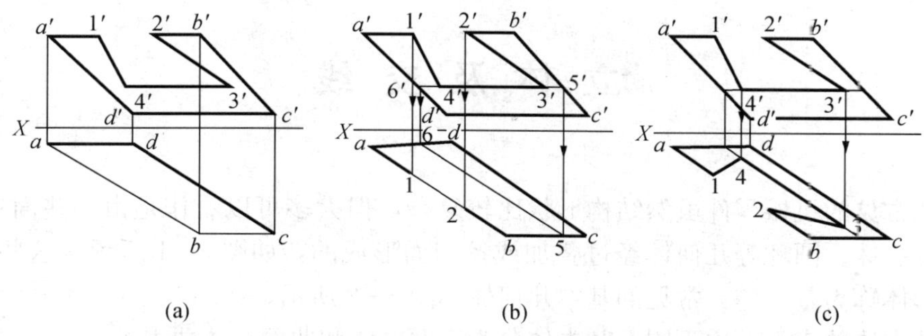

图 2-19 在平面上求燕尾槽的水平投影

(1) 过 a' 作 $a'd'$ //OX 轴，与 $b'c'$ 交于 d'。

(2) 由 d' 作投影连线，与 bc 交于 d，连 ad；由此便作出△ABC 上水平线 AD 的两面投影 ad、$a'd'$。

同样，可在该平面上作出 V 面和 W 面的平行线。

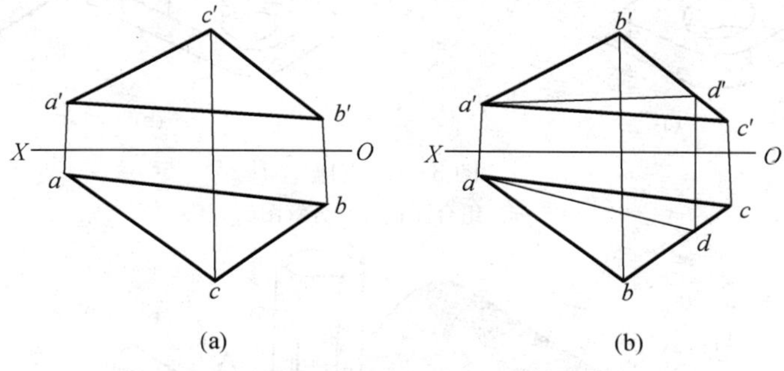

图 2-20 平面上的水平线

第三章

立体及交线

工程上常见的机械零件虽然结构形状比较复杂，但大多可以看作是由一些简单的棱柱、圆柱、圆锥、球、圆环等几何体经过叠加或挖切而形成的，如图 3-1 所示。这些简单有规则的几何形体称为基本体，常见的基本几何体如图 3-2 所示。

根据基本体的表面性质不同，基本体分为平面立体和曲面立体两大类。

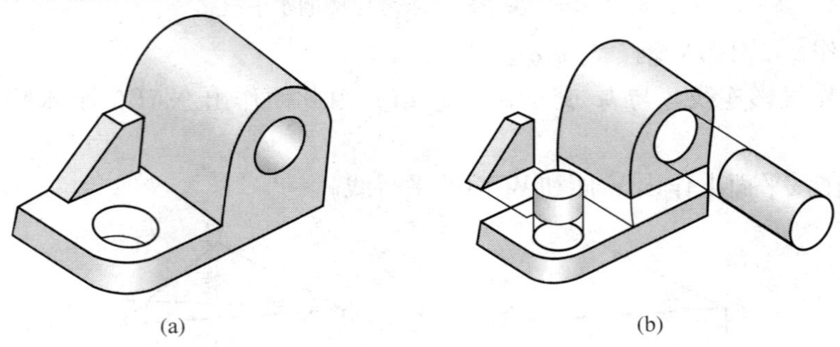

(a)　　(b)

图 3-1　支座

(a) 组合图；(b) 分解图

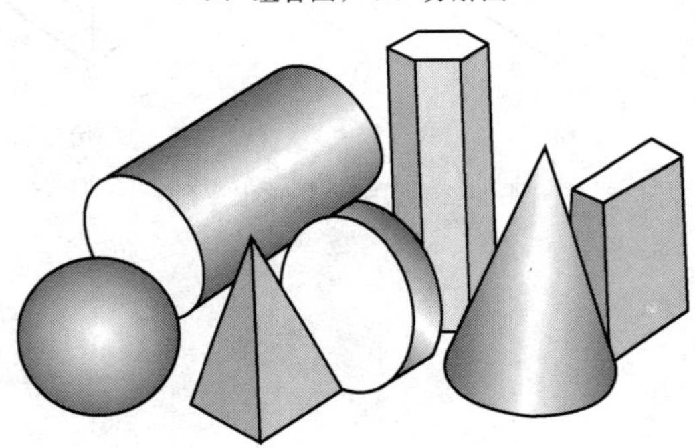

图 3-2　常见的基本几何体

(1) 平面立体。表面均为平面的立体称为平面立体。常见的有直棱柱、直棱锥等。

(2) 曲面立体。表面有曲面和平面或全部是曲面的立体称为曲面立体。常见的有圆柱、圆锥、球等。

第一节　平面立体

一、棱柱

1. 棱柱的形体特征

直棱柱的顶面和底面是两个形状相同且相互平行的多边形，其对确定棱柱的形状起主要作用，所以顶面和底面称为特征面。各侧面为矩形且垂直于特征面，侧面又称为棱面。各棱面的交线称为棱线，棱线互相平行。为简便起见，将直棱柱简称为棱柱。底面为正多边形的棱柱称为正棱柱。

2. 正六棱柱的三视图及投影分析

如图 3-3 所示，正六棱柱共 8 个面。两个底面（特征面）为正六边形，在 H 面上的投影重合并反映实形（真实性），V、W 面上的投影分别积聚为两条平行的直线段（积聚性），其垂直距离等于棱柱的高；棱柱的前后两棱面在 V 面上的投影重合且反映实形（真实性），在 H、W 上的投影分别积聚为两条平行的直线段（积聚性）；其余 4 个侧面在 V、W 上的投影均为类似形（类似性），在 H 上的投影积聚为直线段（积聚性）且分别与上下底的水平投影正六边形的边重合。

6 条棱线的水平投影分别积聚在底面水平投影正六边形的角点上，V、W 面投影反映实长。

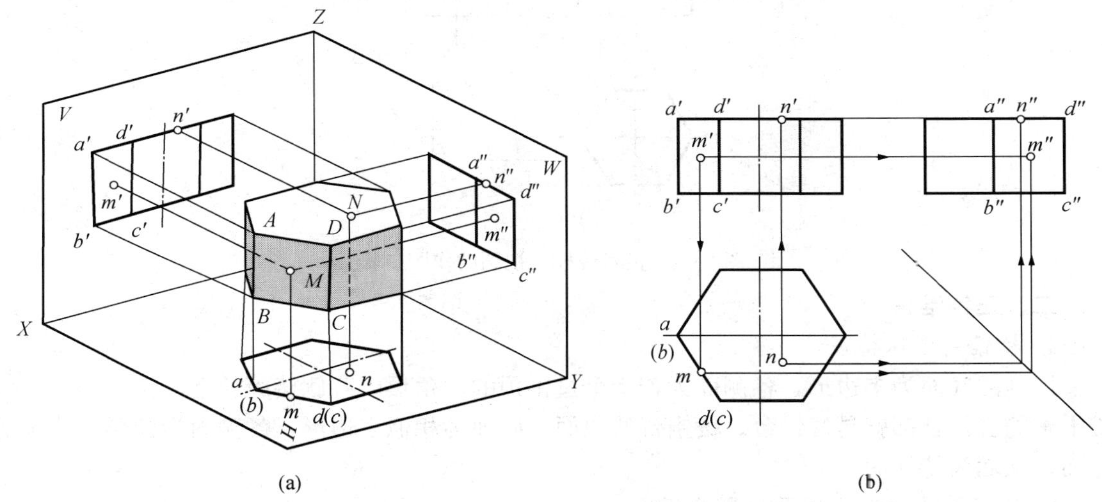

图 3-3 正六棱柱的三视图及表面上的点

3. 棱柱的投影特征

由正六棱柱的投影分析可以看出，在正棱柱的三个视图中，一个视图为正多边形反映底面的实形，其各边为棱面的积聚投影；另两个视图为由矩形线框组成的图形。

4. 作图步骤

如图 3-4 所示，作正六棱柱的三视图。

(1) 确定各视图的位置，画作图基准线，如图 3-4（a）所示。

(2) 画特征面视图，如图 3-4（b）所示。

(3) 根据棱柱的高及投影规律画其他两视图，如图 3-4（c）所示。

5. 棱柱表面上取点

首先确定点所在的平面并分析该平面的投影，若该平面垂直于投影面，则点在该投影面上的投影必定落在这个平面在该投影面的积聚性直线上。

如图 3-3 所示，已知棱柱表面上点 M 的 V 面投影 m'，求作点 M 的另两面投影。

根据 m' 点可见，所以点 M 在棱面 $ABCD$ 上。棱面 $ABCD$ 在 H 面上的投影积聚为直线段，点 M 的水平投影 m 必定在此直线段上。由 m、m' 即可求得侧面投影 m''。

又知点 N 的水平投影，求作点 N 的另两面投影。由于 n 可见，所以点 N 在六棱柱的顶面上，n'、n'' 分别积聚在顶面的积聚直线上。

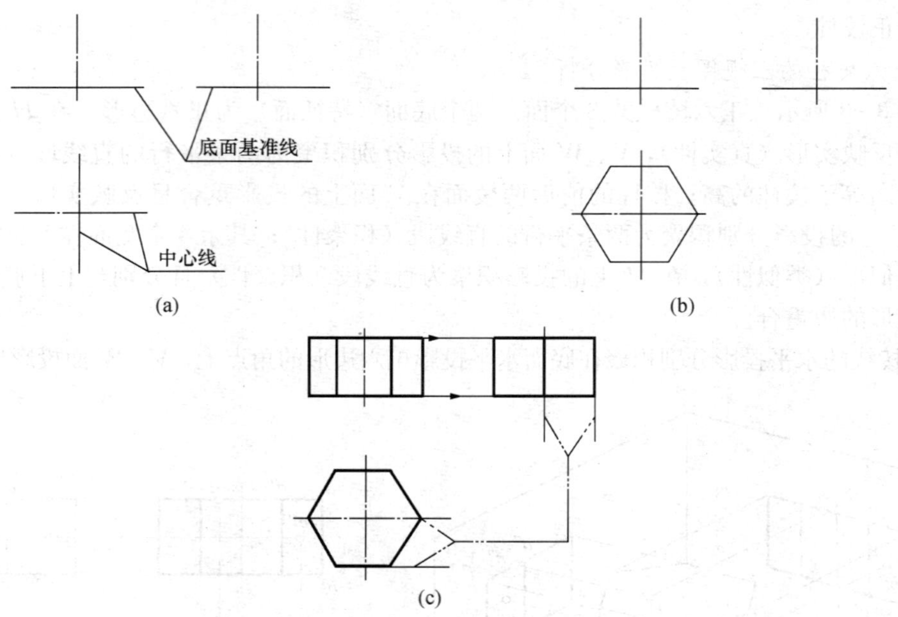

图 3-4 正六棱柱三视图的作图步骤

二、正棱锥

1. 棱锥的形体特征

棱锥的底面为多边形，各侧面为若干个过锥顶的三角形，各侧棱等长且汇交于一点。棱锥平整的去掉顶部就是棱锥台。棱锥台的顶面、底面为相似多边形，各侧面为梯形。棱锥的底面、顶面为特征面。

2. 正三棱锥的三视图及投影分析

如图 3-5 所示，正三棱锥共有 4 个面。底面为正三角形，在 H 面上的投影反映实形（真实性），在 V、W 面上的投影积聚为直线段（积聚性）；左右两个侧面在 V、H 面上的投影为缩小的等腰三角形（类似性），在 W 面上的投影重合为一个三角形（注意：不是等腰三角形）；后侧面在 V 面和 H 面上的投影均为缩小的等腰三角形（类似性），在 W 面上的投影积聚为直线段（积聚性）。

正三棱台的投影读者自行分析。

3. 棱锥的投影特征

由正三棱锥的投影分析可以看出，在正棱锥的三视图中，有一个视图为正多边形，且内含与正多边形边数相等的等腰三角形。其他两个视图为由三角形线框组成的图形。

4. 作图步骤

如图 3-6 所示，作正三棱锥的三视图。

(1) 确定各视图的位置，画作图基准线，如图 3-6（a）所示。

(2) 画反映底面的特征面视图，如图 3-6（b）所示。

(3) 根据锥顶高画主视图，如图 3-6（c）所示。

(4) 根据投影规律画左视图，如图 3-6（d）所示。

5. 棱锥表面上取点

首先确定点所在的平面，并分析该平面的投影。若该平面垂直于投影面，则点在该投影

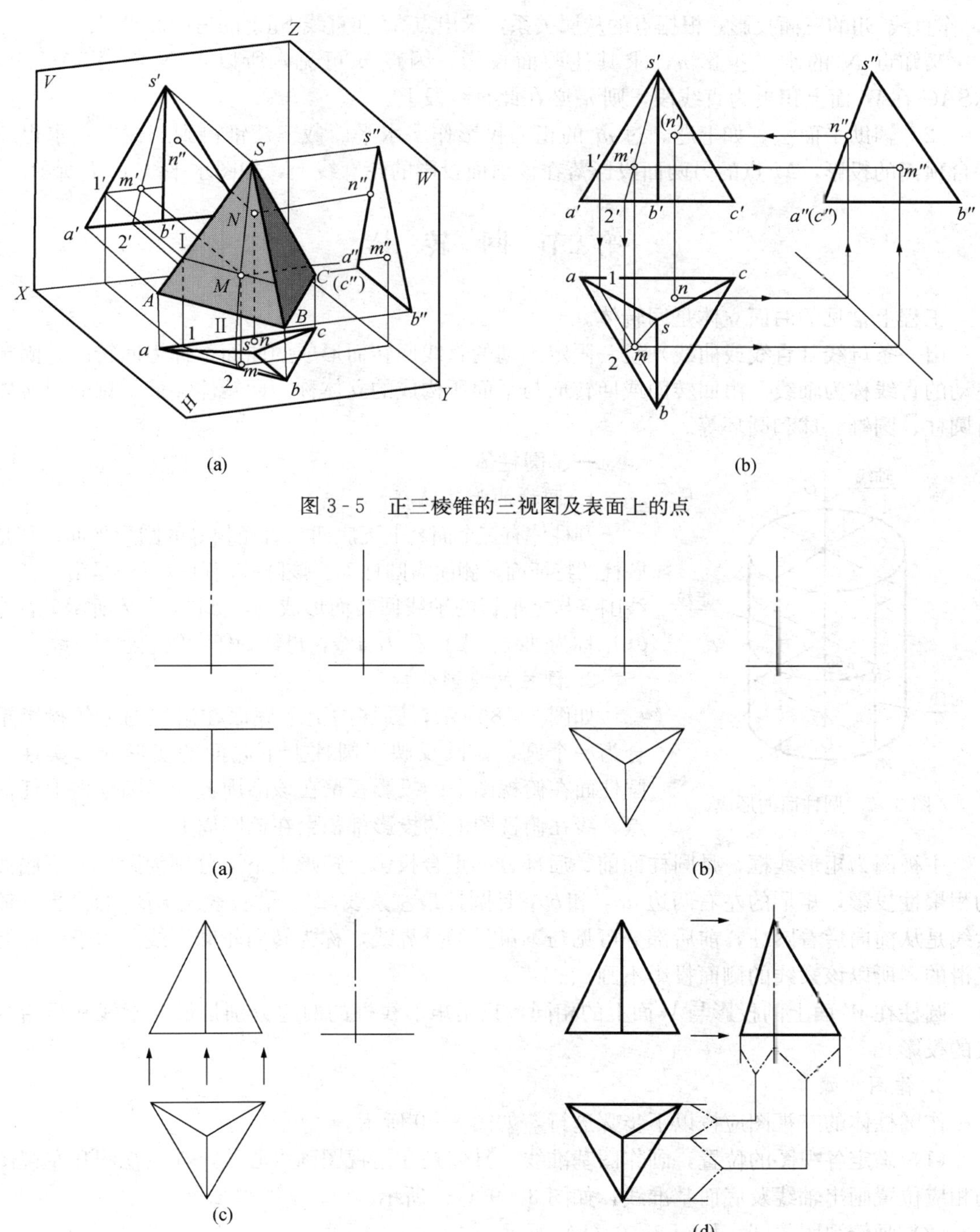

图 3-5 正三棱锥的三视图及表面上的点

图 3-6 正三棱锥三视图的作图步骤

面上的投影必定落在这个平面在该投影面的积聚性直线上；若该平面为一般平面，可采用辅助直线或辅助平面法求出点的投影。

(1) 辅助直线法。如图 3-5 所示，已知正三棱锥表面上点 M 的正面投影 m'，求作点 M 的另两面投影。m'可见，故点 M 在棱面△SAB 上。过点 M 及锥顶 S 作辅助线交底边 AB 于

Ⅱ，作直线 SⅡ的三面投影。根据点的从属关系，求出点 M 在直线 SⅡ上的另两面投影。

又知点 N 的水平投影 n，求其他两面投影。因点 n 可见，所以点 N 在△SAC 上，△SAC 在 W 面上积聚为直线段，则 n''必在此直线段上。

（2）辅助平面法。如上题，过 m'的正面投影作一水平面截三棱锥得到三棱台，求得三棱台顶面的投影，M 点的另两面投影落在该顶面投影的轮廓线上，如图水平线ⅠM 所示。

第二节　回　转　体

工程上常见的曲面立体是回转体。

由一条母线（直线或曲线）绕一固定不动的直线回转而形成的曲面，称为回转面。固定不动的直线称为轴线。由回转面或回转面与平面所构成的立体称为回转体。最常见的回转体有圆柱、圆锥、球和圆环等。

一、圆柱体

1. 圆柱的形体特征

圆柱体有三个面。上下底面为直径相等的圆形平面，其是圆柱的特征面，侧面为圆柱面。该圆柱面可以看作是由一条直线围绕与之平行的轴线回转而形成的，如图 3-7 所示。直线 OO_1 称为轴线，AA_1 称为母线，母线的任意位置称为素线。

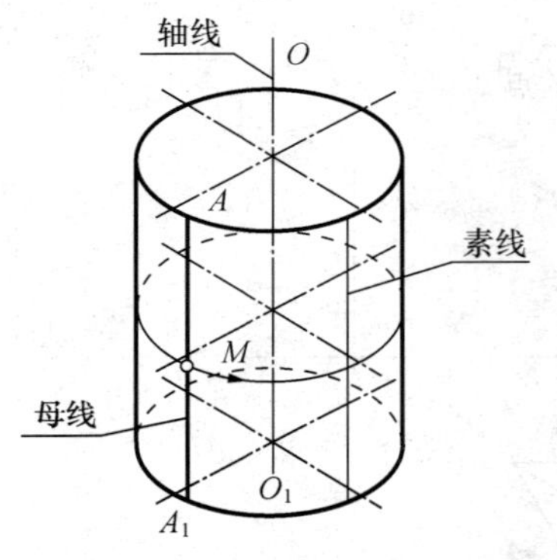

图 3-7　圆柱面的形成

2. 圆柱的投影分析

如图 3-8 所示，圆柱的上下底面在俯视图上的投影重合为一个圆，该圆反映了圆柱上下底面的实形（真实性）。圆柱面在俯视图上的投影积聚在该圆周上（即圆柱面上任何点、线在俯视图上的投影都积聚在该圆周上）。

主视图为矩形线框，是圆柱面前、后部分的重合投影。矩形上下边分别为圆柱上下底面的积聚性投影，矩形的左右两边 aa_1'和 bb_1'是圆柱最左素线 AA_1 最右素线 BB_1 的投影，该素线是从前向后看圆柱，前后部分可见与不可见的分界线，称为转向轮廓素线。由于圆柱是光滑的，所以该素线的侧面投影不画。

圆柱在 W 面上的投影与 V 面上的相同，只是矩形线框的两边分别是最前素线和最后素线的投影。

3. 作图步骤

作圆柱体的三视图应按以下步骤进行，如图 3-9 所示。

（1）确定各视图的位置，画作图基准线。具体是在俯视图画中心线，在主视图和左视图的相应位置画出轴线及底面基准线，如图 3-9（a）所示。

（2）画俯视图的圆，如图 3-9（b）所示。

（3）根据三视图的投影规律在主视图、俯视图上作出相应的矩形线框，如图 3-9（c）所示。

（4）根据主、俯视图，按投影关系画出左视图，检查并加深图线，完成作图，如图 3-9（d）所示。

4. 圆柱表面上取点

如图 3-8 所示，已知圆柱表面上点 M 的正面投影 m'，求作点 M 的另两面投影。因为

m'可见，所以 M 点必在前半圆柱上，根据圆柱面在俯视图上的积聚性投影，m 点必定在前半水平投影的圆周上，根据投影规律求得 m''点。

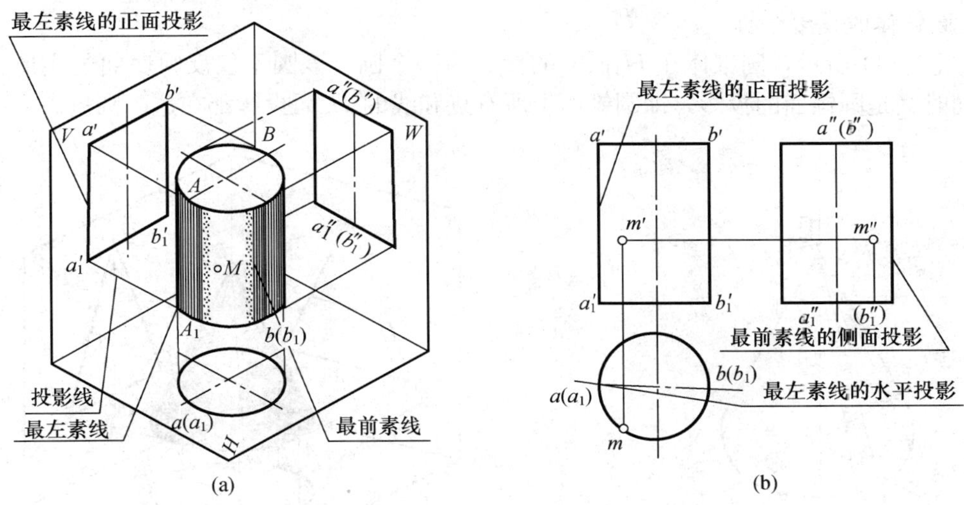

图 3-8　圆柱体的三视图及表面上的点

（a）投影示意图；（b）三视图

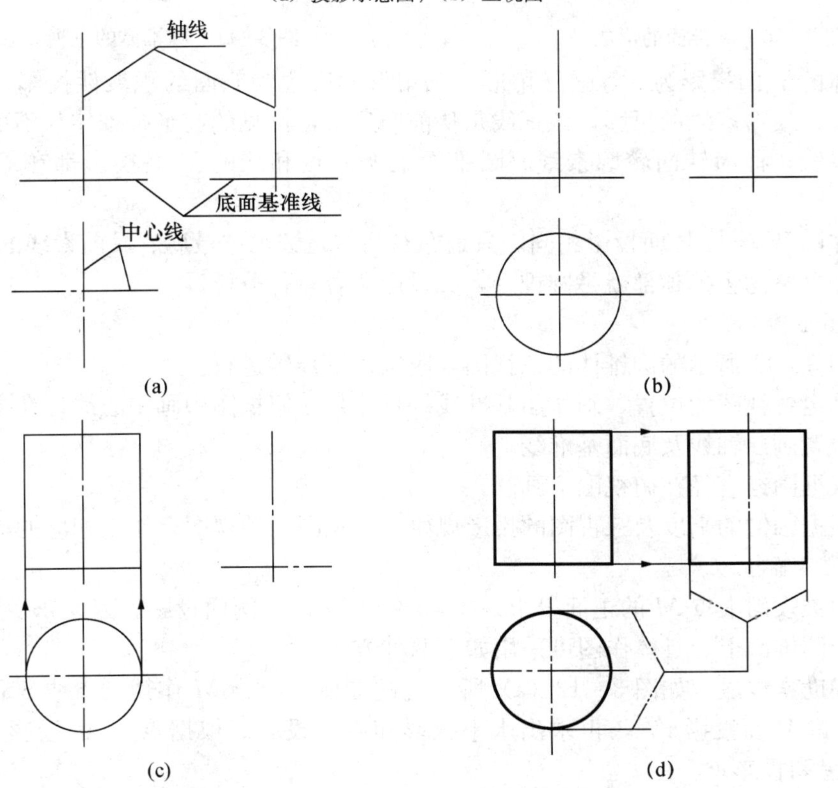

图 3-9　圆柱体三视图的作图步骤

二、圆锥体

1. 圆锥体的形体特征

圆锥体共有两个表面。底面为圆形平面，侧面为圆锥面。圆锥面可以看作是由一母线绕与它相交的轴线回转而形成的，如图 3－10 所示。*SO* 称为轴线，*SA* 称为母线，母线的任一位置称为素线，圆锥面的素线汇交于锥顶。

2. 圆锥体的投影分析

如图 3－11 所示，圆锥体在 *H* 面上的投影为一个圆。该圆不仅反映底面的实形（真实性），同时又是圆锥面的投影，即圆锥面上所有点和线的 *H* 面投影都在这个圆里。

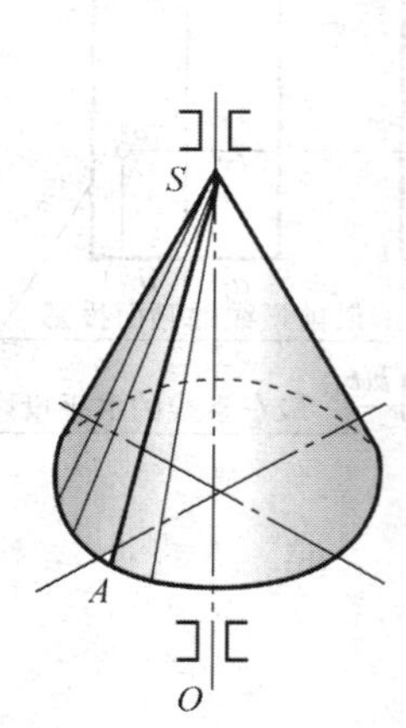

图 3－10 圆锥面的形成

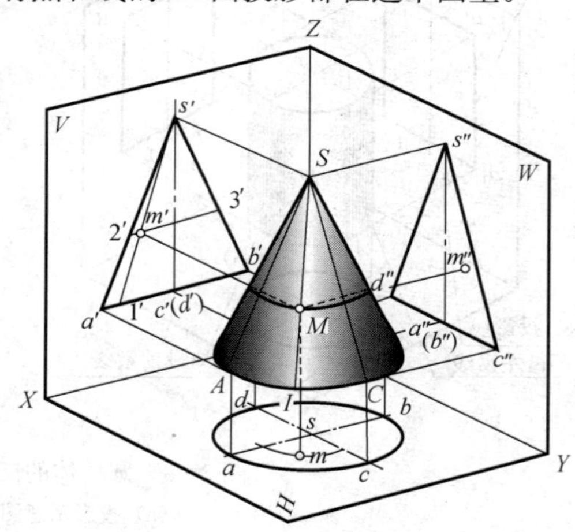

图 3－11 圆锥体的三视图

圆锥体的 *V* 面投影为一等腰三角形。三角形的底边为底面的积聚性投影；左右两腰是圆锥体最左、最右素线的投影，该素线是从前向后看，可见的前半圆锥体与不可见的后半圆锥体的分界线，称为转向轮廓素线。圆锥面上所有点和线的 *V* 面投影都在等腰三角形线框里。

圆锥体的 *W* 面与 *V* 面投影相同。只是左右两腰是圆锥体最后、最前素线的投影。

圆锥体平整的去掉顶部就是圆锥台，其投影读者自行分析。

3. 作图步骤

作如图 3－11 所示的圆锥体的三视图，应按以下步骤进行。

（1）确定各视图的位置，画作图基准线。具体是在俯视图中画中心线，在主视图和左视图的相应位置画出轴线及底面基准线。

（2）根据圆锥直径在俯视图上画圆。

（3）根据圆锥的高度及三视图的投影规律在主视图、俯视图上作出相应的等腰三角形。

4. 圆锥表面上取点

已知圆锥表面上点 *M* 的正面投影 m'，求作点 *M* 的另两面投影。因为 m'可见，所以 *M* 必在前半个圆锥面上。具体作图可采用如下两种方法。

（1）辅助素线法。如图 3－12（a）所示，过锥顶 *S* 和点 *M* 作辅助素线 *S* Ⅰ。由已知条件先作 *S* Ⅰ的 *V* 面投影 $s'l'$，再求出水平投影和侧面投影。根据点 *M* 的投影在此直线上，求得 *M* 的另两投影。

（2）辅助平面法。如图 3－12（b）所示，由于垂直圆锥轴线的截面与圆锥表面的交线均为圆，圆锥表面上点的投影一定在此截得的圆上。具体作法是过 *M* 点作垂直于轴线的辅助圆，该圆的正面投影过 m'点，水平投影为一直径等于 $2'3'$的圆，m 必在此圆周上，由 m、m'可求得 m''。

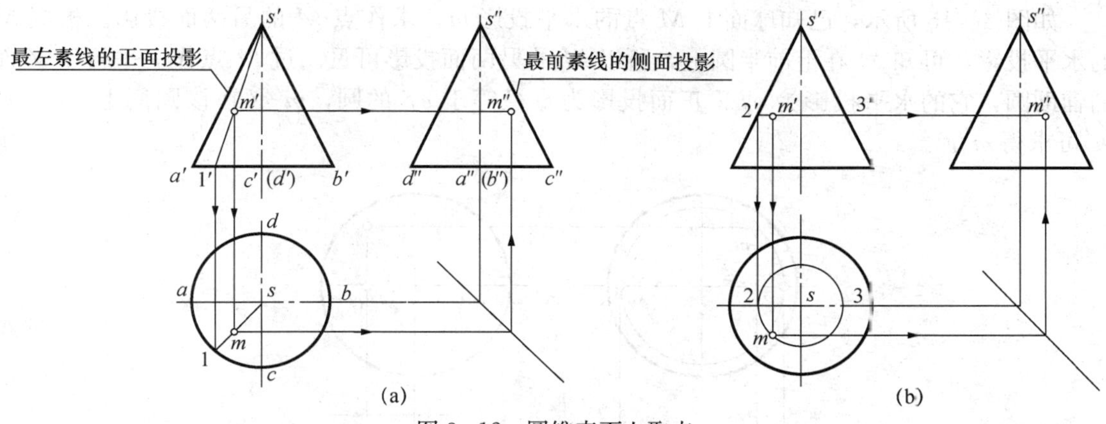

图 3－12　圆锥表面上取点

三、球

1. 球的形体特征

圆球体的表面是一个圆球面。圆球面可以看作是由半圆形母线绕其直径回转而形成的，如图 3－13 所示。

2. 球的投影分析

圆球体在三个投影面上的投影均为圆，该圆的直径与球体的直径相等。但这三个圆是球在三投影面上的转向轮廓素线的投影。正面投影上的圆是前半球面和后半球面的分界线（也是平行于 V 面的最大圆的投影）。水平投影面上的圆是上、下半球面的分界线（是平行于 H 面的最大圆的投影）。侧面投影面上的圆是左、右半球面的分界线（是平行于 W 面的最大圆的投影），如图 3－14 所示。

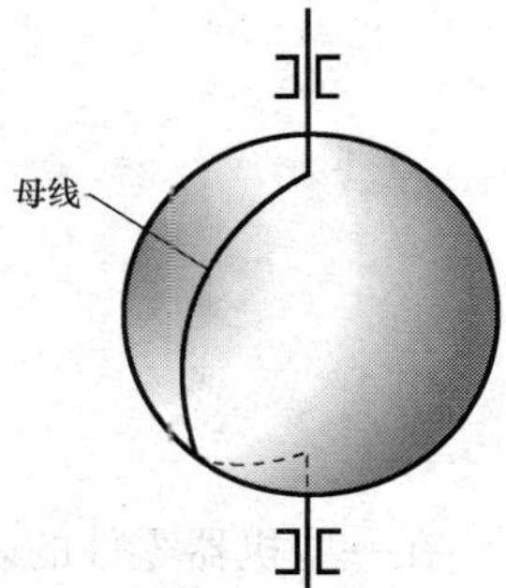

母线

图 3－13　圆球面的形成

3. 球表面上取点

由于球面没有积聚性也不存在直线，所以在球表面上取点可采用辅助圆法。

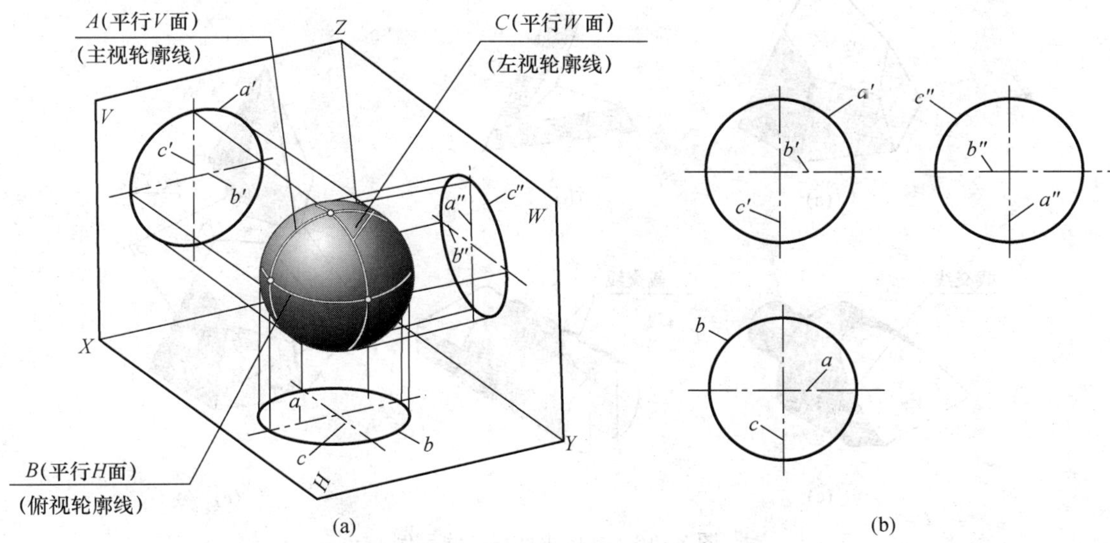

图 3－14　圆球的三视图

如图 3 - 15 所示，已知球面上 M 点的水平投影 m，求作点 M 的另两面投影。根据 M 的水平投影，可知 M 在上前半圆上，所以 M 的另两面投影可见。过 M 点作一平行于 V 面的辅助圆，它的水平投影为 ef，正面投影为直径等于 ef 的圆，m'必在该圆周上。由 m、m'可求得 m''。

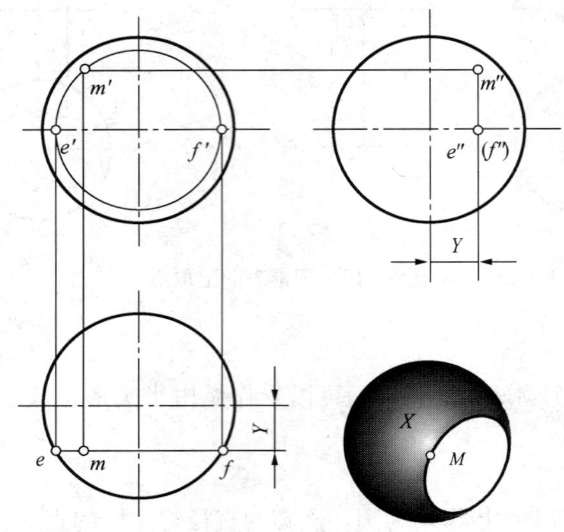

图 3 - 15　圆球表面上取点

第三节　平面与立体表面相交

在一些机器零件的表面上常常看到一些交线。其中平面与立体表面相交产生的交线称为截交线。该平面称为截平面，由截交线围成的平面图形称为截断面，如图 3 - 16 所示。截交线的形状取决于立体的形状和截平面的位置。

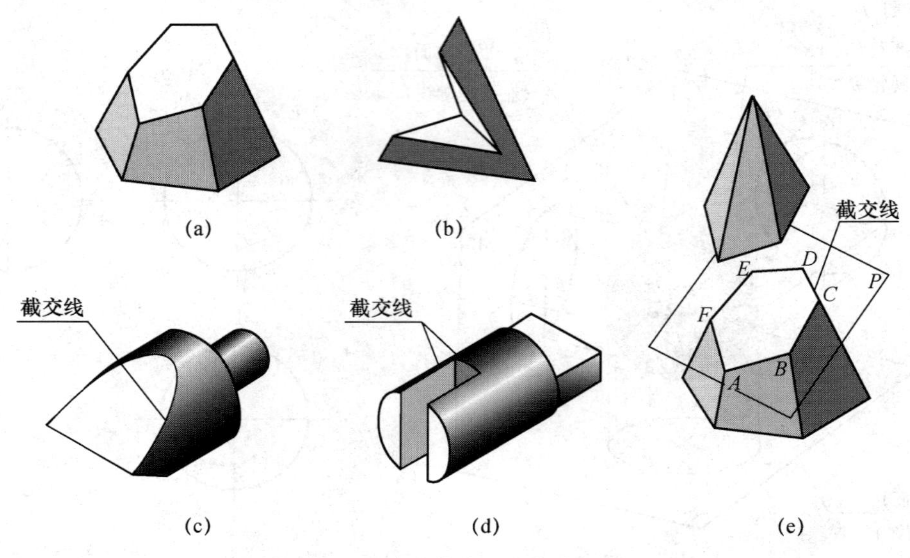

图 3 - 16　立体表面截交线示例

截交线具有如下性质：

（1）截交线是一个封闭的平面图形。

（2）截交线既在截平面上，又在立体表面上，因此截交线是截平面与立体表面的共有线，截交线上的点是截平面与立体表面的共有点。

一、平面立体的截交线

由于平面立体的表面全部是平面，所以其截交线是由直线所组成的封闭的平面图形。它的边是截平面与平面立体表面的交线，各边的顶点是截平面与平面立体的棱线或底边的交点。因此，求作平面体的截交线应注意两个问题：一是考虑截平面的形状；二是考虑如何求作截平面与各棱面或底面的交线。

【例 3-1】　如图 3-17 所示，求作被正垂面截切后的四棱台的三视图。

分析：从图示的截平面和四棱台的位置可以看出，截平面和四棱台的 4 个面相交即有 4 条交线，所以截断面是四边形。四边形 4 条边的顶点分别是各棱线和截平面的交点，因此只要求得这些点的投影，然后依次连接各点的同面投影即可。

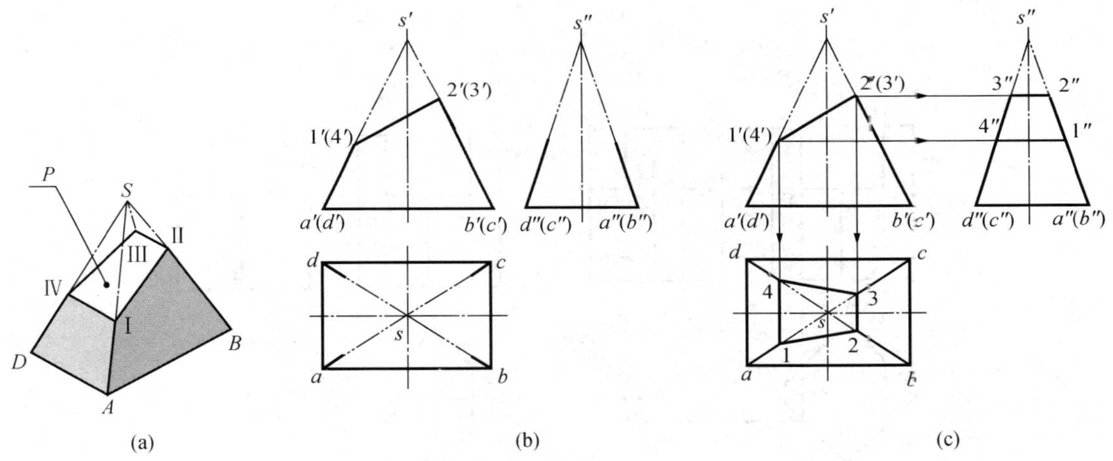

图 3-17　求作四棱台的截交线

作图：

（1）利用截平面在 V 面上的积聚性，首先确定截交线各顶点的正面投影 $1'$、$2'$、$3'$、$4'$。

（2）根据直线上点的投影特性，求出四边形各顶点的其余两面投影。

（3）依次连接各顶点的同面投影完成三视图。

【例 3-2】　如图 3-18 所示，已知开槽四棱柱的主视图画另两视图。

分析：开槽四棱柱可看作是由两个侧平面和一个水平面截切四棱柱后形成的。侧平面截切时和 4 个平面相交为四边形，W 面上反映四边形实形。水平面截切时和 6 个面相交为六边形，H 面投影反映六边形实形。根据投影规律作出各线的投影即可。

作图：

（1）画出完整四棱柱的俯视图及左视图。

（2）在俯视图上，根据“长对正”画出六边形实形。

（3）在左视图上，根据投影规律画出各交线的投影，完成左视图。

二、回转体的截交线

回转体的截交线一般是封闭的平面曲线，或平面曲线和直线所围成的平面图形。截交线的形状与回转体的几何性质及其截平面的相对位置有关。截交线是截平面和回转体表面的共有线，截交线上的点是截平面和回转体表面上一系列素线的交点。作图时，一般先求出这些交点的投影，然后依次连接各点的同面投影，即得截交线的投影。

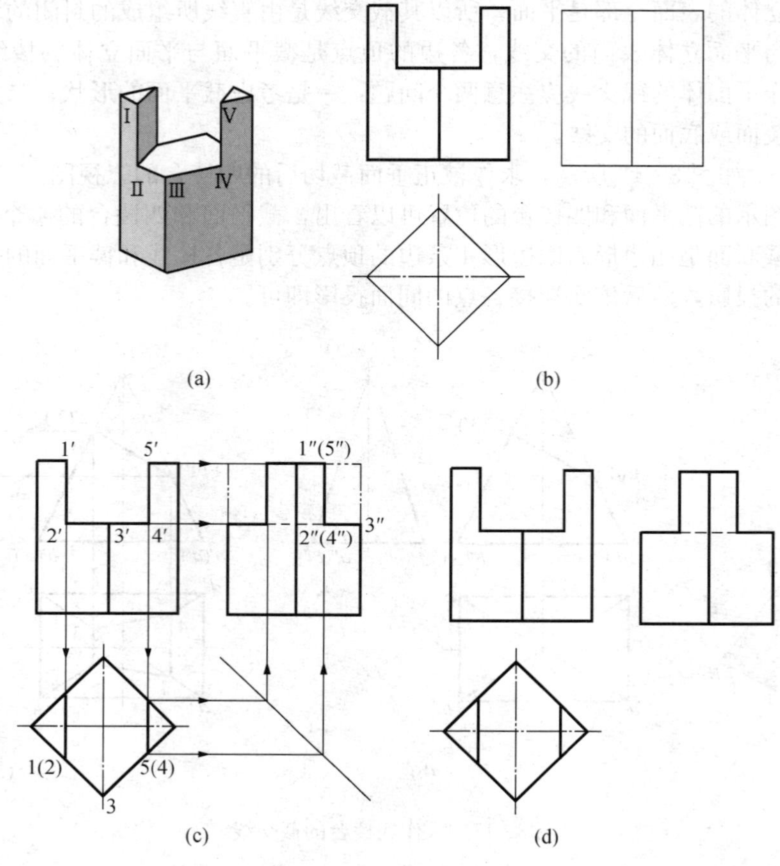

图 3-18 开槽四棱柱

1. 圆柱体的截交线

根据截平面和圆柱体相对位置的不同，截交线形状不同，如表 3-1 所示。

表 3-1 圆柱体的截交线图表

截平面的位置	与轴线平行时	与轴线垂直时	与轴线倾斜时
轴测图			

续表

截平面的位置	与轴线平行时	与轴线垂直时	与轴线倾斜时
投影图	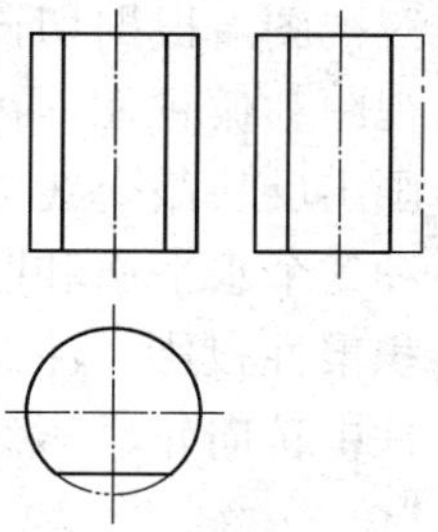	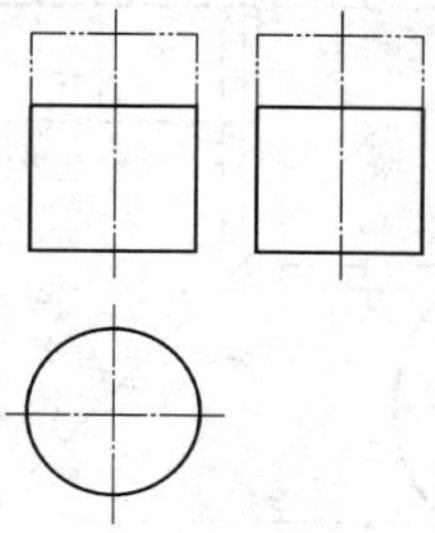	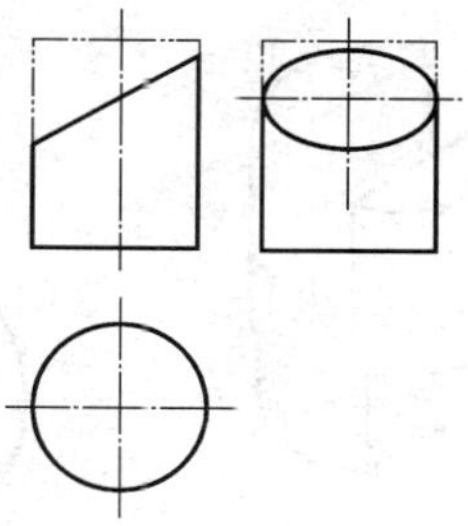
截交线的形状	矩 形	圆	椭 圆

【例 3-3】 如图 3-19 所示，求作斜切圆柱体的截交线。

分析：截平面倾斜于圆柱的轴线，截交线是椭圆。截交线的正面投影积聚成直线，水平投影与圆柱面的 V 面投影重合为圆，侧面投影仍为椭圆，可根据圆柱表面取点的方法求出。

作图：

(1) 先求出截交线上特殊点 A、B、C、D（最右、最左、最前、最后）的三面投影。这些点分别是椭圆长、短轴的端点。

(2) 再作适当数量一般点的投影。先在正面投影上选取 k_1'、k_2'、m_1'、m_2'，再根据圆柱水平投影的积聚性作 k_1、k_2、m_1、m_2，然后由两面投影作出相应点的侧面投影。

(3) 最后光滑连接各点。

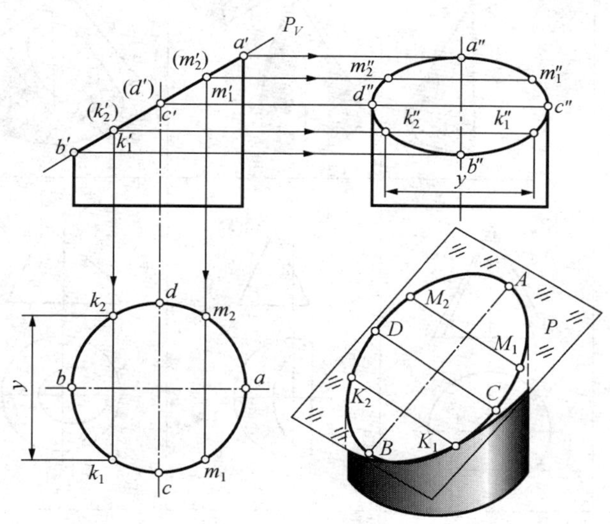

图 3-19 圆柱体的截交线

【例 3-4】 如图 3-20 所示，已知切口圆柱的主、俯视图，求作左视图。

分析：由图可知，圆柱被 4 个侧平面和 3 个水平面切割。4 个侧面的截交线为矩形，侧面投影反映实形，其他两面投影具有积聚性。3 个水平面和圆柱的交线各为圆上的某部分，其水平投

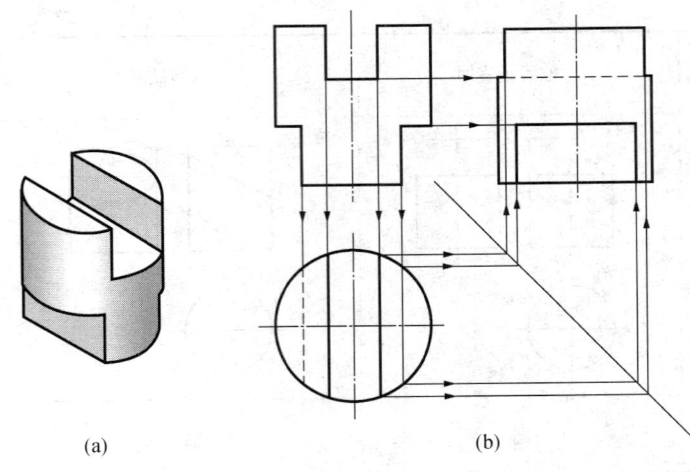

图 3-20 圆柱切口开槽的画法

影积聚在圆柱面的水平投影上，其他两面的投影具有积聚性。

作图：先画出完整圆柱的三视图，根据切口依次画出主视图和俯视图，再在左视图上画出反映截交线为矩形的线框和 3 个水平面和圆柱的交线的积聚性投影。注意在左视图圆柱中转向轮廓素线的“去”与“留”。

2. 圆锥体的截交线

根据截平面与圆锥体相对位置的不同，截交线有椭圆、抛物线、双曲线、圆、直线 5 种形状，见表 3-2。

表 3-2 **圆锥体的截交线**

截平面的位置	与轴线垂直	过圆锥顶点	平行于任一素线	与轴线倾斜	与轴线平行
轴测图	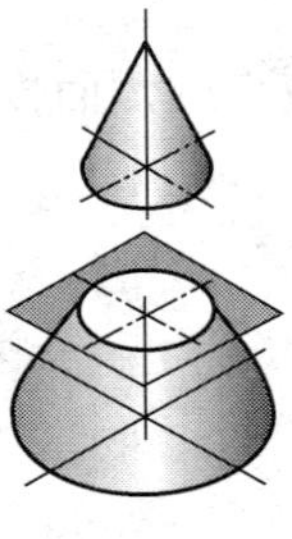	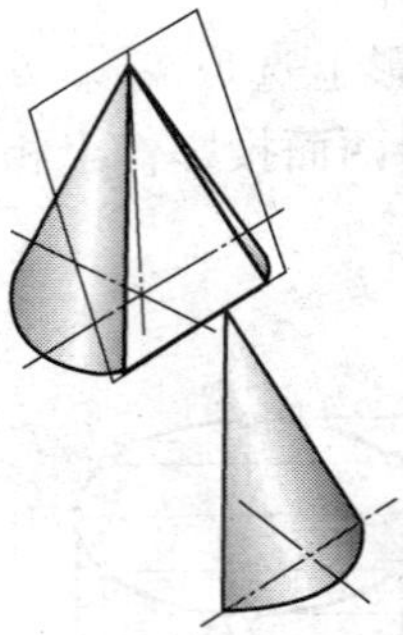	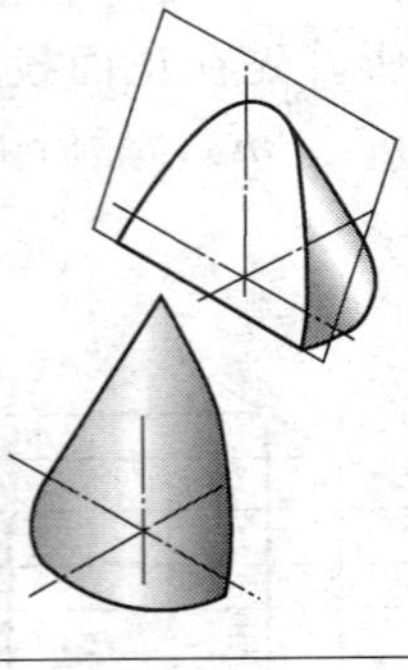	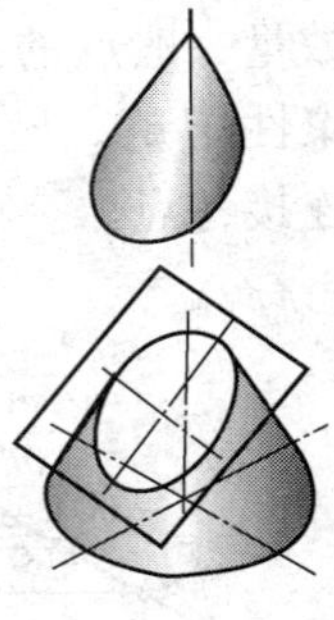	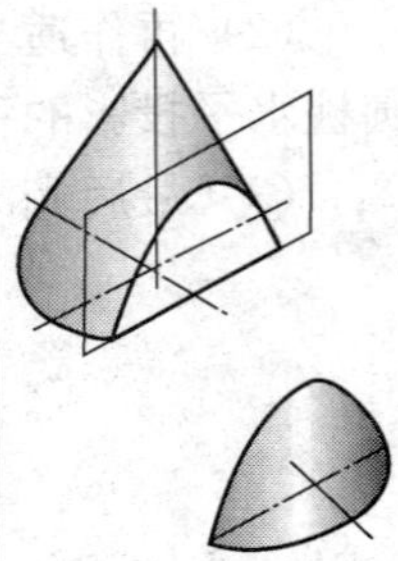
投影图	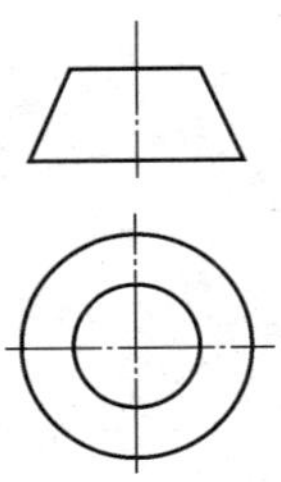	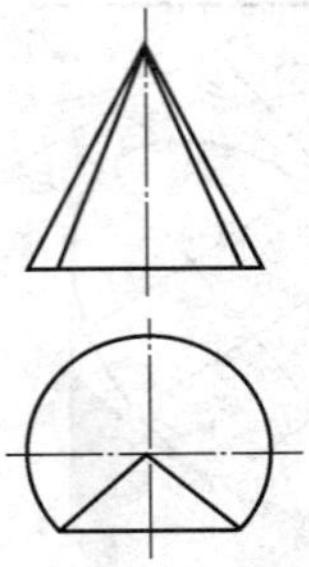	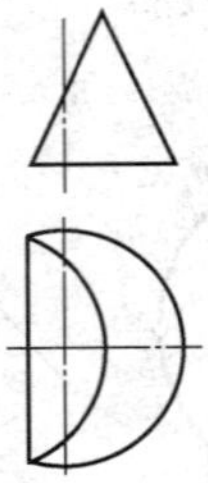	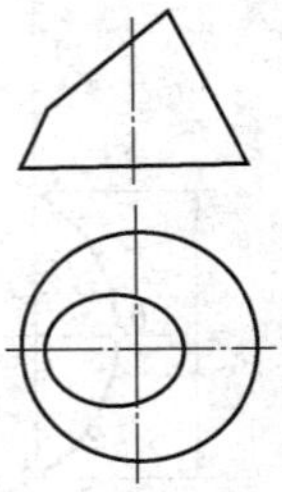	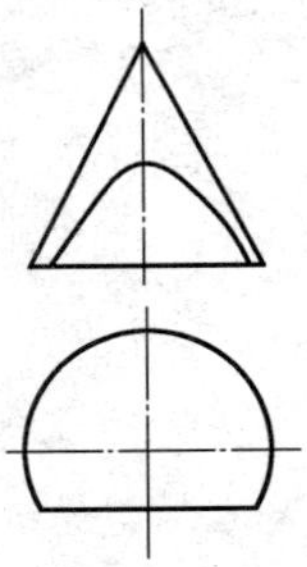
截交线的形状	圆	等腰三角形	封闭的抛物线	椭圆	封闭的双曲线

【例 3-5】 如图 3-21 所示，求作正平面截切圆锥的截交线

分析：由于截平面与圆锥的轴线平行，所以截交线为双曲线。截交线的水平、侧面投影

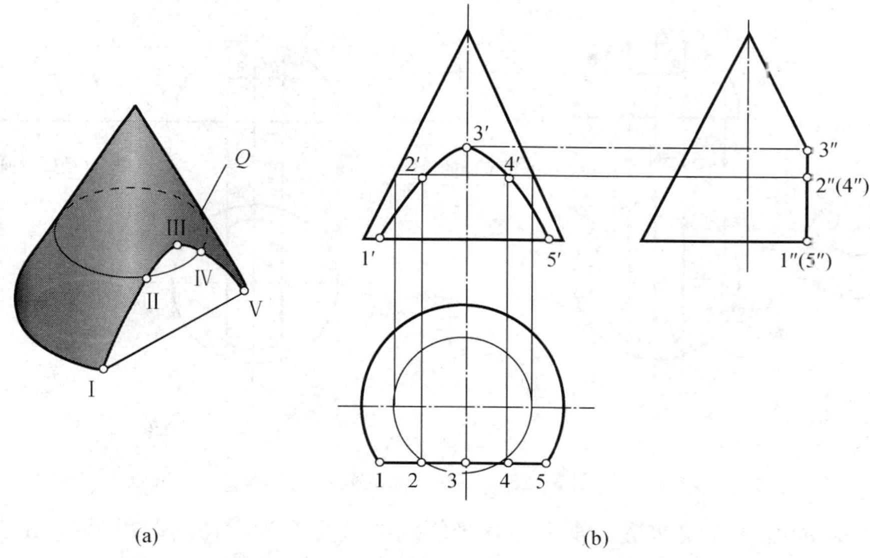

图 3-21 正平面截切圆锥的截交线

积聚为直线段，只需求正面投影。

作图：

（1）先求出双曲线上特殊点Ⅰ、Ⅲ、Ⅴ（最左、最高、最右）的三面投影。

（2）求一般点的投影。作辅助平面水平面 Q 与圆锥相交，交线是圆。该圆的水平投影和正平面的交点是所求截交线上的点，求出该点的其余投影。

（3）最后光滑连接各点，完成视图。

3. 圆球的截交线

圆球被任意方向的平面截切，其截交线都是圆。当截平面和投影面平行时，截交线在所平行的投影面上的投影为一圆，其余两面投影积聚为直线，如图 3-22 所示。

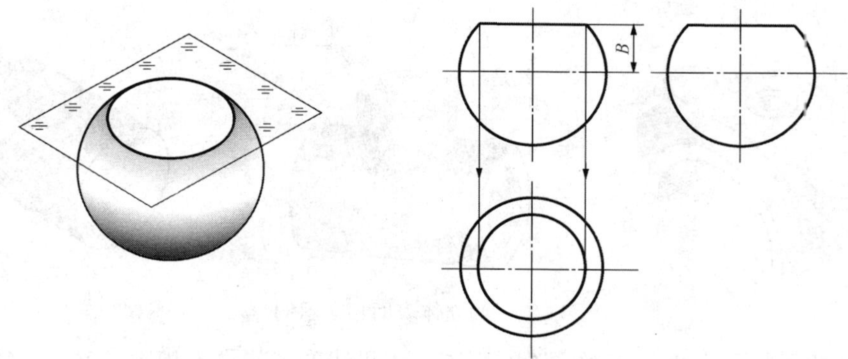

图 3-22 球被水平面截切的截交线

【例 3-6】 如图 3-23 所示，画出开槽半圆球的三视图。

分析：半圆球被两个侧面和一个水平面所截。两个侧面和半圆球的截交线为一段弧

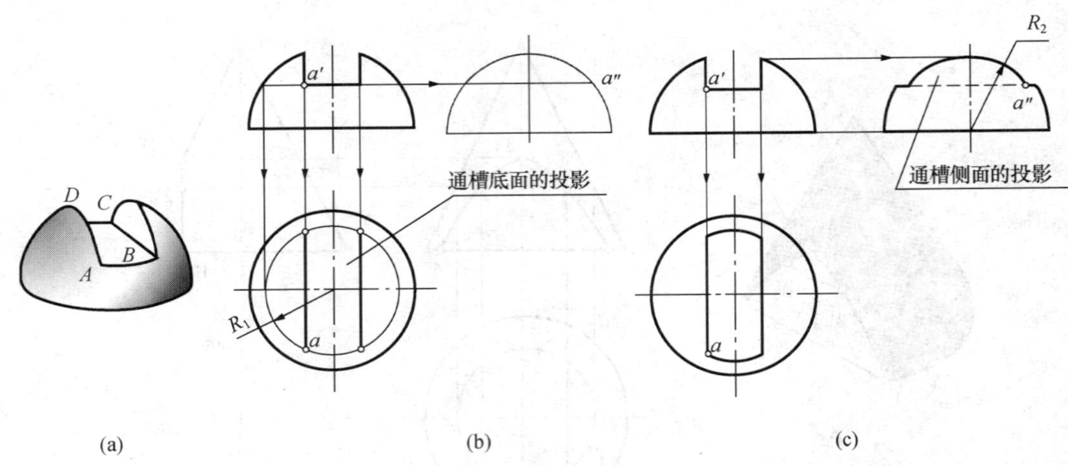

图 3-23 半球开槽的截交线

($\overset{\frown}{AD}$、$\overset{\frown}{CB}$)，侧面投影反映实形。水平面和半圆球的截交线为同径的两段弧（$\overset{\frown}{AB}$、$\overset{\frown}{DC}$），水平投影反映实形。

作图：

（1）过 A 点做水平截平面交圆球的 V 面投影，求得截交线在 H 面上投影的圆弧半径 R_1，再完成俯视图。

（2）过 A 点做平行于侧平面的截平面交圆球的 V 面投影，求得截交线在 W 面上投影的圆弧半径 R_2，再完成左视图。

第四节 立体与立体表面相交

两立体相交称为相贯，相交的立体称为相贯体，如图 3-24 所示。相贯体上的表面交线称为相贯线。

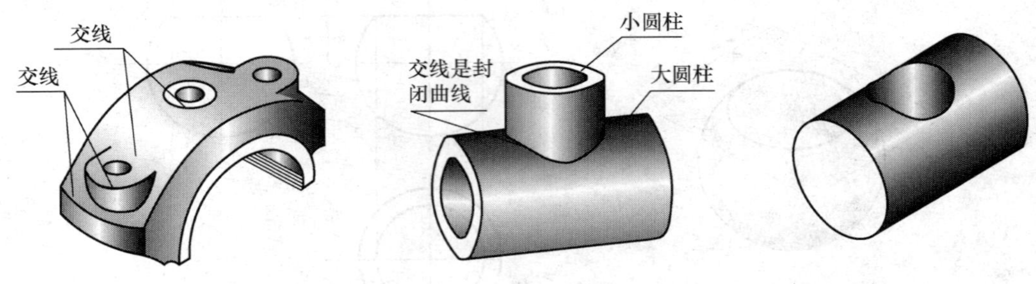

图 3-24 两立体表面相交示例

由于立体的形状、大小和相对位置的不同，相贯线的形状也不相同。但相关线都具有以下性质。

（1）相贯线是相交两立体表面的共有线，相贯线上的点是相交两立体表面的共有点。

（2）由于立体具有一定的空间范围，所以相贯线一般是封闭的空间曲线，特殊情况下是平面曲线或折线。

从相贯线的性质可以看出，绘制相贯线同样可以归结为立体表面取点的问题，即求出两相贯体表面上一系列公共点的投影，再将这些点的投影光滑连接。相贯线的常用求法有积聚性法和辅助平面法两种。

一、利用积聚性求作相贯线

当相贯的两立体表面的某一投影具有积聚性时，相贯线的一个投影一定落在这个有积聚性的投影上，这时相贯线的其他投影便可通过投影关系或在立体表面取点求出。

【例 3-7】　如图 3-25 所示，求作两圆柱轴线正交相贯线的投影。

分析：图示相贯体为直径不等的两个圆柱垂直相交所得，其相贯线为一封闭的、前后左右对称的空间曲线。大圆柱的轴线垂直于 W 面，其侧面投影具有积聚性；小圆柱的轴线垂直于 H 面，其水平投影具有积聚性。所以相贯线的侧面投影为一段圆弧，水平投影为圆。故只需求出相贯线的正面投影。

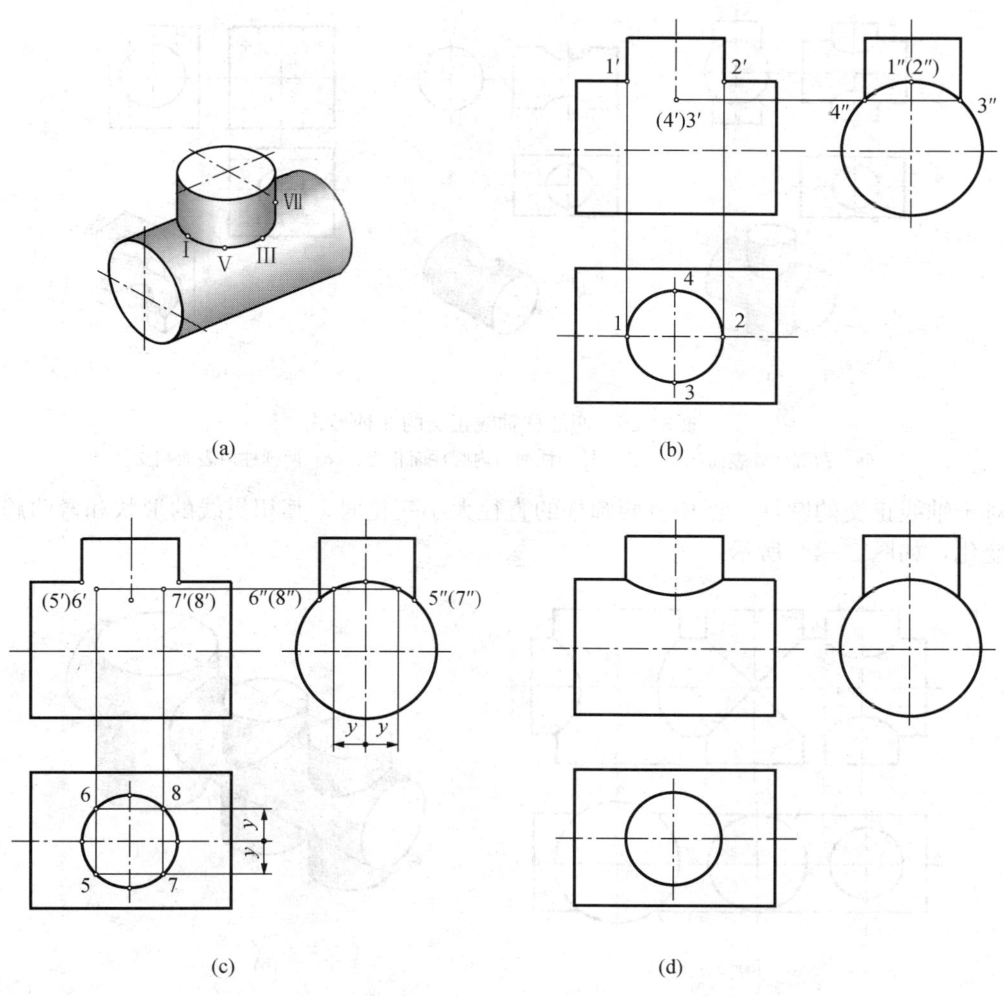

图 3-25　两圆柱轴线正交相贯线的画法

(a) 立体图；(b) 求特殊点；(c) 求一般点；(d) 光滑连接，完成全图

作图：

(1) 求特殊点。转向轮廓线上的点都是特殊点。在正面投影中，两圆柱转向轮廓线间的交点 1′、2′是相贯线的最高点（也是最左、最右点）的投影。在侧面投影中，小圆柱的转向轮廓线与大圆柱的交点 3″、4″是相贯线的最低点（也是最前、最后点）的投影，其正面投影位于轴线上，如图 3 - 25（b）所示。

(2) 求一般点。一般点可利用圆柱的聚集性直接求出。如取Ⅴ、Ⅵ、Ⅶ、Ⅷ点，在水平投影中取出 5、6、7、8 点，根据投影先求出侧面投影 5″、6″、(7″)、(8″) 点，然后求出正面投影 5′、(6′)、7′、(8′) 点 ，如图 3 - 25（c）所示。

(3) 判别可见性并圆滑连接各点。由于相贯线前、后对称，故其投影重合。用粗实线圆滑连接 1、5、3、7、2 各点，即得到相贯线的正面投影，如图 3 - 25（d）所示。

两轴线正交圆柱在机械零件上是很常见的，其相贯一般有 3 种形式，如图 3 - 26 所示。

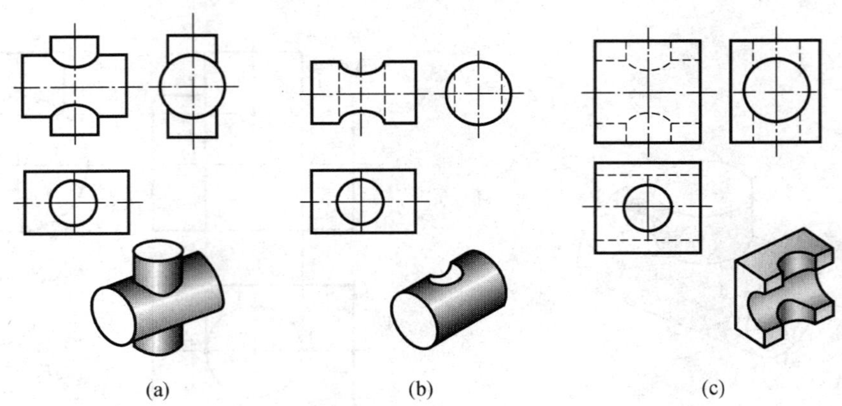

(a)　(b)　(c)

图 3 - 26　两圆柱轴线正交的 3 种形式

(a) 两圆柱外表面相交；(b) 外圆柱面与内圆柱面相交；(c) 两圆柱内表面相交

对于轴线正交的圆柱，当相贯两圆柱的直径大小变化时，其相贯线的形状和弯曲趋向也随之变化，如图 3 - 27 所示。

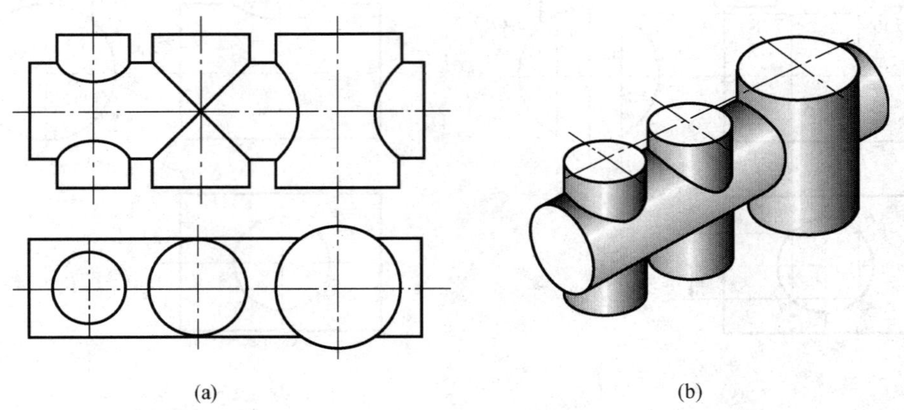

(a)　(b)

图 3 - 27　轴线正交的圆柱相贯线

当相贯两圆柱的直径相差较大时，其相贯线的投影可采用圆弧代替的近似画法。具体作法是以大圆柱的半径为半径，在小圆柱轴线上找圆心，凹向大圆柱轴线画圆弧，如图 3 - 28

所示。

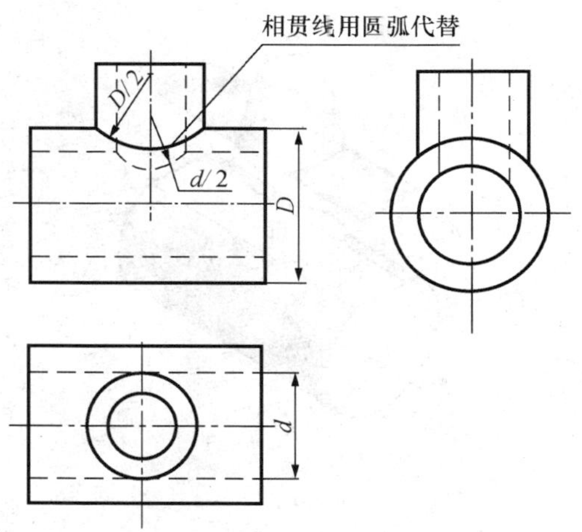

图 3-28 轴线正交圆柱相贯线的近似画法

二、利用辅助平面法求作相贯线

当相贯线不能利用积聚性直接求出时，一般利用辅助平面法来求作相贯线。辅助平面法的作图原理是三面共点，如图 3-29（a）所示。辅助平面与两立体同时相交得到两组截交线，这两组截交线既在辅助平面内，又在两相贯立体表面上，故这两组截交线的交点亦在两相贯立体表面上，是相贯线上的点。利用辅助平面法求作相贯线的作图步骤是：①选择辅助平面，使其与两相贯立体均相交；②分别求出辅助平面与两相贯立体的截交线；③求出两组截交线的交点，并光滑连接。

这里辅助平面的选择很关键。通常为使作图简便，应选择特殊位置的平面作为辅助平面，并使辅助平面与两立体相交得到的截交线的投影简单易画。

【例 3-8】 如图 3-29 所示，求作圆柱和圆台的相贯线投影。

分析：图示圆柱和圆台的相贯线为一封闭的空间曲线，前后、左右对称。由于圆柱的轴线垂直于 W 面，所以相贯线的侧面投影积聚在圆柱的侧面投影上，是一段圆弧。相贯线的水平投影和正面投影都需通过作图求出。

作图：

（1）求特殊点。利用相贯线已知的侧面投影，可直接求出Ⅰ、Ⅱ、Ⅲ、Ⅳ点。在正面投影中，交点 $1'$、$2'$是相贯线的最高点（也是最左、最右点）的投影。在侧面投影中，交点 $3''$、$4''$是相贯线的最低点（也是最前、最后点）的投影，如图 3-29（b）所示。

（2）求一般点。在最高点和最低点之间作水平的辅助平面 P，它与圆台的截交线为圆，与圆柱表面的截交线为一矩形，二者的交点Ⅴ、Ⅳ、Ⅶ、Ⅷ均为相贯线上的点，如图 3-29（a）所示。在俯视图中，交点 5、6、7、8 为Ⅴ、Ⅳ、Ⅶ、Ⅷ的水平投影。根据水平投影，在侧面投影上求得 P 面与圆的交点是（$5''$）、（$6''$）、$7''$、$8''$点。再根据侧面投影和水平投影，求出正面投影 $5'$、（$6'$）、$7'$、（$8'$）点，如图 3-29（c）所示。

（3）判别可见性并圆滑连接各点。由于相贯线前、后对称，故其投影重合。用粗实线圆滑连接各点，即得到相贯线的水平投影和正面投影，如图 3-29（d）所示。

【例 3-9】 如图 3-30 所示，求作圆柱和圆锥的相贯线投影。

分析：图示圆柱和圆锥的相贯线为一封闭的空间曲线，前后对称。由于圆柱的轴线垂直于 W 面，所以相贯线的侧面投影积聚在圆柱的侧面投影上，是一个圆。相贯线的水平投影和正面投影都需通过作图求出。

作图：

（1）求特殊点。圆柱和圆锥相交，点Ⅰ、Ⅱ可直接求出。在正面投影中，交点 $1'$、$2'$是相贯线的最低点的投影。在水平投影中，交点 1 是相贯线的最左点；交点 2 不是相贯线的最右点，如图 3-30（c）所示。相贯线上的最右点，也是利用辅助平面法求出来的，但辅助平面的取法不同：过锥顶作与圆柱面相切的 Q、T 平面，N、M 点为相贯线上的点（N 在 Q 平

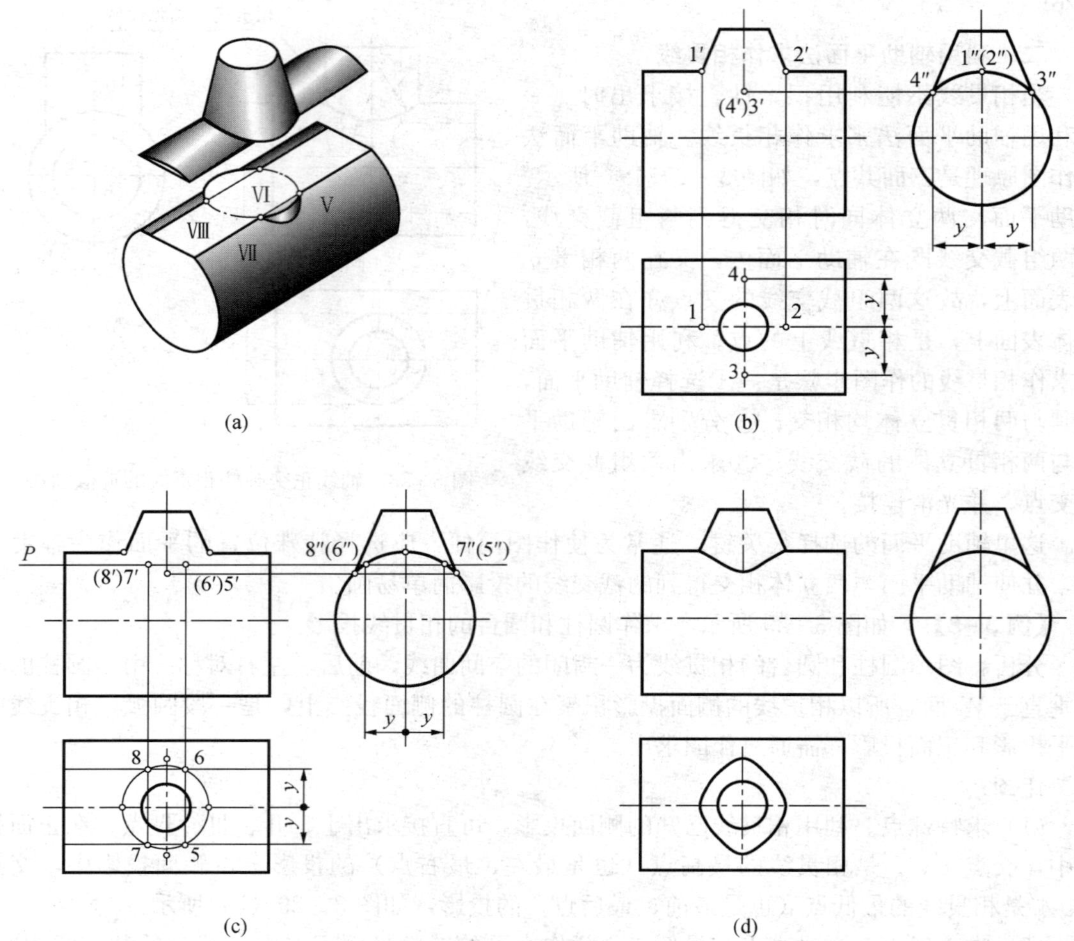

图 3-29　圆柱和圆台相贯线的画法

(a) 作图原理；(b) 求特殊点；(c) 求一般点；(d) 光滑连接，完成全图

面上，M 在 T 平面上)，如图 3-30 (b) 所示。N、M 的侧面投影在左视图中可求，即作过锥顶 s'' 与圆相切的两条素线 $s''n''$、$s''m''$，n''、m'' 为切点。确定了 N、M 点的侧面投影，其 n、m 和 n'、m' 均可以求出，如图 3-30 (c) 所示。点 N、M 也是确定相贯线的特殊点（最右点)，即相贯线在 N、M 处转向。

(2) 求一般点。在最高点和最低点之间的适当位置作水平辅助平面 P_1 和 P_2，得到侧面投影 5″、6″、7″、8″点。P_1 和 P_2 与圆锥的截交线为圆，与圆柱表面的截交线为一矩形。P_1 面上交点的水平投影为 5、6 点，P_2 面上交点的水平投影为 7、8 点。根据水平投影，再求出正面投影 5′、(6′)、7′、(8′) 点，如图 3-30 (d) 所示。

(3) 判别可见性并圆滑连接各点。在俯视图中 3、4 点是可见与不可见部分的分界点，可见的部分用粗实线绘制，不可见的部分用虚线绘制，即得到相贯线的水平投影和正面投影，如图 3-30 (e) 所示。

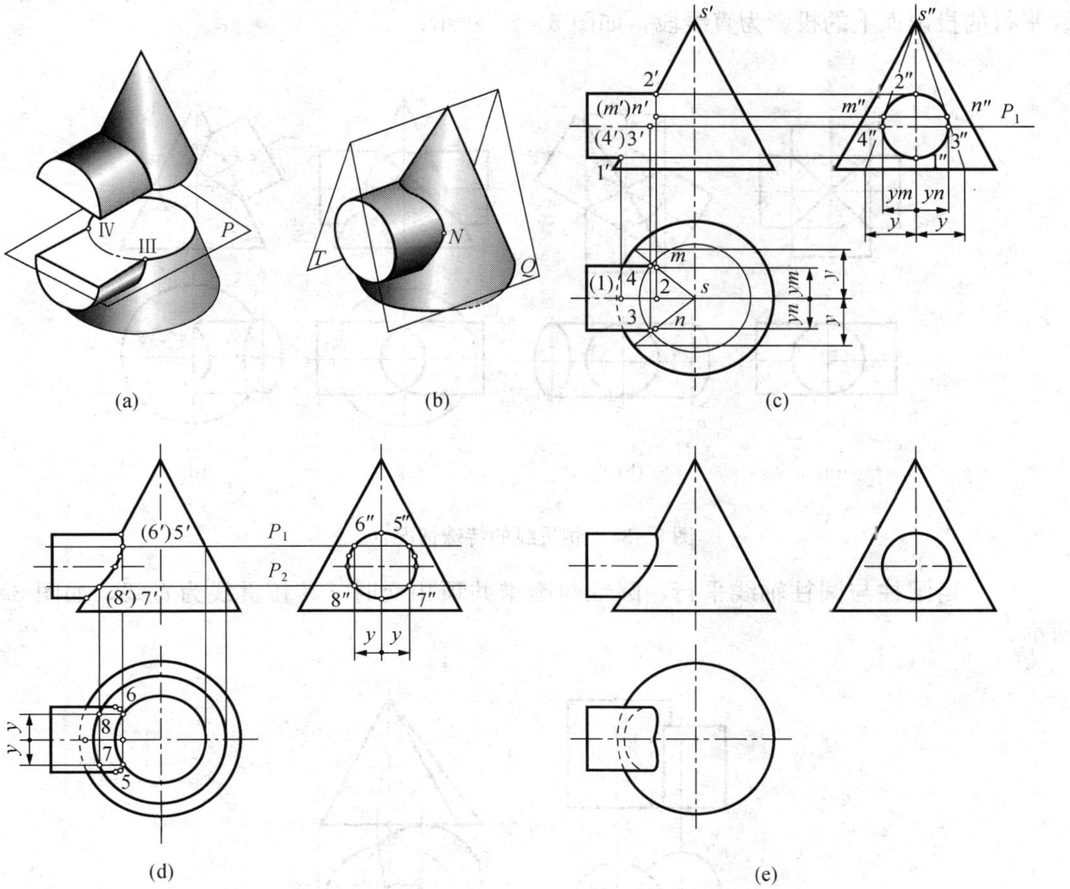

图 3 - 30　圆柱和圆锥相贯线的画法

(a)、(b) 立体图；(c) 求特殊点；(d) 求一般点；(e) 光滑连接，完成全图

三、相贯线的特殊情况

两回转体表面相交，其相贯线一般为空间曲线。但在特殊情况下，也可能是平面曲线或直线。

(1) 当两回转体表面具有公共的轴线时，其交线是圆，该圆在与轴线平行的投影面上的投影为直线段，如图 3 - 31 所示。

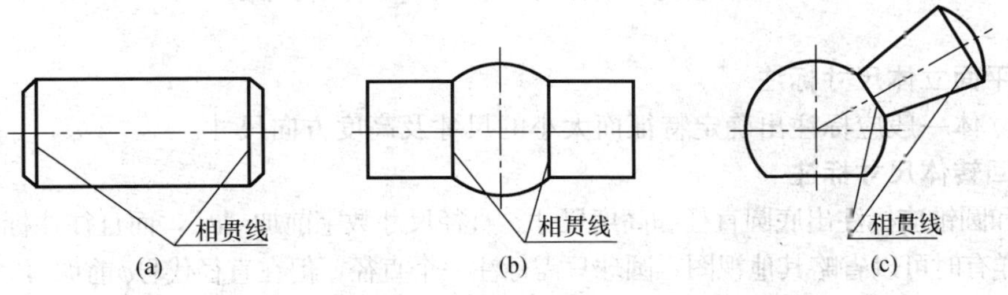

图 3 - 31　相贯线的特殊情况（一）

（2）当圆柱与圆柱、圆柱与圆锥相交，并公切于一球时，其相贯线为椭圆，它在与两轴线平行的投影面上的投影为直线段，如图 3－32 所示。

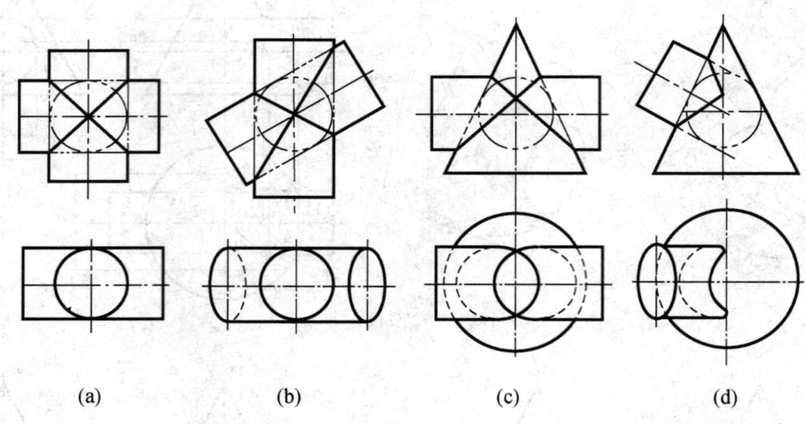

图 3－32　相贯线的特殊情况（二）

（3）当圆柱与圆柱轴线平行、圆锥与圆锥共顶相交时，其相贯线为直线，如图 3－33 所示。

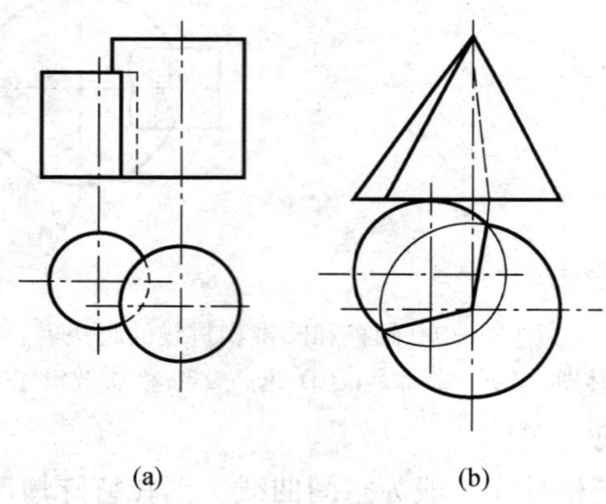

图 3－33　相贯线的特殊情况（三）

第五节　基本体的尺寸标注

一、平面立体尺寸标注

平面立体一般应标注出确定特征面大小的尺寸及高度方向尺寸。

二、回转体尺寸标注

圆柱和圆锥应标注出底圆直径和高度尺寸。直径尺寸数字前加“ϕ”，而且往往标注在非圆视图上，这样有时可以省略其他视图。圆球只需标注一个直径，但在直径代号ϕ前加写“S”。

常见基本体尺寸标注如图 3－34 所示。

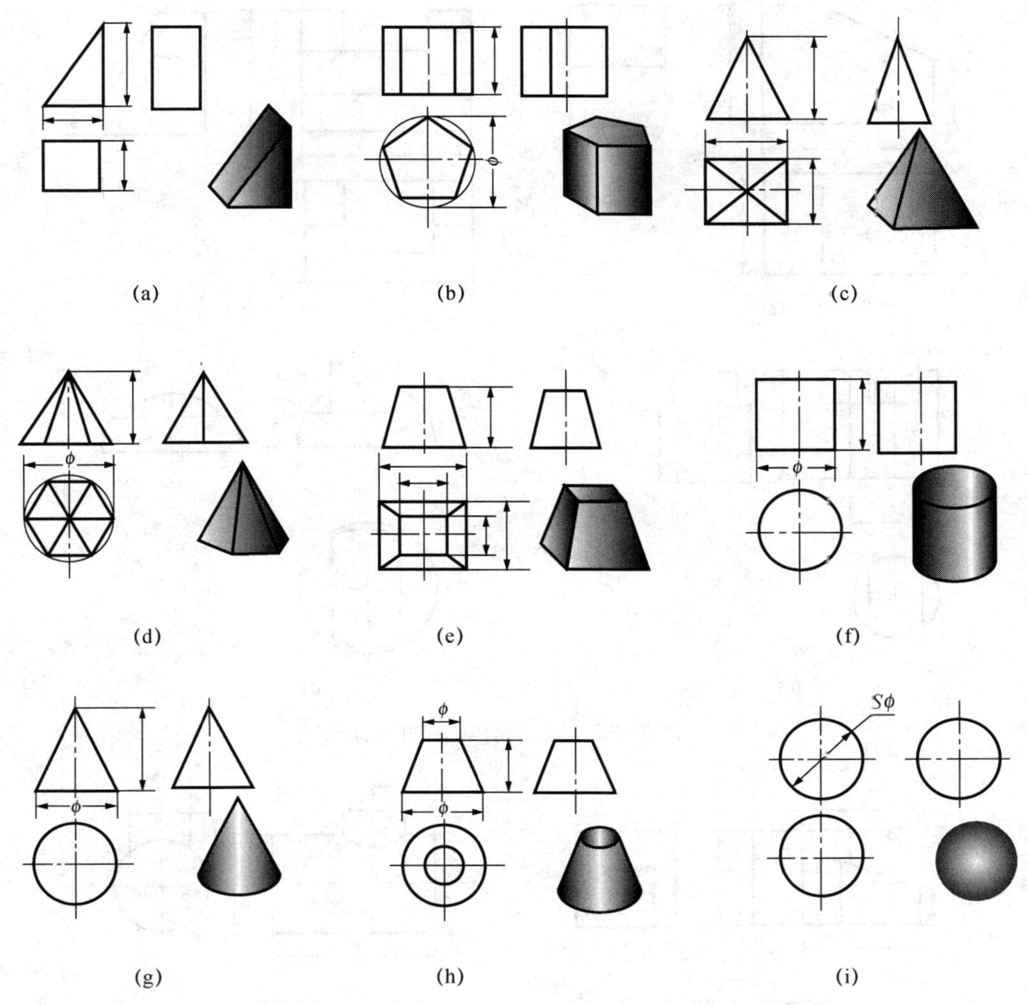

图 3-34　常见基本体尺寸标注
(a) 三棱柱；(b) 五棱柱；(c) 四棱锥；(d) 五棱锥；(e) 四棱台；
(f) 圆柱；(g) 圆锥；(h) 圆锥台；(i) 圆球

三、截交体和相贯体的尺寸标注

当物体相贯或被截切时，均在物体的表面产生交线（相贯线或截交线）。这些交线取决于立体的形状、大小或截平面的位置。因此标注尺寸时，一般应先标注出立体未相贯或未被截切前的定形尺寸，再标注两相贯体或立体与截平面之间的定位尺寸，而交线上不能标注尺寸，如图 3-35、图 3-36 所示。

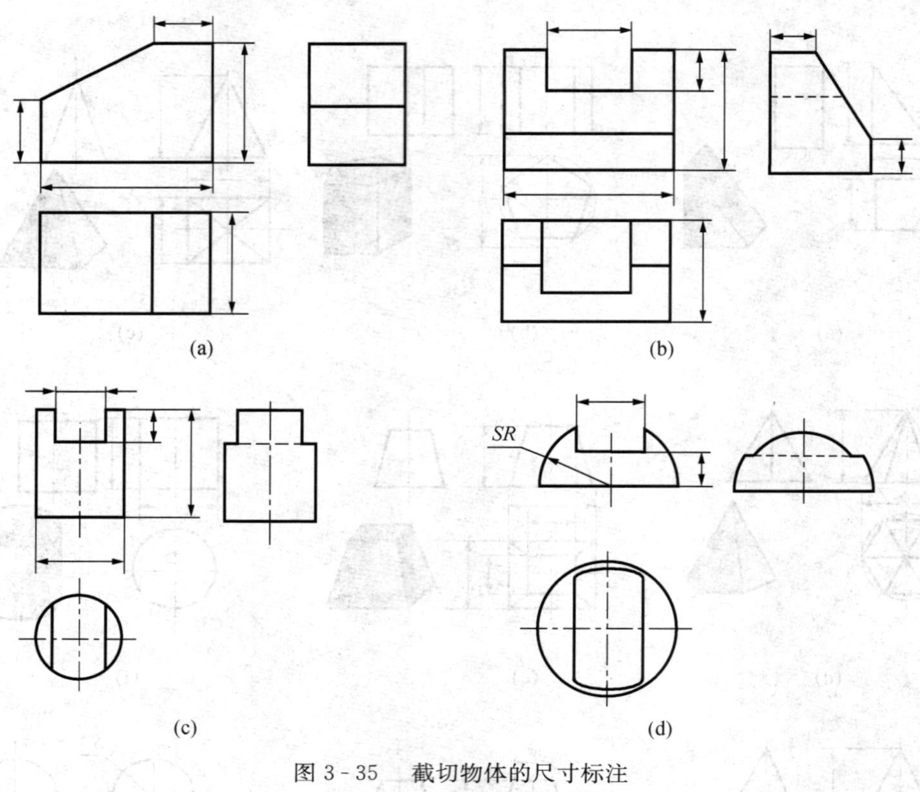

(a)　(b)　(c)　(d)

图 3-35　截切物体的尺寸标注

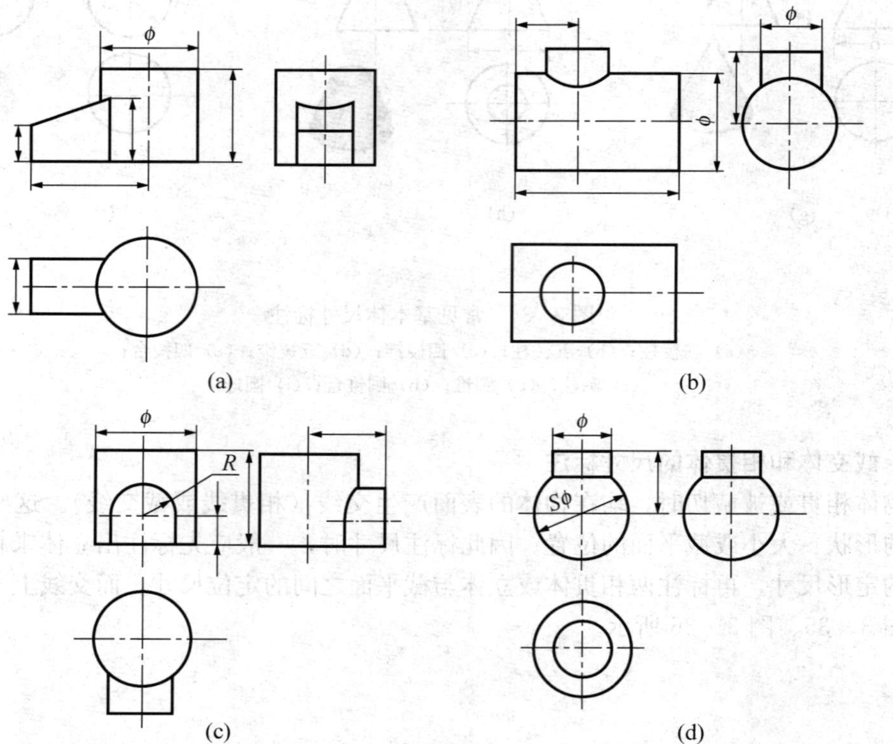

(a)　(b)　(c)　(d)

图 3-36　相贯体的尺寸标注

第四章

轴 测 投 影

在机械制图中，主要用多面正投影图来表达立体的形状和大小。这种表达内容详尽，绘图简便，但缺乏立体感，因此在机械图样中还需要一种具有立体感的轴测图作为辅助图样来表达立体的形状。

第一节 轴测图的基本知识（GB/T 4458.3—1984）

一、轴测图的基本概念

（1）轴测图的形成。将物体连同其参考直角坐标系沿不平行于任意坐标面的方向，用平行投影法投射到单一投影面上所得的图形，称为轴测图。图 4-1（a）表示空间情况，其投影结果放正之后，如图 4-1（b）所示。由于这样的图形能同时反映出物体长、宽、高三个方向的形状，所以具有立体感。

（2）轴测轴。空间直角坐标系中的三根坐标轴 OX、OY、OZ 在轴测投影面上的投影 O_1X_1、O_1Y_1、O_1Z_1 叫做轴测轴。

（3）轴间角。相邻两轴测轴间的夹角 $\angle X_1O_1Y_1$、$\angle X_1O_1Z_1$、$\angle Z_1O_1Y_1$ 叫做轴间角。

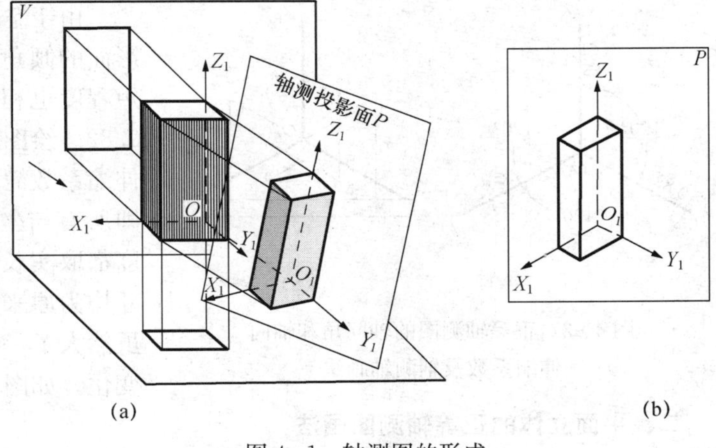

图 4-1 轴测图的形成

（4）轴向伸缩系数。在投影过程中，物体上平行于参考直角坐标轴的直线投影到轴测投影面上，其长度均已改变。在轴测图上，沿轴测轴方向，线段长度与其在空间真实长度的比值，叫做轴向伸缩系数。$p=O_1X_1/OX$，$q=O_1Y_1/OY$，$r=O_1Z_1/OZ$ 分别为 3 根轴的轴向伸缩系数。

二、轴测图的基本性质

（1）立体上互相平行的线段，在轴测图上相互平行；立体上平行于坐标轴的线段，在轴测图上必定平行于相应的轴测轴，且具有相同的轴向伸缩系数。物体二与坐标轴平行的线段，它的轴测投影必与相应的轴测轴平行。

（2）立体上两相互平行的线段或同一条直线上的两条线段之比值，在轴测图上保持不变。

为此在绘制轴测图时，必须沿着轴测轴或平行于轴测轴的方向度量，轴测图亦由此而得名。

三、轴测图的分类

轴测图有很多种，根据投射方向的不同，轴测图可以分为以下两大类。

（1）正轴测图。正轴测图投射方向垂直于轴测投影面。根据其3根轴的轴向伸缩系数是否相同，又可以将其进一步分为正等轴测图（$p=q=r$）、正二轴测图（p、q、r 中任意二者相同）和正三轴测图（$p\neq q\neq r$）。

（2）斜轴测图。斜轴测图投射方向倾斜于轴测投影面。根据其三根轴的轴向伸缩系数是否相同，又可以将其进一步分为斜等轴测图（$p=q=r$）、斜二轴测图（p、q、r 中任意二者相同）和斜三轴测图（$p\neq q\neq r$）。

工程上用得较多的轴测图是正等轴测图（简称正等测）和斜二轴测图（简称斜二测），本章介绍这两种轴测图的画法。

第二节 正等轴测图（GB/T4458.3—1984）

一、轴间角和轴向伸缩系数

正等轴测图中的轴间角均为120°，如图4-2（a）所示。轴测轴的画法如图4-2（b）所示。

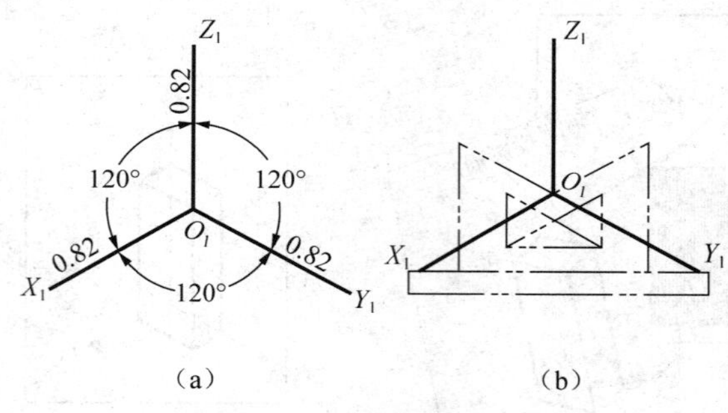

图4-2 正等轴测图的轴间角和轴向伸缩系数及轴测轴画法

由于空间立体的三根坐标轴与轴测投影面的倾角相同，所以它们的轴测投影缩短程度也相同，轴向伸缩系数 $p=q=r=0.82$。绘图时为方便起见，一般都把轴向伸缩系数简化为1（1称为简化伸缩系数），即所有与坐标轴平行的线段在作图时其长度都取实长。这样画出的图形，其轴向尺寸均为原来的1/0.82（≈1.22）倍。图形虽然大了一些，但形状和直观性都不发生变化，如图4-3所示。

二、平面立体的正等轴测图画法

画平面立体的正等轴测图常用坐标法。

一般先定出直角坐标系，画出轴测轴，再按立体表面上各顶点或线段的端点坐标画出其轴测图投影，最后分别连线，完成轴测图。

【例4-1】 已知三棱锥的三视图，作它的正等轴测图。

作图步骤如图4-4所示。考虑到作图方便，把坐标原点选在底面上点 B 处，并使 AB 与 OX 轴重合。

（1）在视图上定坐标轴，如图4-4（a）所示。

（2）画轴测轴、定底面各点和锥顶 S 在底面的投影 S，如图4-4（b）所示。

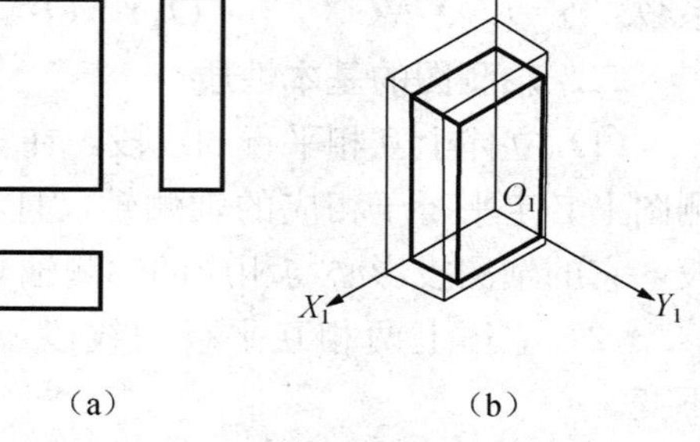

图4-3 轴向伸缩系数不同的两种正等轴测图的比较

(3) 根据的 S 高度定出 S，如图 4－4（c）所示。

(4) 连接各顶点、描深即完成作图，如图 4－4（d）所示。

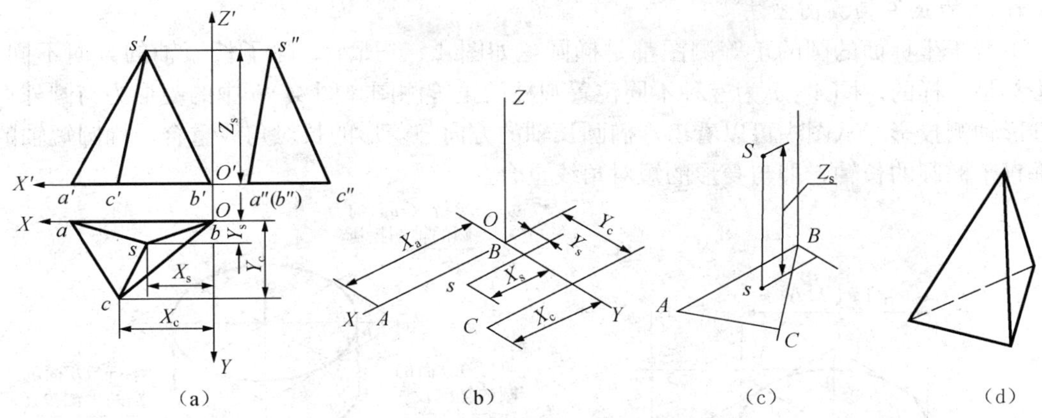

(a)　(b)　(c)　(d)

图 4－4　三棱锥正等轴测图的画法

【例 4－2】　作正六棱柱的正等轴测图。

由于正六棱柱前后、左右对称，故选择顶面的中点作为坐标原点，棱柱的轴线作为 Z 轴，顶面的两对称线作为 X、Y 轴，作图步骤如下。

(1) 在视图上定坐标轴，如图 4－5（a）所示。

(2) 画轴测轴，根据尺寸 S、D 定出 I_1，II_1，III_1，IV_1 点，如图 4－5（b）所示。

(3) 过 I_1、II_1 作直线平行于 O_1X_1，并在所作两直线上各取 $a/2$ 和连接各顶点，如图 4－5（c）所示。

(4) 过各顶点向下画侧棱，取尺寸 H；画底面各边；描深即完成全图，如图 4－5（d）所示。

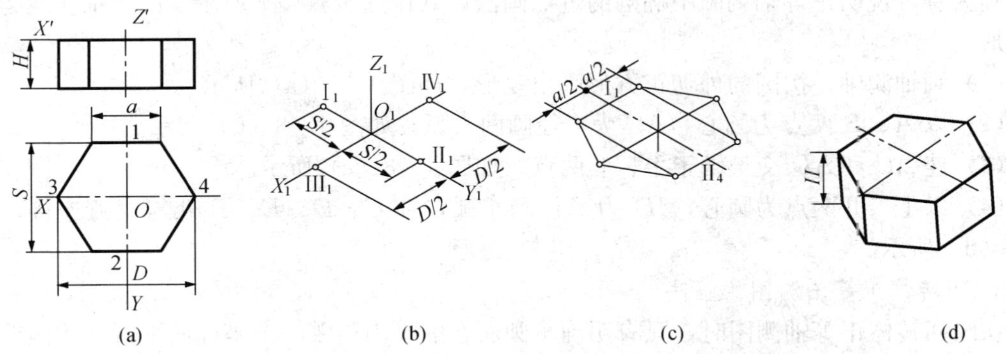

(a)　(b)　(c)　(d)

图 4－5　正六棱柱正等轴测图的画法

从上述两例的作图过程中，可以总结出以下两点。

(1) 画平面立体的轴测图时，应首先选好坐标轴并画出轴测轴；然后根据坐标确定各顶点的位置；最后依次连线，完成整体的轴测图。具体画图时，应分析平面立体的立体特征，一般总是先画出物体一个主要表面的轴测图。画图时通常是先画顶面，再画底面；有时需要先画前面，再画后面，或者先画左面再画右面。

(2) 为使图形清晰，轴测图中可见部分一般用粗实线画出，不可见部分一般不画。但有些情况下，为了相互衬托以增加图形的直观性，也可画出少量虚线，如图 4-4 所示。

三、回转体的正等轴测图画法

1. 圆的正等轴测图画法

平行于坐标面的圆的正等测图都是椭圆，如图 4-6 所示。除了长短轴的方向不同外，画法都是一样的。图 4-7 为三种不同位置圆柱的正等测图。图 4-6 中的菱形为与圆外切的正方形轴测投影，从图中可以看出，椭圆长轴的方向与菱形的长对角线重合，椭圆短轴的方向垂直于椭圆的长轴，即与菱形的短对角线重合。

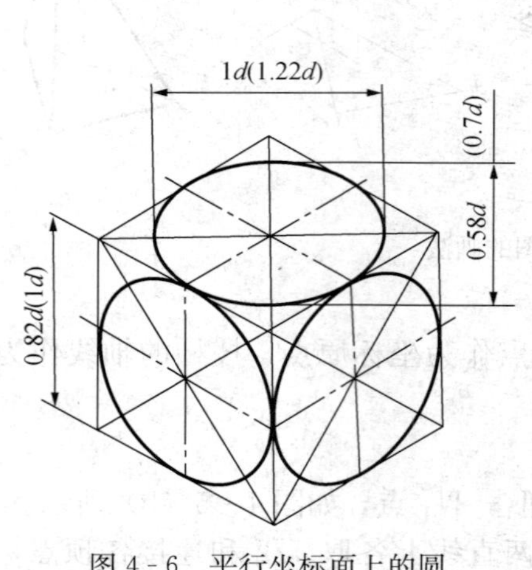

图 4-6 平行坐标面上的圆的正等轴测图

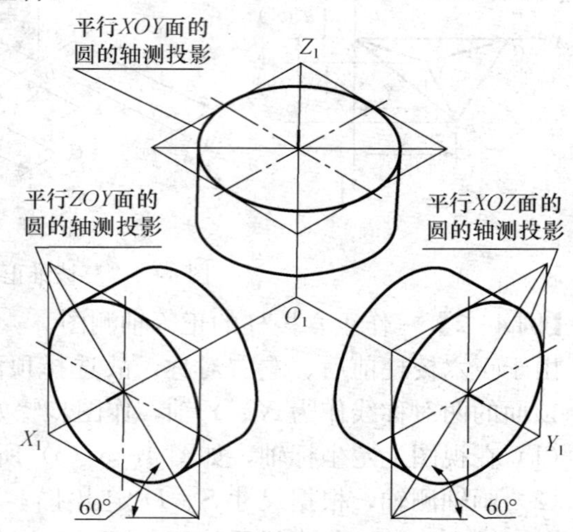

图 4-7 底圆平行各坐标面的圆柱的正等轴测图

2. 正等轴测图中椭圆的近似画法

为了作图方便，正等轴测图中的椭圆常采用近似画法即菱形法作图，以平行于水平投影面的圆为例，说明正等轴测图中椭圆的近似画法，其作图步骤如下所示（图中细实线为外切正方形）。

（1）画轴测轴，按圆的外切正方形画出菱形，如图 4-8（a）所示。

（2）以 A、B 两点为圆心，AC 为半径画两大弧，如图 4-8（b）所示。

（3）连 AC 和 AD 交长轴于Ⅰ、Ⅱ两点，如图 4-8（c）所示。

（4）以Ⅰ、Ⅱ两点为圆心，ID 为半径画小弧，在 C、D、E、F 处与大弧连接，如图 4-8（d）所示。

3. 回转体正等轴测图的画法

在画回转体正等轴测图时，只有明确了圆所在的平面与哪一个坐标面平行，才能保证画出正确的椭圆。

（1）圆柱正等轴测图的画法作图步骤如图 4-9 所示：

（2）圆台正等轴测图的画法作图步骤如图 4-10 所示。

4. 圆角的正等轴测图的画法

连接直角的圆弧，等于整圆的 1/4，在轴测图上，它是 1/4 椭圆弧。作图时根据已知圆角半径 R，找出切点 A_1、B_1、C_1、D_1，过切点分别作圆角邻边的垂线，两垂线的交点即为圆心，以此圆心到切点的距离为半径画圆弧即得上面圆角的正等轴测图。底面圆角可用移

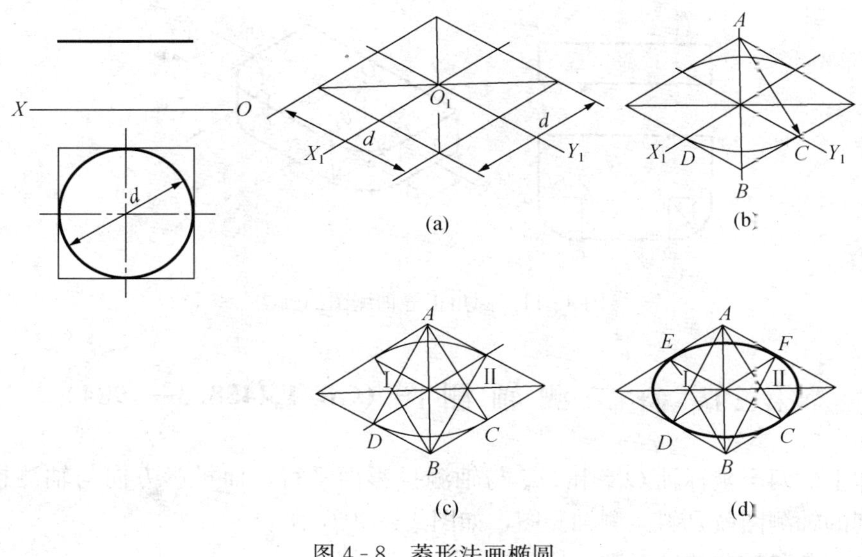

图 4-8 菱形法画椭圆

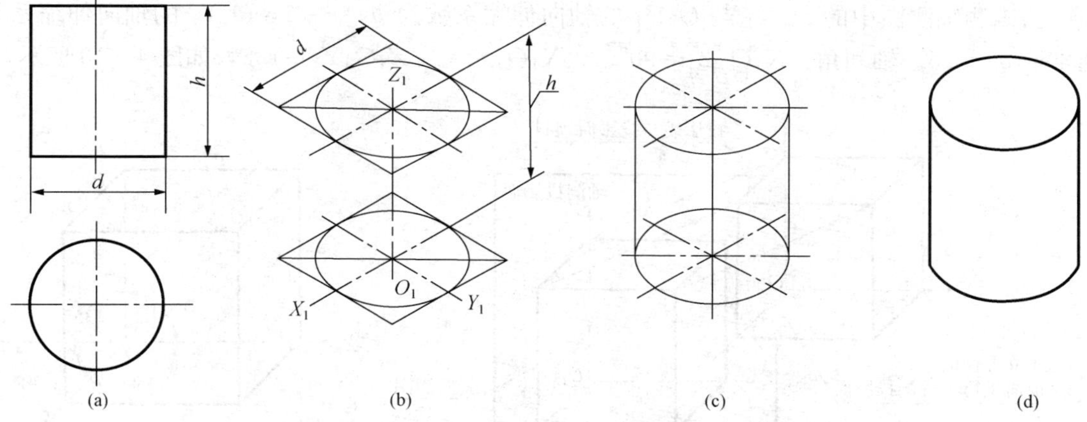

图 4-9 圆柱正等轴测图的画法

(a) 视图；(b) 画轴测轴，定上下底圆中心，画上下底椭圆；(c) 作出两边轮廓线（注意切点）；(d) 描深，完成全图

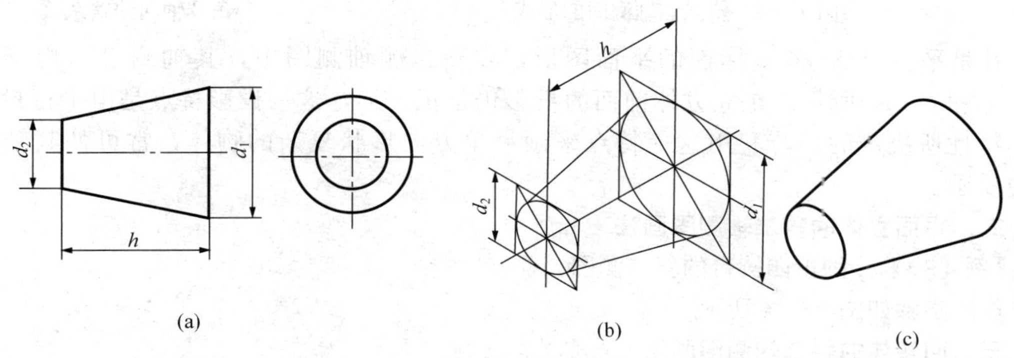

图 4-10 圆台正等轴测图的画法

(a) 视图；(b) 画出左右两端随圆后，画它们的公切线；(c) 描深，完成全图

心法作图，如图 4-11 所示。

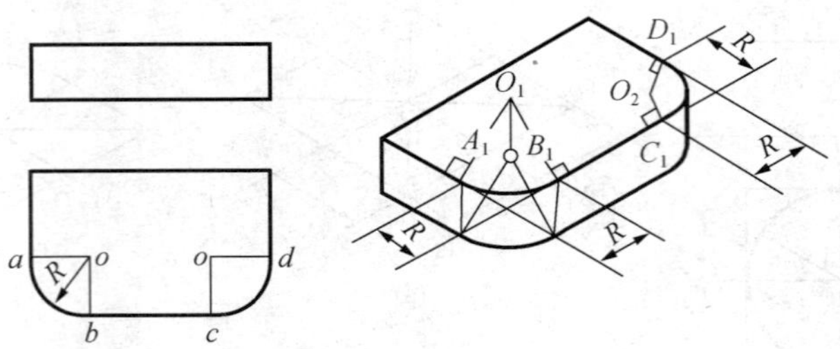

图 4-11　圆角正等轴测图的画法

第三节　斜 二 测 轴 测 图（GB/T 4458.3—1984）

当物体上的两个坐标轴 OX 和 OZ 与轴测投影面平行，而投影方向与轴测投影面倾斜时，所得到的轴测图就是斜二测轴测图，如图 4-12 所示。

一、轴间角和轴向伸缩系数

斜二测轴测图中的 O_1X_1 与 O_1Z_1 的轴向伸缩系数为 $p=r=1$，O_1Y_1 的轴向伸缩系数通常取 $q=0.5$。轴间角 $\angle X_1O_1Z_1=90°$、$\angle X_1O_1Y_1=\angle Z_1O_1Y_1=135$，如图 4-13 所示。

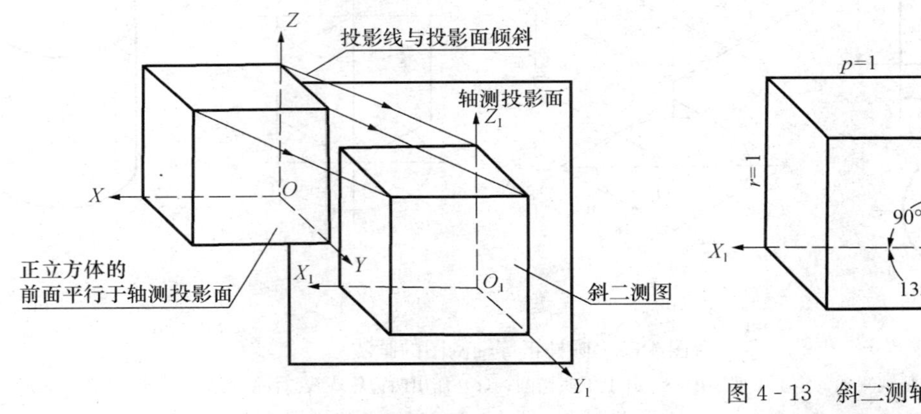

图 4-12　斜二测轴测图的形成

图 4-13　斜二测轴测图的轴间角及轴向伸缩系数

凡是平行于 XOZ 坐标面的平面图形，在斜二测轴测图中，其轴测投影均反映实形，如图 4-13 所示。正立方体前面的投影仍是正方形，这一投影特点是由平行投影的基本特性所决定的。若利用这一特点来画沿单方向形状复杂的物体，常可使其轴测图简便易画。

二、平面立体的斜二轴测图画法

【例 4-3】　画正四棱台的斜二测图。

作图步骤如图 4-14 所示。

三、回转体的斜二轴测图画法

1. 圆的斜二轴测图画法

图 4-15 所示为平行于坐标面的圆的斜二轴测图。圆在 XOY 和 ZOY 面上其斜二轴测图都是椭圆，且形状相同，但长短轴方向不同，它们的长轴与圆所在坐标面上的一根轴测轴成

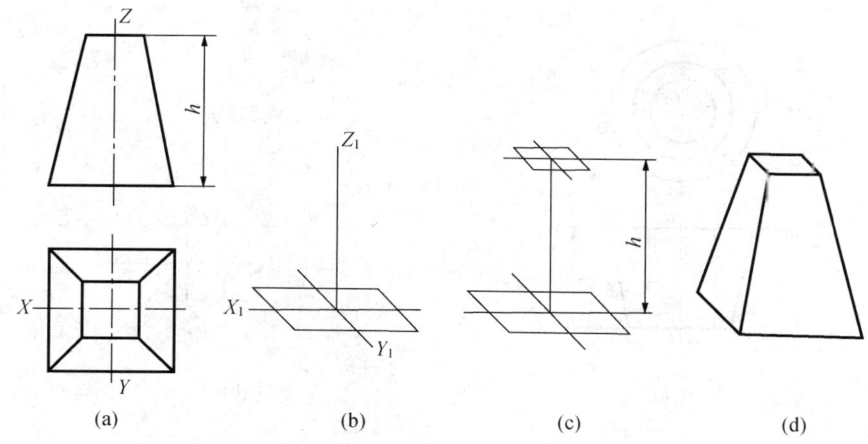

图 4-14　正四棱台的斜二轴测图的画法

(a) 在视图上选好坐标轴；(b) 画轴测轴，作底面的轴测图；(c) 在 Z 轴上量取锥台高底 h，作顶面轴测图；(d) 连线并描深（虚线不必画出）

7°1′角。在 XOZ 面上圆的斜二测图还是圆，如图 4-15 所示。

2. 回转体的斜二轴测图画法

由于平行于 V 面的圆的轴测图仍是一个圆，且大小与实物的圆相同，因此当物体上具有较多平行于一个方向的圆时，画斜二测图比画正等测图简便。图 4-16 为应用实例。

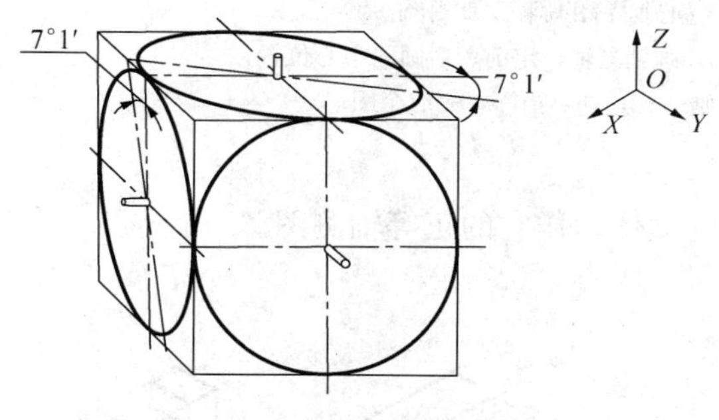

图 4-15　坐标面上圆的斜二轴测图

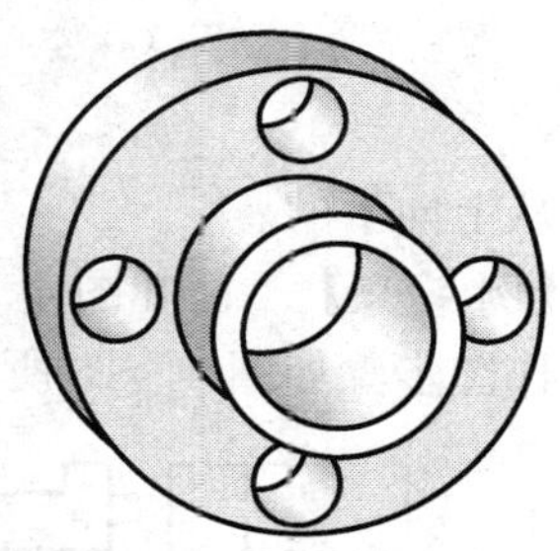

图 4-16　斜二轴测图应用实例

【例 4-4】　画空心圆台的斜二轴测图。

作图步骤如图 4-17 所示。

由图中可以看出，前后面及通孔的圆均平行于 XOZ 面，故画斜二轴测图比较简便。

第四节　组合立体的轴测图画法

一般的立体都可以看成是由基本体叠加或切割而成的，绘制立体轴测图的方法通常也有切割法和叠加法两种。对于切割式的立体可先按完整立体画出，然后用切割的方法画出其切去的部分，这种方法称为切割法。对于叠加式立体可按各立体逐一叠加的方法画出其轴测图，这种方法称为叠加法。对于既有切割又有叠加的立体，可结合上述两种方法。画图时要注意立体各组成部分的相对位置及由于切割或叠加而出现的交线，作图的顺序基本是从前向

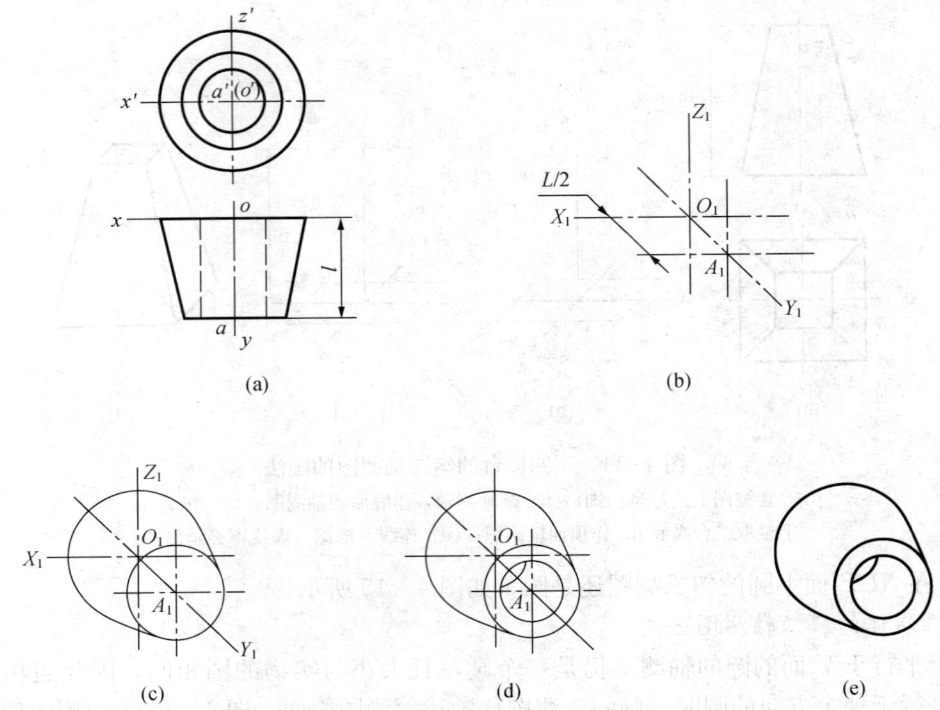

图 4-17 画空心圆台的斜二轴测图

(a) 空心圆台的两视图；(b) 画轴测轴，定前、后圆的中心位置；(c) 画圆台；(d) 画通孔；(e) 描深，完成全图

后，从上向下的。

【例 4-5】 已知图 4-18（a）所示的立体，作它的正等轴测图。

作图步骤如图 4-18 所示。

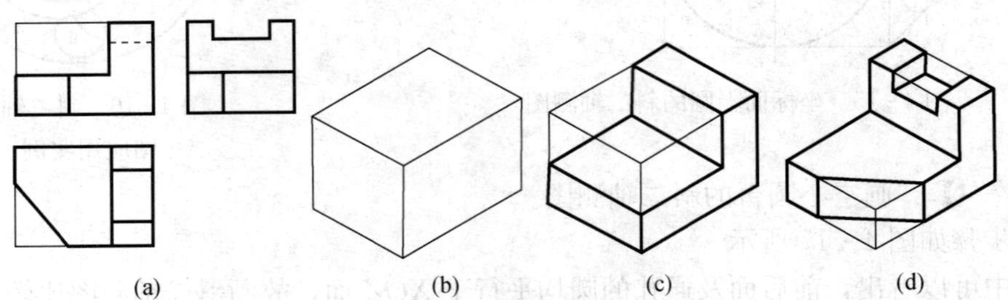

图 4-18 切割法画立体斜二轴测图

(a) 形体三视图；(b) 画长方体；(c) 切去一长方体；(d) 切去一角并开槽

【例 4-6】 已知图 4-19（a）所示的立体，作它的正等轴测图。

作图步骤如图 4-19 所示。

【例 4-7】 已知图 4-20（a）所示的立体，作它的正等轴测图。

作图步骤如图 4-20 所示。

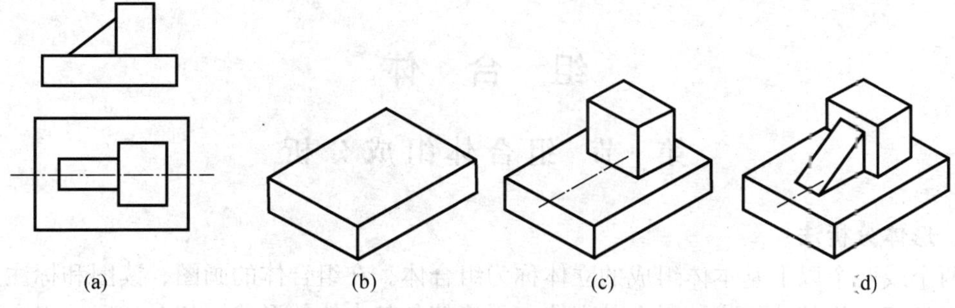

图 4-19 叠加法画立体斜二轴测图

(a) 形体两视图；(b) 画底板；(c) 画竖板；(d) 画三角块

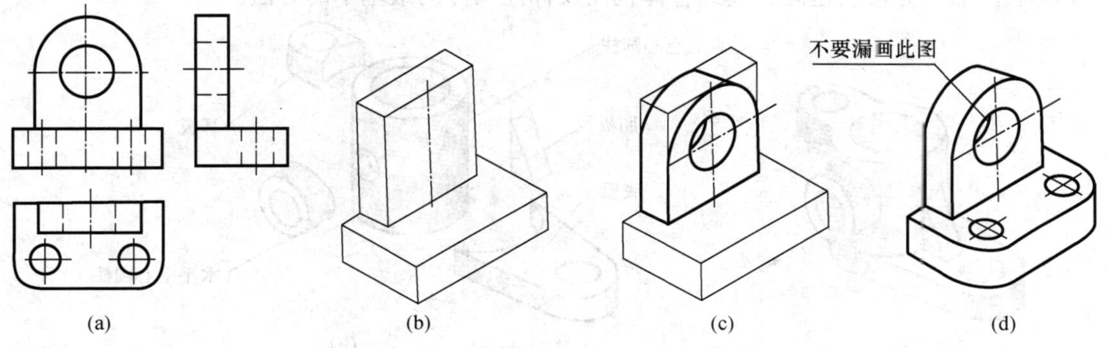

图 4-20 综合法画立体斜二轴测图

(a) 形体三视图；(b) 叠加底板和竖板；(c) 将竖板做成半圆头并挖孔；(d) 将底板做圆角挖孔

第五章

组　合　体

第一节　组合体组成分析

一、形体分析法

由两个或两个以上基本体组成的立体称为组合体。在组合体的画图、读图和标注尺寸过程中，通常假想将其分解成若干个基本体，弄清楚各基本体的形状、相对位置、组合形式以及表面连接关系，这种“化整为零”，使复杂问题简单化的分析方法称为形体分析法，如图5-1所示。形体分析法是画、读组合体视图及标注尺寸的最基本的方法。

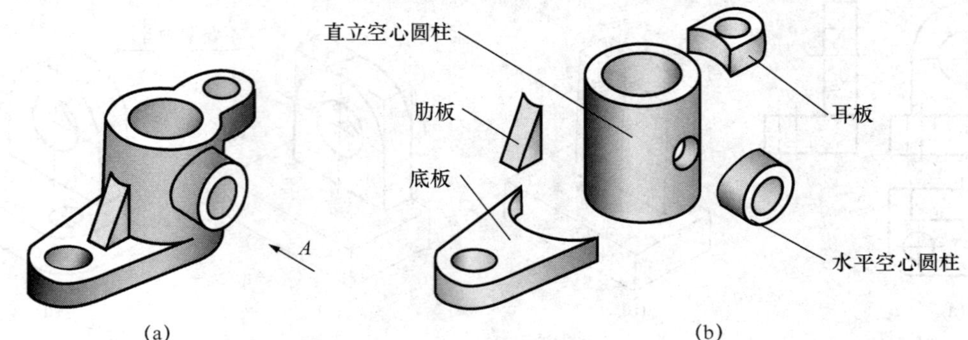

图5-1　支架的形体分析

(a) 支架；(b) 支架的形体分析

二、组合体的组合形式

组合体中各基本体组合时的相对位置关系称为组合形式。常见的组合形式大体上分为叠加、切割和既有叠加又有切割的综合形式。

如图5-2 (a) 所示，它是由圆柱体1与四棱柱板2叠加而成的。如图5-2 (b) 所示，它是由四棱柱1，切去三棱柱2、3，并挖去圆柱体4而形成的组合体。如图5-2 (c) 所示，它则既有叠加又有切割。

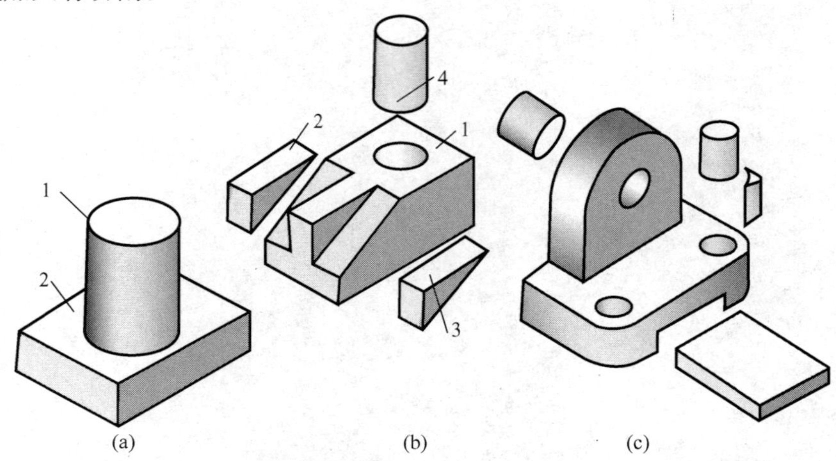

图5-2　组合体的组合形式

三、组合体各组成部分的表面连接关系

组合体各基本形体相邻表面之间按其表面形状和相对位置的不同，可将连接关系可分为平齐、不平齐、相切和相交4种情况。连接关系不同，连接处投影的画法也不同。

（1）平齐。当相邻两立体的表面平齐（共面）时，中间不应有线隔开，如图5－3所示。

（2）不平齐。当相邻两立体的表面不平齐（不共面）时，中间应该有线隔开，如图5－4所示。

（3）相交。当相邻两立体的表面相交时，在相交处应该画出交线，如图5－5所示。

（4）相切。当相邻两立体的表面相切时，由于在相切处两表面是光滑过渡的，故在相切处不应该画线，但耳板的顶面投影应画到切点处，如图5－6所示。

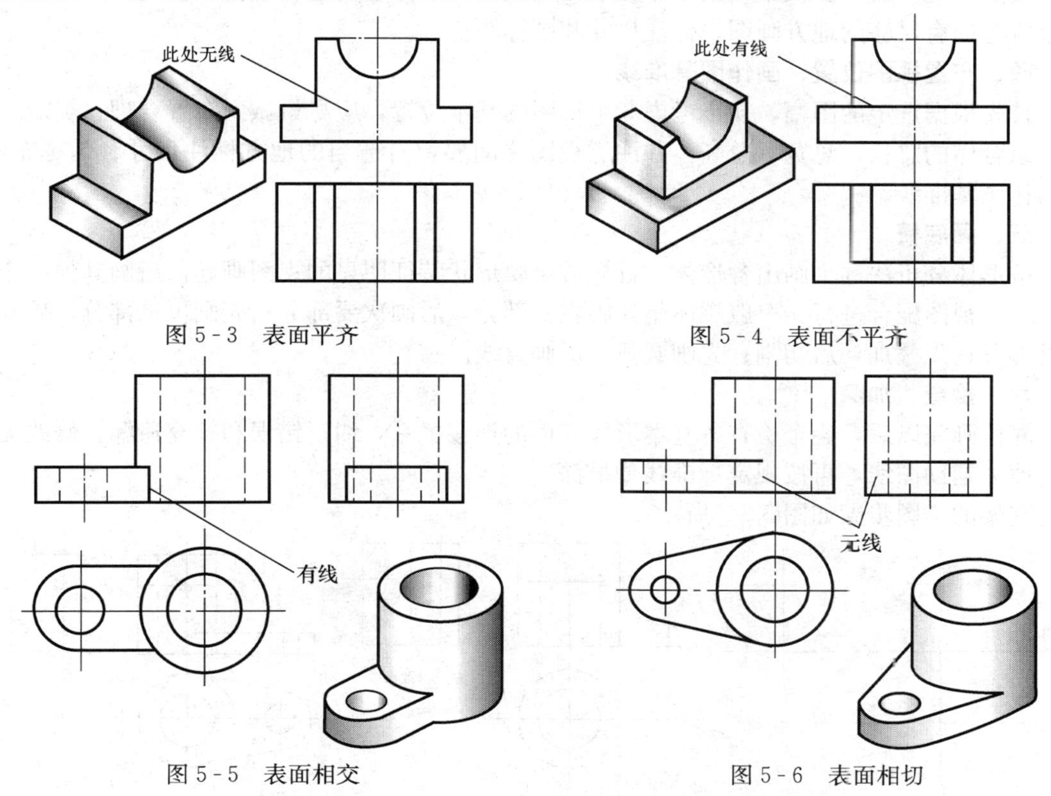

图5－3　表面平齐　　图5－4　表面不平齐

图5－5　表面相交　　图5－6　表面相切

第二节　组合体三视图的画法

画组合体三视图的基本方法是形体分析法。下面以图5－1（a）所示的支架为例，说明画图的方法和步骤。

一、形体分析

画图之前，首先应对组合体进行分析，将其分解成几个组成部分，明确各基本体的形状、组合形式、相对位置以及表面连接关系，以便对组合体的整体形状有个总体了解，为画图作准备。如图5－1所示的支架可分解为5个部分，底板的侧面与直立空心圆柱相切，底面平齐；耳板的侧面与直立空心圆柱相交，顶面平齐；水平空心圆柱与直立空心圆柱垂直相交；肋板与直立空心圆柱相交。

二、选择主视图

主视图是最重要的视图。确定主视图就是要解决好组合体怎样放置和从哪个方向投射这两个问题。通常选择能将组合体各组成部分的形状和相对位置明显地反映出来的方向作为主视图的投射方向，并按自然位置放置，使其各表面能较多地处于特殊位置，还要兼顾其他两个视图的表达。如图 5-1 所示的支架，通常将直立空心圆柱的轴线放在铅垂位置，为了清楚的表达支架和减少视图中的虚线，将水平空心圆柱放在前面，选择箭头所指的 A 方向作为主视图的投射方向。主视图选定以后，俯视图和左视图也随之而定了。

三、确定比例、图幅

视图确定以后，要根据其大小和复杂程度，按国家标准规定确定作图比例和图幅。图幅大小应考虑有足够的地方画图、标注尺寸和画标题栏。

四、布置视图位置、画作图基准线

首先根据选定的图幅，初步考虑 3 个视图的基本位置，应尽量做到布置合理、美观。再根据组合体的总长、总宽、总高，并注意视图之间要留有适当的地方标注尺寸、匀称布图，画出作图基准线。

五、画底稿

按形体分析法逐个画出各形体。首先从反映形状特征明显的视图画起，后画其他两个视图，三个视图配合进行。一般顺序是先画主要部分，后画次要部分；先画可见部分，后画不可见部分；先叠加，后切割；先画圆弧，后画直线。

六、检查、加深

底稿画完以后，逐个检查各基本形体表面的连接关系，纠正错误和补充遗漏。修改无误后，擦去辅助图线，再按规定标准线型描深。

支架的画图步骤如图 5-7 所示。

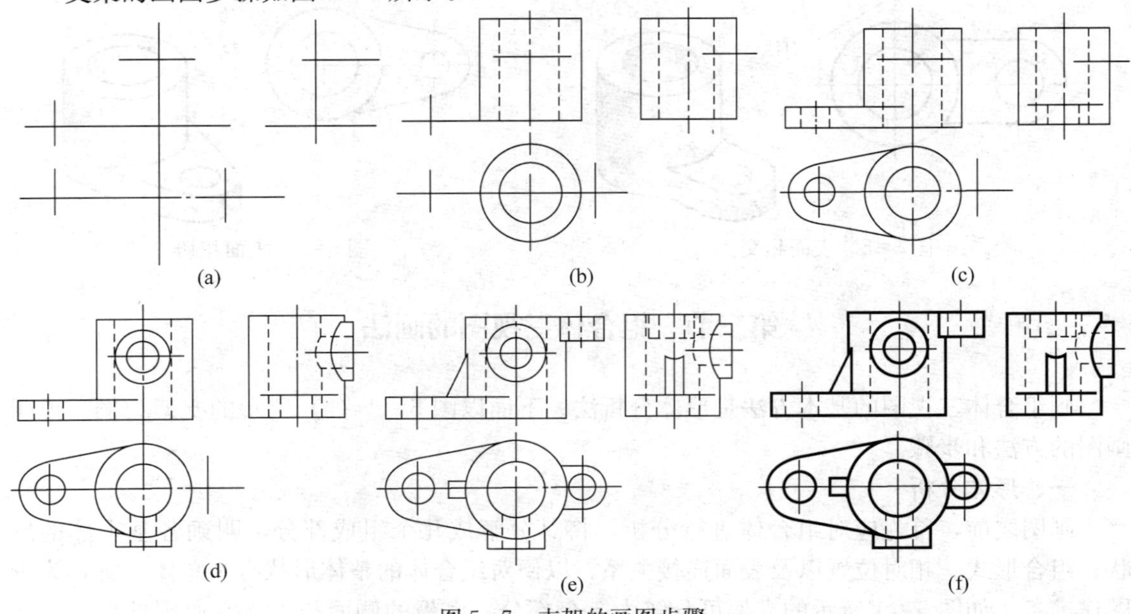

图 5-7 支架的画图步骤

(a) 画出作图基准线；(b) 画主要形体（直立空心圆柱）的视图；(c) 画底板；(d) 画水平空心圆柱；(e) 画肋板及耳板；(f) 检查并擦去辅助图线，按标准线型描深

对于切割型组合体三视图，在形体分析，选择主视图，确定比例、图幅、布置视图位置，画作图基准线 4 个步骤上是相同的。在第五步画底稿时作图方法有所区别，下面画出图 5-8（a）所示的切割型组合体的三视图。如图 5-8（b）～图 5-8（e）所示。

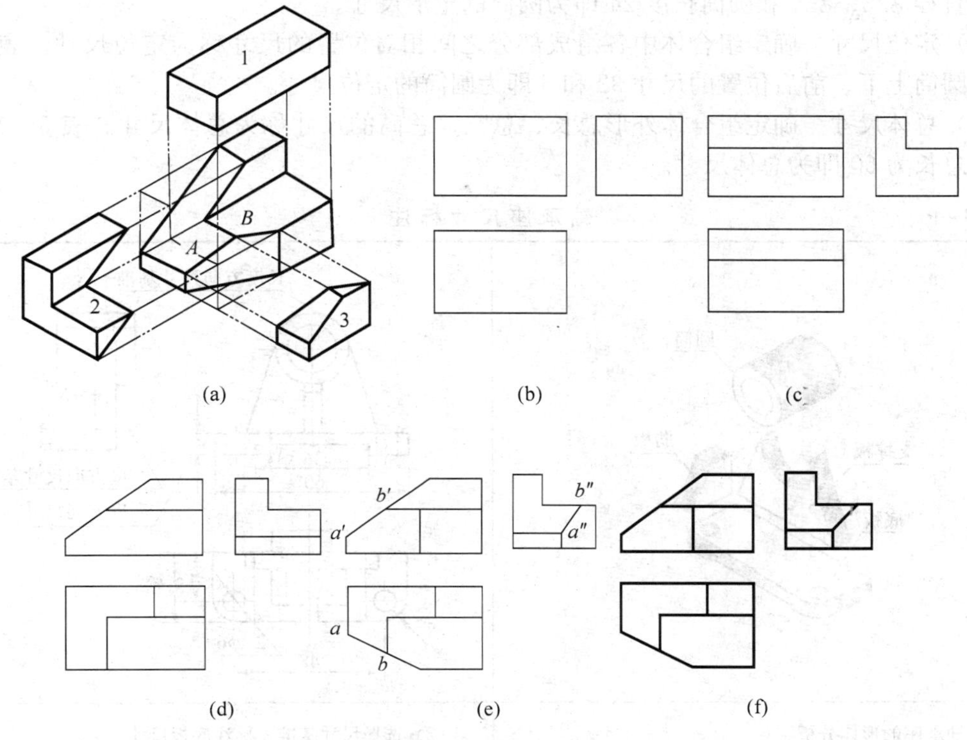

图 5-8　切割型组合体的画图步骤

（a）切割示意图；（b）画未切割的长方体；（c）切去 1；（d）切去 2；（e）切去 3；（f）整理加粗

（1）画出未切割长方体的三视图。

（2）分别切去第 1、第 2、第 3 部分，画出其相应各视图，注意每切一次画出平面与立体表面的交线，尤其在两斜面相交时，交线是一般位置直线，要按照投影规律求出交线的两端点之后的连线。

（3）整理并加深，即完成作图。

第三节　组合体的尺寸注法

视图只能表达组合体的形状，其大小要由尺寸来确定。

一、尺寸标注的基本要求

组合体的尺寸标注必须正确、完整、清晰。

（1）正确。尺寸标注法要符合国家标准规定，尺寸数值正确。

（2）完整。所注尺寸能使组合体中各形体的大小和相对位置唯一确定，即尺寸齐全，不遗漏，不重复。

（3）尺寸布置清晰。所注尺寸布局合理、美观，便于读图，不致发生误解或混淆。

二、组合体尺寸的分类

组合体上一般要标注三类尺寸：定形尺寸、定位尺寸和总体尺寸。

(1) 定形尺寸。确定组合体中各组成部分的形状和大小的尺寸称为定形尺寸。表 5 - 1 中圆筒直径 $\phi22$、$\phi14$ 和圆筒长度 24 即为圆筒的定形尺寸。

(2) 定位尺寸。确定组合体中各组成部分之间相对位置的尺寸称为定位尺寸。表 5 - 1 中确定圆筒上下、前后位置的尺寸 32 和 6 即为圆筒的定位尺寸。

(3) 总体尺寸。确定组合体外形总长、总宽、总高的尺寸称为总体尺寸。表 5 - 1 中轴承座的总长为 60 即为总体尺寸。

表 5 - 1　　轴承座尺寸标注

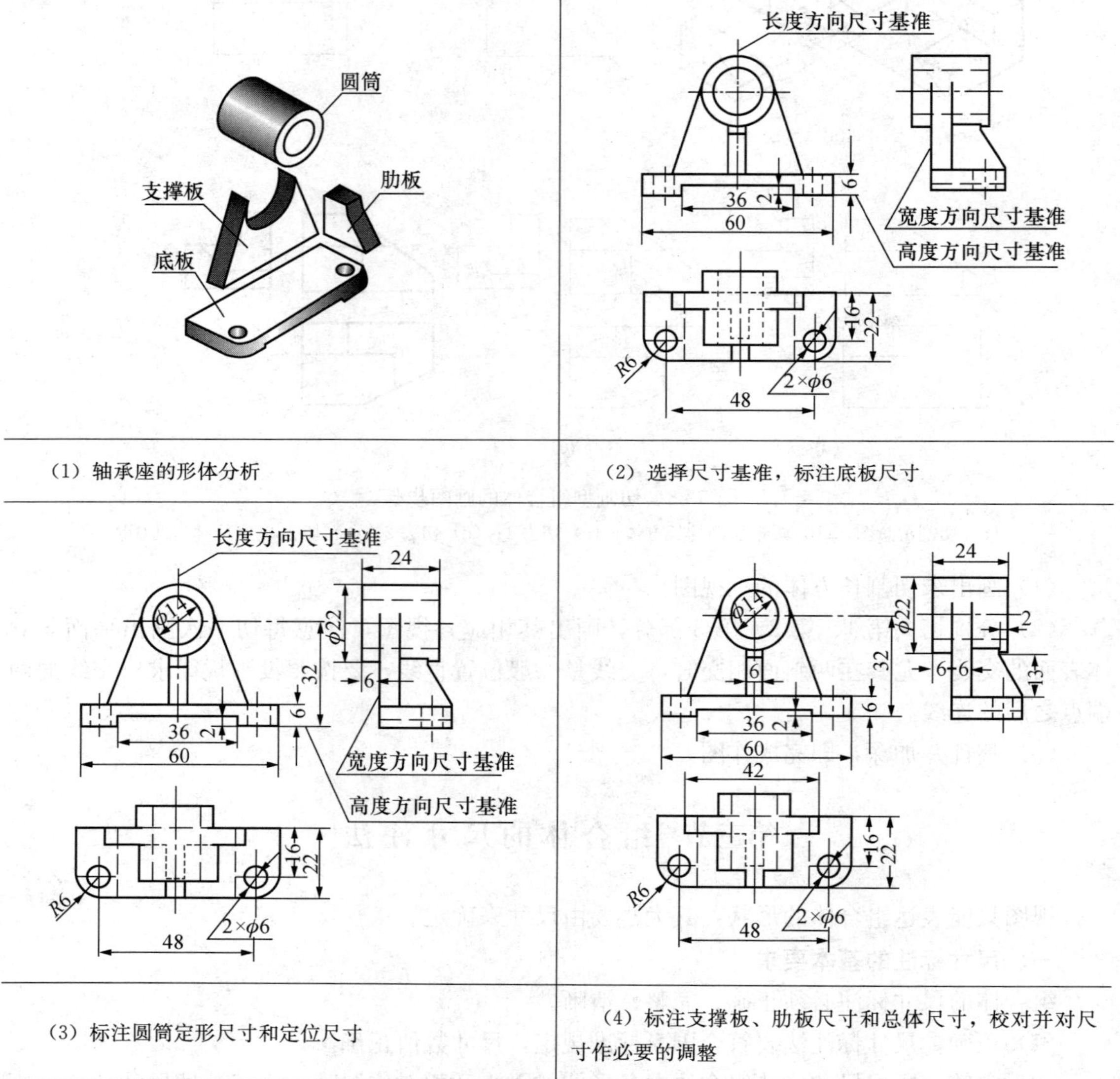

(1) 轴承座的形体分析

(2) 选择尺寸基准，标注底板尺寸

(3) 标注圆筒定形尺寸和定位尺寸

(4) 标注支撑板、肋板尺寸和总体尺寸，校对并对尺寸作必要的调整

若组合体的端部为回转体时，则该处总体尺寸一般不直接注出，通常只注回转体中心线位置尺寸。表 5 - 1 中的轴承座不标注总高尺寸，而只标出圆筒中心线位置，则轴承座的总

高尺寸计算可得。

三、尺寸基准

组合体各形体之间的定位尺寸是互相关联的，标注尺寸的起点称为尺寸基准。一般在长、宽、高方向至少各有一个尺寸基准。通常以组合体的对称平面、重要的底面或端面以及回转体的轴线作为尺寸基准。表5-1所示的轴承座，以安装面——底板的下底面作为高度方向的尺寸基准；以左右对称平面作为长度方向的尺寸基准；以底板和支撑板的后面作为宽度方向的尺寸基准。

组合体中的每个形体在长、宽、高3个方向所选定的尺寸基准中，可从每个方向基准标注一个定位尺寸，但当形体之间的位置关系有下列情况之一时，一般不再标注定位尺寸。

（1）两形体沿某一方向叠加，见表5-1中支撑板与肋板的高度方向。

（2）两形体沿某一方向平齐，见表5-1中支撑板与底板的前后方向。

（3）两形体具有公共对称平面，见表5-1中圆筒、支撑板与肋板的左右方向。

四、标注尺寸的方法和步骤

标注组合体尺寸的基本方法是形体分析法。即先将组合体分解为若干个基本体，选择尺寸基准，逐一注出各基本体的定形尺寸和定位尺寸，最后考虑总体尺寸，并对已注的尺寸作必要的调整，如表5-1所示的轴承座尺寸标注的方法和步骤。

五、标注尺寸时应注意的问题

（1）尺寸应尽量标注在反映各形体形状特征明显、位置特征清楚的视图上。同一形体的定形尺寸和定位尺寸应尽量集中标注，以便读图，如图5-9所示。

（2）尺寸应尽量标注在视图的外部，与两个视图有关的尺寸应尽量标注在有关视图之间，如图5-10所示。

（3）虚线上尽量不注尺寸，如图5-9中的圆孔直径。

（4）同轴回转体的各径向尺寸一般注在非圆视图上。圆弧半径应注在投影为圆弧的视图上，如图5-11所示。

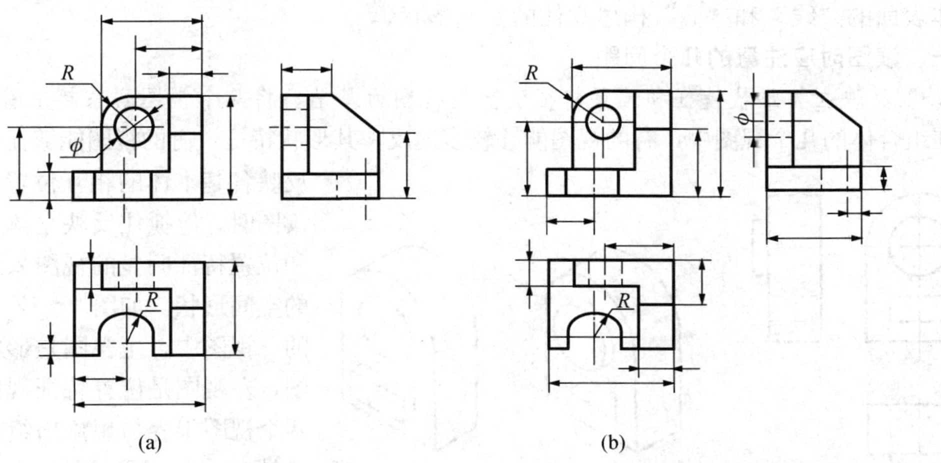

图5-9 尺寸应尽量标注在反映各形体特征明显的视图上

（a）清晰；（b）不清晰

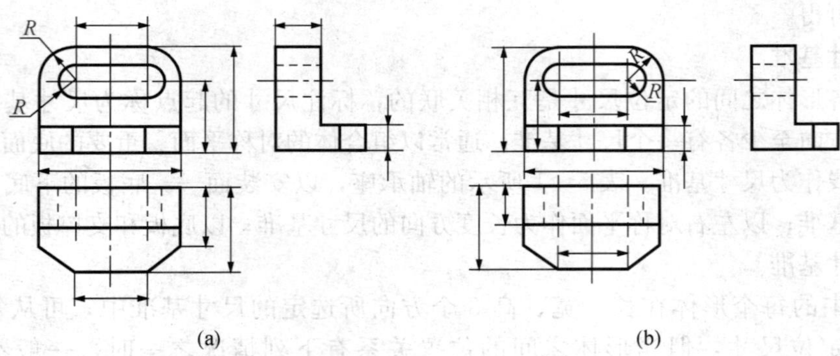

图 5-10 尺寸的布局

(a) 清晰；(b) 不清晰

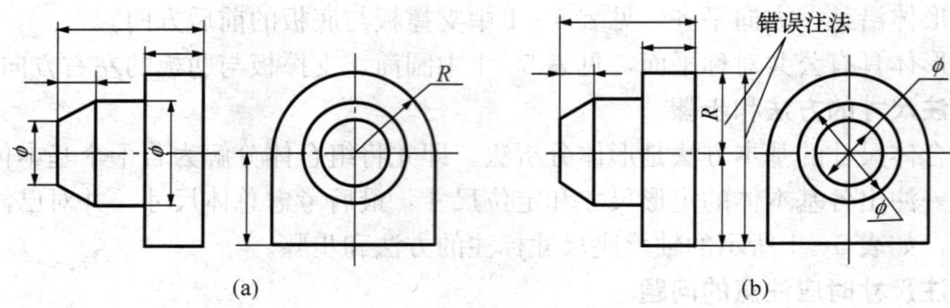

图 5-11 同轴回转体的尺寸标注

(a) 清晰；(b) 不清晰

第四节 读组合体的三视图

根据立体的投影图想出该立体的空间形状，称为读图，读图是画图的逆过程。读图的方法有形体分析法和线面分析法两种，前者是从体的角度构思立体的空间形状，后者是通过分析立体表面的"线"和"面"构思立体的空间形状。

一、读图时应注意的几个问题

1. 以反映立体形状特征和位置特征明显的视图为基础，将几个视图联系起来看

在组合体的几个视图中，有的视图能够较多地反映其形状特征，有的视图能够比较清晰地反映各基本体的相互位置关系，在读图时，应抓住反映立体形状特征和位置特征明显的视图来想象立体的空间形状。如图 5-12 (a) 所示的三视图中，主视图是形状特征视图，左视图是位置特征视图，由这两个视图很容易想象出组合体的形状是在一个 U 形柱的前上方叠加一个圆柱，而在前下方挖了一个方孔，如图 5-12 (b) 所示。如果在

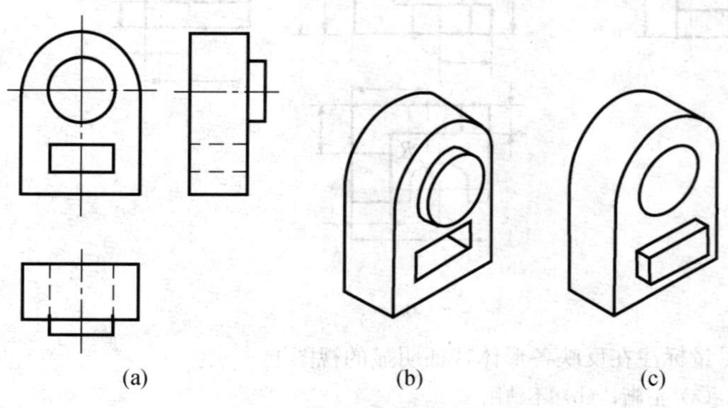

图 5-12 读图时注意形状特征和位置特征

读图时只读主、俯视图，则无法想象出圆柱和四棱柱二者中哪一个是实体哪一个是孔，会出现多解，如图 5 - 12（b）和图 5 - 12（c）所示。如果只读俯、左二视图，则无法想象二者的形状。

立体的一个视图一般不能完全确定其空间形状和组成立体的各基本体的相互位置。因此在读图时，不能孤立的看一个视图，需要以主视图为中心，几个视图对照起来看，如图 5 - 13所示。

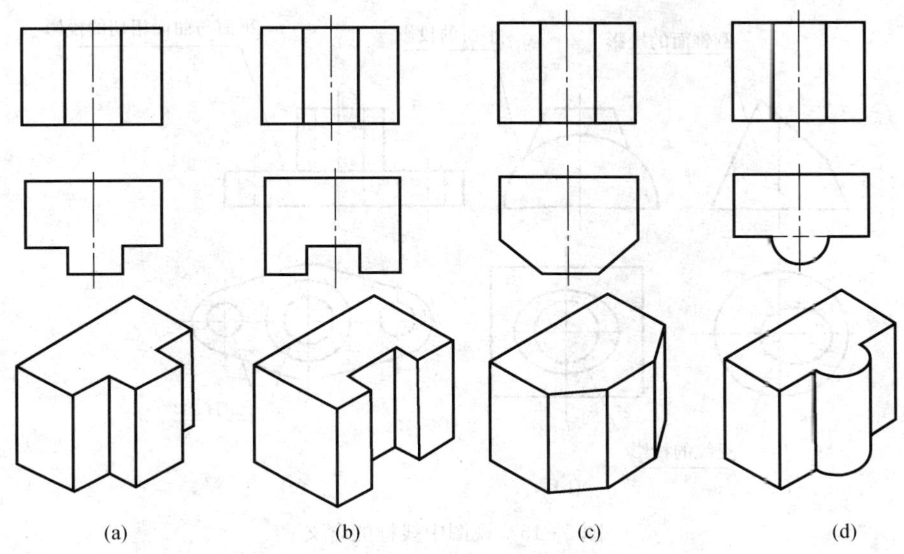

图 5 - 13　几个视图对照起来看

2. 明确视图中线条和线框的含义

如图 5 - 14 所示，视图中各线条的含义如下。

（1）代表回转面的转向轮廓线（转向素线）。

（2）代表具有积聚性的平面或回转面。

（3）代表平面与回转面、两回转面等的截交线或相贯线。

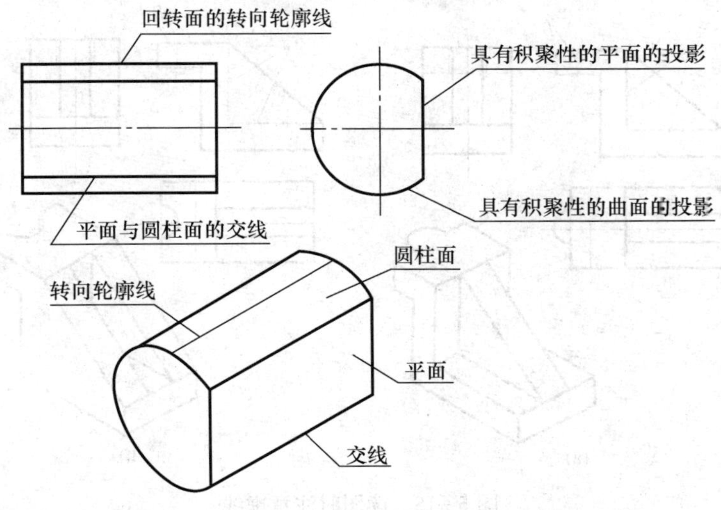

图 5 - 14　视图中线条的含义

如图 5-15 所示，视图中线框的含义如下。

(1) 代表单一平面或单一回转面的投影。

(2) 代表交线的投影。

(3) 代表由回转面和与该回转面相切的平面或回转面所构成的组合面的投影。

(4) 代表孔的投影。

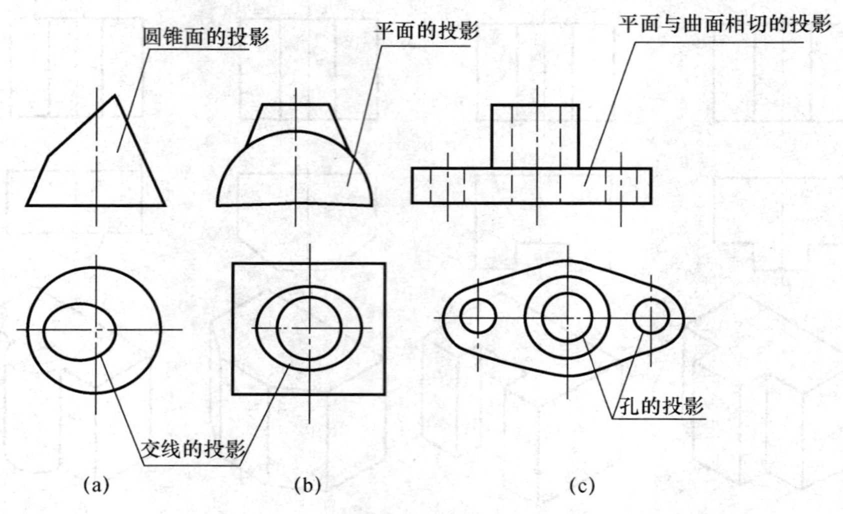

图 5-15 视图中线框的含义

3. 读图时注意虚线的含义

比较图 5-16 (a) 和图 5-16 (b) 中两个立体的三视图，可看出左视图完全相同；主视图的形状基本相同，只有 A 和 B 所指示的三条线是粗实线，而 A_1 和 B_1 所指示的三条线是虚线；俯视图的右侧略有差别，但这两个立体的形状却有很大差别，如图 5-16 中的立体图所示。

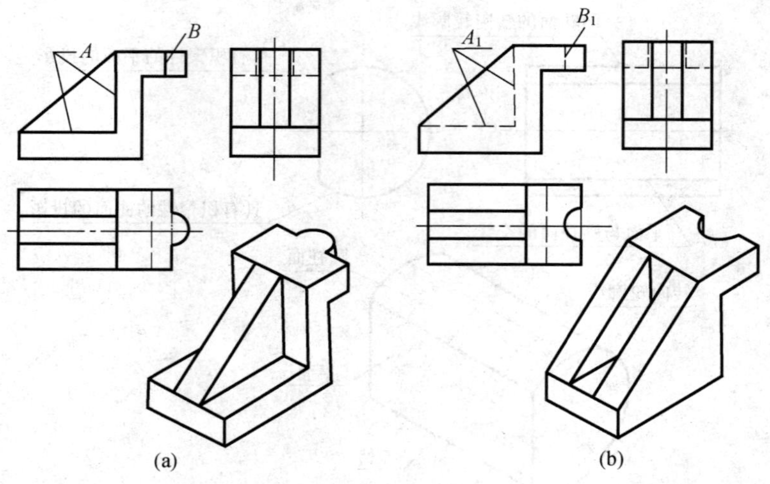

图 5-16 读图时注意虚线

4. 善于利用轴测图帮助读图

图 5 - 17 所示的三视图都是一个矩形中多一条对角线图，因此立体的形状一定是一个长方体被切割而成，但怎样切的却不容易想象出来。如果画出轴测图则一目了然，因此画轴测图是帮助读图的一种辅助手段。

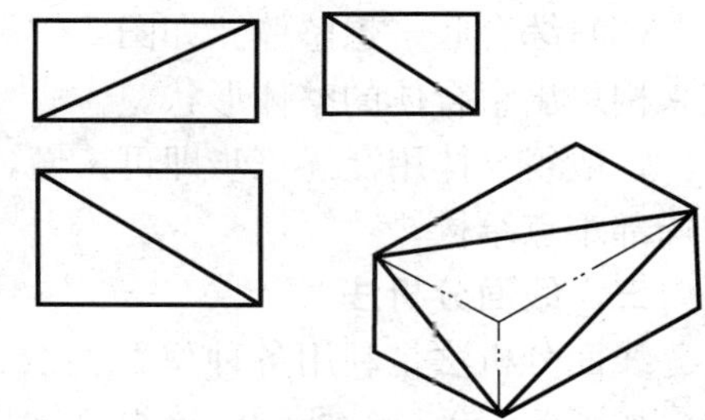

图 5 - 17　借助轴测图读图

二、形体分析法

利用形体分析法读图就是将组合体的视图分解为若干个部分，找出各视图中的相关部分，分别想象出各个部分的形状，然后综合起来，把各个组成部分按图示位置加以组合，构思出立体的整体形状。下面通过图 5 - 18 说明读图的具体步骤。

（1）分线框，对投影。如图 5 - 18（a）所示，将主视图分为四个线框，其中线框 3 为左右两个完全相同的三角形，因此可归结为三个线框，每个线框各代表一个基本立体。

（2）按投影，想形状，定位置。分别找出各线框对应的其他投影，并逐一构思出它们的形状。如图 5 - 18（b）所示，线框 1 的主、俯二视图是矩形，左视图是 L 形，可以想象出其立体形状是一块弯板，板上制作有两个圆柱孔；如图 5 - 18（c）所示，线框 2 的俯视图是一个矩形中间多两条直线，其左视图是一个矩形，矩形的中间多一条虚线，可以想象它的立体形状是一个长方体中部切掉一个半圆槽；如图 5 - 18（d）所示，线框 3 的俯、左二视图都是矩形，因此它们是两块三角形板对称放在组合体的左右两侧。

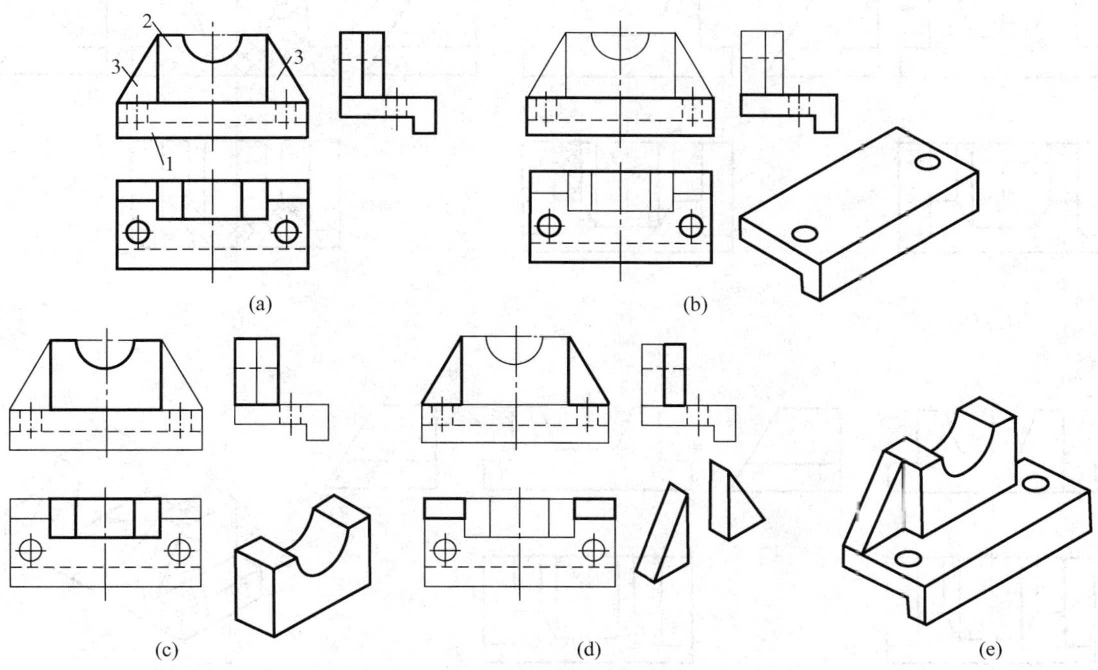

图 5 - 18　用形体分析法读图

（a）将主视图分为 4 个线框；（b）线框 1 所对应的基本体形状；（c）线框 2 所对应的基本体形状；（d）线框 3 所对应的基本体形状；（e）综合起来想象整体

(3) 综合起来想整体。如图 5-18 (e) 所示，根据各部分的形状和它们的相互位置综合起来构思出组合体的整体形状。

一般组合体用上述三步即可读懂，但有些复杂的综合式立体还需要用线面分析法构思某些局部难点结构。

三、线面分析法

线面分析法是利用各种位置直线、平面及回转面的投影特性构思立体的空间形状的方法。如图 5-19 (a) 所示，该组合体是由一个长方体切割而成的，属于切割式形体。由主视图可以看出，长方体的左右两侧分别用一水平面和一侧平面各切去一个小长方体，在长方体的上部中间用两个斜面和一个水平面切去一个槽，再由左视图可以看出立体的前面是切出的一个斜面。

由投影理论可知，平面的投影可能是“具有积聚性的直线”或是“具有类似性（或真实性）的平面形”，简言之“不具积聚性，必具类似（或真实）性”。另外两线框如有公共线，则两线框所表示的平面不是相交的，必是错开的。这些规律是线面分析法读图的重要依据，具体步骤如下。

(1) 如图 5-19 (b) 所示，水平投影中的线框 P，按长对正可知其正面投影为 P'，按高平齐和宽相等可知其侧面投影为 P''，因此平面 P 是一个水平面。

(2) 如图 5-19 (c) 所示，水平投影中的线框 q，根据投影关系可知其正面和侧面投影分别为 q' 和 q''，由于 q 和 q' 为类似形，q'' 具积聚性，所以平面 Q 为一个侧垂面。

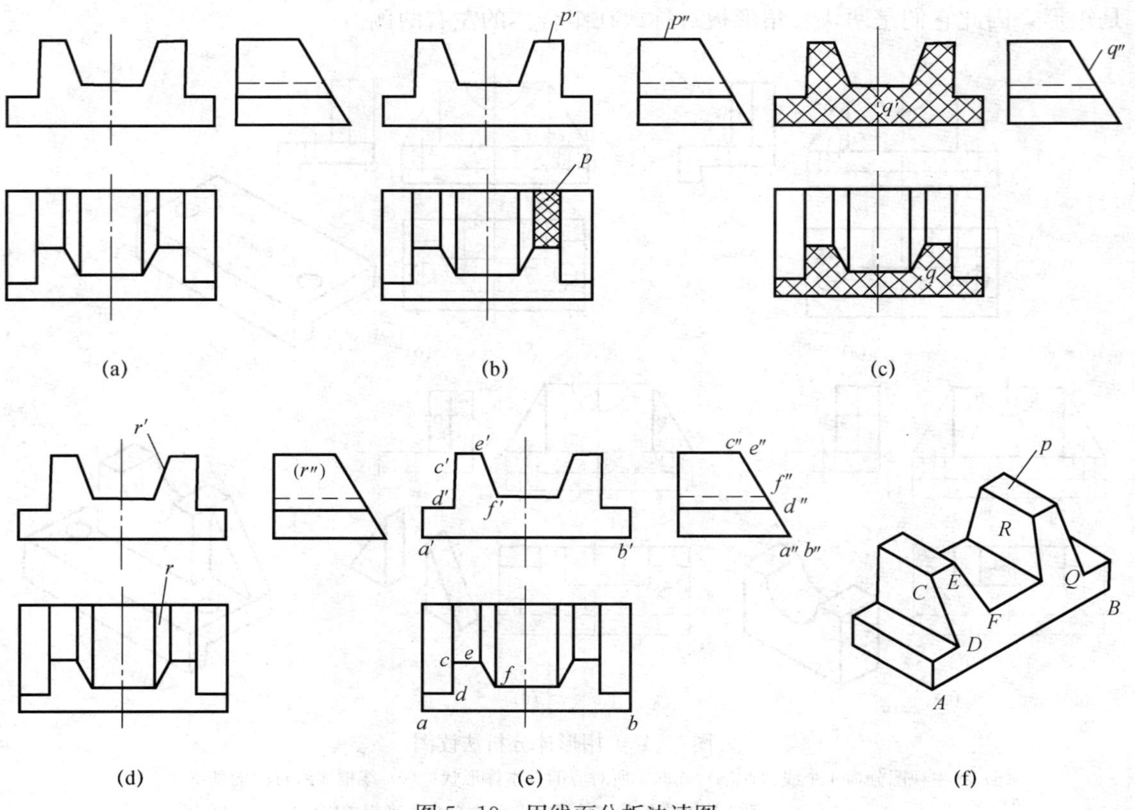

图 5-19 用线面分析法读图

（3）图 5-19（d）中的水平投影中的梯形线框 r 所对应得正面和侧面投影分别为 r'、r''，因 r、r''为类似形，r'具积聚性，所以平面 R 是一个正垂面。

其他平面也逐一进行分析。对立体表面上的直线尤其是一些斜线同样利用其投影特性进行分析，以便想象出该直线的空间位置。

（4）如图 5-19（e）所示的直线 AB（ab，$a'b'$，$a''b''$），因其水平和正面二投影为水平线，其侧面投影积聚为一点，所以 AB 是一条侧垂线；直线 CD（cd，$c'd'$，$c''d''$）的正面投影和侧面投影为竖直线，侧面投影为斜线，所以它是一条侧平线；直线 EF（ef，$e'f'$，$e''f''$）的 3 个投影均为斜线，所以它是一条一般位置直线。

（5）通过以上分析构思立体的整体形状如图 5-19（f）所示，立体中间的槽由两正垂面和一个水平面构成，前面是一个侧垂面，其他平面均为平行面。

注意在读图时一般先用形体分析法想象出立体的大致形状，然后对一些比较难的斜线和斜面进行线面分析，最后构思出立体的整体形状。

四、读图综合举例

【例 5-1】　已知主、左视图，补画俯视图。

如图 5-20 所示，已知组合体的主、左两个视图，补画俯视图。由形体分析法可以看出，组合体的后面是一块带圆角和两个圆柱孔的长方形板，前下方是一个切了一个斜面和一个方槽的长方形板，在它的上方又叠加了一块矩形板，在此板及后面圆角板的上部挖去了一个半圆柱槽。作图步骤如下。

（1）如图 5-21（a）所示，画圆角板的俯视图，包括两圆柱孔和半圆槽。

（2）如图 5-21（b）所示，画斜面槽板的俯视图，先画出长方形，再切去斜面和槽。

（3）如图 5-21（c）所示，画上面矩形板的俯视图，同时画出上部的半圆柱槽。

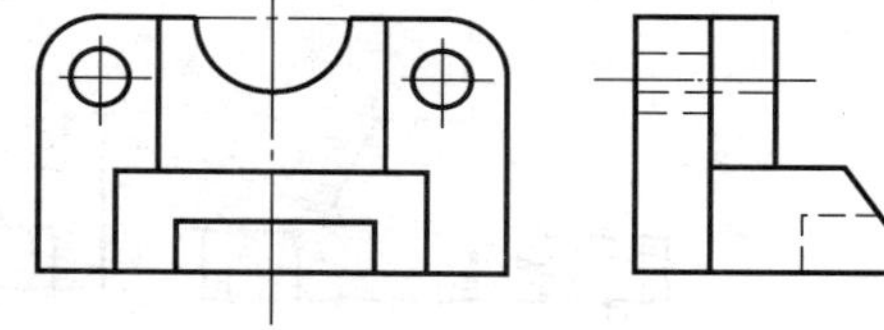

图 5-20　补画第三视图

（4）如图 5-21（d）所示，整理加粗，因为作图是按形体分析法分别进行的，有时会出现多线的情况，如后面的圆角板和上面的矩形板，两者的上面是同一个平面，半圆柱槽为同一个圆柱面，中间没有分界线。

【例 5-2】　补画主、俯视图所缺图线。

如图 5-22 所示，通过分析主、俯视图，想象出如图 5-22（a）所示的组合体的整体形状为一梯形四棱柱，左右对称分布着两个带圆孔的耳板。由左视图可知，四棱柱上左右方向各开一梯形通槽，综合想象出立体形状如图 5-22（b）所示。用形体分析法按结构逐步补画出各视图所缺图线。

四棱柱前面和耳板前面不平齐，补画出主视图所缺的四棱柱左、右侧面具有积聚性的投影——两段斜线。补画出俯视图漏画的四棱柱顶面的两条棱线的投影以及耳板顶面和四棱柱棱面交线的投影，如图 5-22（c）所示。

补画出主、俯视图漏画的四棱柱上的梯形槽时，先在左视图定出点 a''、b''、c''、d''，在主视图找出 a'（d'）、b'（c'），再求出水平投影 a、b、c、d，完成梯形槽的俯视图，如图 5-22（d）所示。

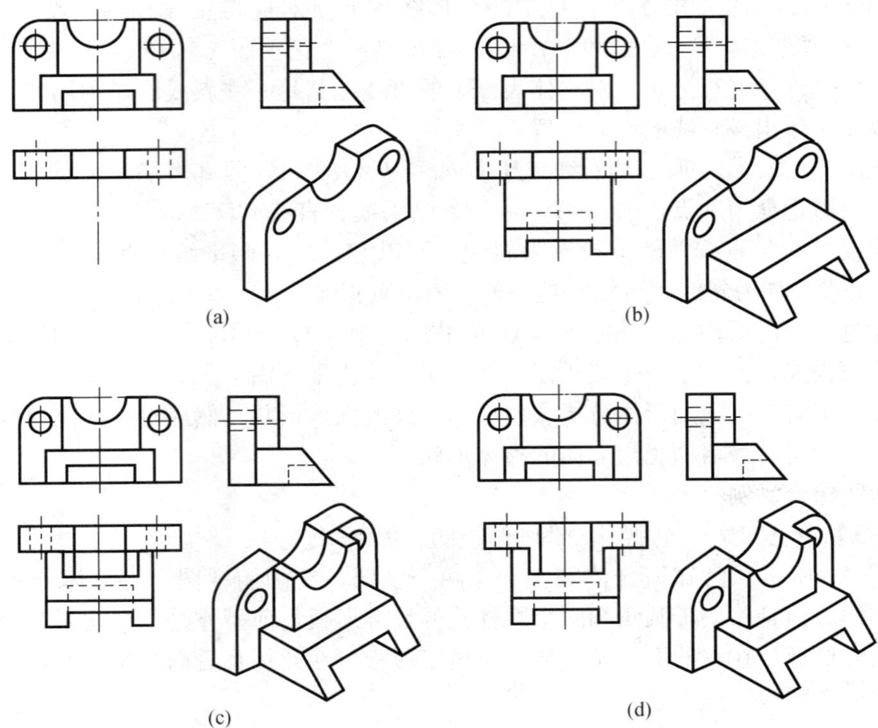

图 5－21　二求三的作图方法和步骤

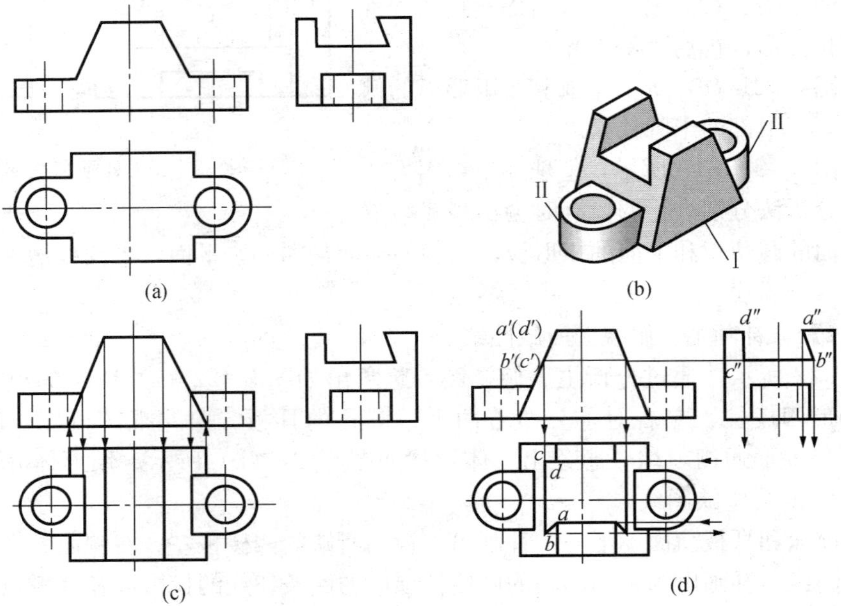

图 5－22　补画视图所缺图线

（a）已知条件；（b）想象出轴测图；（c）补画四棱柱的漏线；（d）补画梯形槽的漏线

第六章

机件的常用表达方法

为了使图样能完整、清晰地表达机件各部分的形状和结构，国家标准《机械制图》中的“图样画法”明确规定了一系列表达方法。本章介绍其中一些常用的表达方法。

第一节 视图（GB/T 4458.1—2002）

视图主要用于表达机件的外部结构形状。视图一般只画机件的可见部分，必要时才画其不可见部分。视图分为：基本视图、向视图、局部视图和斜视图。

一、基本视图

对于形状复杂的机件，仅用前面介绍的三视图往往不能完整、清晰地表达它的外部形状和内部结构。这时，可在原有三个投影面的基础上，再增设三个投影面组成一个正六面体，如图 6-1（a）所示。组成正六面体的六个投影面称为基本投影面。从机件的前、后、上、下、左、右六个方向分别向基本投影面投影得到的六个视图称为基本视图，如图 6-1 所示。

（1）主视图：从前向后投影得到的视图。

（2）左视图：从左向右投影得到的视图。

（3）右视图：从右向左投影得到的视图。

（4）俯视图：从上向下投影得到的视图。

（5）仰视图：从下向上投影得到的视图。

（6）后视图：从后向前投影得到的视图。

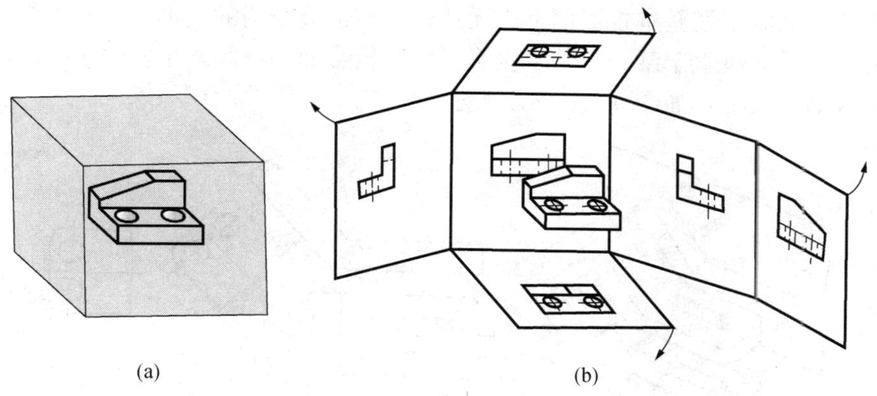

(a) (b)

图 6-1　6 个基本投影面及展开方式

六个投影面在展开时，保持 V 面不动，其他投影面按图 6-1（b）所示的方向展开，与 V 面展成同一平面。

基本视图的投影规律：主、俯、仰、后视图长对正；主、左、右、后视图高平齐；左、右、俯、仰视图宽相等。左、右、俯、仰视图远离主视图的一侧表示机件的前面，靠近主视图的一侧表示机件的后面。

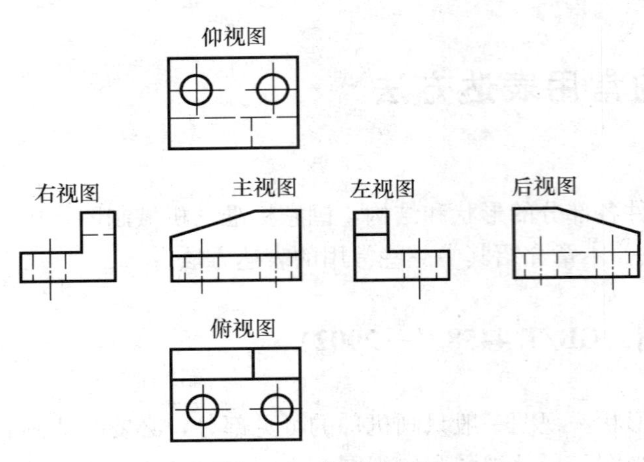

图 6-2　视图的配置

在同一张图纸上，按图 6-2 配置视图时，一律不标注视图的名称。实际画图时，应根据机件的结构特点和复杂程度，选用必要的基本视图，但所选的每个视图都应有各自的表达重点。

二、向视图

在实际绘图设计过程中，在同一张图纸上所选的基本视图往往不能按照基本关系配置，因此国标规定了一种可以自由配置的视图，即向视图。

在向视图的上方标注大写的字母“×”，在相应的视图附近用箭头指明投影方向，并标注相同的字母“×”，如图 6-3 所示。

画向视图要注意以下几点。

(1) 向视图是基本视图的一种表达形式，但它的配置是随意的，必须予以说明才不致产生误解。

(2) 标记向视图名称的大写字母一律水平书写。

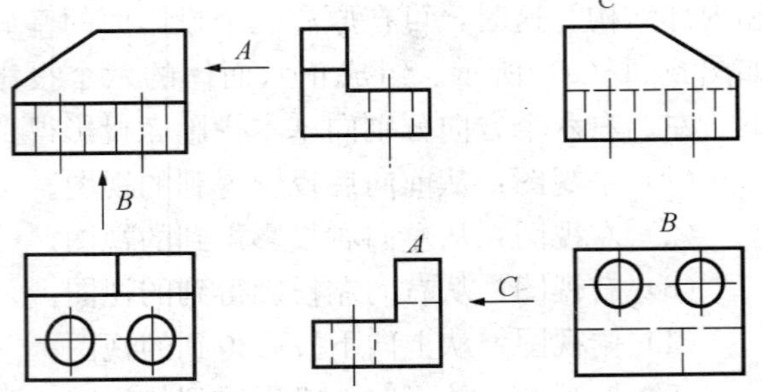

图 6-3　向视图的标注

三、斜视图

将机件向不平行于任何基本投影面的平面投影所得到的视图称为斜视图。当机件的某一部分结构形状是倾斜的且不平行于任何基本投影面时，在基本投影面上就无法表达该部分结构的实形。这时可假想设置一个与倾斜部分相平行并垂直于某一个基本投影面的新投影面，将倾斜结构向该投影面投影，即可得到倾斜表面的实形，如图 6-4 (a) 所示。

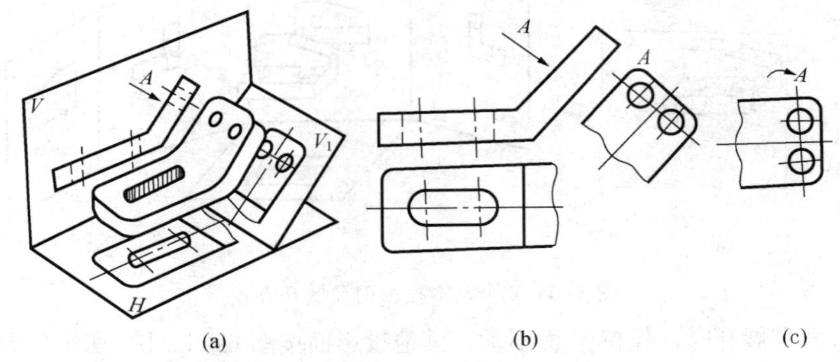

图 6-4　斜视图的形成及画法

画斜视图时应注意以下几点。

(1) 画斜视图时，必须用带大写字母的箭头指明其投影方向和部位，并在斜视图上方标注“×”，如图 6-4 (b) 所示。

(2) 斜视图一般按投影关系配置。必要时也可配置在其他适当位置。在不致引起误解时，允许将图形旋转，标注形式为“字母+旋转符号”，此时字母应靠近旋转符号的箭头端，如图 6-4 (c) 所示。国标给出了旋转符号的尺寸和比例，如图 6-5 所示，其中 h 等于符号与宋体高度，$h=R$，符号笔画宽度等于 $h/10$ 或 $h/14$。

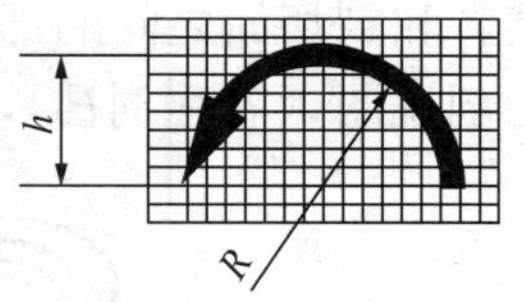

图 6-5　旋转符号的表示

斜视图通常用来表达机件倾斜部分的局部形状，其余部分可用波浪线断开，不必画出，如图 6-4 (b)、(c) 所示。

四、局部视图

将机件的某一局部结构向基本投影面投影所得到的视图称为局部视图。如图 6-6 所示的机件中的凸台，在主俯视图中未能表达清楚，又没有必要画出其完整的左视图，这时可用 A 向的局部视图表示。

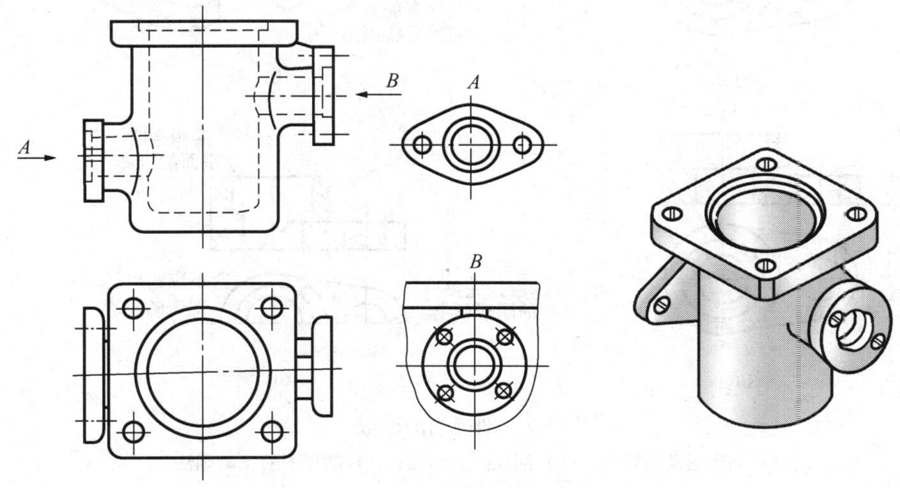

图 6-6　局部视图

画局部视图时应注意以下几点。

(1) 一般在局部视图的上方标出视图的名称“×”，并在相应的视图附近用箭头指明投影方向，且标注同样的字母，如“B”。

(2) 当局部视图按投影关系配置，中间又无其他图形隔开时，可省略标注，如“A”(图中未省略是为了叙述方便)。

(3) 局部视图的断裂处以波浪线表示。当所表示的局部结构是完整的且外轮廓线又封闭时，波浪线可省略不画，如图 6-6 中的 A 向。

第二节　剖视图 (GB/T 4458.6—2002)

一、剖视图的基本概念

当机件的内部结构比较复杂时，视图上就会出现许多虚线。这时，图上的虚线与其他图线重叠，既不便于看图又不利于标注尺寸，如图 6-7 所示。为了清楚地表达机件的内部结构，在机械制图中常采用剖视的方法，即假想用剖切面（平面或柱面）将机件剖开，移去观察者和剖切面之间的部分，将其余部分向投影面投影利用，这种方法为剖视，所得的图形称为剖视图（简称剖视），如图 6－7（b）所示。

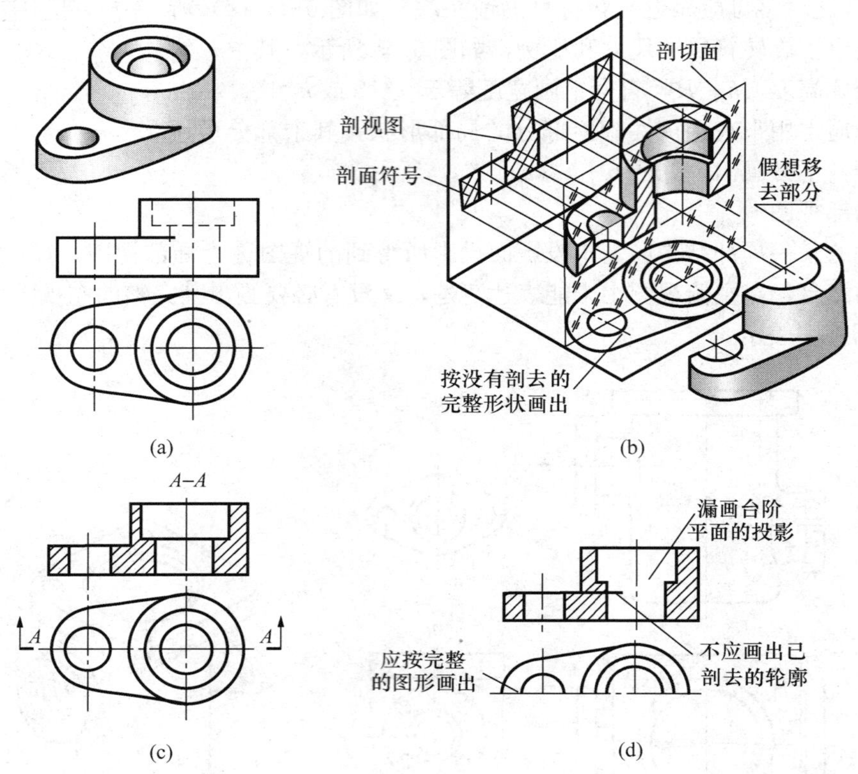

图 6－7 剖视图的形成

（a）轴测图及其视图；（b）剖视图的形成；（c）剖视图的正确画法；（d）剖视图的错误画法

二、剖视图的画法及标注

1. 画剖视图的方法

现以图 6－7 所示的机件为例，介绍画剖视图的方法。

（1）确定剖切平面的位置。如图 6－7 所示，当主视图采用剖视时，取平行于 V 面（正平面）且通过该机件对称面（亦通过孔的轴线）的剖切平面假想将机件剖开。

（2）画剖视图。如图 6－7（b）所示，移去前半部分，并将剖切平面与机件的接触部分及机件的剩余部分一并向 V 面投影，按照视图的投影关系和剖视的有关规定画法画出剖视图，如图 6－7（c）所示。

（3）画剖面符号。将剖切平面与机件相接触的实体部分画上剖面符号，如图 6－7（c）所示。机件的剖面符号应遵从国家标准的规定。不同材料用不同的剖面符号表示，各种材料的剖面符号见表 6－1。金属材料的剖面符号称为剖面线，通常画成与水平线成 45°角、间隔均匀的细实线。同一机件在各剖视图中的剖面线方向和间隔必须一致，如图 6－8所示。如果图形中的主要轮廓与水平线方向成 45°角或接近 45°角，则该图形的剖面线应画成与水平线成 30°或 60°角的平行线，但倾斜方向仍应与其他图形的剖面线一致，如图 6－9 所示。

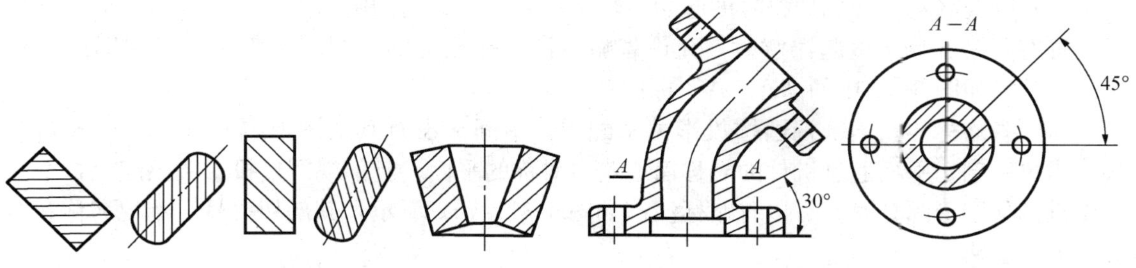

图 6-8 剖面线的画法 图 6-9 特殊角度的剖面线的画法

表 6-1 **剖 面 符 号**

材料	剖面符号	材料	剖面符号
(金属材料) (已有规定剖面符号者除外)		木质胶合板 (不分层数)	
线圈绕组元件		基础周围的泥土	
转子、电枢、变压器和 电抗器等的叠钢片		混凝土	
非金属材料 (已有规定剖面符号者除外)		钢筋混凝土	
型砂、填砂、粉末冶金、砂轮、 陶瓷刀片、硬质合金刀片等		砖	
玻璃及供观察用的 其他透明材料		格网 (筛网、过滤网等)	
木材 纵剖面		液体	
木材 横剖面			

注 1 剖面符号仅表示材料的类别，材料的名称和代号必须另行注明。
2 低钢片的剖面线方面应与束装中叠钢片的方向一致。
3 液面用细实线绘制。

2. 剖视图的标注

剖视图一般应标注剖切位置、投影方向及剖视图的名称。

(1) 剖切位置。在与剖视图相对应的视图上，用剖切符号（线宽 1～1.5b、长度约为 5mm 的断开粗实线）标出剖切位置，并尽可能不与图形轮廓线相交。

(2) 投影方向。在剖切符号的两端部，用箭头画出投影方向，箭头应与剖切符号垂直。

(3) 剖视名称。在剖切符号的起始、转折和终了处，用相同的大写字母标出。但当转折处位置有限又不致于引起误解时，允许省略标注。在相应的剖视图上方标注剖视图的名称“×—×”，如图 6-7 中的“A—A”标注。

(4) 省略标注。当剖视图按投影关系配置，中间又没有其他图形隔开时，可以省略箭头；当单一剖切平面通过机件的对称面或基本对称的平面，且剖视图按投影关系配置，中间又没有其他图形隔开时，可以省略标注。如图 6-11 (c) 所示，其剖切符号、剖视名称和箭头均可以省略。

3. 画剖视图时应注意的问题

(1) 剖视是一个假想的作图过程，所以当一个视图画成剖视时，其他视图的投影不受影响，仍按完整的机件画出，如图 6-7 (c) 所示。

(2) 剖切平面一般应通过机件的对称面或轴线，并要平行或垂直于某一投影面。

(3) 剖切平面后面的可见部分应全部画出，不能遗漏，如图 6-7 (d) 所示。剖视图中容易漏画的线如图 6-10 所示。

(4) 在剖视图中，对于已经表达清楚的结构，其虚线可以省略不画。在没有剖开的视图上，虚线也可按同样原则处理。

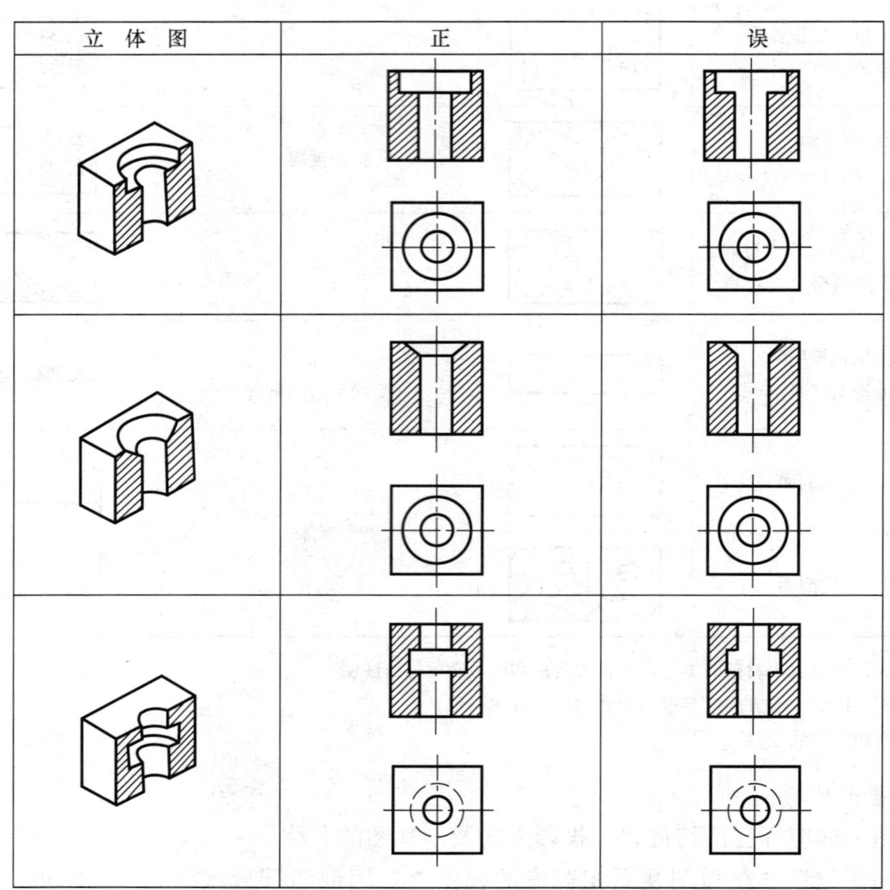

图 6-10 剖视图中容易漏画的线

三、剖视图的种类

常用的剖视图主要有：全剖视图、半剖视图、局部剖视图。

1. 全剖视图

用剖切平面完全地剖开机件所得的剖视图，称为全剖视图，如图 6 - 11 所示。全剖视图主要用于内部结构比较复杂、外形比较简单的不对称零件，或者用于外形简单的对称零件。其标注规则如前所述。

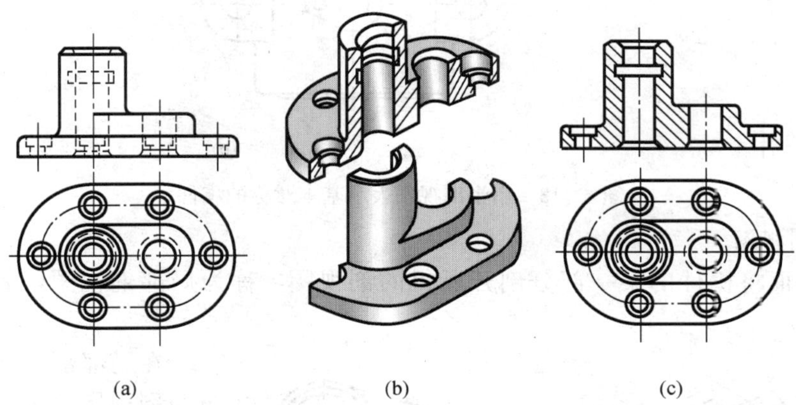

图 6 - 11　全剖视图

（a）泵盖的两视图；（b）完全地剖开泵盖；（c）将泵盖的主视图画成全部视图

2. 半剖视图

当机件具有对称平面时，在垂直于对称平面的投影面上投影所得的图形，可以以对称中心线为界，一半画成剖视，另一半画成视图，这种剖视图称为半剖视图，如图 6 - 12 所示。半剖视图主要用于内、外结构形状都需要表达的对称机件。当机件的形状接近于对称，且不对称部分已另有图形表达清楚时，也可以将其画成半剖视图，如图 6 - 13 所示。

画图时须注意在半剖视图中，外形视图与剖视图的分界线应画成点划线而不能画成实线。由于图形对称，机件的内部形状已在剖视图中表示清楚的，在表达外部形状的视图中，虚线不必再画。

半剖视图的标注规则与全剖视图相同。

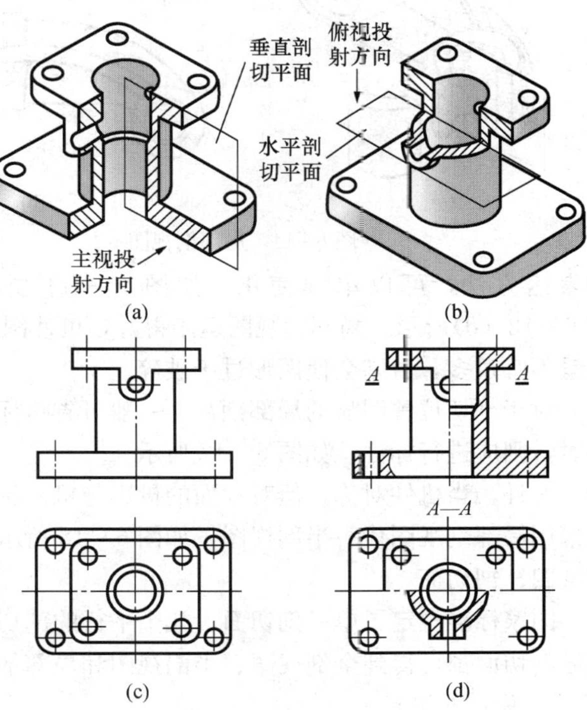

图 6 - 12　半剖视图

（a）主视图的剖切情况；（b）俯视图的剖切情况；（c）视图；（d）半剖视图

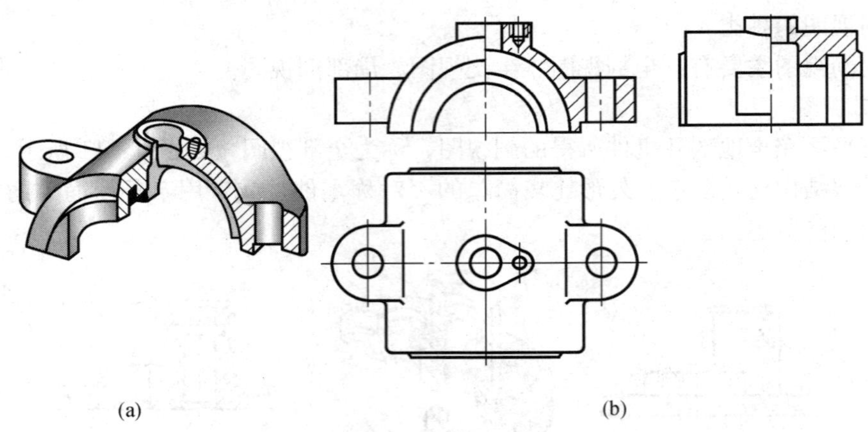
(a) (b)

图 6 - 13 用半剖视图表示基本对称的零件

3. 局部剖视图

用剖切平面将机件的某一部分剖开所得的剖视图，称为局部剖视图，如图 6 - 14 和图 6 - 15所示。

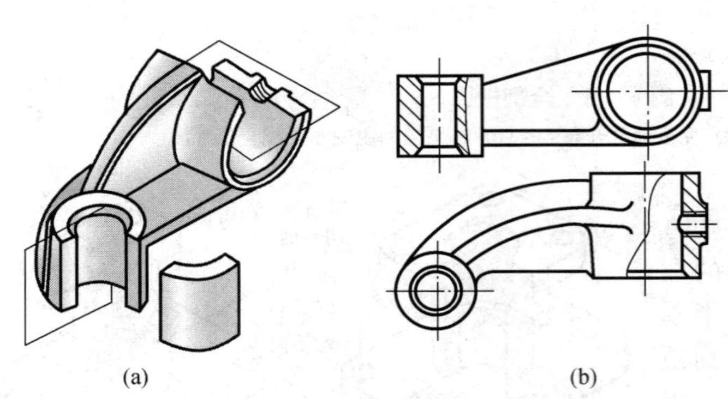
(a) (b)

图 6 - 14 局部剖视图

在局部剖视图中，视图部分与剖视图部分的分界线为波浪线。波浪线不应与图样上其他图线重合，也不得超出视图的轮廓线或通过中空部分，如图 6 - 16 所示。

局部剖视不受图形是否对称的限制，剖切位置及剖切范围的大小可根据需要决定。因此，局部剖视是一种比较灵活的表达方法，可以单独使用，如图 6 - 14 所示，也可以配合其他剖视图使用，如图 6 - 12 (d)所示。局部剖视图运用得好，可使图形简明清晰。在一个视图中，局部剖切的数量不宜过多，否则会使图形过于破碎。

对于剖切位置明显的局部剖视，一般可省略标注，如图 6 - 14 所示。若剖切位置不够明显时，则应进行标注，如图 6 - 17 所示。

另外，当机件对称，但对称面的投影与机件轮廓投影重合时，不宜采用半剖视图。此时应采用局部剖视图代替半剖视图，如图 6 - 18 所示。

四、剖切面

国家标准规定了单一剖切面、几个平行的剖切面、几个相交的剖切面 3 种剖切面。采用上述剖切面都可得到全剖视图、半剖视图和局部剖视图。

1. 单一剖切面

单一剖切面是指只用一个剖切面（一般指平面，也可以是柱面）剖开机件，这个剖切面可以平行于基本投影面（如前介绍的各中剖视图都是用这种剖切面得到的），也可以不平行于基本投影面，如图 6 - 19 中的 $A-A$ 剖视图，这种剖视图称为斜剖视图。画斜剖视图时应标准齐全，这种剖视图一般应画在箭头所指的方向上，并与相应视图之间保持投影关系，以便于读图。必要时，也可以将剖视图配置在其他适当位置上。在不致引起误解时，允许将图形旋转，但要画上旋转符号，并注写相应字母，如图 6 - 19（c）所示。

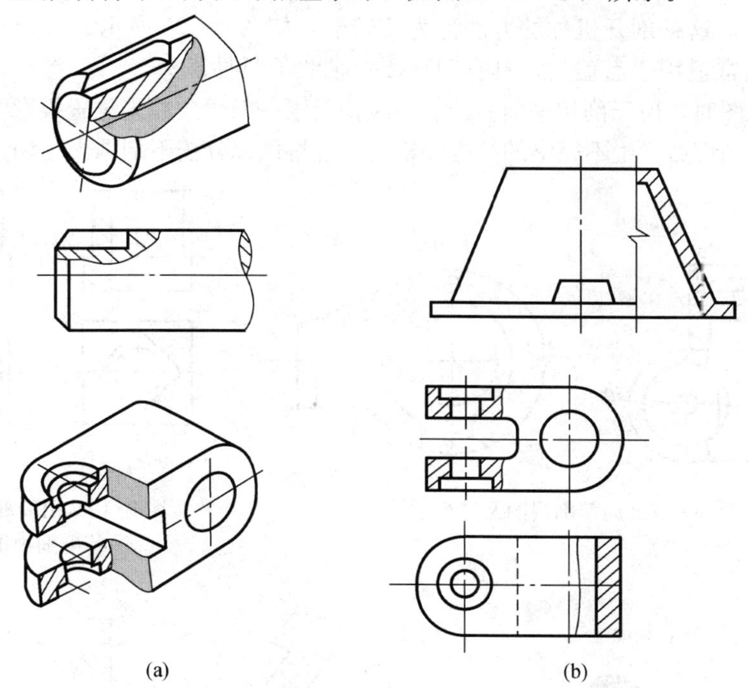

图 6 - 15　局部剖视图示例

（a）单一剖切平面剖切的局部剖；（b）用双折线作分界线的局部剖

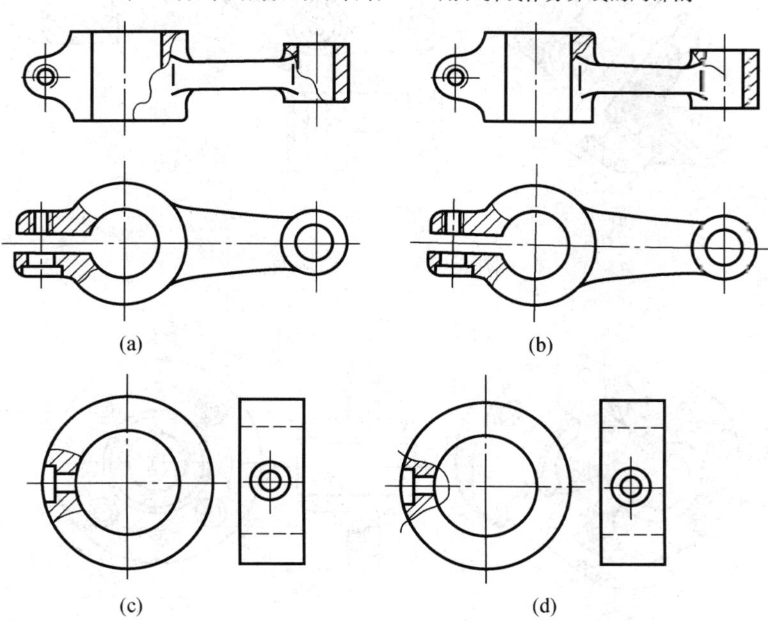

图 6 - 16　局部剖波浪线的画法

（a）正确；（b）错误；（c）正确；（d）错误

2. 几个相交的剖切平面

用两相交的剖切平面（交线垂直于某一基本投影面）剖开机件，然后将被剖开的倾斜部分结构及有关部分绕两个剖切平面的交线（旋转轴）旋转到与所选定的基本投影面平行的位置后再进行投影，这种剖开机件的方法称为旋转剖，如图 6 - 20 所示。

旋转剖视通常适用于盘盖类等具有明显回转轴线的机件。

画旋转剖视图时，位于剖切平面后的其他结构要素一般仍按原来位置投影，如图 6 - 21 中小孔的投影。若剖切后产生不完整的结构要素时，应将该部分按不剖画出。如图 6 - 22 所示。

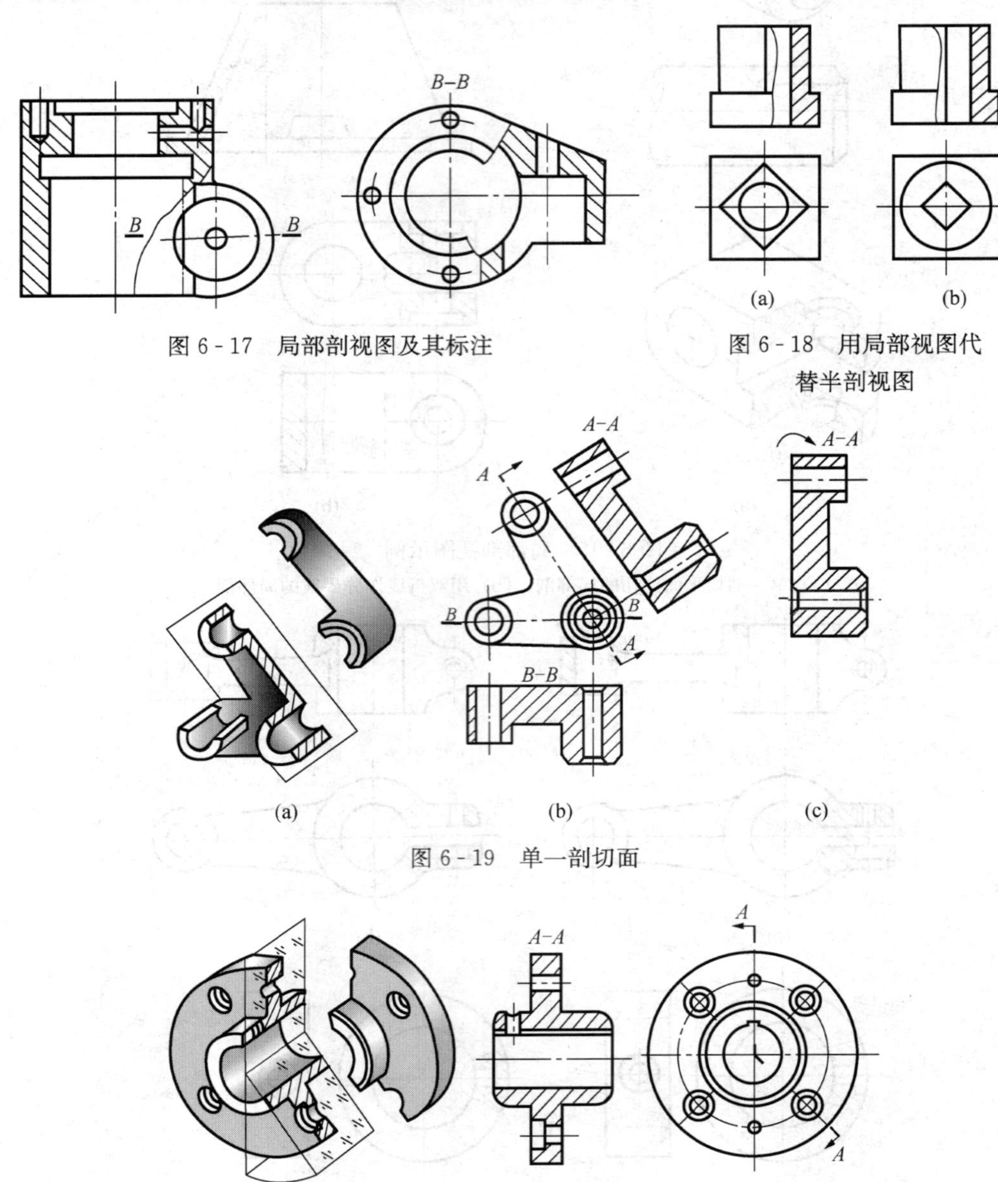

图 6 - 17　局部剖视图及其标注

(a)　(b)

图 6 - 18　用局部视图代替半剖视图

(a)　(b)　(c)

图 6 - 19　单一剖切面

(a)　(b)

图 6 - 20　两相交的剖切平面

旋转剖视图必须进行标注。在剖切平面的起始、转折和终了处画出表示剖切位置的剖切符号，并标注相同的大写字母；在剖切符号的起始、终了位置的端部用箭头指明投影方向；在相应的剖视图上方标注相同的字母“×—×”，表示剖视图的名称及对应关系，如图 6 - 21～图 6 - 23 所示。

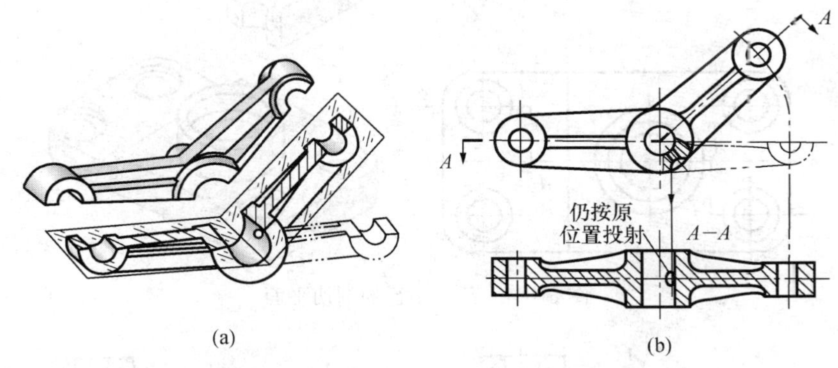

图 6 - 21　剖切平面后的结构要素仍按原来的位置投影

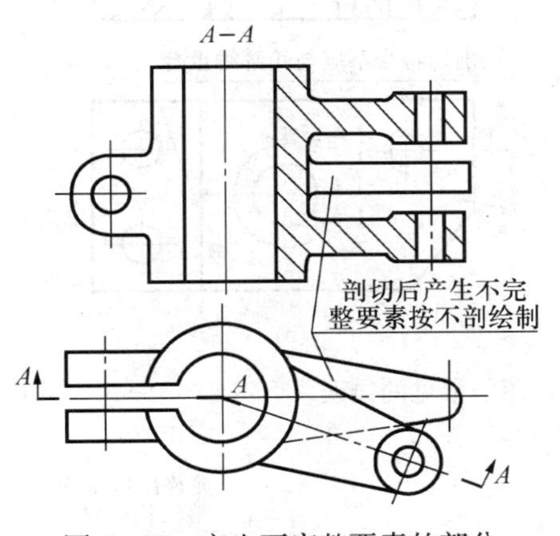

图 6 - 22　产生不完整要素的部分按不剖绘制

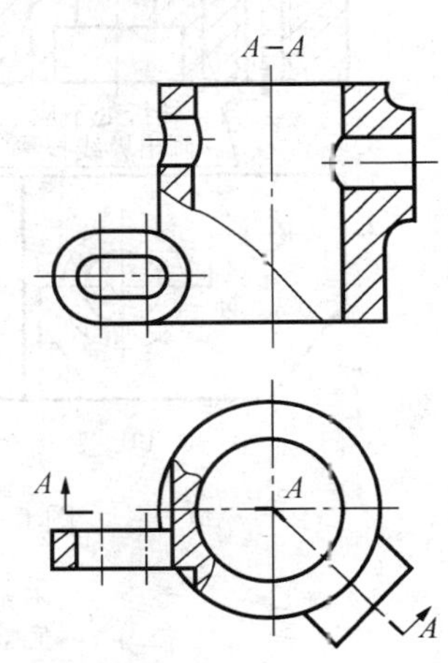

图 6 - 23　采用两个相交的剖切平面得到的局部剖视图

3. 几个平行的剖切平面

用几个互相平行的剖切平面（平行于基本投影面）将机件剖开，这种方法称为阶梯剖。当机件上具有几种不同的结构要素（如孔、槽等），而它们的中心线又排列在相互平行的平面上时，宜采用几个互相平行的剖切平面剖切，如图 6 - 24 所示。

画阶梯剖视图时须注意以下几点。

(1) 各剖切平面转折处的界线不应画出，如图 6 - 25 (a) 所示。

(2) 剖切平面的转折处不应与视图中的轮廓线重合，如图 6 - 25 (b) 所示。

(3) 图形内不应出现不完整的结构要素，只有当两个要素在图形上具有公共对称轴线或中心线时，可以以对称中心线或轴线为界各画一半，如图 6 - 26 所示。

阶梯剖视图的标注方法与旋转剖视图的标注方法相同。图 6 - 27 中的 $A-A$ 为用几个相互平行的剖切平面剖切得到的局部剖视图，此时局部剖视图必须按阶梯剖的规定进行标注。

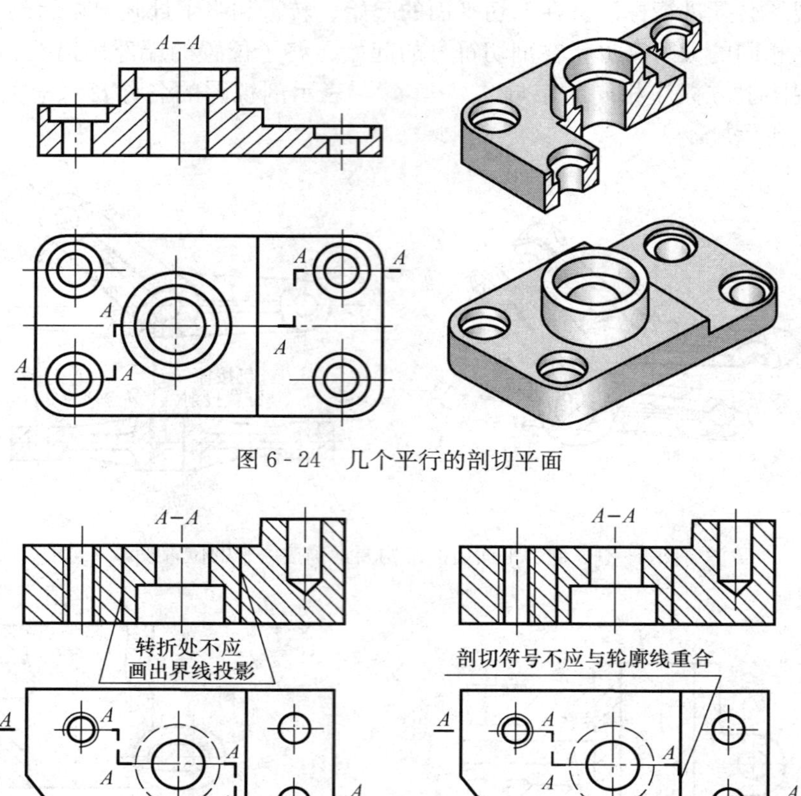

图 6-24 几个平行的剖切平面

(a) (b)

图 6-25 阶梯剖视图中常见的错误

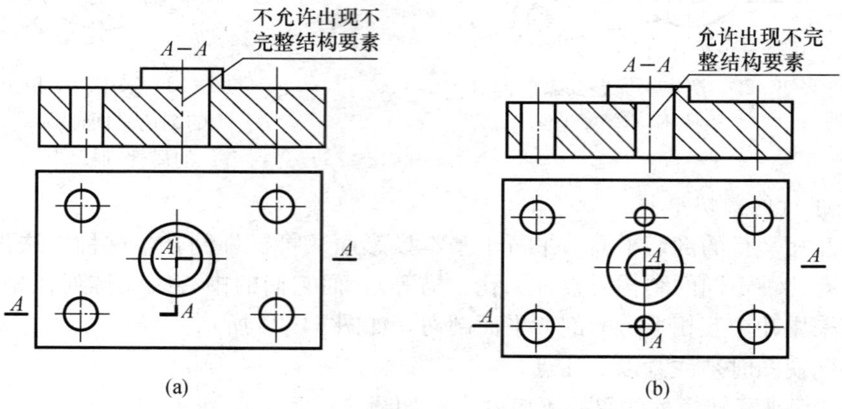

(a) (b)

图 6-26 阶梯剖中出现不完整要素的情况

(a) 错误；(b) 正确

4. 组合的剖切平面

当机件的内部结构较多，单用上述各种剖切方法不能完全表达时，可将上述各种剖切平面组合起来进行剖切，这种剖切方法称为复合剖，如图 6-28 所示。

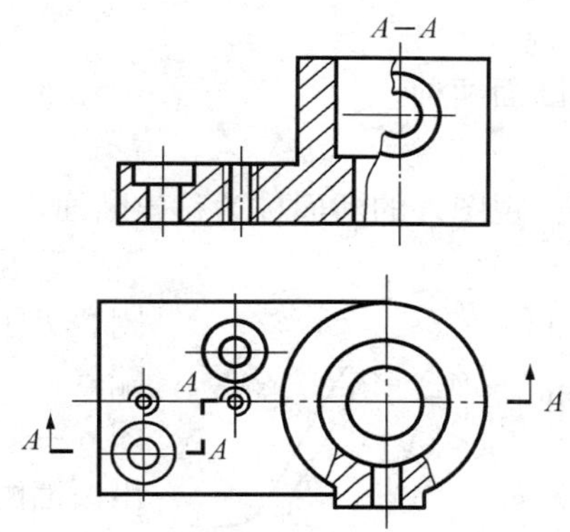

图 6-27　采用几个相互平行的剖切平面剖切得到的局部剖视图

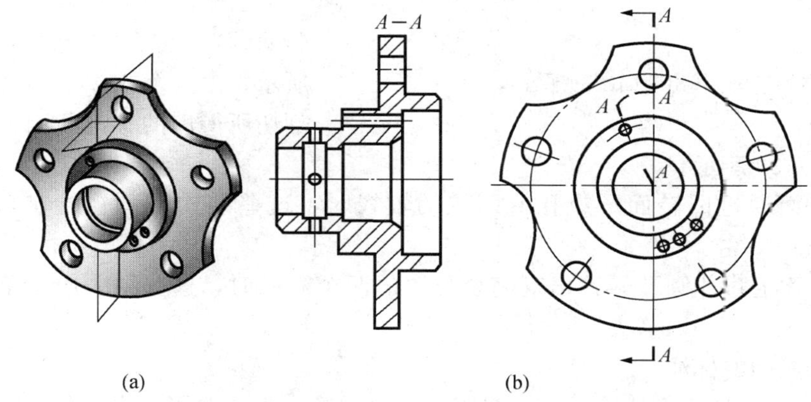

图 6-28　组合的剖切平面

第三节　断面图（GB/T 4458.6—2002）

一、断面的概念

假想用剖切平面把机件的某处切断，仅画出断面的图形称为断面图（简称断面），如图 6-29（b)所示。

断面图常用来表示机件上某一局部的断面形状，如机件上的筋板、轮辐、轴上的键槽和孔、杆件和型材的断面等。

断面图与剖视图的区别是断面图只画出机件被切断表面的形状，而剖视图除了画出被切断表面的形状，还要画出剖切平面后面部分的机件轮廓投影，如图 6-29 所示。

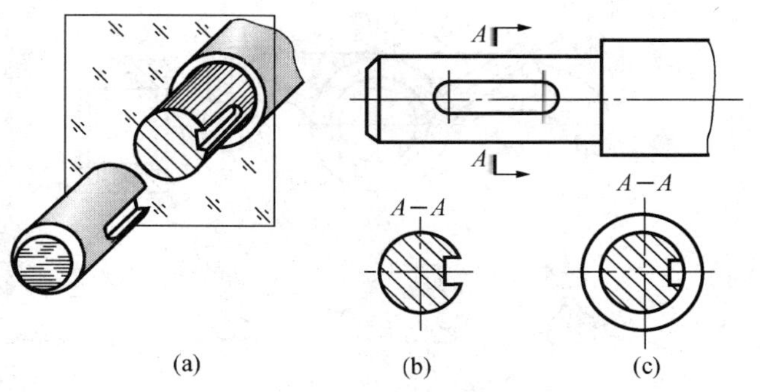

图 6-29　断面与剖视图的区别

(a) 轴测图；(b) 断面图；(c) 剖视图

二、断面的种类

断面分为移出断面和重合断面两种。

1. 移出断面

(1) 移出断面的画法。画在视图外的断面称为移出断面，如图 6 - 29 所示。

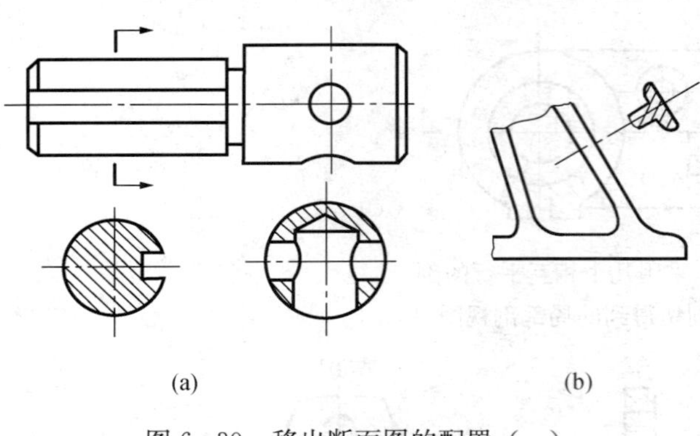

(a) (b)

图 6 - 30 移出断面图的配置（一）

移出断面的轮廓线用粗实线绘制。为了便于看图，移出断面应尽量配置在剖切平面迹线的延长线上，如图 6 - 30 (a)所示。必要时可以将移出断面配置在其他适当的位置上，在不致引起误解时，允许将图形旋转，其标注形式如图6 - 31 (a)所示。

当断面图形对称时，也可将移出断面画在视图的中断处，如图 6 - 32 所示。由两个或多个相交的剖切平面剖切所得出的移出断面，中间一般应断开，如图 6 - 33 所示。

当剖切平面通过回转面形成孔或凹坑的轴线时，这些结构按剖视绘制，如图 6 - 34 所示。

当剖切平面通过非圆孔导致出现完全分离的两个断面时，这些结构应按剖视绘制，如图 6 - 35所示。

(2) 移出断面的标注。

1) 移出断面一般用剖切符号表示剖切位置，用箭头表示投影方向，并标注字母，在断面图的上方用相同的字母标出相应名称“×—×”，如图 6 - 29 (b) 所示。

2) 配置在剖切平面延长线上的移出断面可省略字母，如图 6 - 30 (a) 所示；不配置在剖切平面延长线上的对称移出断面［图 6 - 32 (a)］以及按投影关系配置的不对称移出断面 (图 6 - 34)，均可省略箭头。

3) 在剖切平面迹线延长线上的对称移出断面 (图 6 - 30) 以及配置在视图中断处的对称移出断面 (图 6 - 32)，均不必标注。

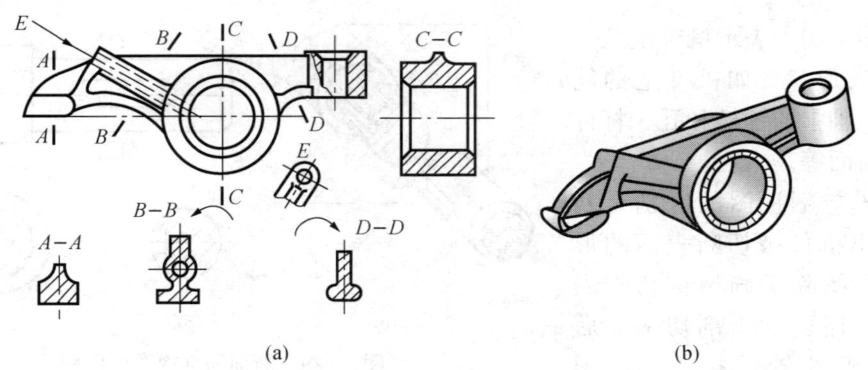

(a) (b)

图 6 - 31 移出断面图的配置（二）

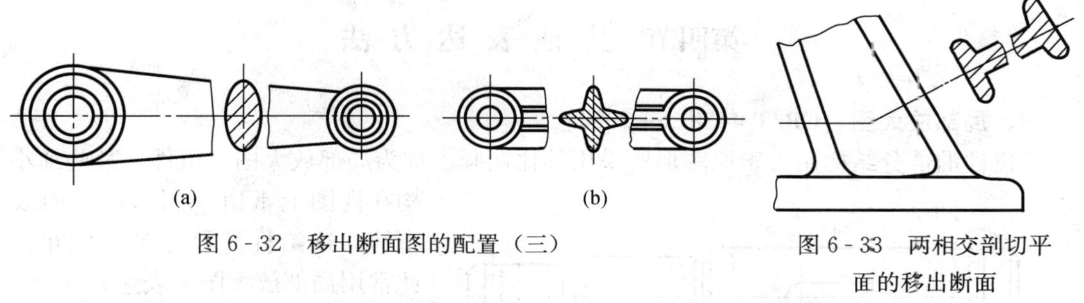

图 6-32　移出断面图的配置（三）

图 6-33　两相交剖切平面的移出断面

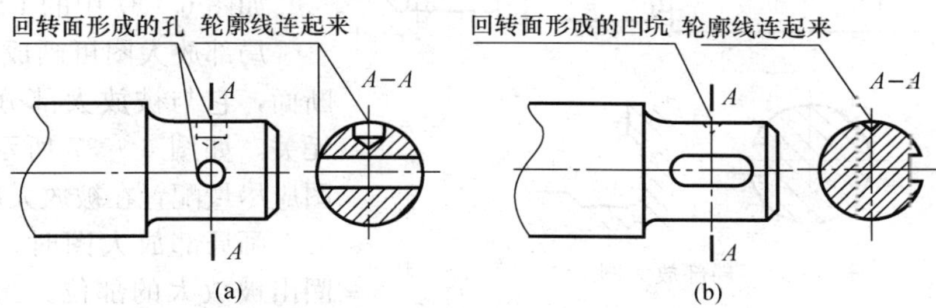

图 6-34　按剖视绘制的移出断面图（一）

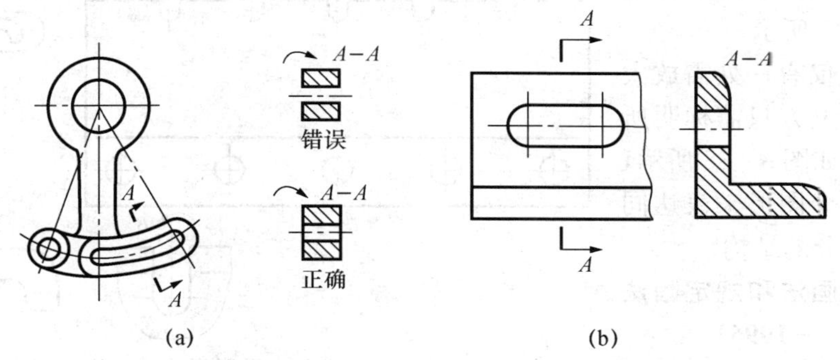

图 6-35　按剖视绘制的移出断面图（二）

2. 重合断面

（1）重合断面的画法。在不影响图形清晰的条件下，断面也可以按投影关系画在视图之内，称为重合断面。重合断面的轮廓线用细实线绘制。当视图的轮廓线与重合断面的图形重叠时，视图的轮廓线仍须完整画出不可间断，如图 6-36 所示。

（2）重合断面的标注。对称的重合断面可以省略标注，如图 6-36（b）所示；配置在剖切符号上的不对称重合断面不必标注字母，但仍要画剖切符号和箭头，如图 6-36（a）所示。

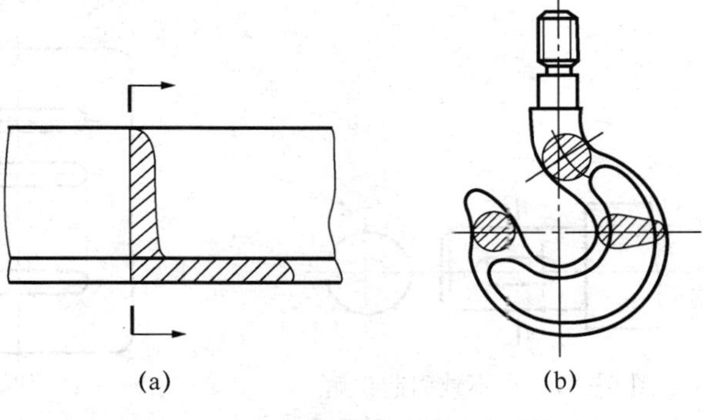

图 6-36　重合断面

第四节 其他表达方法

一、局部放大图（GB/T 4458.1—2002）

将机件的部分结构用大于原图形所采用的比例画出称为局部放大图。机件上某些细小结构在视图上常由于图形过小而表达不清，这给标注尺寸带来困难，为此常用局部放大图来表达。

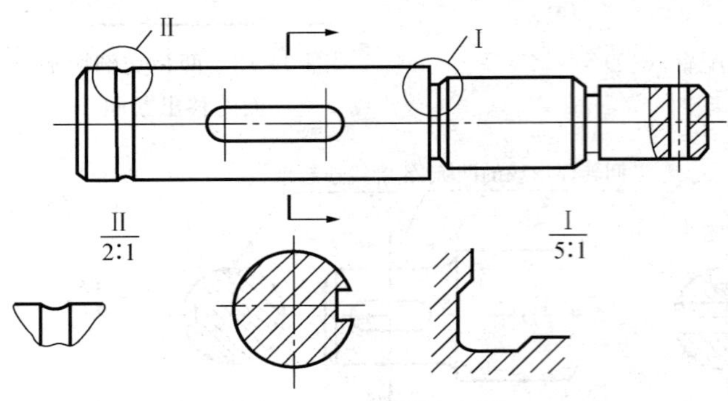

图 6-37　局部放大图

如图 6-37 中的Ⅰ、Ⅱ两处。

局部放大图可画成视图、剖视、断面，它与被放大部分的表达方式无关，如图 6-37 所示。局部放大图应尽量配置在被放大部位的附近。

画局部放大图时，应用细实线圈出被放大的部位。当同一机件上有几处需放大时，必须用罗马数字依次标明被放大的部位，并在局部放大图的上方标注出相应的罗马数字和所采用的比例，如图 6-37 所示。

当机件上仅有一处需放大时，放大图的上方只需标明所采用的比例，如图 6-38 所示，必要时可由几个图形来表达同一个被放大部分的结构。

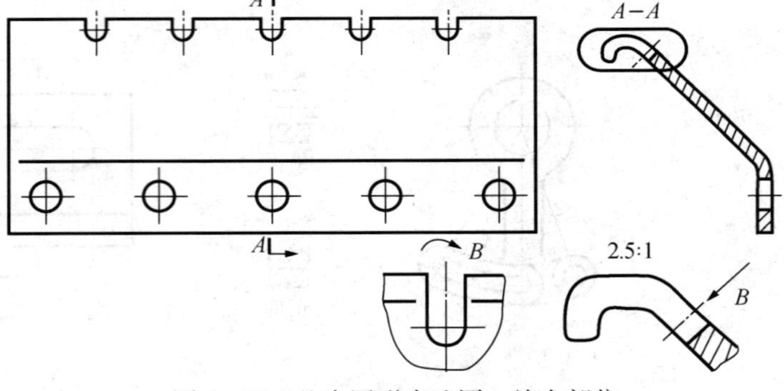

图 6-38　几个图形表达同一放大部位

二、简化画法和规定画法（GB/T 16675.1—1996）

（1）在不致引起误解时，零件图中的移出断面允许省略剖面符号，但剖切位置与剖面图的标注不能省略，如图 6-39 所示。

（2）当机件具有若干相同的结构（如齿、槽等）并按一定规律分布时，只需画出几个完整的结构，其余用细实线连接，并注明该结构的总数即可，如图 6-40 所示。

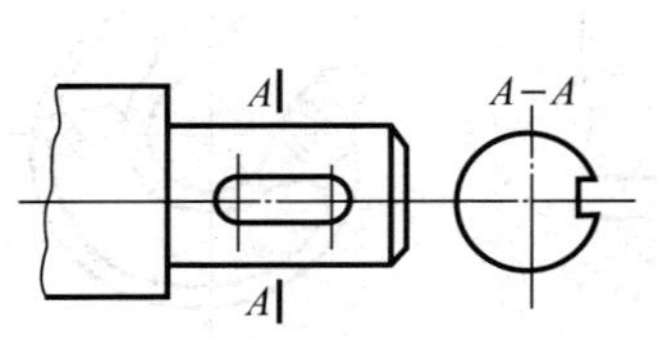

图 6-39　在不致引起误解时移出剖面省略剖面符号

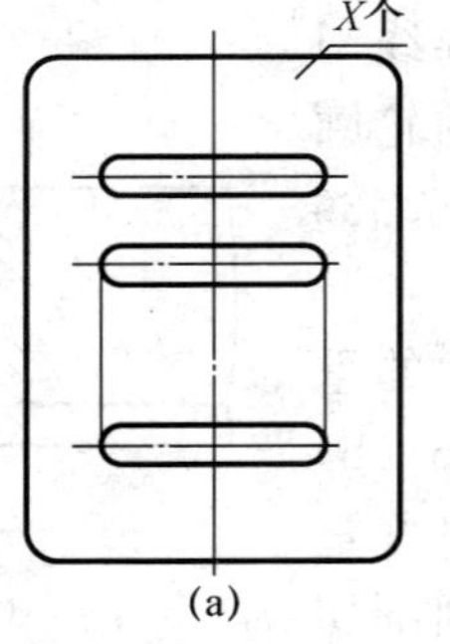

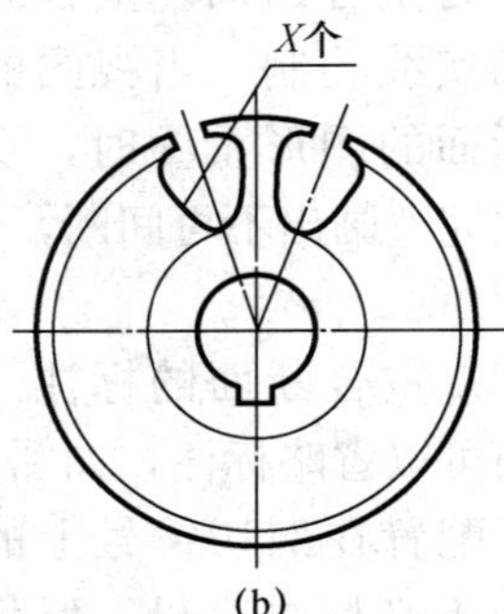

图 6-40　相同结构要素的简化画法

（3）若干直径相同且成规律分布的孔（圆孔、螺孔、沉孔等）可以仅画出一个或几个，其余只需表示其中心位置，并在零件图中注明孔的总数即可，如图 6 - 41 所示。

（4）网状物、编织物或机件上的滚花部分可在轮廓线附近用细实线示意画出，如图 6 - 42 所示。

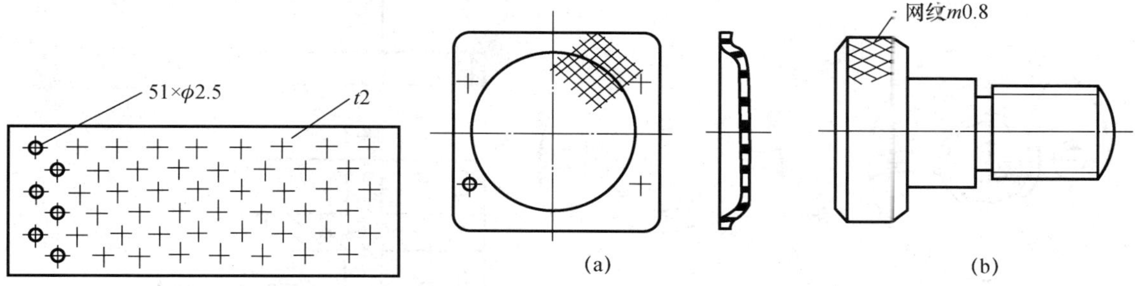

图 6 - 41　若干直径相同且规律分布的圆孔的简化画法

图 6 - 42　网纹的表示

（5）图形中的平面可用平面符号（相交的两细实线）表示，如图 6 - 43 所示。零件上对称结构的局部视图可按图 6 - 44 绘制。

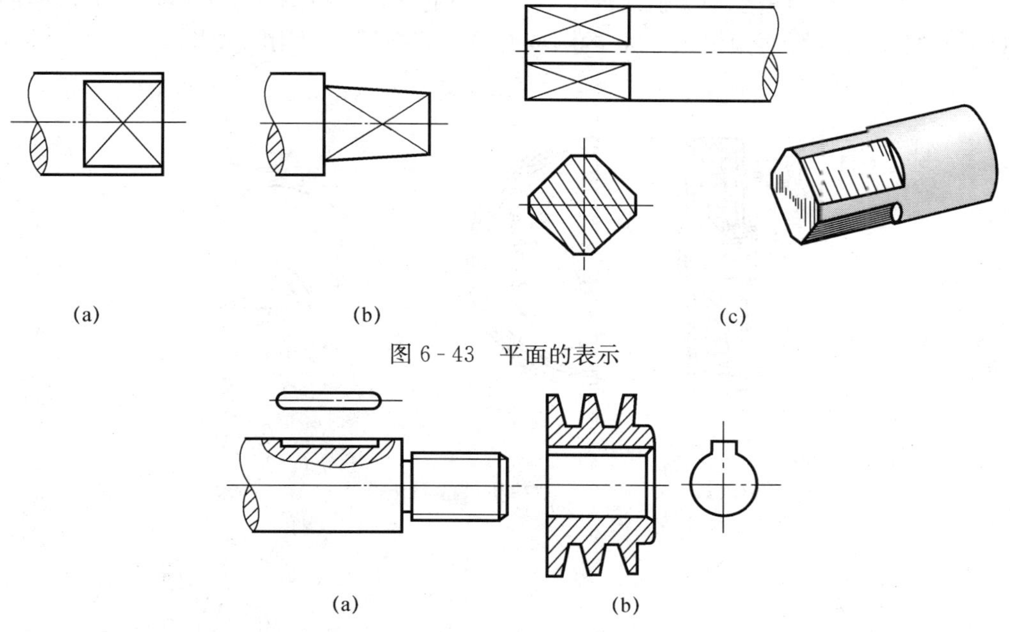

图 6 - 43　平面的表示

图 6 - 44　零件上对称结构的局部视图表示方法

（6）对机件上的肋、轮辐及薄壁等，如按纵向剖切，这些结构不画剖面符号，而用粗实线将它与其邻接部分分开，如图 6 - 45 所示。当需要表达零件回转体结构上均匀分布的肋、轮辐、孔等，而这些结构又不处于剖切平面上时，可以把这些结构旋转到剖切平面位置上画出，如图 6 - 45 所示。

（7）对称机件允许只画出整体的一半或四分之一，并在对称中心线的两端画出两条与其垂直的平行细实线，如图 6 - 46 所示。

（8）机件上斜度不大的结构，如果一个图形已表示清楚，其他视图可只按小端画出，如

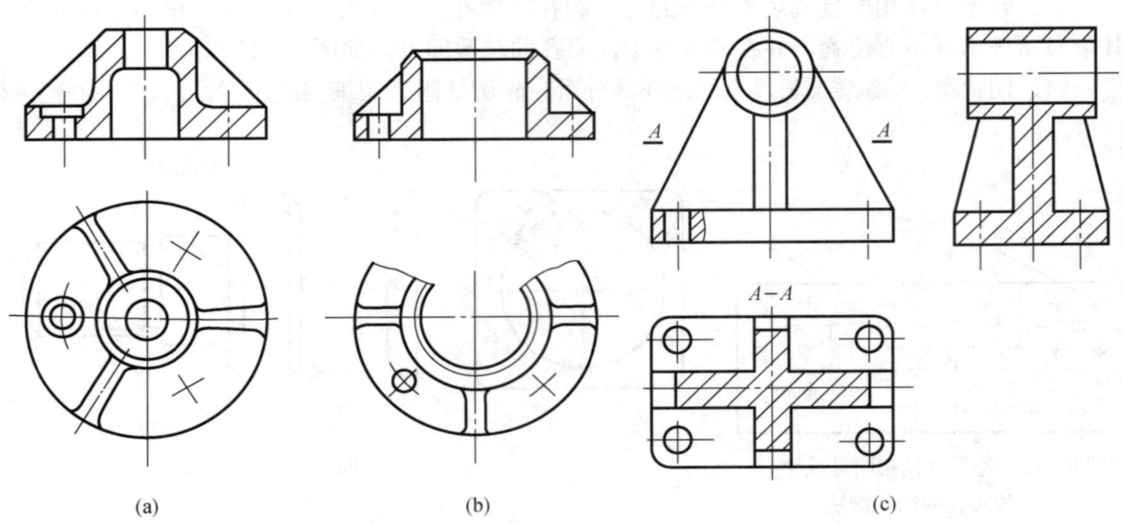

(a) (b) (c)

图 6 - 45 均布孔和肋的简化画法

图 6 - 47 所示。圆柱形法兰和类似机件上均匀分布的孔，可按图 6 - 48 所示的方法绘制。

（9）机件上与投影面倾斜角≤30°的圆或圆弧，其投影可以用圆或圆弧代替，如图 6 - 49 所示。

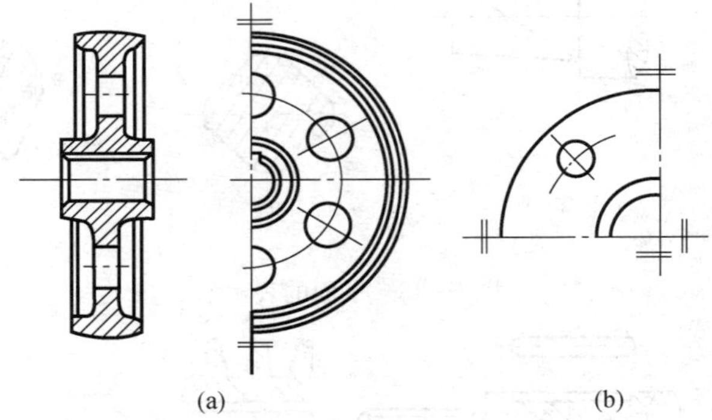

(a) (b)

图 6 - 46 对称机件的简化画法

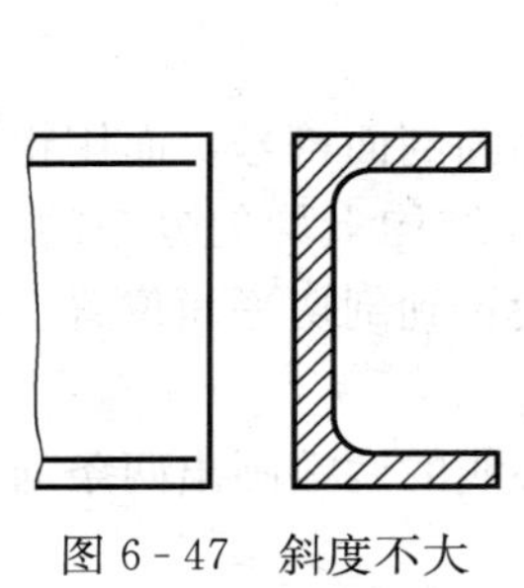

图 6 - 47 斜度不大时的简化画法

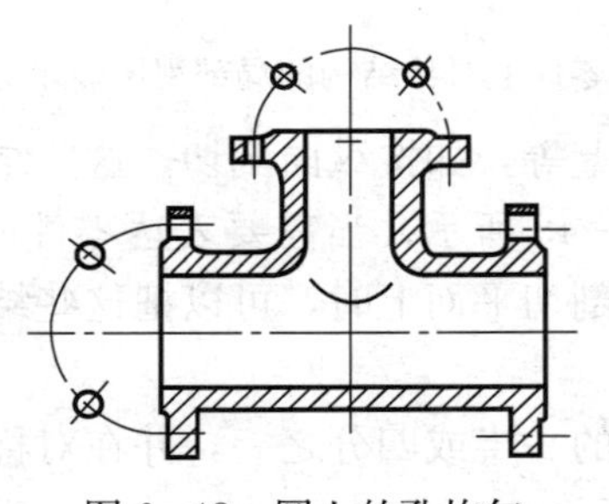

图 6 - 48 圆上的孔均匀分布时的简化画法

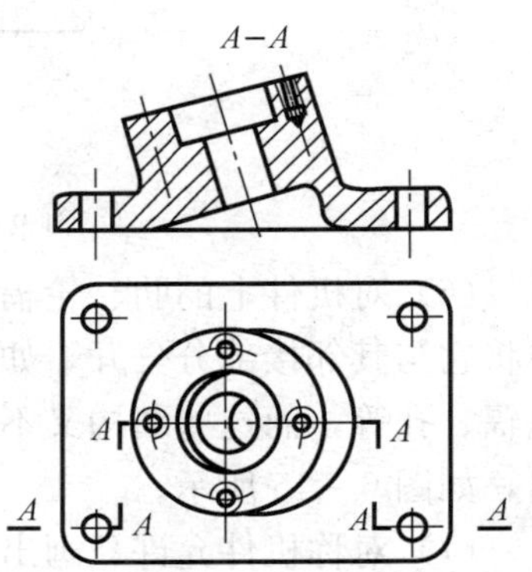

图 6 - 49 小于 30°斜面上圆或圆弧的简化画法

（10）较长的机件（轴、杆，型材、连杆等）沿长度方向的形状一致或按一定规律变化时，可断开后缩短绘制，但必须标注实际长度尺寸，如图 6-50 所示。

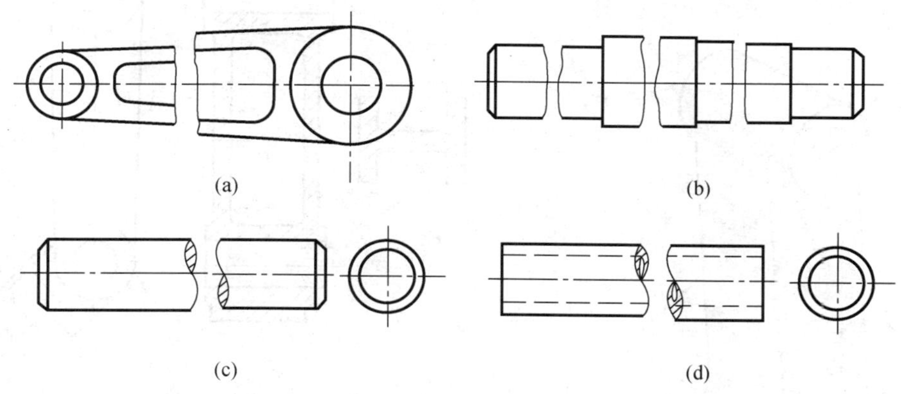

(a)　(b)

(c)　(d)

图 6-50　折断画法

第五节　表达方法综合举例

在绘制机件图样时，应根据零件的具体结构形状灵活地综合运用前面介绍的各种画法，确定视图、剖视、断面的数量与位置，定出表达方案。

考虑机件表达方案的前提应该是准确、完整、清晰，不能有错误或遗漏，以免造成读图或生产上的困难和错误；其次应尽可能减少视图数量，做到画图简便，同时适当考虑尺寸标注和加工要求等。

同一机件可以有多种表达方案，各种表达方案必各有其优缺点，所以很难绝对地说某种方案为最佳。下面举例说明。

【例 6-1】　根据支架的轴测图，如图 6-51 所示，选择适当的表达方案。

（1）形体分析。该支架的主体为 A、B 两轴座，中间由“工”字形筋板联接起来，在 B 端有倾斜凸耳 C，上有阶梯孔 D 和锥销孔 E。D、E 孔轴线所在的平面与 B 孔轴线不平行。

（2）选择主视图。一般以工作位置或自然位置作为选取主视图的位置，如图 6-51 所示。以箭头 G 或 H 所指的方向作为主视图的投影方向。当以 G 为投影方向画主视图时，A、B 孔及 C 的位置关系可真实地反映出来；以 H 为投影方向画主视图时，A、B 两平行轴线的特征反映得较清楚，但在主视图上 C 部分的形状将变形。现以 H 方向作为画主视图的投影方向加以讨论。

（3）确定其他视图。以 H 方向作为画主视图的投影方向后，再以 G 方向作为画左视图的投影方向，为避免 C 部分在主视图上的变形，可将主视图沿 AB 孔轴线所在的平面剖开（图 6-52 中 A—A 剖视图）。C 部分斜面的真实形状可作 C 向斜视图予以反映，C 向斜视图上同时反映了 D、E 两孔的真实距离。为表达 D、E 孔的内部结构，可通过 D、E 孔轴线所在的平面作剖切（D—D），得 D—D 剖视图，至此 A、B 及 C 凸耳上 D、E 孔之间的相互关系基本表示清楚了。此外，再作一移出剖面或重合剖面表示“工”字型筋板的截面形状，如图 6-52 中的移出剖面图。

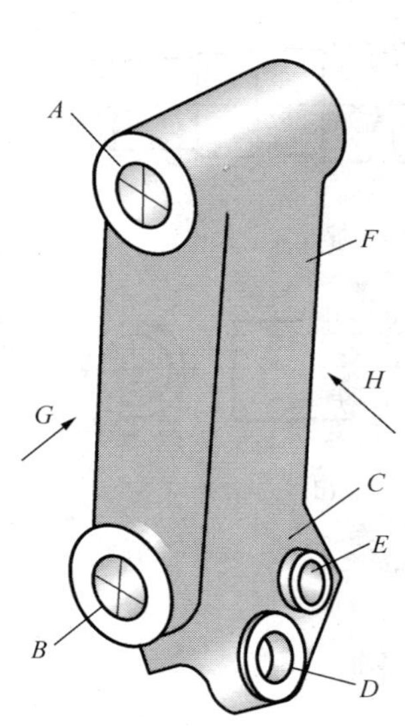

图 6-51 支架的轴测图

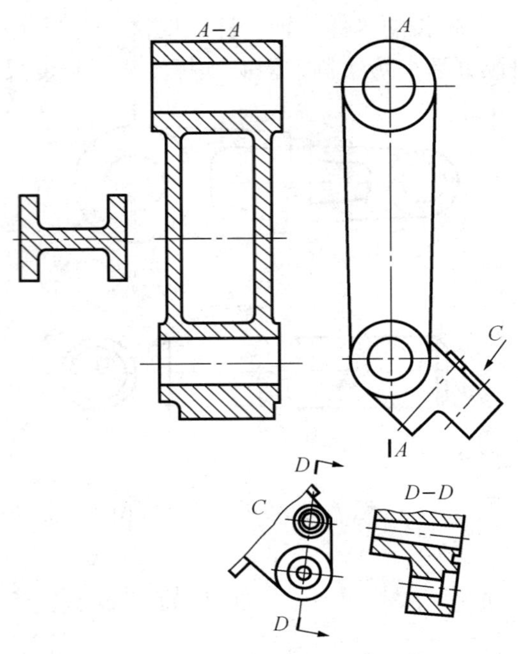

图 6-52 支架的表达方案

第六节 第三角投影法简介（GB/T 14692—1993）

国际上都采用正投影法在机械图样中表达机件的结构形状，根据 ISO 国际标准规定，在表达机件结构时，第一角和第三角画法等效使用。我国采用第一角投影。但在国际间的技术交流中，有时会遇到第三角投影的视图。现将第三角投影法简介如下。

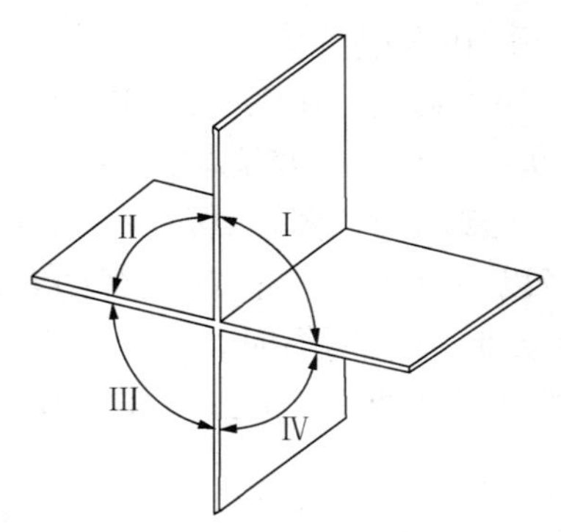

图 6-53 4 个分角

如图 6-53 所示，两个互相垂直的投影面，将空间分成Ⅰ、Ⅱ、Ⅲ、Ⅳ4 个分角。机件放在第一分角表达称为第一角投影；机件放在第三分角表达，称为第三角投影。

第三角投影与第一角投影的异同主要体现在以下几点。

（1）人—物—图的位置不同。第一角投影是使机件处在投影面与观察者之间，保持着人—物—图的位置，而第三角投影是使投影面处在观察者与机件之间，形成了人—图—物的位置关系，如图 6-54（a）所示。

（2）视图配置位置不同。第三角投影面展开时，仍是 V 面保持不动，H 面绕其与 V 面的交线向上旋转，W 面绕其与 V 面的交线向右旋转。展开后的三视图是前视图（从前向后投影）、顶视图（从上向下投影）和右视图（从右向左投影）。展开后的 6 个基本视图是：前视图、顶视图、右视图、后视图、底视图和左视图，其配置如图 6-55（b）所示。

（3）各视图间的投影关系相同。第三角投影的视图间同样符合“长对正、高平齐、宽相等”的投影关系。要注意的是在顶视图和右视图中，靠近前视图的一面是机件的前面，远离前视图的另一面是机件的后面。

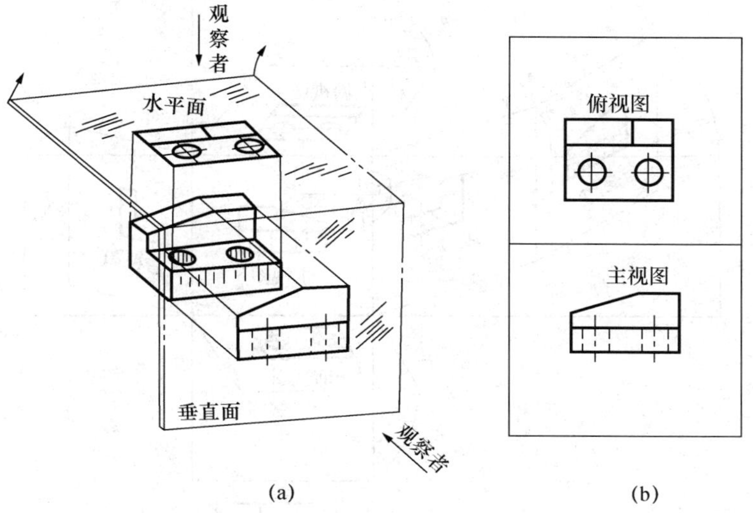

图 6-54　第三分角的画法及展开

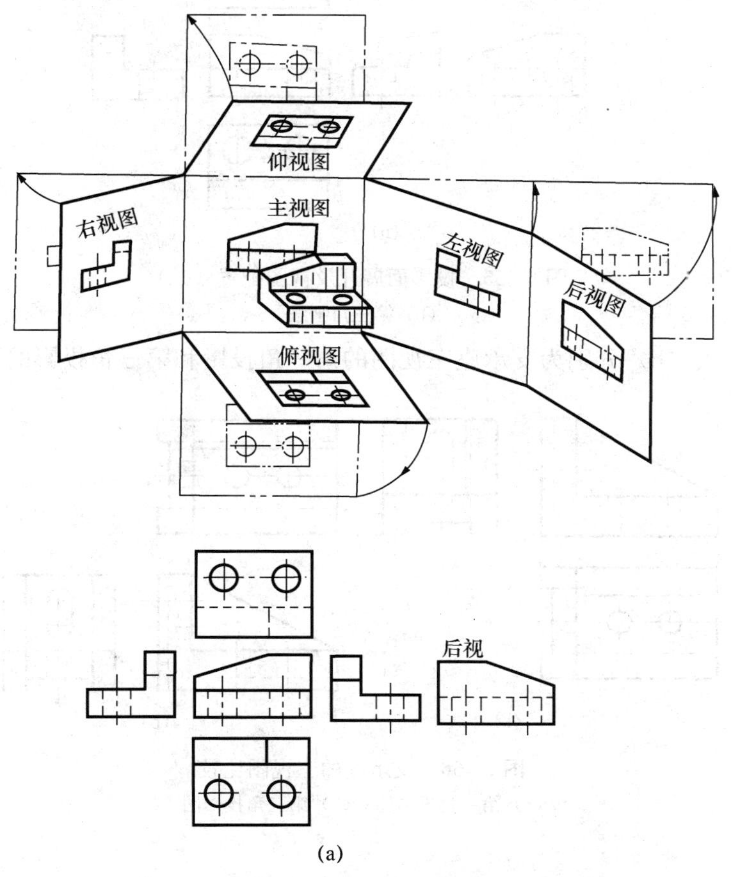

图 6-55　投影面展开及视图配置（一）
（a）第一角画法

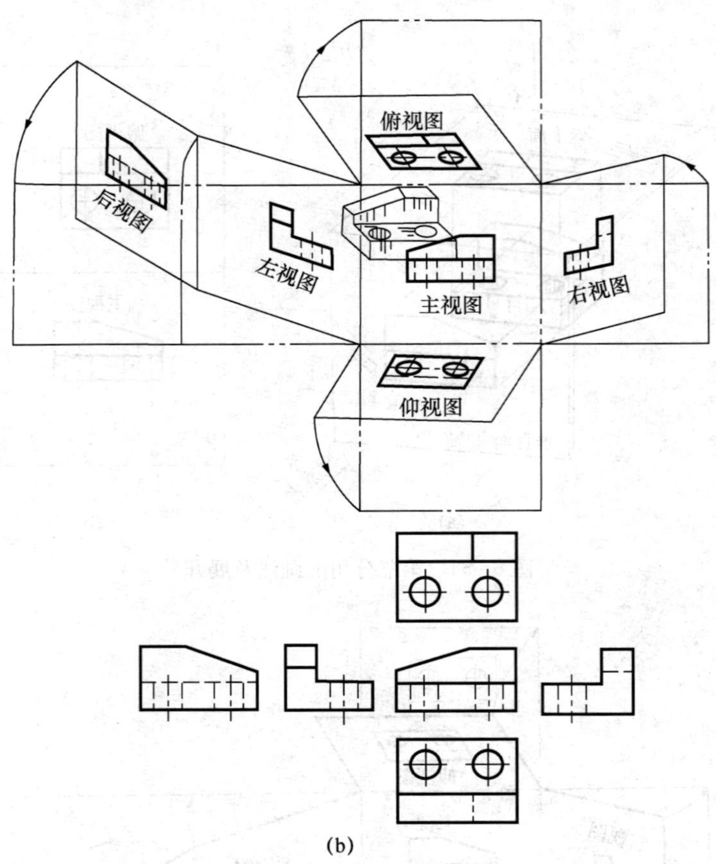

(b)

图 6-55 投影面展开及视图配置（二）
(b) 第三角画法

图 6-56（a）、（b）分别为支承座三视图的第一角投影和第三角投影的画法。

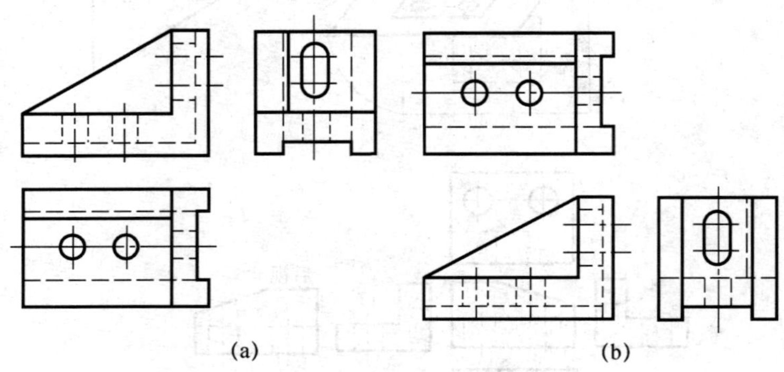

(a) (b)

图 6-56 支承座的三视图比较
(a) 第一角投影图；(b) 第三角投影图

第七章

标准件及常用件

在各种机械设备中，螺栓、螺钉、螺母、弹簧、滚动轴承等是广泛使用的零、部件。由于它们的使用量大，为便于设计、制造和选用，对一些零、部件的结构、尺寸或某些参数全部实行了标准化，如螺栓、螺钉、螺母、键、销、滚动轴承等，这些零、部件称为标准件；有的是部分实行了标准化，如齿轮、弹簧等，通常把这些零件称为常用件。本章将着重介绍标准件、常用件的结构、规定画法及标注。

第一节 螺 纹

螺纹是零件上常见的结构，零件通过螺纹结构起到联接紧固、传递运动和动力的作用。

一、螺纹的形成及工艺结构

1. 圆柱螺旋线的形成

如图 7 - 1（a）所示，动点 A 沿着圆柱的母线作等速直线运动，同时母线又绕圆柱轴线作等速圆周运动，动点 A 在圆柱面上形成的运动轨迹称为圆柱螺旋线。

2. 螺纹的形成

如图 7 - 1（b）所示，一个与圆柱轴线共面的平面图形（如三角形、梯形等）沿圆柱表面作螺旋线运动，形成连续凸起和沟槽的结构称为螺纹。在圆柱、圆锥等外表面上所形成的螺纹称外螺纹，如图 7 - 2（b）所示。在圆柱、圆锥等内表面上所形成的螺纹称内螺纹，如图 7 - 2（a）所示。沟槽部分的底部称为螺纹的牙底，凸起部分的顶端称为螺纹的牙顶。

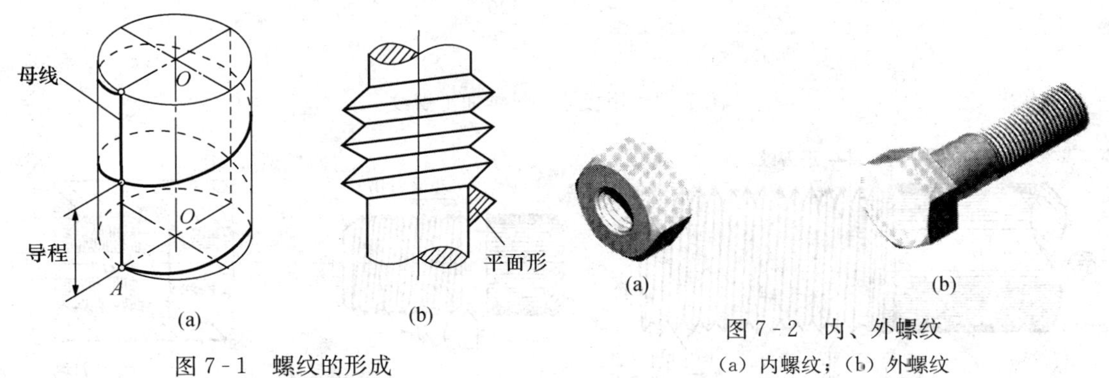

图 7 - 1 螺纹的形成

图 7 - 2 内、外螺纹

（a）内螺纹；（b）外螺纹

加工螺纹通常在车床上进行，如图 7 - 3 所示。对于加工直径较小的螺孔，可用板牙或丝锥加工，如图 7 - 4 所示。

3. 螺纹的工艺结构

（1）螺纹的螺尾和退刀槽。车削螺纹时，刀具接近螺纹末尾处要逐渐离开工件，因此螺纹收尾部分的牙型是不完整的，这段牙型不完整的收尾称为螺尾，如图 7 - 5 所示。为了避免产生螺尾，可预先在螺纹末尾处加工出退刀槽，然后再车削螺纹，如图 7-6 所示。

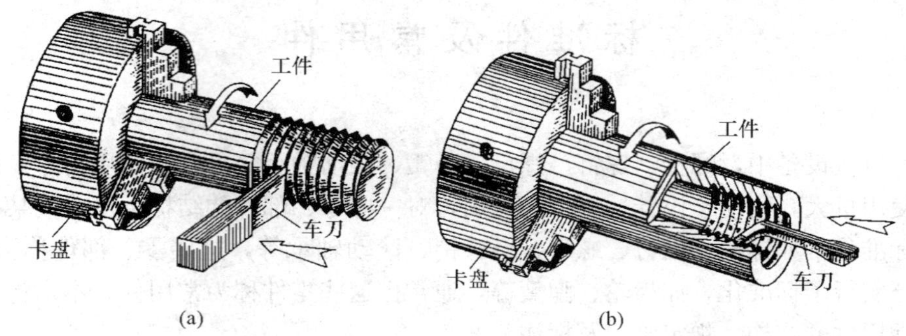

图 7-3 车削螺纹

(a) 车外螺纹；(b) 车内螺纹

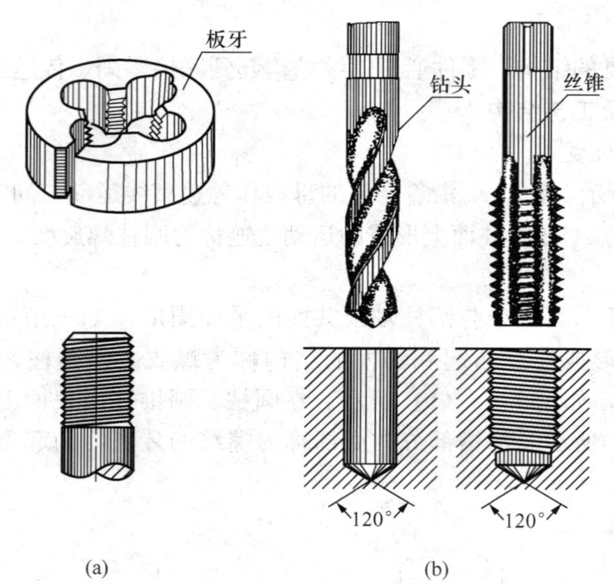

图 7-4 用板牙、丝锥加工螺纹

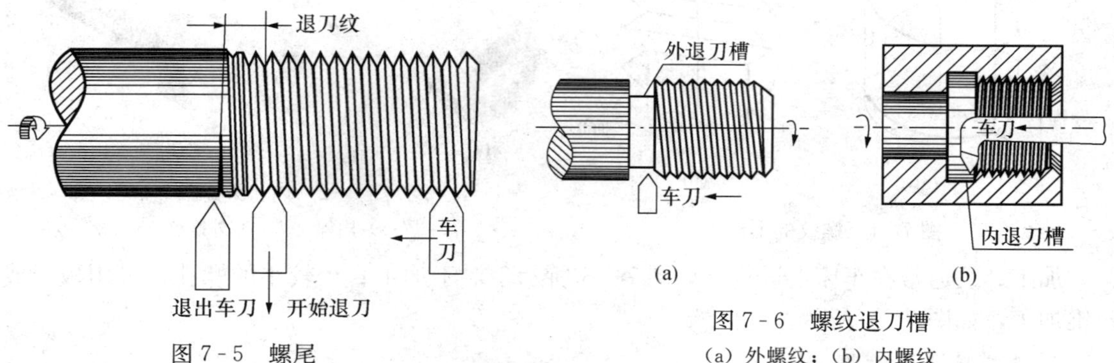

图 7-5 螺尾

图 7-6 螺纹退刀槽

(a) 外螺纹；(b) 内螺纹

(2) 螺纹末端。为了防止螺纹起始圈损坏和便于安装，通常在螺纹的起始处做出螺纹末端。常见的螺纹末端是在内、外螺纹的起始端加工出倒角或倒圆，如图 7-7 所示，有效螺纹长度包括倒角在内。

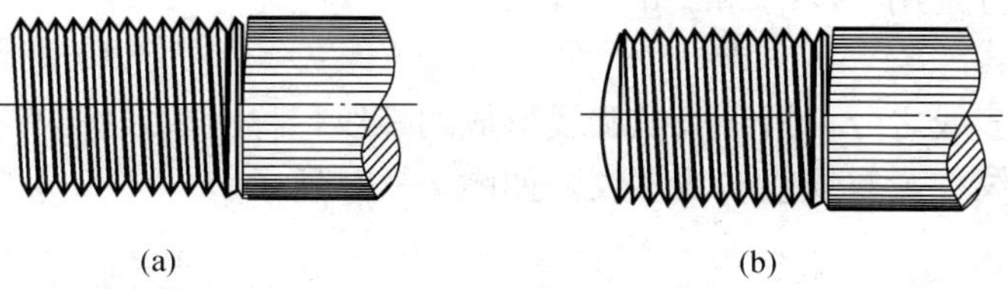

图 7-7 倒角和倒圆
(a) 倒角；(b) 倒圆

二、螺纹的结构要素（GB/T 14781—1993）

1. 牙型

在通过螺纹轴线剖切的断面上，螺纹的轮廓形状称为牙型。常见的牙型有三角形、梯形、锯齿形和矩形等，如图 7-8 所示。

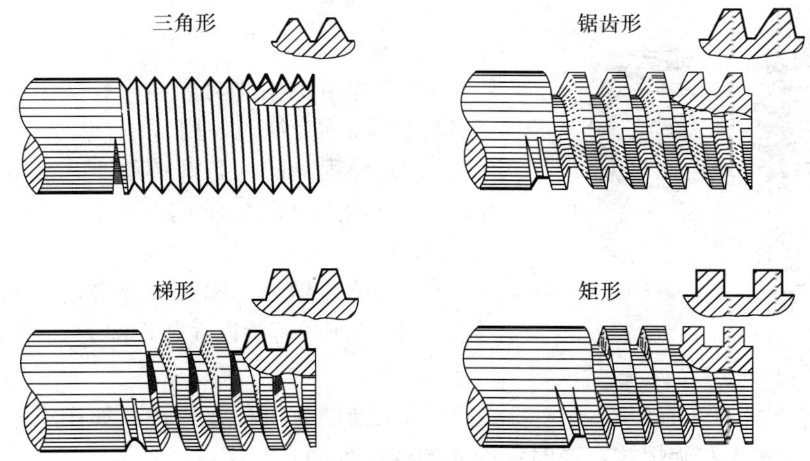

图 7-8 螺纹的牙型

2. 螺纹直径

（1）大径。螺纹的最大直径称为螺纹大径，即与外螺纹的牙顶或内螺纹的牙底相切的假想圆柱或圆锥的直径。外螺纹用“d”表示，内螺纹用“D”表示，如图 7-9 所示。

对于普通螺纹、梯形螺纹、锯齿形螺纹等，螺纹大径即为“公称直径”。

（2）小径。小径是与外螺纹的牙底或内螺纹的牙顶相重合的假想圆柱或圆锥的直径，内、外螺纹的小径分别用“D_1”和“d_1”表示。

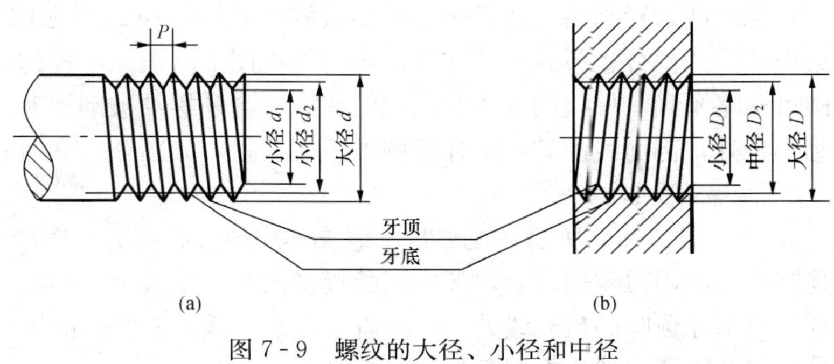

图 7-9 螺纹的大径、小径和中径
(a) 外螺纹；(b) 内螺纹

（3）中径。中径是一

个假想圆柱或圆锥的直径，该圆柱或圆锥的母线通过牙型上沟槽和凸起宽度相等的地方。内、外螺纹的中径分别用“D_2”和“d_2”表示。

3. 线数

螺纹有单线和多线之分，沿一条螺旋线形成的螺纹，称为单线螺纹；沿两条或两条以上螺旋线所形成的螺纹称为双线或多线螺纹，如图 7 - 10 所示。

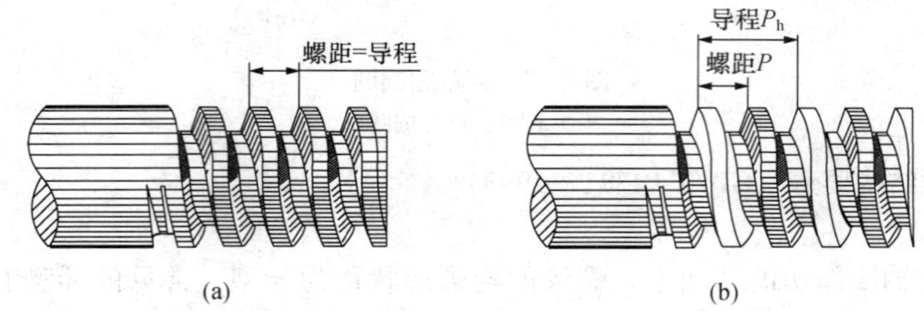

图 7 - 10 螺纹的线数、螺距和导程

(a) 单线螺纹；(b) 双线螺纹

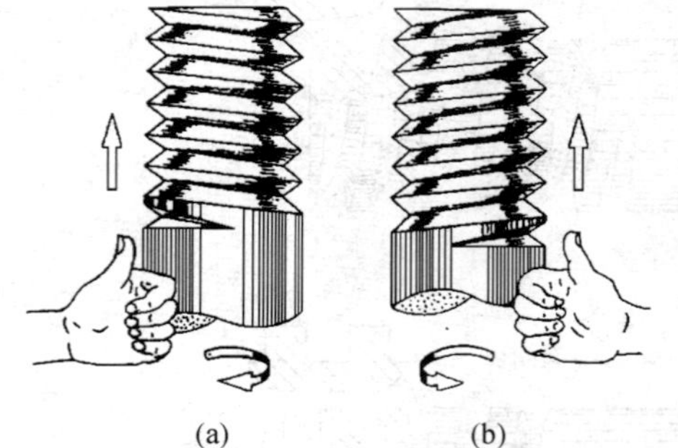

图 7 - 11 螺纹的旋向

(a) 左旋；(b) 右旋

4. 螺距和导程

(1) 螺距。相邻两牙在中径线上对应两点之间的轴向距离称为螺距，用“P”表示。

(2) 导程。同一条螺旋线上，相邻两牙在中径线上对应两点之间的轴向距离称为导程，用“P_h”表示。

对于单线螺纹，螺距等于导程，而对于多线螺纹，螺距等于导程除以线数，即 $P = P_h/n$。

5. 旋向

螺纹分左旋和右旋两种，如图 7 - 11 所示。顺时针旋入的螺纹称为右旋螺纹，逆时针旋入的螺纹称为左旋螺纹。

三、螺纹的规定画法（GB/T 4459.1—1995）

由于螺纹已经标准化，所以无需按其真实投影画图。根据国家标准规定，介绍螺纹的规定画法如下。

1. 外螺纹的画法

外螺纹的大径画粗实线，小径画细实线（画图时可近似地取 $d_1 = 0.85d$），在螺杆的倒角或倒圆内的部分也应画出。在投影为圆的视图上，表示小径的细实线圆只画约 3/4 圈，倒角圆可省略不画。螺纹的终止线画成粗实线。当外螺纹被剖切时，剖切部分的螺纹终止线只画到小径处，剖面线画到表示牙顶圆的粗实线处，如图 7 - 12 所示。

2. 内螺纹的画法

如图 7 - 13（a）所示，在平行于螺纹轴线的投影面的视图中，内螺纹通常画成剖视图。牙顶圆的投影用粗实线表示，牙底圆的投影用细实线表示，螺纹终止线用粗实线表示，剖面线画到表示牙顶圆的粗实线处。在垂直于螺纹轴线的投影面的视图中，表示牙底圆的细实线只画出约 3/4 圈，螺孔上倒角的投影不画。

绘制不通的螺纹孔时，应将钻孔深度与螺纹部分分别画出，一般钻孔深度应比螺纹部分

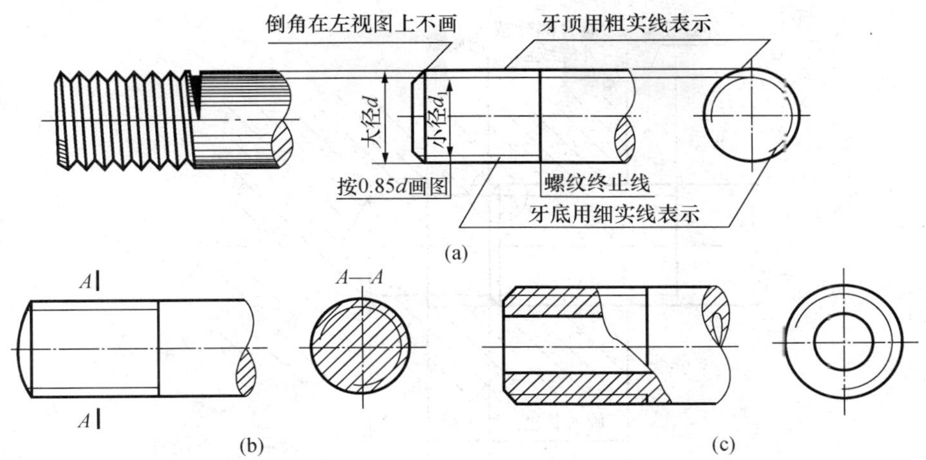

图 7-12　外螺纹的画法

深 0.5D，钻孔底部的锥角应画成 120°。

若以视图表示不可见的螺纹，所有的图线均画虚线，如图 7-13（b）所示。

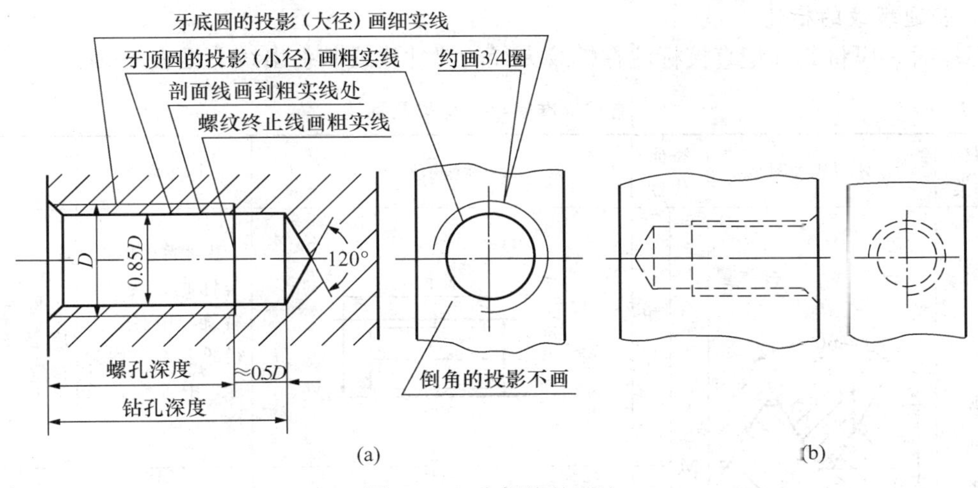

图 7-13　内螺纹的画法

（a）剖切时的画法；（b）不剖时的画法

3. 内、外螺纹连接的画法

螺纹旋合时螺纹要素应完全一致。如图 7-14 所示，以剖视图表示内、外螺纹连接时，其旋合部分按外螺纹的画法绘制。未旋合部分的内螺纹大径画细实线，小径画粗实线，剖面线画到粗实线处。

注意画图时要使内、外螺纹的大小径对齐，内螺纹的小径与螺杆上的倒角无关。

四、螺纹的种类与标注（GB/T 4459.1—1995）

由于螺纹的规定画法不能完全反映螺纹的种类和螺纹的各基本要素，因此绘制其图样时还必须按照国家标准规定的格式和相应的代号进行标注。

工程上常用的螺纹有连接用的普通螺纹和管路上用的管螺纹，传动用的梯形螺纹和锯齿形螺纹等。它们的牙型、尺寸规格和技术要求等均已标准化，故称之为标准螺纹。

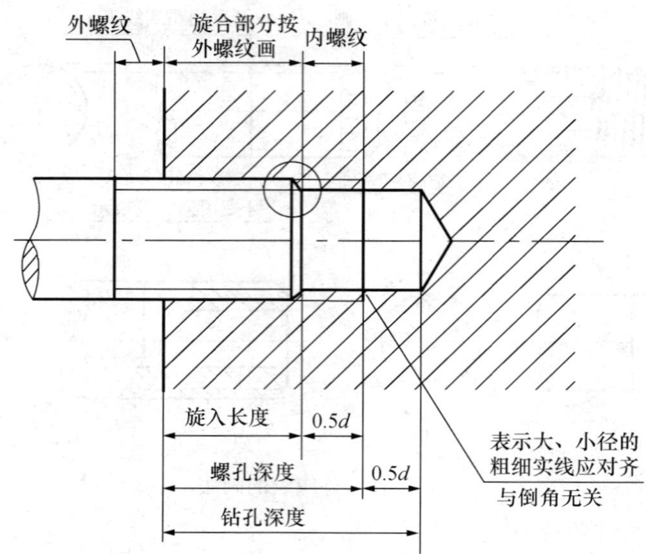

图 7-14 内、外螺纹连接的画法

1. 普通螺纹的标注

标注时，应将其标记直接标注在螺纹大径的尺寸线或其引出线上见表 7-1。

表 7-1 常用标准螺纹的种类及标注

	螺纹种类	牙型放大图	特征代号	标注示例	标注含义	说明
连接螺纹	普通螺纹	60°, d, d_1	M 粗牙	M12-6g	粗牙普通螺纹，公称直径为 12，右旋，中径、大径的公差带均为 6g，中等旋合长度	是一种应用广泛的连接螺纹
			M 细牙	M16×1.5-6H-S	细牙普通螺纹，公称直径为 16，螺距为 1.5，右旋，中径、大径公差带均为 6H，短旋合长度	在大径相同时，其螺距比粗牙螺纹小，深度较浅，多用于精密薄壁零件上
管螺纹	非螺纹密封的管螺纹	27°30′ 27°30′, d, d_1	G	G1/2A　G1/2	非螺纹密封的管螺纹，内、外螺纹的尺寸代号为 1/2，外螺纹公差等级为 A 级，右旋	是一种螺距和牙型都较小的圆柱形管螺纹，广泛用于管道连接中

续表

连	螺纹种类		牙型放大图	特征代号	标注示例	标注含义	说 明
接螺纹	管螺纹	用螺纹密封的管螺纹	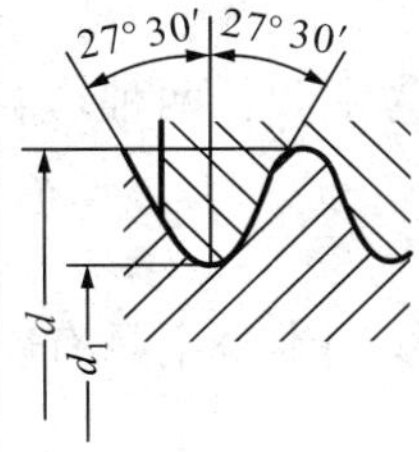 27°30′ 27°30′ d d₁	R R_P R_C	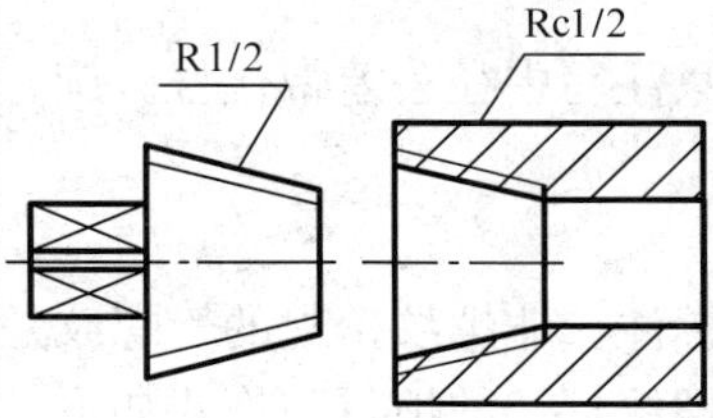 R1/2 Rc1/2	用螺纹密封的圆锥管螺纹，内、外螺纹的尺寸代号为1/2	用于高温、高压系统和润滑系统，适用于管子、管接头、阀门等螺纹连接的附件
传动螺纹	梯形螺纹		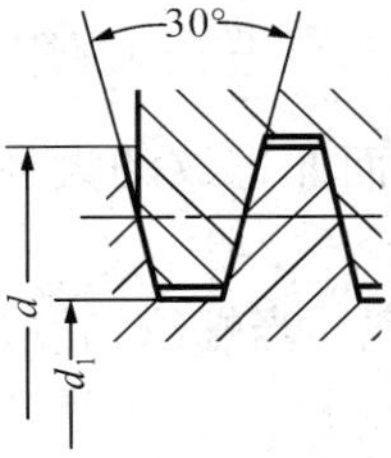 30° d d₁	Tr	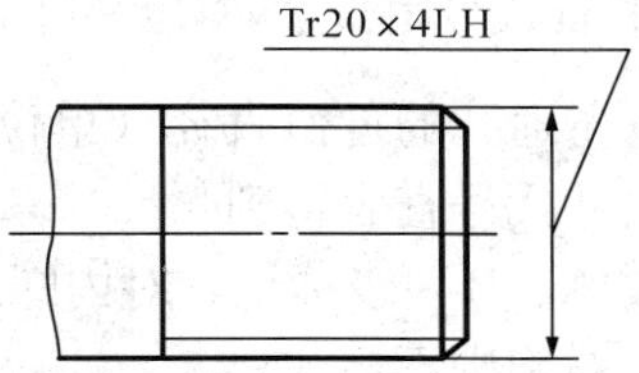 Tr20×4LH	梯形螺纹，公称直径为20，螺距为4，单线，左旋	用于传递动力，如机床的丝杠等

普通螺纹的标记由三部分组成，其格式为：

[螺纹代号]—[公差带代号]—[旋合长度代号]

例如：

M16×1.5 — 5g6g — S

S：旋合长度代号

5g6g：公差带代号（5g 为中径公差带代号，6g 为顶径公差带代号）

M16×1.5：螺纹代号

（1）螺纹代号：普通螺纹的螺纹代号的内容和格式如下。

[螺纹特征代号]×[公称直径]×[螺 距]（单线时）/[导程/线数]（多线时）[旋向]

普通螺纹的特征代号为“M”。普通螺纹分粗牙螺纹和细牙螺纹，粗牙螺纹不注螺距，而如果注出螺距即表示该螺纹为细牙螺纹。常用的右旋螺纹不注旋向，左旋螺纹需加注“LH”。

（2）公差带代号：螺纹公差带代号是由表示公差等级的数字和表示公差带位置的字母组成，大写字母代表内螺纹，小写字母代表外螺纹，数字写在前面，字母写在后面。普通螺纹应注写中径和顶径的公差带代号，中径公差带代号在前，顶径公差带代号在后，如果两者相同，则只注写一次。

（3）旋合长度代号：螺纹的旋合长度分为长旋合长度、中等旋合长度和短旋合长度三种，分别用L、N、S表示。若采用中等旋合长度，则N可省略不标。

2. 梯形和锯齿形螺纹

梯形和锯齿形螺纹代号的内容和格式如下：

螺纹特征代号 × 公称直径 × 螺 距（单线时）/ 导程/线数（多线时） 旋向 - 中径公差带代号 - 旋合长度代号

梯形螺纹的特征代号为“Tr”，锯齿形螺纹的特征代号为“B”。右旋螺纹不注旋向，左旋螺纹需加注“LH”。

梯形螺纹和锯齿形螺纹只注写中径公差带代号。旋合长度分为中和长两种，若采用中等旋合长度，则 N 可省略不标。

3. 管螺纹

非螺纹密封的管螺纹的标注。非螺纹密封的管螺纹是一种螺纹副本身不具有密封性的圆柱管螺纹。非螺纹密封的管螺纹标记的项目与格式如下。

螺纹特征代号 - 尺寸代号 - 公差等级代号 - 旋向

非螺纹密封管螺纹的螺纹特征代号用 G 表示，尺寸代号有 1/2，1，$1\frac{1}{2}$…（见附表 1 - 4）。

尺寸代号中的数值是指管子通孔的近似直径（单位为英寸）而非螺纹的大径。画图时，螺纹大径等有关尺寸可根据尺寸代号查表得到。

公差等级代号对外螺纹按 A、B 两级标记，对内螺纹则不标记。当螺纹为左旋时，在公差等级代号后边加注“LH”，右旋则不标注。

例如：尺寸代号为 1/2 的非螺纹密封的管螺纹，其标记如下。

（1）内螺纹　G 1/2。

（2）A 级外螺纹　G 1/2A。

（3）左旋 A 级外螺纹　G 1/2A—LH。

（4）用螺纹密封的管螺纹的标注

用螺纹密封的管螺纹是一种螺纹副本身具有密封性的管螺纹。它包括圆锥内螺纹与圆锥外螺纹以及圆柱内螺纹与圆锥外螺纹两种连接形式。

用螺纹密封的管螺纹标记的项目及格式与非螺纹密封的管螺纹相同。但是由于用螺纹密封的管螺纹，其内、外螺纹只有一种公差带，所以在螺纹标记中不注公差等级代号。

例如：尺寸代号为 1/2 的用螺纹密封的管螺纹，其标记如下。

（1）圆锥内螺纹　Rc 1/2

（2）圆柱内螺纹　Rp 1/2

（3）圆锥外螺纹　R 1/2

（4）左旋圆锥外螺纹　R 1/2—LH

第二节 螺 纹 紧 固 件

一、常用螺纹紧固件的种类和标记（GB/T 4459.1—1995、GB/T 1237—2000）

螺纹紧固件连接零件的方式通常有螺栓联接、双头螺柱联接和螺钉联接，如图 7 - 15 所示。常用的紧固件有螺栓、双头螺柱、螺母、垫片和螺钉等，它们的结构、尺寸都已经标准化，如图 7 - 16 所示。常用螺纹紧固件的标记示例见表 7 - 2。

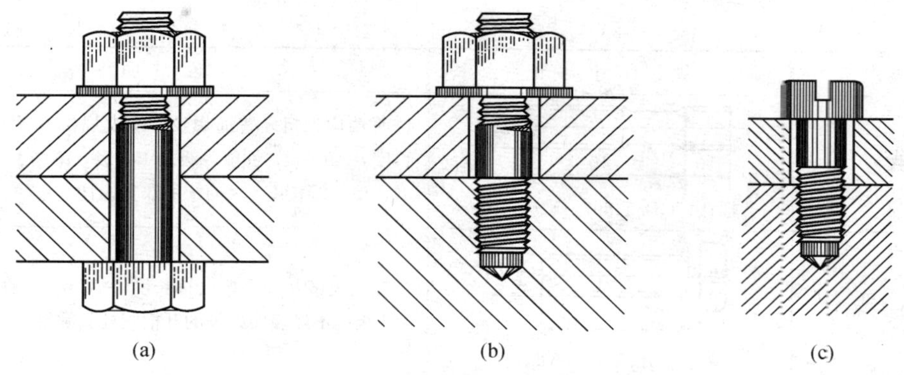

(a)　　(b)　　(c)

图 7-15　螺纹紧固件的联接型式

(a) 螺栓联接；(b) 双头螺柱联接；(c) 螺钉联接

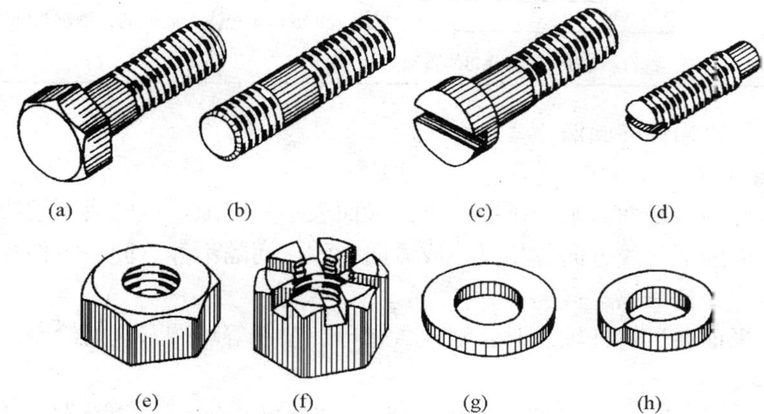

(a)　(b)　(c)　(d)

(e)　(f)　(g)　(h)

图 7-16　常用的螺纹紧固件

(a) 六角头螺栓；(b) 双头螺柱；(c) 圆柱头螺钉；(d) 圆柱端紧定螺钉；
(e) 六角螺母；(f) 六角槽形螺母；(g) 平垫圈；(h) 弹簧垫圈

表 7-2　常用的螺纹紧固件的标记示例

名　称	型式与尺寸、标记	说　明
六角头螺栓	螺栓　GB/T 5782　M12×50	螺纹规格　d=M12，公称长度 l=50mm，性能等级为 8.8 级，表面氧化，A 级的六角头螺栓
六角螺母	螺母　GB/T 6170 M12	螺纹规格　d=M12，性能等级为 10 级，不经表面处理，A 级的 1 型六角螺母
垫　圈	垫圈　GB/T 97.1　16－140HV	标准系列，公称尺寸 d=16（即与螺纹规格 d=M16 的螺栓配用），性能等级为 140HV，不经表面处理的平垫圈

续表

名 称	型式与尺寸、标记	说 明
双头螺柱	M10 10 40 螺柱 GB/T 897 M10×40	两端均为粗牙普通螺纹，螺纹规格 d=M10，公称长度 l=40mm，性能等级为 4.8 级，不经表面处理，B 型，旋入端长度 $b_m=1d$ 的双头螺柱
开槽圆柱头螺钉	M5 20 螺钉 GB/T 65 M5×20	螺纹规格 d=M5，公称长度 l=20mm，性能等级为 4.8 级，不经表面处理的开槽圆柱头螺钉
开槽沉头螺钉	M8 35 螺钉 GB/T 68 M8×35	螺纹规格 d=M8，公称长度 l=35mm，性能等级为 4.8 级，不经表面处理的开槽沉头螺钉

二、常用螺纹紧固件的画法

1. 螺纹紧固件的画法规定

（1）两个零件的接触面只画一条线，不接触面表示其间隙，应画成两条线。

（2）两个零件的剖面线方向应相反，或方向一致、间隔不等。同一零件在各视图中的剖面线方向和间隔应保持一致。

（3）当剖切平面通过螺杆轴线时，螺栓、螺母、垫圈等均按未剖切绘制。

2. 螺栓联接

如图 7 - 15（a）所示，螺栓联接适用于联接被联接件不太厚，并能钻成通孔的零件。

（1）螺栓、螺母及垫圈的近似比例画法。螺纹紧固件是标准件，其标记从标准中查得各部分尺寸。为了简化作图，通常采用近似比例画法，即常根据螺纹大径 d（或 D）按一定比例关系近似画出。

螺栓、螺母和垫圈的比例画法如图 7 - 17 所示。图中六角螺母和六角头螺栓头部的端面，由于圆锥形倒角产生的六段双曲线（截交线）可用圆弧代替，如图 7 - 17（a）、（b）所示。

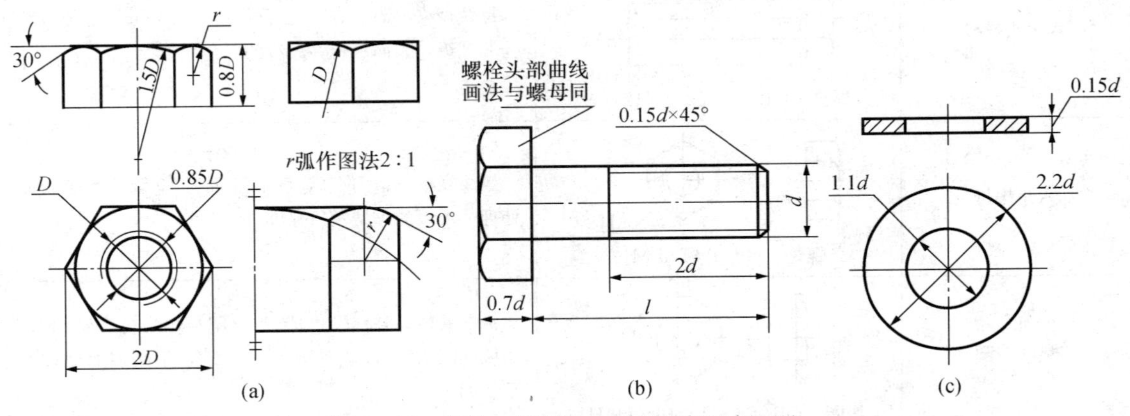

图 7 - 17 螺栓、螺母、垫圈的近似比例画法

（2）螺栓联接图的画法。用近似比例画法画螺栓联接图的作图步骤可按装配顺序进行，如图 7 - 18 所示。

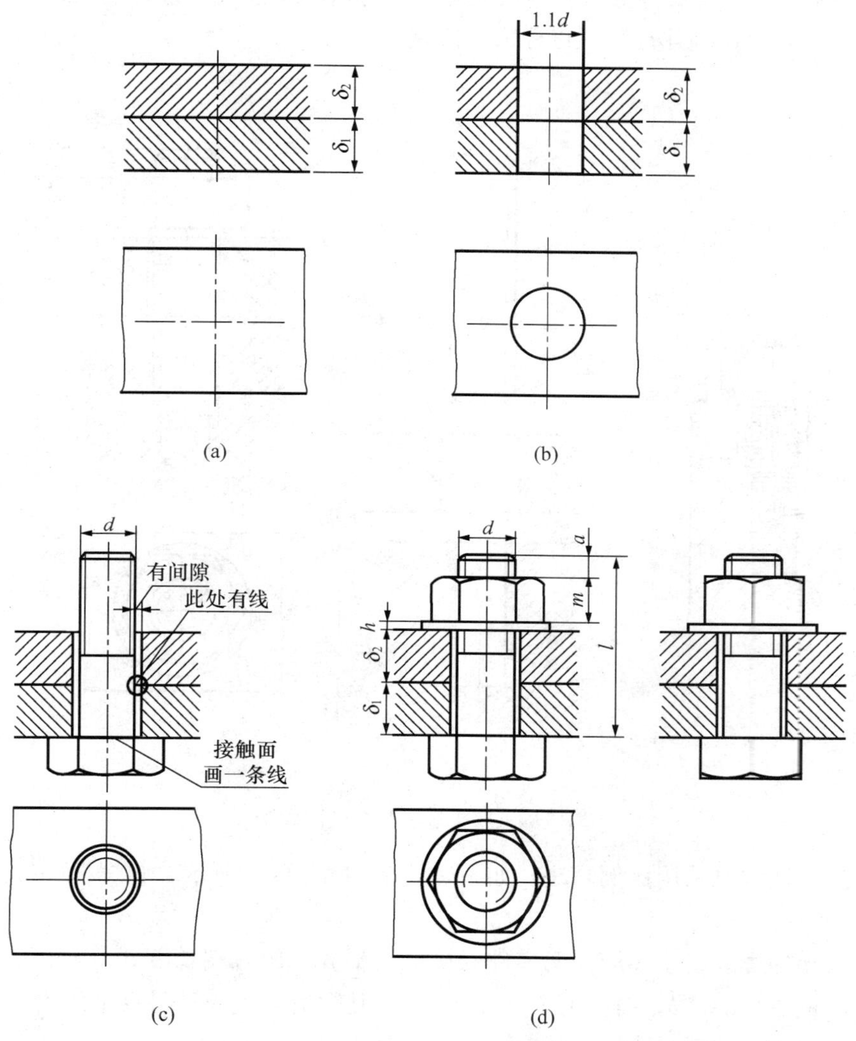

(a) (b) (c) (d)

图 7 - 18 螺栓联接图的画法

（a）两个被联接的零件；（b）在被联接零件上钻出通孔，孔径≈1.1d；（c）将螺栓穿入；（d）套上垫圈，拧紧螺母

螺栓的公称长度 l 应先按下式计算，然后查表选取标准长度值，如图 7 - 18（d）所示。

$$l = \delta_1 + \delta_2 + h + m + a$$

式中：δ_1、δ_2 为被联接零件的厚度；h 为垫圈厚度；m 为螺母厚度；a 为螺栓末端伸出的螺母长度（一般取 0.3d）。

设 d=10mm，δ_1=26mm，δ_2=20mm，则

$$l = \delta_1 + \delta_2 + h + m + a = 26 + 20 + 0.15d + 0.8d + 0.3d = 58.5\text{mm}$$

查附录中的附表 1 - 5，应选取大于计算所得值的接近值，所以取标准长度值为 60mm。

3. 双头螺柱联接

当被联接零件需经常拆卸或其中之一较厚不便钻成通孔时，可采用螺柱联接。如图 7 - 19（a）所示，将下部较厚零件做成螺孔，上部零件做成通孔，螺柱旋入螺孔的一端称为旋入端，另一端套上垫圈并拧紧螺母称为紧固端。

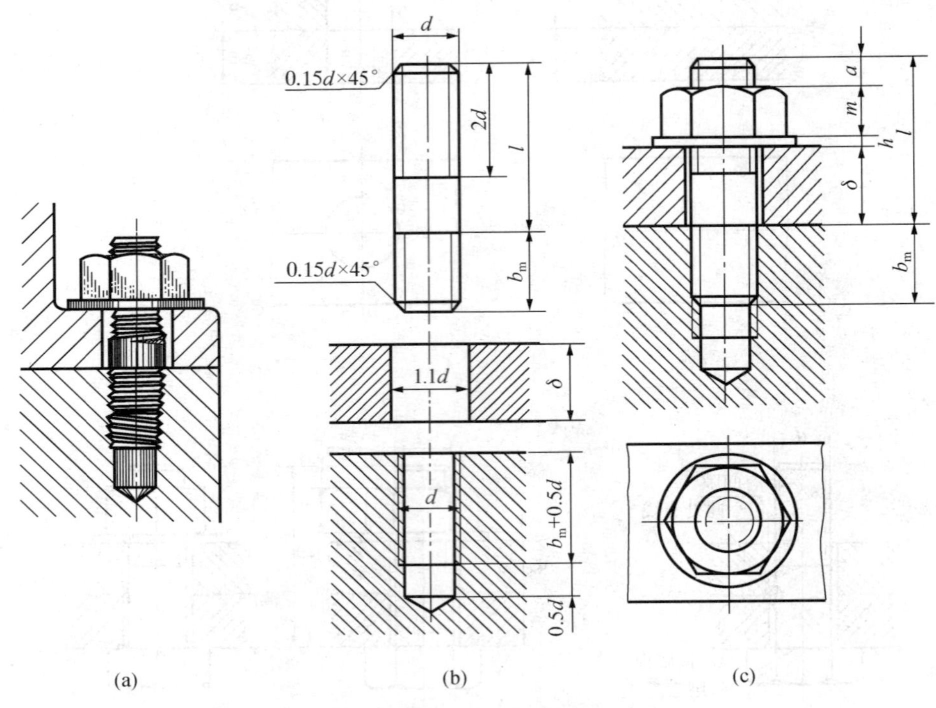

图 7 - 19 双头螺柱联接图的画法

螺柱联接图通常也采用比例画法，如图 7 - 19（b）、（c）所示。画螺柱联接图应注意以下几点：

（1）旋入端的螺纹终止线应与两零件的接触面平齐。旋入端长度 b_m 与被旋入零件的材料有关（钢或铜取 $b_m = 1d$，铸铁取 $b_m = 1.25d$），其数值查表（见附录中的附表 1 - 6）。螺孔的深度应大于旋入端的长度，一般取 $b_m + 0.5d$。

（2）螺柱的公称长度应先按下式计算，然后查表（附录中的附表 1 - 6），选取标准长度值，如图 7 - 19（c）所示。

$$l = \delta + h + m + a$$

式中：δ 为被联接上部零件的厚度；h 为垫圈厚度；m 为螺母厚度；a 为螺柱紧固端伸出螺母的长度（一般取 $0.3d$）。

4. 螺钉联接

螺钉联接主要用于受力不大而又不经常拆卸的零件间的联接，如图 7 - 20（a）所示。图 7 - 20（b）、（c）所示为常用的开槽圆柱头螺钉和开槽沉头螺钉采用比例画法绘制的联接图。

画螺钉联接图应注意以下几点：

（1）螺钉的公称长度 l 应先按下式计算，然后查表选取标准长度值，如图 7－20（b）、（c）所示。

$$l = \delta + b_{\mathrm{m}}$$

式中：δ 为被联接上部零件的厚度，mm；b_{m} 为旋入端长度（根据被旋入零件的材料选用，同螺柱），mm。

（2）螺钉头部的一字槽，在垂直于螺钉轴线的投影面的视图中，按与中心线成 45°角画出；在平行于螺钉轴线的投影面的视图中，应将一字槽放正（与投影面垂直）画出。在装配图中，螺钉头部的一字槽允许涂黑表示，如图 7－20（c）所示。

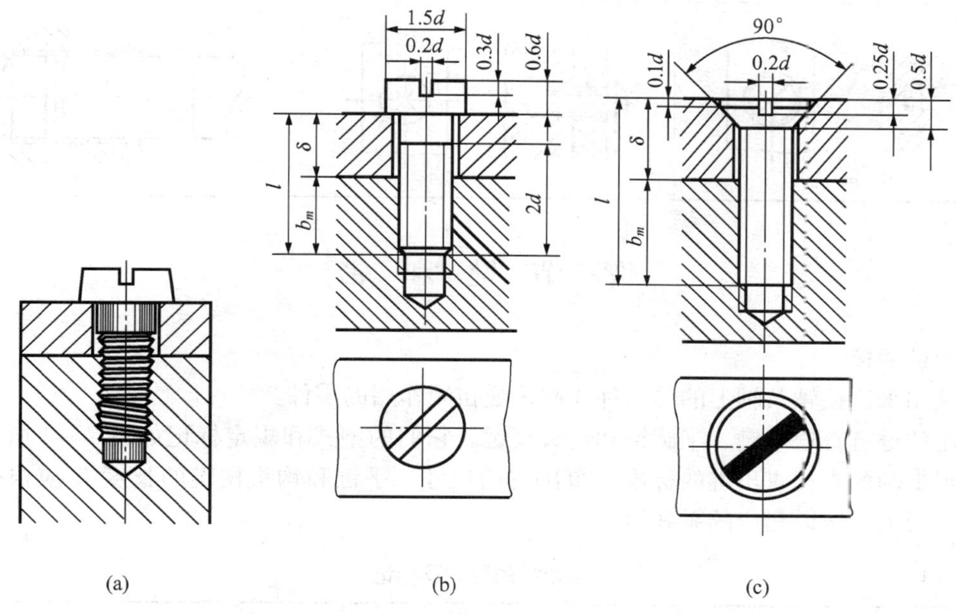

图 7－20　螺钉联接图的画法

各种不同螺钉的头部尺寸按图 7－21 所示比例关系绘制。

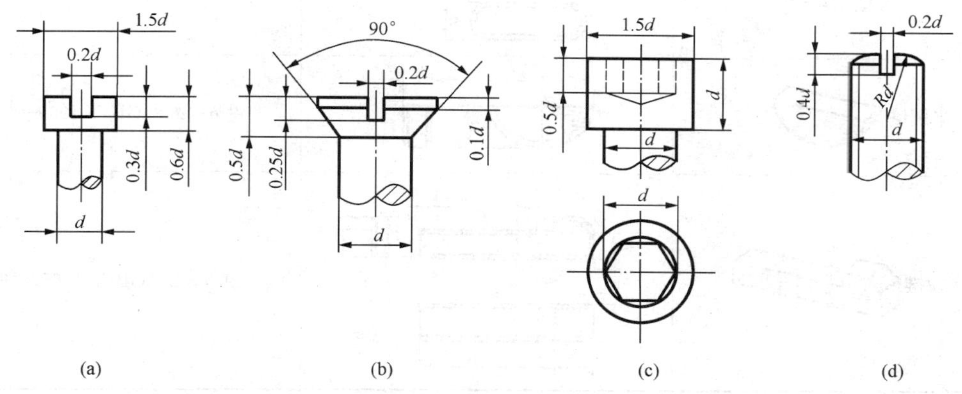

图 7－21　常见螺钉头部的画法

螺纹联接件的简化画法见表 7－3。

表 7-3 螺纹联接件的简化方法

螺栓联接	双头螺柱联接	内六角螺钉联接
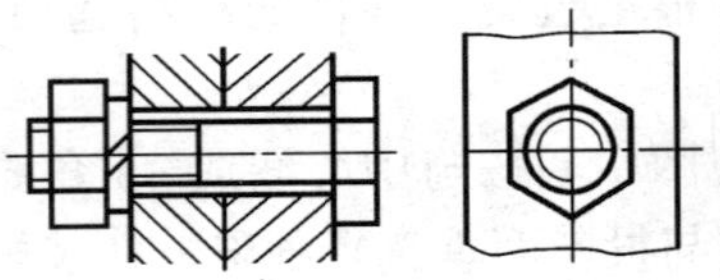	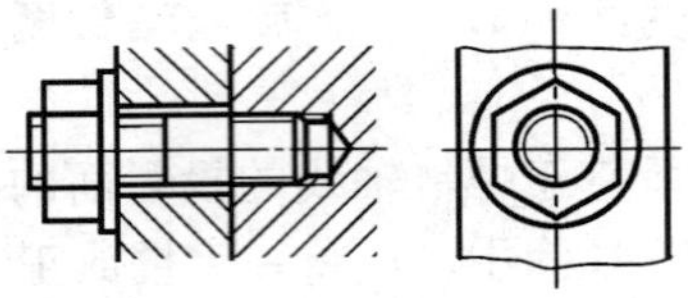	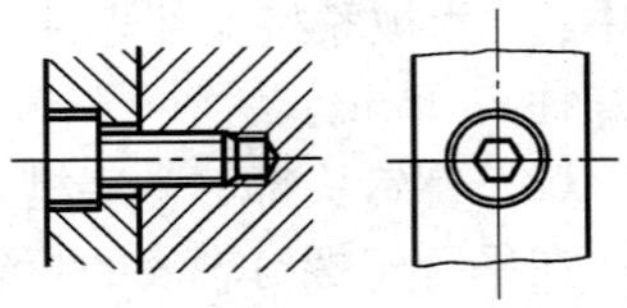
沉头开槽螺钉联接	盘头十字槽螺钉联接	钢丝螺套联接
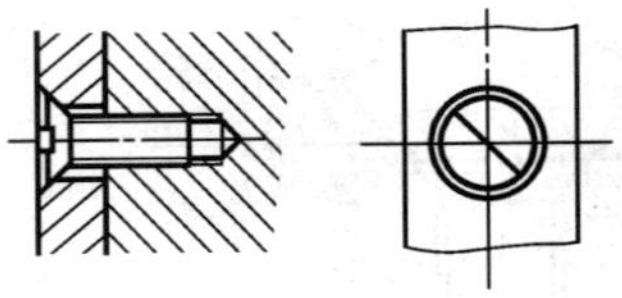	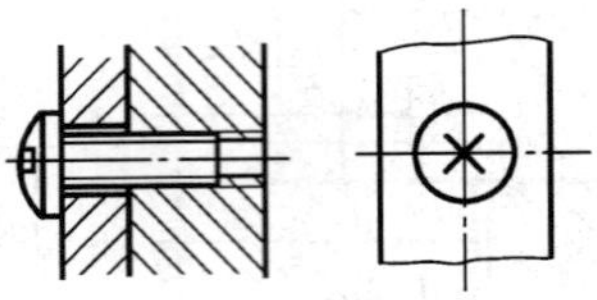	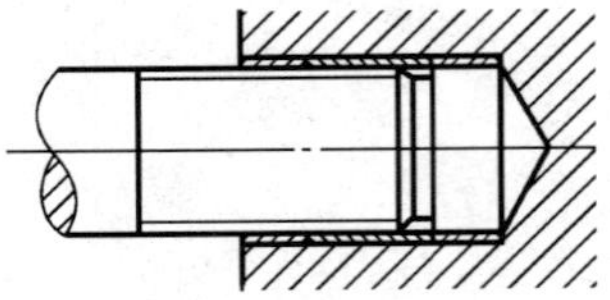

第三节 键 和 销

一、键联接

键是用来连接轴及轴上的传动件，起传递扭矩作用的零件。

常用的键有普通平键、半圆键和钩头楔键。它们的型式和规定标记如表 7-4 所示。选用时可根据轴的直径查出键的标准，得出它的尺寸。平键和钩头楔键的长度 L 应根据轮毂长度及受力大小选取相应的系列值。

表 7-4 常用键的型式及标记

名 称	图 例	标 记 示 例
普通平键 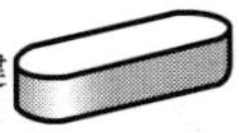	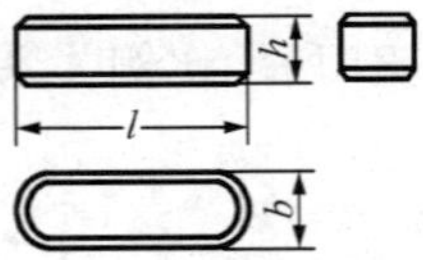 h, l, b	键 $b\times L$ GB/T 1096—1979
半圆键 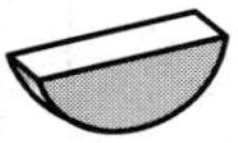	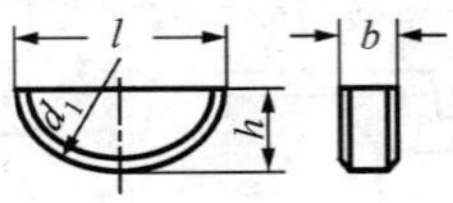 l, b, d_1, h	键 $b\times d_1$ GB/T 1099—1979
钩头楔键 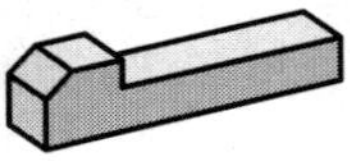	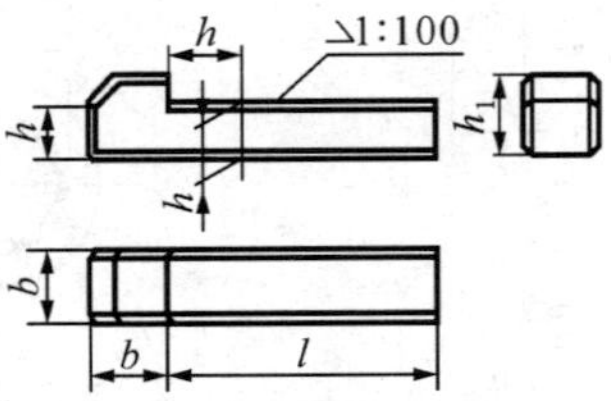 h, ⊿1:100, h_1, h, h, b, b, l	键 $b\times L$ GB/T 1565—1979

普通平键和半圆键的两个侧面是工作面，在装配图中，键与键槽侧面之间应不留间隙，而键的顶面是非工作面，它与轮毂的键槽顶面之间应留有间隙，如图 7-22、图 7-23 所示。

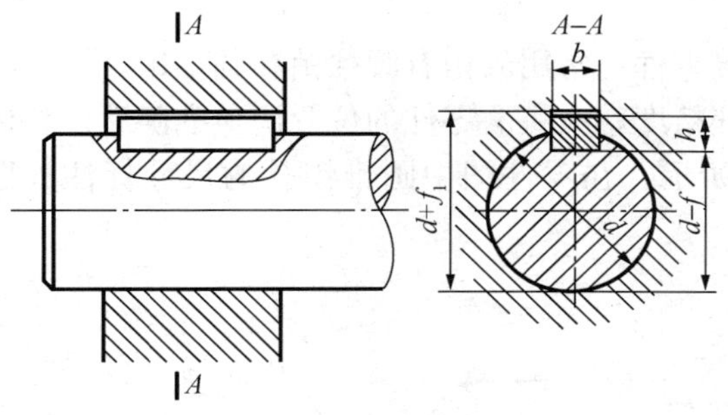

图 7-22 平键装配图

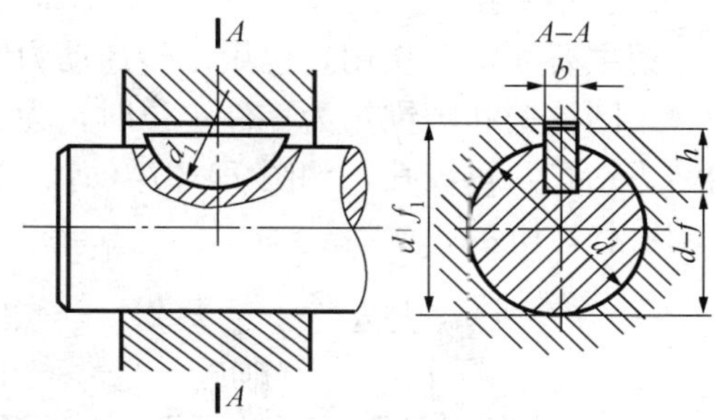

图 7-23 半圆键装配图

钩头楔键的顶面有 1∶100 的斜度，键的顶面和底面同为工作面，与槽底和槽顶都没有间隙，键的两侧与键槽的两侧面有配合关系，如图 7-24 所示。

轴上的键槽和轮毂上的键槽的画法和尺寸注法，如图 7-25 所示，联接如图 7-26 所示。

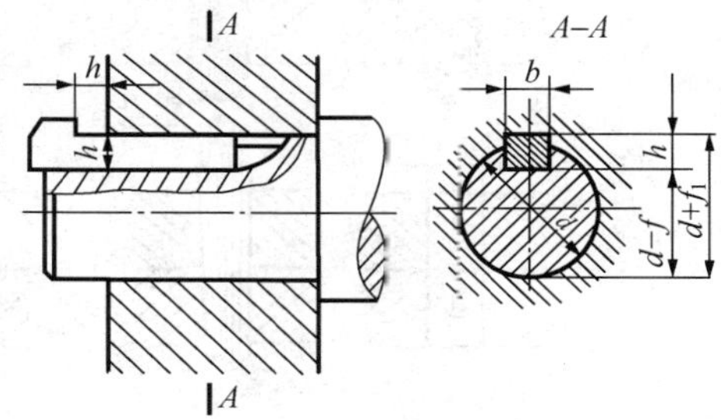

图 7-24 钩头楔键装配图

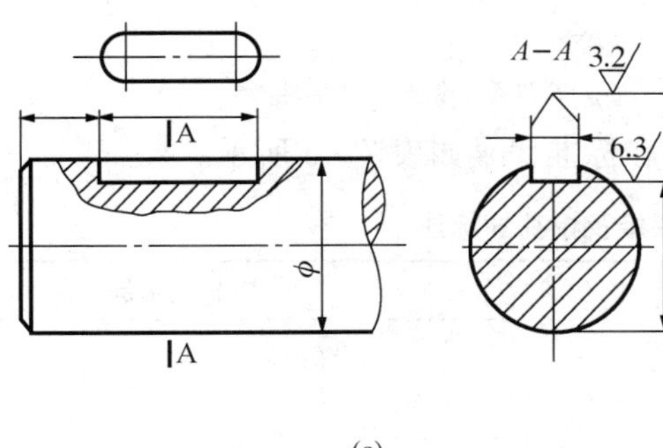

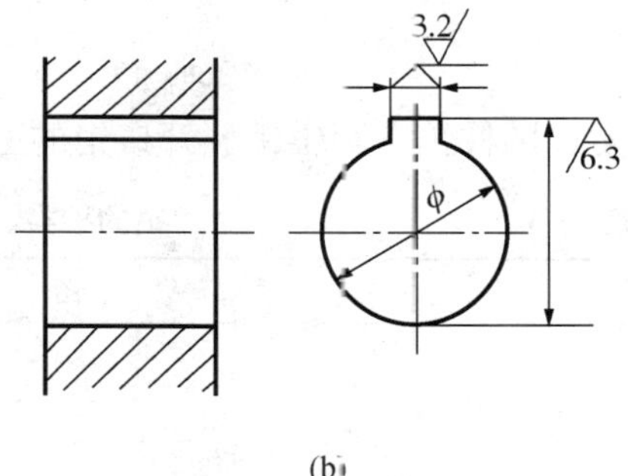

图 7-25 键槽的画法及尺寸标注

(a) 轴上的键槽；(b) 轮毂上的键槽

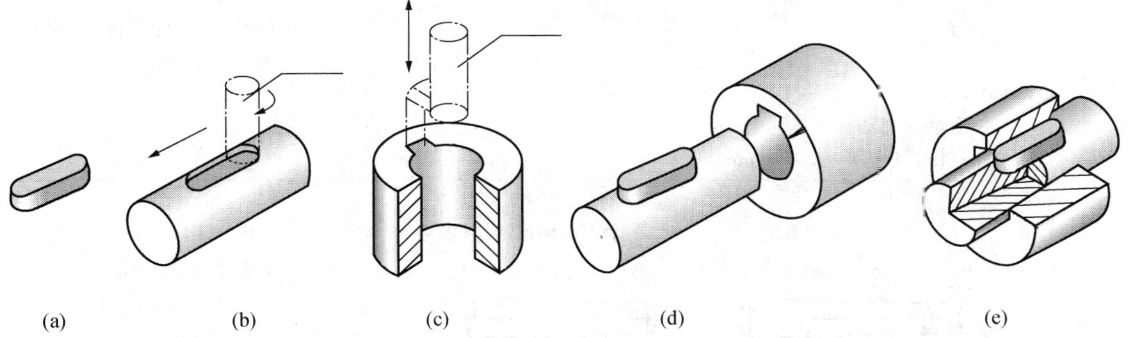

图 7-26 普通平键联接

(a) 键；(b) 在轴上加工键槽；(c) 在轮毂上加工键槽；

(d) 将键嵌入轴槽内；(e) 键与轴同时装入轴孔

二、销联接

销主要起定位作用，也用来传递动力和连接零件。常用的销有圆柱销和圆锥销。

用圆柱销和圆锥销为零件定位时，为了保证精度，应将两零件的位置调整准确后，整体用钻头钻孔，再绞孔，如图 7 - 27（a）、（b）所示。在零件图中圆锥销孔的尺寸标注如图 7 - 27（c）所示。

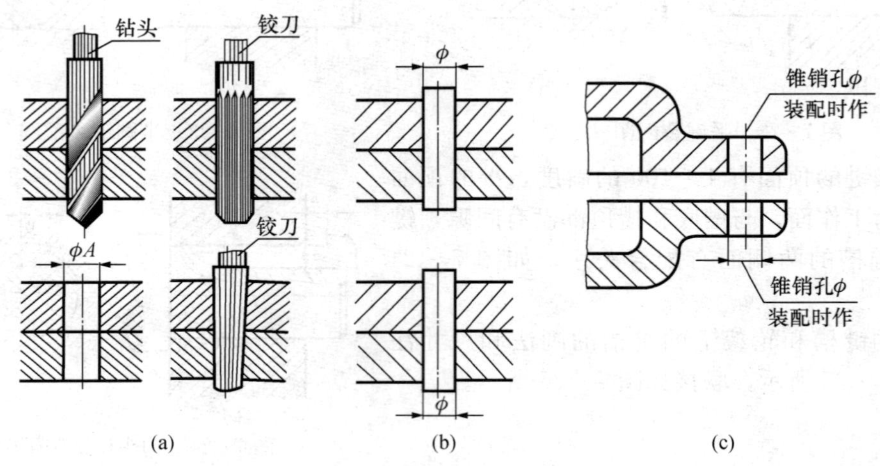

图 7 - 27 销联接

（a）销孔的加工；（b）销的装配画法；（c）零件图上销孔尺寸标注

常用圆柱销、圆锥销、开口销的型式、尺寸和标准代号如表 7 - 5 所示。

表 7 - 5　　销的种类、标记及销联接及销孔的标注

名称	图　例	标记示例及说明
圆柱销	其余 6.3 $d_{公差}$:$h8$ 1.6 ≈15°　d　c　l　c $d_{公差}$：m6 和 h8 粗糙度： 公差 m6：柱表面 $R_a \leqslant 0.8\mu m$； 公差 h8：柱表面 $R_a \leqslant 1.6\mu m$	销　GB/T 119.1 6m6×30 表示公称直径 d = 6mm、公差为 m6、长度 l = 30mm、材料为钢、不经淬火、不经表面处理的圆柱销
圆锥销	A型(磨削)　B型(切削或冷镦) 其余 6.3 r_1　0.8　1:50　3.2 d　r_2　a　a　l $r_1 \approx d$；$r_2 \approx \frac{a}{2} + d\frac{(0.02l)^2}{8a}$	销　GB/T 117　6×30 表示公称直径 d = 6mm、长度 l = 30mm、材料为 35 号钢、热处理硬度 28～38HRC、表面氧化处理的 A 型圆锥销

续表

名称	图　　例	标记示例及说明
销联接与销孔的标注	销GB/T119-1986 A8×30 销GB/T117-1986 A10×60 销孔ϕ8 配作 锥销孔ϕ10 配作	当剖切平面通过销的轴线时，销按未剖切绘制

第四节　齿　　轮

齿轮是机械中广泛应用的一种传动零件，用来传递动力或改变转速和旋转方向。齿轮有三种常见的传动形式（见图7-28）：圆柱齿轮用于平行两轴间的传动；圆锥齿轮用于相交两轴间的传动；蜗轮、蜗杆用于交叉两轴间的传动。

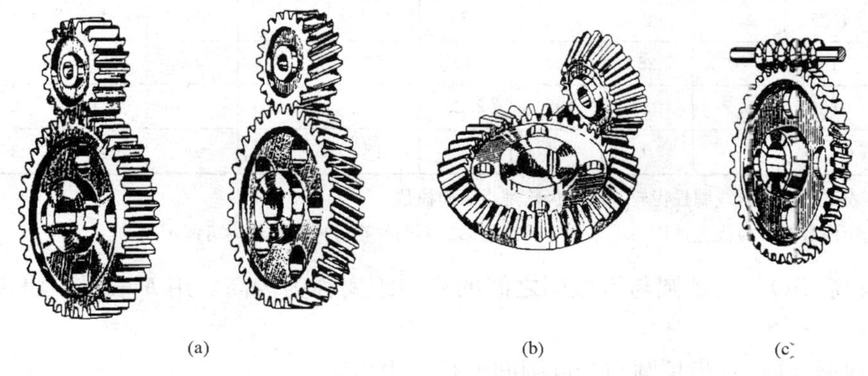

(a)　　(b)　　(c)

图7-28　齿轮传动

(a) 圆柱齿轮传动；(b) 圆锥齿轮传动；(c) 蜗轮与蜗杆传动

圆柱齿轮应用最为广泛，它一般由轮齿、轮缘、辐板（或辐条）、轮毂和轴孔几部分组成。轮齿可制成直齿、斜齿和人字齿，常用的为直齿齿轮。轮齿轮齿部分已经标准化，轮齿两侧曲线一般为渐开线。

一、标准直齿圆柱齿轮（GB/T 4459.2—1998）

1. 标准直齿圆柱齿轮各部分的名称和尺寸关系（见图7-29）

（1）齿顶圆直径（d_a）。通过轮齿顶部的圆称为齿顶圆，其直径用d_a表示。

（2）齿根圆直径（d_f）。通过轮齿根部的圆称为齿根圆，其直径用d_f表示。

（3）节圆直径（d'）和分度圆直径（d）。节圆是当两齿轮啮合接触点p在两轴心O_1与O_2的连线上时，由O_1p与O_2p作的两公切圆称为两齿轮的节圆，直径用d'表示。当齿轮

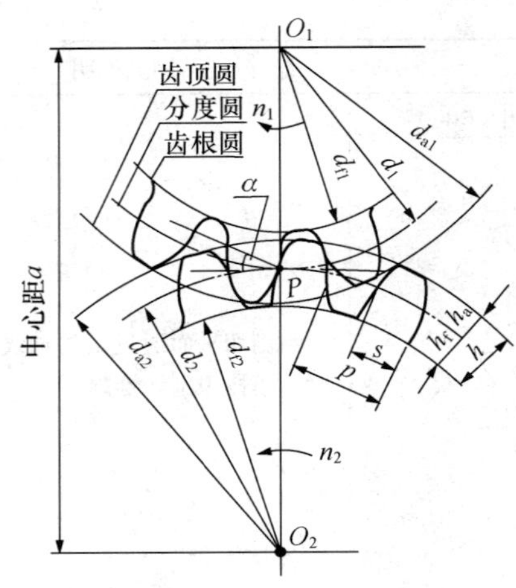

图 7-29　两啮合的标准直齿圆柱齿轮各部分的名称及尺寸

转动时，两节圆作无滑动的滚动。分度圆是设计、制造齿轮时计算各部分尺寸所依据的圆。当装配准确的两标准齿轮传动时，节圆与分度圆重合，即节圆等于分度圆（$d'=d$）。

（4）齿距（p）。分度圆上相邻两齿对应点之间的弧长称为齿距，用 p 表示。

（5）齿数（z）。齿轮上轮齿的数量称为齿数。

（6）模数（m）。设齿轮的齿数为 z，则分度圆的周长 $=zp=\pi d$，即：

$$d=\frac{p}{\pi}z \quad 令\ m=\frac{p}{\pi},于是\ d=mz。$$

我们把 m 称为模数，由于模数是齿距 p 和 π 的比值，因此齿轮的模数越大，其齿距就越大，轮齿也就越大，齿轮能承受的力量也就越大。

模数是设计和制造齿轮的基本参数，为了设计和制造方便，国家标准规定模数为有理数，且已将模数标准化，模数的标准值见表 7-6。

表 7-6　　齿轮模数系列（GB/T 1357—1987）　　mm

第一系列	0.1	0.12	0.15	0.2	0.25	0.3	0.4	0.5	0.6	0.8	1
	1.25	1.5	2	2.5	3	4	5	6	8	10	12
	16	20	25	32	40	50					
第二系列	0.35	0.7	0.9	1.75	2.25	2.75	(3.25)	3.5	(3.75)	4.5	5.5
	(6.5)	7	9	(11)	14	18	22	28	(30)	36	45

注　1. 本表适用于渐开线圈柱齿轮。对斜齿轮是指法面模数。

2. 选用模数时，应优先选用第一系列，其次是第二系列，括号内的模数尽可能不用。

（7）齿高（h）。齿顶圆与齿根圆之间的径向距离称为齿高，用 h 表示，将齿高分为以下两部分：

1）齿顶高（h_a）：齿顶圆与分度圆间的径向距离。

2）齿根高（h_f）：齿根圆与分度圆间的径向距离。

因此，齿高是齿顶高与齿根高之和，即：

$$h=h_a+h_f$$

（8）压力角（α）。两个相啮合的齿轮齿廓在接触点 P 处的受力方向与运动方向之间的夹角称为压力角。若点 P 在分度圆上，则为两齿廓公法线与两分度圆公切线的夹角，在图 7-28 中用 α 表示。标准齿轮的分度圆压力角为 20°。只有模数和压力角都相同的齿轮才能互相啮合。

（9）中心距（a）。两啮合齿轮轴心之间的距离称为中心距，因此：

$$a=\frac{1}{2}(d_1+d_2)=\frac{1}{2}m(z_1+z_2)$$

（10）传动比（i）。主动齿轮的转速 n_1 与 n_2 之比称为传动比，而齿轮的转数 n 又与齿

数 z 成反比，因此：$i=\frac{n_1}{n_2}=\frac{z_2}{z_1}$

在设计齿轮时要先确定模数和齿数，其他各部分尺寸可由模数和齿数计算出来。标准直齿圆柱齿轮的计算公式见表 7 - 7。

表 7 - 7　　标准直齿圆柱齿轮的尺寸计算公式

各部分名称	代　号	公　　式
分度圆直径	d	$d=mz$
齿顶高	h_a	$h_a=m$
齿根高	h_f	$h_f=1.25m$
齿顶圆直径	d_a	$d_a=m(z+2)$
齿根圆直径	d_f	$d_f=m(z-2.5)$
齿距	p	$p=\pi m$
齿厚	s	$s=\frac{1}{2}\pi m$
中心距	a	$a=\frac{1}{2}(d_1+d_2)=\frac{1}{2}m(z_1+z_2)$

2. 单个圆柱齿轮画法

(1) 在视图中，齿轮的轮齿部分按下列规定绘制：齿顶圆和齿顶线用粗实线表示；分度圆和分度线用细点划线表示；齿根圆和齿根线用细实线表示，如图 7 - 30（a）所示，也可省略不画，如图 7 - 30（c）所示。

(2) 在剖视图中，当剖切平面通过齿轮的轴线时，轮齿一律按不剖处理。这时，齿根线用粗实线绘制，如图 7 - 30（b）所示。

(3) 对于斜齿轮，可在非圆的外形图上用三条与轮齿倾斜方向相同的平行的细实线表示轮齿的方向，如图 7 - 30（c）所示。

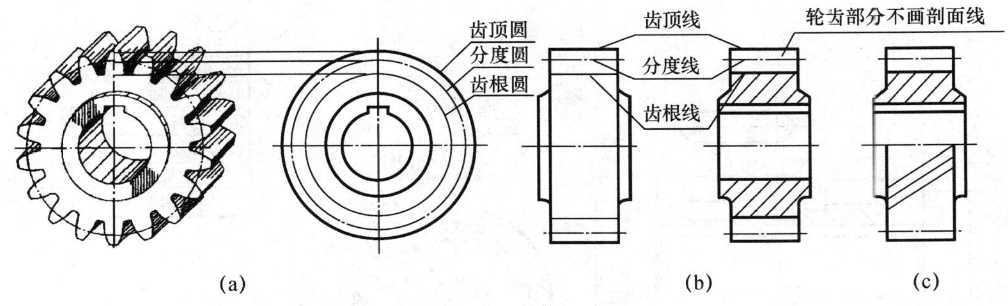

图 7 - 30　单个圆柱齿轮的画法

(a) 外形；(b) 全剖；(c) 半剖（斜齿）

3. 圆柱齿轮啮合的画法

两标准齿轮相互啮合时，它们的分度圆处于相切位置，此时分度圆又称节圆。啮合部分的规定画法如下。

(1) 在垂直于圆柱齿轮轴线的投影面的视图上，两齿轮的节圆应该相切。啮合区内的齿顶圆仍用粗实线画出，如图 7 - 31（a）所示，也可省略不画如图 7 - 31（b）所示。在平行于圆柱齿轮轴线的投影面的视图上，啮合区内的齿顶线不需画出，节线用点划线绘制，如图

7 - 31（c）和（d）所示。

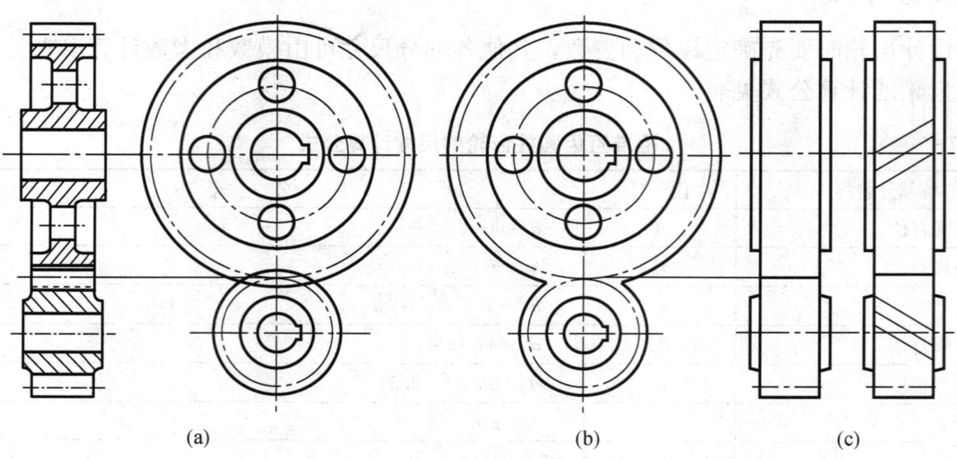

图 7 - 31 圆柱齿轮啮合的画法

（a）全剖和侧视图；（b）侧视图的另一种画法；（c）未剖（直齿、斜齿）

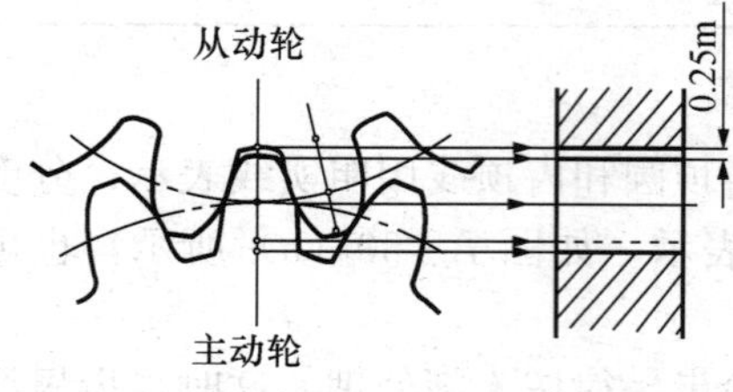

图 7 - 32 齿轮啮合投影的表示法

（2）在剖视图中，当剖切平面通过两啮合齿轮的轴线时，在啮合区内，将一个齿轮的轮齿用粗实线绘制；另一个齿轮的轮齿被遮挡的部分用虚线绘制，如图 7 - 31（a）、图 7 - 32 所示。当剖切平面不通过啮合齿轮的轴线时，齿轮一律按不剖绘制。

齿轮零件图如图 7 - 33 所示。

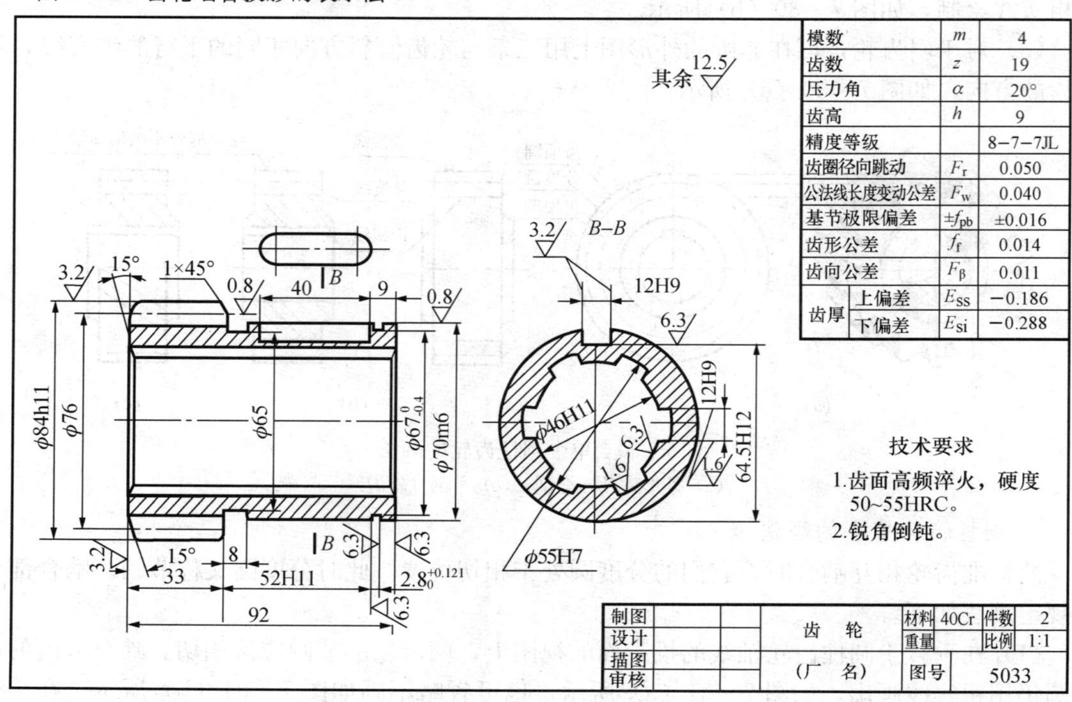

模数		m	4
齿数		z	19
压力角		α	20°
齿高		h	9
精度等级			8−7−7JL
齿圈径向跳动		F_r	0.050
公法线长度变动公差		F_w	0.040
基节极限偏差		$\pm f_{pb}$	±0.016
齿形公差		f_f	0.014
齿向公差		F_β	0.011
齿厚	上偏差	E_{ss}	−0.186
	下偏差	E_{si}	−0.288

制图			齿 轮	材料	40Cr	件数	2
设计				重量		比例	1:1
描图			（厂 名）	图号	5033		
审核							

图 7 - 33 齿轮零件图

二、锥齿轮（GB/T 4459.2—1998）

锥齿轮的轮齿位于圆锥面上，它的轮齿一端大而另一端小，齿厚由大端到小端逐渐变小，模数和分度圆也随之变化。为了设计和制造方便，规定以大端端面模数（大端端面模数值由 GB/T 12368—1990 规定）为标准模数来计算大端轮齿各部分的尺寸。

1. 直齿锥齿轮各部分尺寸的计算

轴线相交成 90°的直齿锥齿轮各部分尺寸的计算公式见表 7 - 8。

表 7 - 8　　直齿锥齿轮的尺寸计算公式

各部分名称	代号	公式	说明
分锥角	δ	$\tan\delta_1=z_1/z_2$，$\tan\delta_2=z_2/z_1$	（1）角标 1、2 分别代表小齿轮和大齿轮。 （2）m，d_a，h_a，h_f 等均指大端
分度圆直径	d	$d=mz$	
齿顶高	h_a	$h_a=m$	
齿根高	h_f	$h_f=1.2m$	
齿顶圆直径	d_a	$d_a=m(z+2\cos\delta)$	
齿顶角	θ_a	$\tan\theta_a=2\sin\delta/z$	
齿根角	θ_f	$\tan\theta_f=2.4\sin\delta/z$	
顶锥角	δ_a	$\delta_a=\delta+\theta_a$	
根锥角	δ_f	$\delta_f=\delta-\theta_f$	
外锥距	R	$R=mz/(2\sin\delta)$	
齿宽	b	$b=(0.2\sim0.35)R$	

2. 直齿锥齿轮的画法

锥齿轮的画法基本上与圆柱齿轮的画法相同，只是由于圆锥的特点，在表达和作图方法上较圆柱齿轮复杂。

（1）单个锥齿轮的画法。单个锥齿轮的主视图常画成剖视图。而在左视图上用粗实线画出齿轮大端和小端的齿顶圆，用点画线画出大端的分度圆，如图 7 - 34 所示。

图 7 - 35 是锥齿轮的零件图。

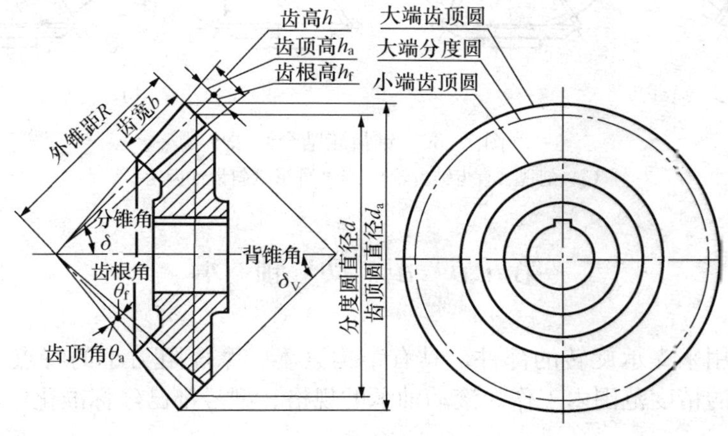

图 7 - 34　锥齿轮的图形和各部分尺寸

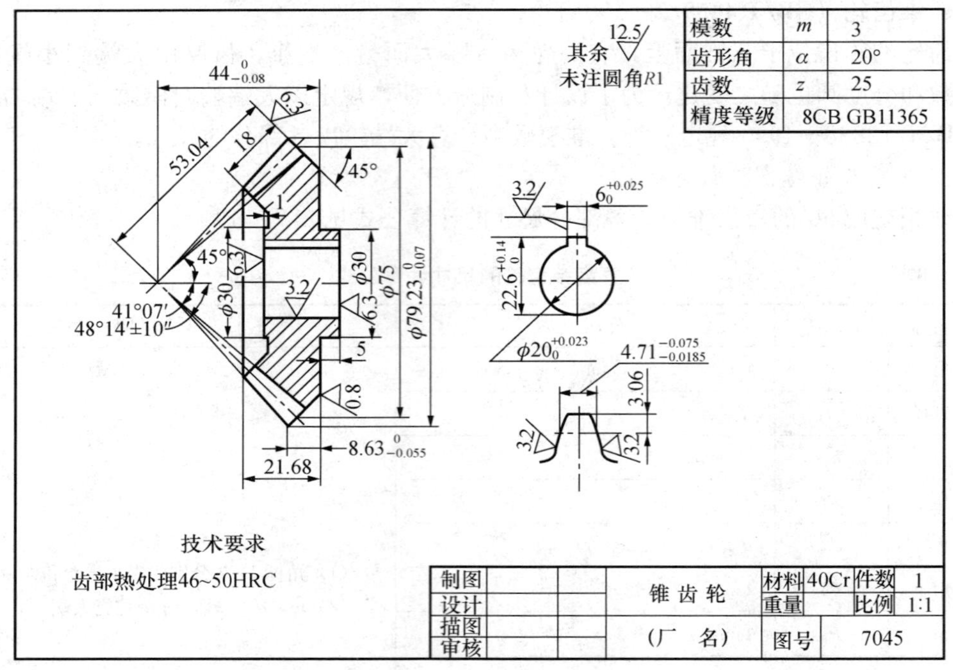

图 7-35 锥齿轮零件图

（2）锥齿轮啮合的画法。锥齿轮啮合时，两分度圆相切，它们的锥顶交于一点。画图时主视图多用剖视表示，如图 7-36（a）所示。外形图如图 7-36（b）所示。若为斜齿，则在外形图上加画 3 条平行的细实线表示轮齿的方向。

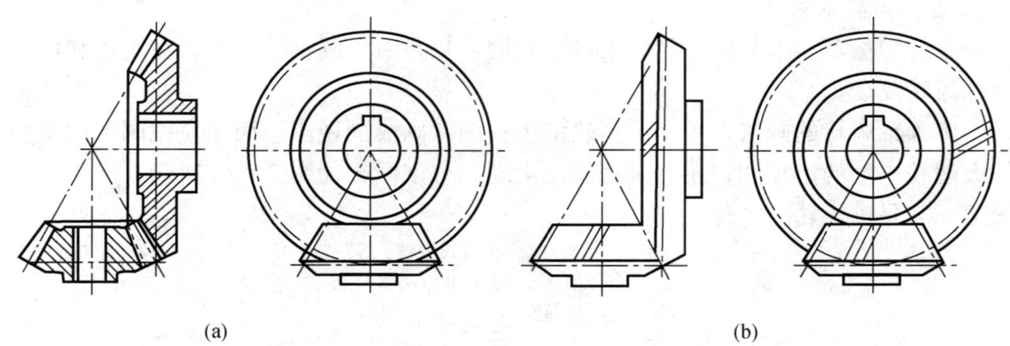

(a) (b)

图 7-36 锥齿轮啮合画法

（a）剖视（直齿锥齿轮）；（b）外形（斜齿锥齿轮）

第五节 滚 动 轴 承

滚动轴承是用来支承旋转的部件，具有结构紧凑、摩擦阻力小的特点，能在较大的载荷、转速及较高的精度范围内工作。滚动轴承的规格、型号都已经标准化，选用时可查阅有关标准。

一、滚动轴承的结构

滚动轴承的种类很多，按所能承受载荷方向的不同分为三类。

（1）向心轴承。向心轴承主要承受径向载荷。

（2）推力轴承。推力轴承主要承受轴向载荷。

（3）向心推力球轴承。向心推力球轴承同时承受轴向径向载荷。

滚动轴承一般由外圈、内圈、滚动体和保持架 4 部分构成，见表 7-9。其外圈安装在机座上，固定不动，内圈套在轴上，随轴转动。

表 7-9　　常用轴承的结构和应用

轴承类型	深沟球轴承　6	推力球轴承　5	圆锥滚子轴承　3
结构型式	外圈 滚珠 内圈 保持架	上圈 滚珠 保持架 下圈	外圈 滚锥 内圈 保持架
国标代号	GB/T 276—1994	GB/T 301—1995	GB/T 297—1994
应　用	主要承受径向载荷	只承受单向轴向载荷	能承受径向载荷与一个方向的轴向载荷

二、滚动轴承代号的构成

滚动轴承代号是表示滚动轴承的结构、尺寸、公差等级、技术性能的产品特征符号。轴承代号一般打印在轴承端面上。国家标准规定轴承代号由基本代号、前置代号和后置代号三部分组成，其排列顺序如下。

前置代号 － 基本代号 － 后置代号

1. 基本代号（滚针轴承除外）

基本代号表示轴承的基本类型、结构和尺寸，是轴承代号的基础。基本代号由轴承类型代号、尺寸系列代号和内径代号构成，其排列顺序如下。

类型代号 － 尺寸系列代号 － 内径代号

轴承类型代号用数字（阿拉伯数字）或字母（大写拉丁字母）表示，见表 7-10。

表 7-10　　轴承类型代号（摘自 GB/T 272—1998）

代号	0	1	2	3	4	5	6	7	8	N	U	QJ
轴承类型	双列角接触球轴承	调心球轴承	调心滚子轴承和推力调心滚子轴承	圆锥滚子轴承	双列深沟球轴承	推力球轴承	深沟球轴承	角接触球轴承	推力圆柱滚子轴承	圆柱滚子轴承	外球面球轴承	四点接触球轴承

尺寸系列代号由轴承宽（高）度系列代号和直径系列代号组合而成，均用两位数字表示。它的主要作用是区别内径相同而宽（高）度和外径不同的轴承。

内径代号表示轴承的公称内径，用两位数字表示，见表 7－11。

表 7－11　轴承内径代号（摘自 GB/T 272—1998）

轴承公称内径/mm		内 径 代 号	示 例
0.6～10 （非整数）		用公称内径毫米数直接表示，在其与尺寸系列代号之间用“/”分开	深沟球轴承 618/2.5
1～9 （整数）		用公称内径毫米数直接表示，对深沟及角接触球轴承 7、8、9 直径系列，内径与尺寸系列代号之间用“/”分开	深沟球轴承 625 深沟球轴承 618/5 d=5mm
10～17	10 12 15 17	00 01 02 03	深沟球轴承 6200 d=10mm
20～480 （22、28、32 除外）		公称内径除以 5 的商数，商数为个位数，需在商数左边加“0”，如 08	调心滚子轴承 23208 d=40mm
≥500 以及 22、28、32		用公称内径毫米数直接表示，但在与尺寸系列之间用“/”分开	调心滚子轴承 230/500 d=500mm 深沟球轴承 62/22 d=22mm

2. 前置、后置代号

当轴承在结构型式、尺寸、公差、技术要求等上有改变时，可在其基本代号左右添加补充代号。前置代号用字母表示，后置代号用字母或数字表示。前置、后置代号有许多种，其含义需查阅 GB/T 272—1993。

轴承代号标记示例：

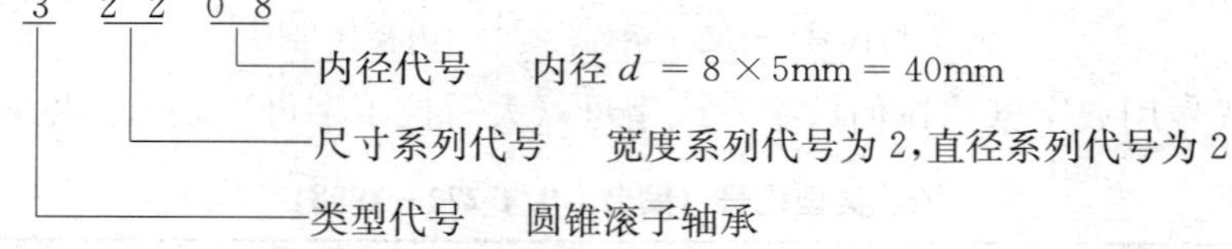

三、滚动轴承的画法（GB/T 4459.7—1998）

国家标准规定了滚动轴承的简化画法（通用画法或特征画法）和规定画法，见表 7－12。

绘制滚动轴承时应遵守以下规则。

（1）各种符号、矩形线框和轮廓线均用粗实线绘制。

（2）矩形线框或外形轮廓的大小应与滚动轴承的外形尺寸一致。

（3）采用规定画法绘制滚动轴承的剖视图时，其滚动体不画剖面线，其各套圈等可画成方向和间隔相同的剖面线。在不致引起误解时，也允许省略不画。

表 7-12 **轴承的简化画法和规定画法（摘自 GB/T 4459.7—1998）**

类型名称和标准号	简化画法		规定画法
	通用画法	特征画法	
深沟球轴承 GB/T 276—1994	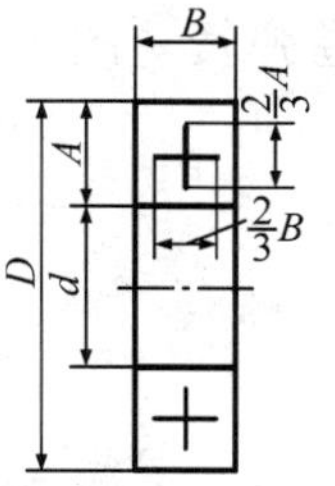	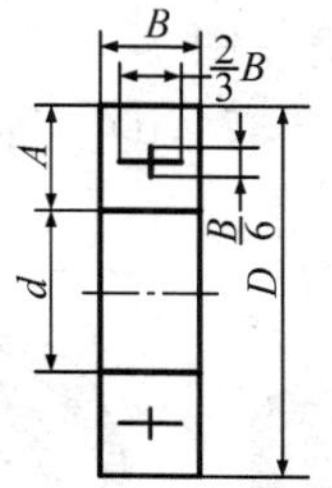	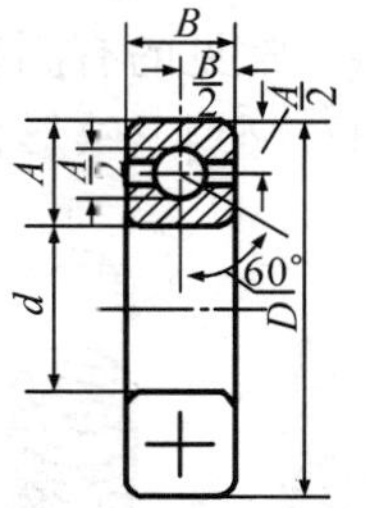
圆锥滚子轴承 GB/T 297—1994	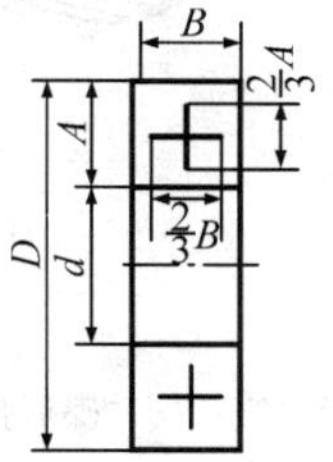	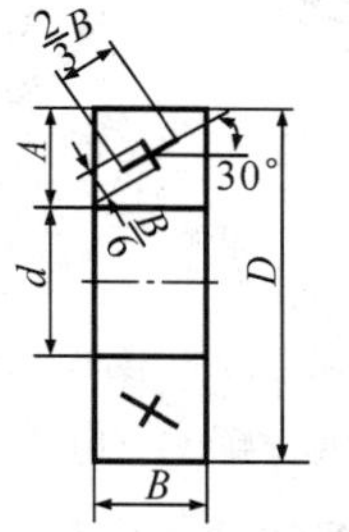	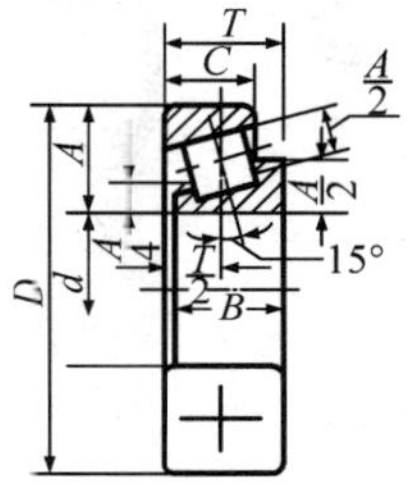
推力球轴承 GB/T 301—1995	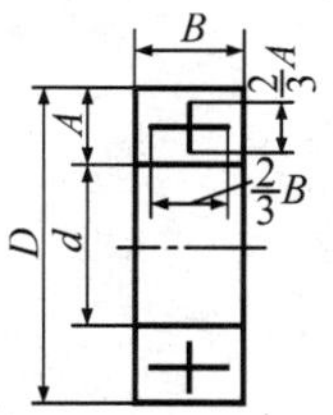	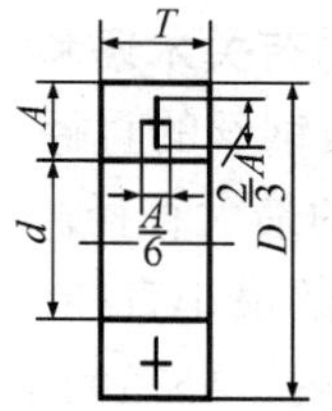	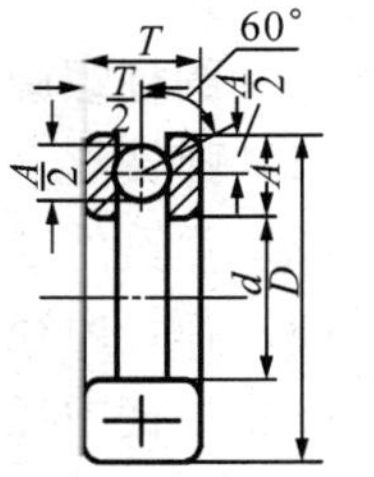

1. 简化画法（通用画法、特征画法）

用简化画法绘制滚动轴承时，应采用通用画法或特征画法。但在同一图样中只采用一种画法。

（1）通用画法。在剖视图中，当不需要确切的表示滚动轴承的外形轮廓、载荷特征、结构特征时，可用矩形线框及位于线框中央正立的十字形符号来表示。十字形符号不应与矩形线框接触。通用画法的各部分尺寸关系，见表 7-12。

当滚动轴承带有附件或滚动轴承具有其他结构（防尘盖和内外圈有无挡边）时，可按相关标准绘制。

（2）特征画法。在剖视图中，如需较形象地表示滚动轴承的结构特征时，可采用在矩形线框内画出其结构要素符号的方法表示结构特征。特征画法的各部分尺寸关系，见表 7-12。

2. 规定画法

在滚动轴承的产品图样、产品样本及说明书等中的图样，可采用规定画法绘制。在装配图中，规定画法一般采用剖视图绘制在轴的一侧，另一侧按通用画法绘制的方法，见表 7-12。

第六节 弹 簧

弹簧是机器和仪表上常用的零件，它的作用是减震、夹紧、储能和测力等。弹簧的种类很多，常见的有圆柱螺旋弹簧［图 7 - 37（a)］、涡卷弹簧［图 7 - 37（b)］、板弹簧［图 7 - 37（c)］、碟形弹簧［图 7 - 37（d)］等。

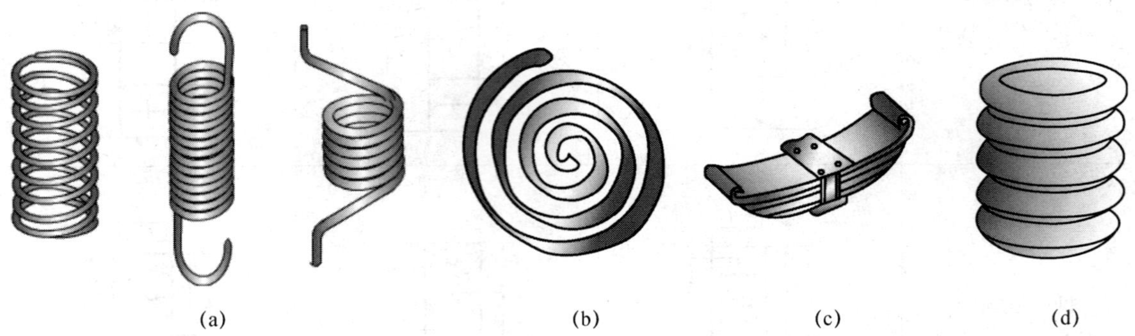

(a) (b) (c) (d)

图 7 - 37 常见的弹簧

（a）圆柱螺旋弹簧；（b）涡卷弹簧；（c）板弹簧；（d）碟形弹簧

本节只讨论圆柱螺旋压缩弹簧的画法。其他类型弹簧的画法，需要时可查阅相关手册，其上都有介绍。

一、圆柱螺旋压缩弹簧的有关术语和尺寸关系

（1）弹簧丝直径 d：弹簧钢丝的直径。

（2）弹簧外径 D：弹簧的最大直径。

（3）弹簧内径 D_1：弹簧的最小直径。

（4）弹簧中径 D_2：弹簧内、外径的平均值，即

$$D_2 = \frac{D + D_1}{2} = D - d = D_1 + d$$

（5）节距 t：螺旋弹簧两相邻有效圈截面中心线的轴向距离。

（6）支承圈数 n_0：为使弹簧受力均匀，保证中心轴线垂直于支承面，制造时需将两端并紧磨平，这部分圈数不起弹力作用，只起支承作用，一般支承圈数为 1.5 圈、2 圈和 2.5 圈 3 种，常用的是 2.5 圈。

（7）有效圈数 n：除支承圈外，保持节距相等的圈数。

（8）总圈数 n_1：支承圈与有效圈之和，即

$$n_1 = n_0 + n$$

（9）自由高度 H_0：弹簧在没有负荷时的高度，即

$$H_0 = nt + (n_0 - 0.5)d$$

（10）簧丝长度 L：弹簧钢丝展直以后的长度，即

$$L = n_1 \sqrt{(\pi D_2)^2 + t^2}$$

（11）旋向：螺旋弹簧分左旋和右旋两类。

二、圆柱螺旋压缩弹簧的画法（GB/T 4459.4—2003）

1. 画法规定

（1）在平行于螺旋弹簧轴线的投影的视图中，其各圈轮廓线应画成直线，如图 7－38 所示。

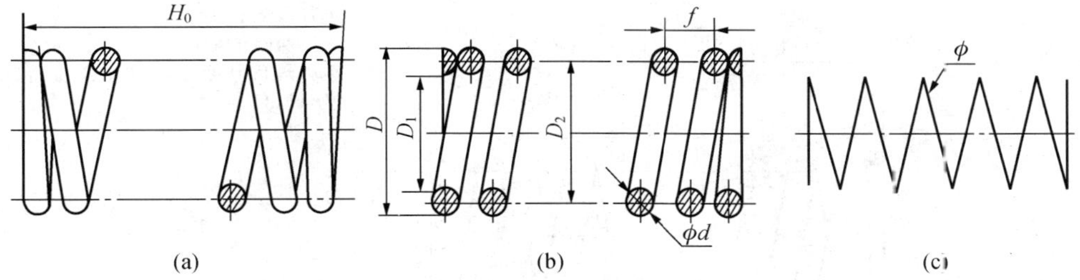

图 7－38 圆柱螺旋压缩弹簧的画法

(a) 视图；(b) 剖视图；(c) 示意画法

（2）螺旋弹簧均可画成右旋，但左旋弹簧不论画成左旋还是右旋，一律要注出旋向“左”字。

（3）螺旋压缩弹簧如果要求两端并紧磨平时，不论支承圈有多少和末端并紧情况如何，均按支承圈为 2.5 圈的形式画出。

（4）有效圈在 4 圈以上的螺旋弹簧，中间部分可以省略。中间部分省略后，允许适当缩短图形的长度。

2. 画法举例

已知弹簧丝直径 $d=5$，中径 $D_2=40$，节距 $t=10$，有效圈数 $n=10$，支撑圈数 $n_0=2.5$，右旋圆柱螺旋压缩弹簧，其画图步骤如下所示。

（1）按 H_0 和 D_0 作矩形 $ABCD$，如图 7－39（a）所示。

（2）画支承圈弹簧丝直径圆的投影，如图 7－39（b）所示。

（3）画有效圈弹簧丝直径圆的投影，如图 7－39（c）所示。

（4）按右旋方向连切线，画剖面线，检查，描黑，如图 7－39（d）所示。

圆柱螺旋压缩弹簧零件图示例，如图 7－40 所示。

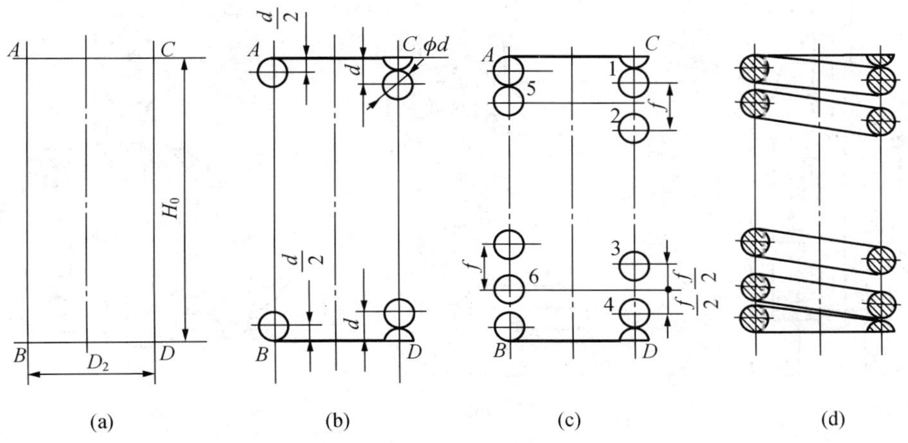

图 7－39 圆柱螺旋压缩弹簧画图步骤

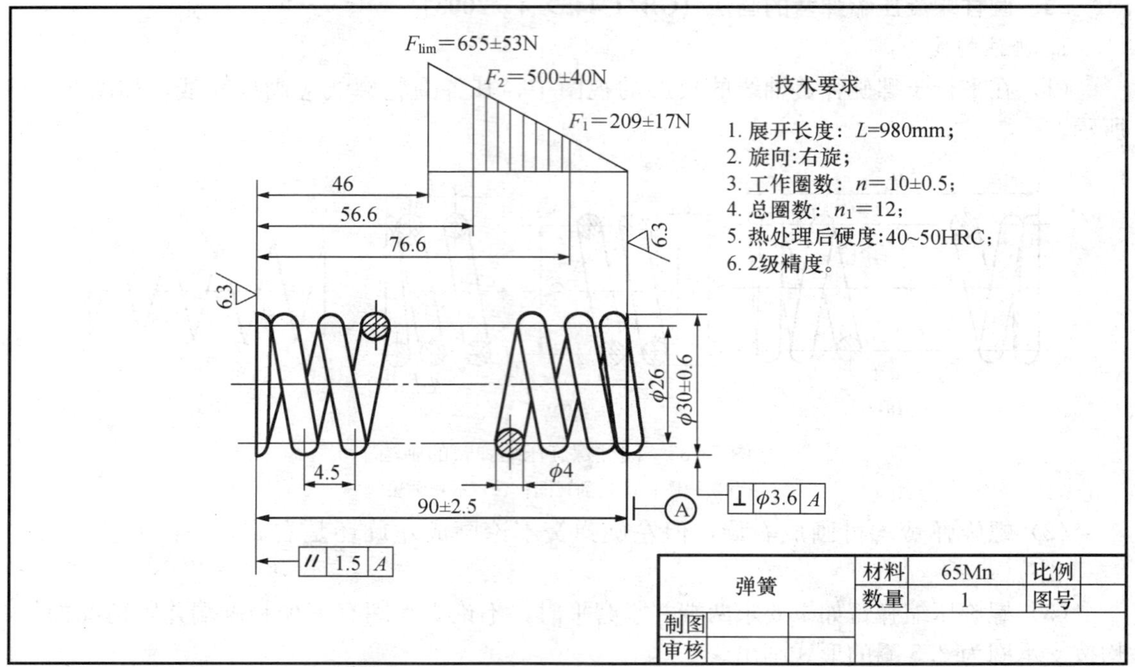

图 7-40 圆柱螺旋压缩弹簧零件图

3. 在装配图中螺旋弹簧的规定画法

（1）被弹簧挡住的结构一般不画，可见部分应从弹簧的外轮廓线或弹簧钢丝剖面的中心线画起，如图 7-41（a）所示。

（2）型材直径或厚度在图形上等于或小于 2mm 的螺旋弹簧允许示意画出，如图 7-41（b）所示。

（3）当弹簧被剖切时，剖面直径或厚度在图形上等于或小于 2mm 时，也可用涂黑表示，如图 7-41（c）所示。

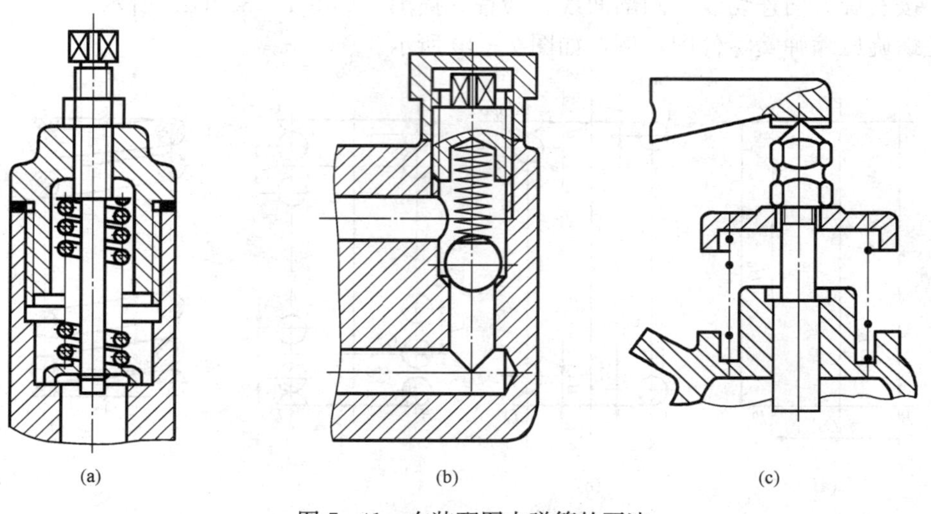

图 7-41 在装配图中弹簧的画法

第八章

零 件 图

第一节 零件图的作用和内容

一、零件图的作用

任何机器或部件都是由许多零件组成的。如图 8-1 所示的铣床上的铣刀头部件，它是由底座、轴、V 带轮、铣刀等十多个零件装配成的。制造机器或部件时，要先制造零件而后再装配。所以零件图是制造和检验零件的依据，是生产中的重要技术文件。

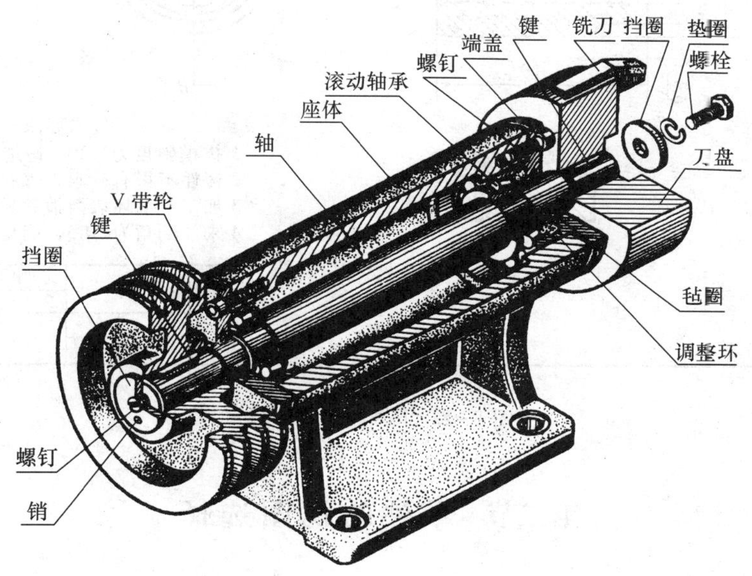

图 8-1 铣刀头轴测图

二、零件图的内容

零件图是表示零件结构、大小及技术要求的图样，是由设计部门提交给生产部门的技术文件。图 8-2 所示为下轴曲柄的零件图。

由此可以看出，一张完整的零件图应包含以下几个内容。

（1）一组视图（包括剖视、断面等）。能正确、完整、清晰地表达机件的内、外形结构的一组视图。

（2）完整的尺寸。正确、完整、清晰、合理地标注出零件在制造和检验时所需的全部尺寸。

（3）技术要求。用规定的代号或文字，注写出零件在制造、检验和装配时应达到的要求，如表面粗糙度、尺寸公差、形状和位置公差、热处理等。

（4）标题栏。标题栏用来说明零件的名称、件数、材料、比例、图号、制图及校核人的姓名、日期等。

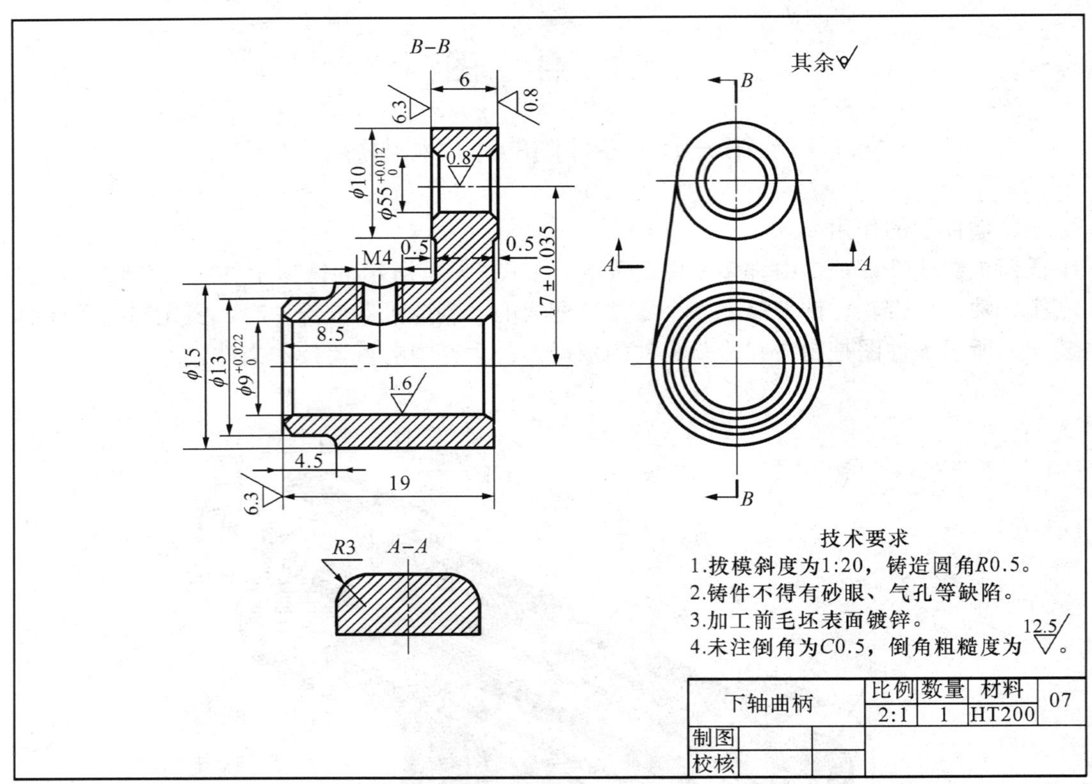

图 8-2 下轴曲柄零件图

第二节 零件的视图选择

一、零件的视图选择

零件图的主要内容是图形，如何选择表达零件的视图是每个设计者须考虑的首要任务。零件的形状复杂多样，表达方法也不尽相同。

选择视图的总体原则是：在对零件进行结构形状分析的基础上，首先选择主视图，然后再按完整、清晰表达这个零件的要求选取其他视图，并力求图形数量少，画图、看图方便容易。

1. 零件分析

在选择视图之前，应首先对零件进行形体和结构分析，了解该零件和周围零件的连接及工作关系，以便确定表达方案，反映零件的设计和工艺要求。

2. 主视图的选择

主视图是表达零件结构形状最主要的视图。主视图选择得恰当与否，不仅关系到零件结构形状表达的清楚与否，还直接影响其他视图数量和表达方法的选择。

选择主视图要确定好两个问题：一是零件的安放位置；二是主视图的投影方向。因此，在选择主视图时，要从以下原则来考虑。

（1）加工位置原则。加工位置是零件在加工工序中的装夹位置。零件图的主要功能是为了制造，按加工位置选择主视图，是优先选择的安放位置。这样可以为加工制造者提供直接的图物对照，便于看图和检测尺寸。

如轴、套、盘类零件，其主要加工工序是在车床和磨床上进行，装夹时它们的轴线大都是水平放置，所以在这些零件的主视图里轴线一般呈水平位置绘制，如图 8－3 所示。

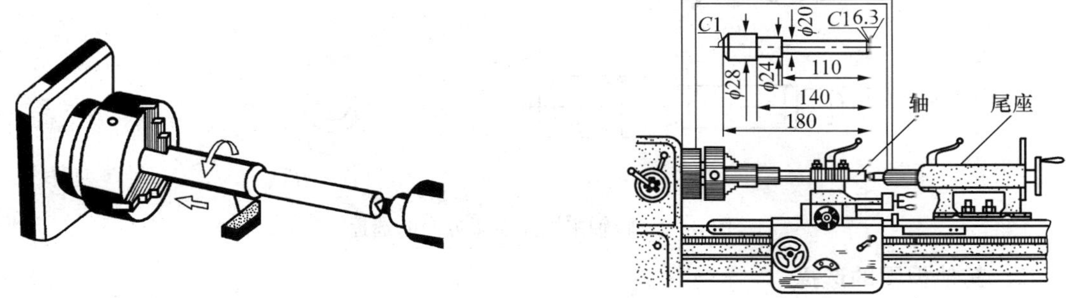

图 8－3　轴类零件的加工位置

(2) 工作位置原则。工作位置是零件在机器上的安装位置。选择主视图表达零件的安放位置应与该零件的工作位置相一致，这样便于看图者将零件和整个机器联系起来为了解零件在机器或部件中的作用及工作情况提供了方便。支架和箱体类零件，主视图通常按照工作位置安放。

图 8－4 所示为起重吊钩和汽车拖钩。虽然两钩形状相似，但主视图的选择应根据它们工作位置的不同而安放。

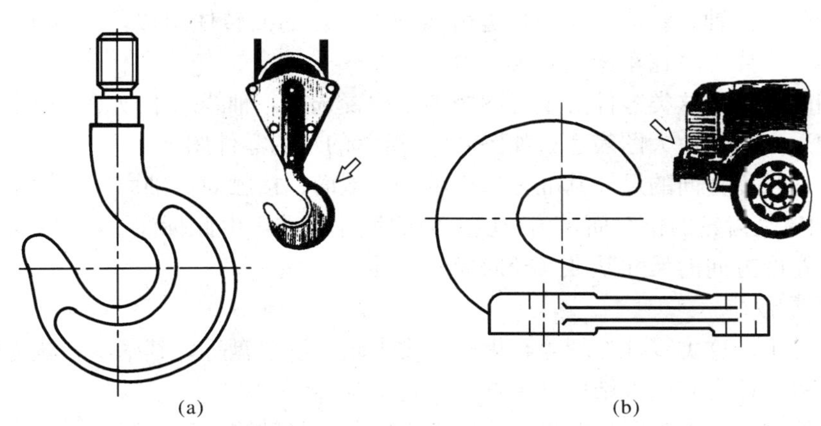

图 8－4　吊钩与前拖钩主视图的选择

(a) 吊钩；(b) 前拖钩

(3) 自然稳定性原则。当零件难以按其加工位置和工作位置安放时，一般将零件放正，使其主要的平面、定位面、轴线平行或垂直与投影面，主视图按自然放稳位置来安放。

(4) 形状、位置特征原则。主视图的投影方向一般选最能反映零件各组成部分结构形状和相对位置的方向作为主视图的投影方向。如图 8－5 所示的转轴，A 向作为主视图较合适。

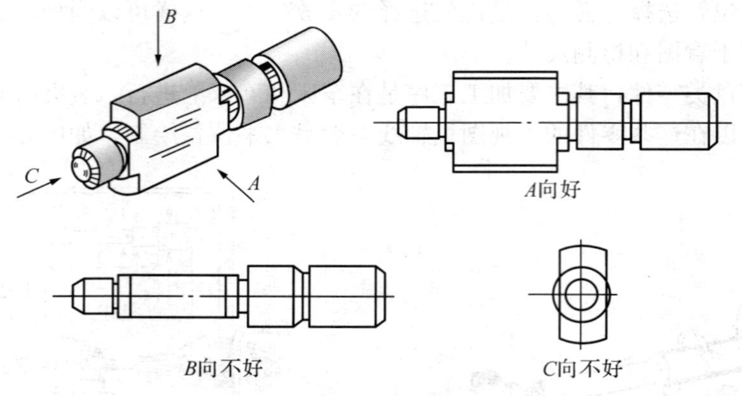

图 8-5 转轴主视图投影方向的选择

二、其他视图的选择

其他视图的选择主要配合主视图。在完整、清晰表达的前提下，尽可能减少视图数量，同时根据机件的结构选择表达方法时应注意以下几点。

(1) 每个视图要有表达的重点。

(2) 表达零件的外形，可考虑选择必要的基本视图或其他视图。

(3) 表达零件的内形，可考虑选择必要的剖视、断面。

(4) 细小结构采用局部放大等。

三、典型零件的视图选择

1. 轴套类零件

(1) 结构分析。轴、套类零件一般是由同轴不同径的回转体组成，零件上有键、轴肩、螺纹、倒角等。主要工序在车床上完成。

(2) 视图的选择。这类零件的主视图按加工位置选择，轴线水平放置。通常键槽采用断面图，退刀槽采用局部放大图表达，如图 8-6 所示的轴的零件图。

轴套类零件长度方向的尺寸基准常选用重要的端面、接触面（轴肩）或加工面。例如图 8-6 中的右轴肩是齿轮的接触面，为长度方向的尺寸基准，由此标注 13、28 尺寸。水平轴线作为高度与宽度方向的尺寸基准（径向尺寸基准）。

2. 盘盖类零件

(1) 结构分析。这类零件如端盖、齿轮、皮带轮、法兰盘等，其基本形状为同轴回转体或其他扁平盘状，还常有孔等结构。主要加工是车削。

(2) 视图的选择。主视图一般也是考虑加工位置，将轴线水平放置，因其内部有孔，所以常采用全剖，如图 8-7 所示。

盘盖类零件因为有一个面要和其他零件紧密接触，所以对其表面粗糙度值一般要求也少，因此长度方向的尺寸基准常选重要的该端面。孔的轴线作为高度与宽度方向的尺寸基准。

3. 叉架类零件

叉架类零件如拨叉、连杆、拉杆等结构形状复杂，工序多，所以主视图主要按形状特征兼顾工作位置和自然放稳的位置画出。叉架类零件因形状复杂故常需要两个或两个以上的基本视图，并且有的还需用局部视图、剖面等表达方法，如图 8-8 所示。

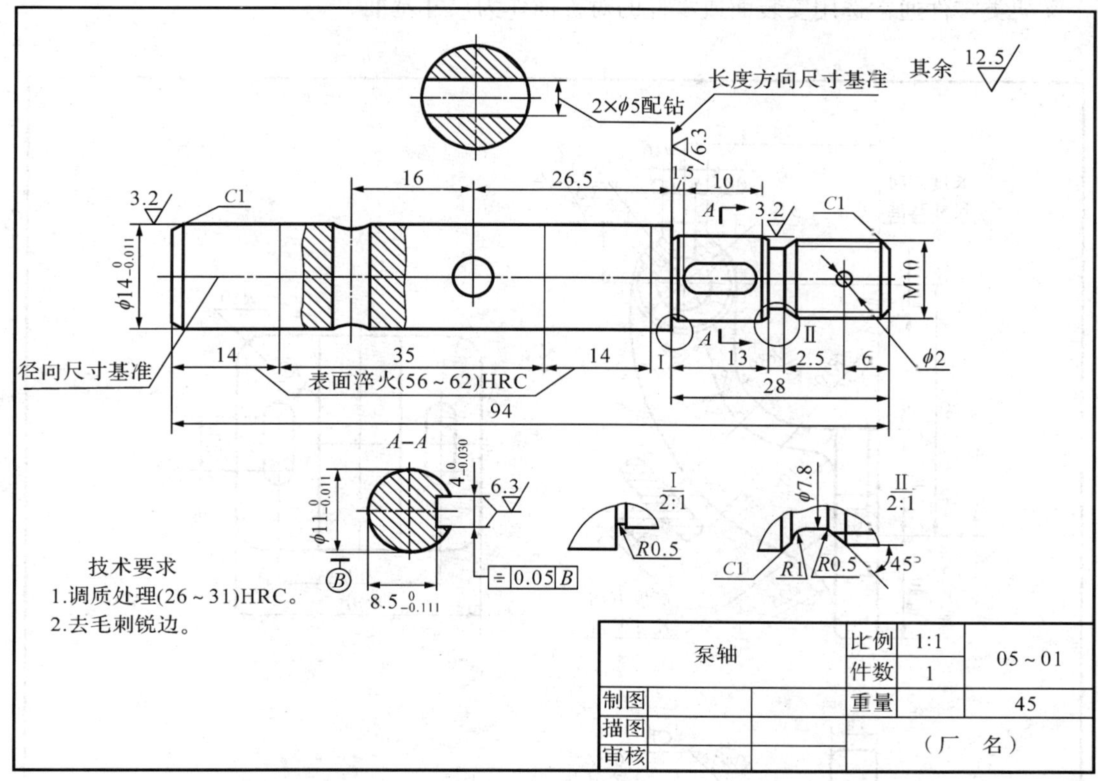

图 8-6　泵轴零件图

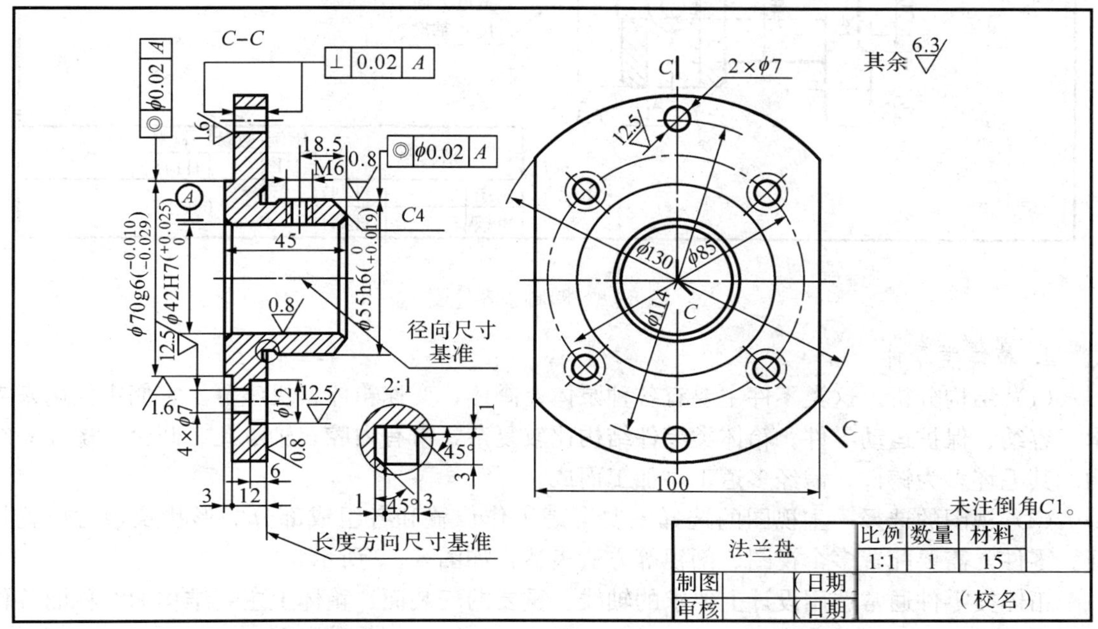

图 8-7　法兰盘零件图

叉架类零件通常选用安装面或零件的对称面作为尺寸基准。

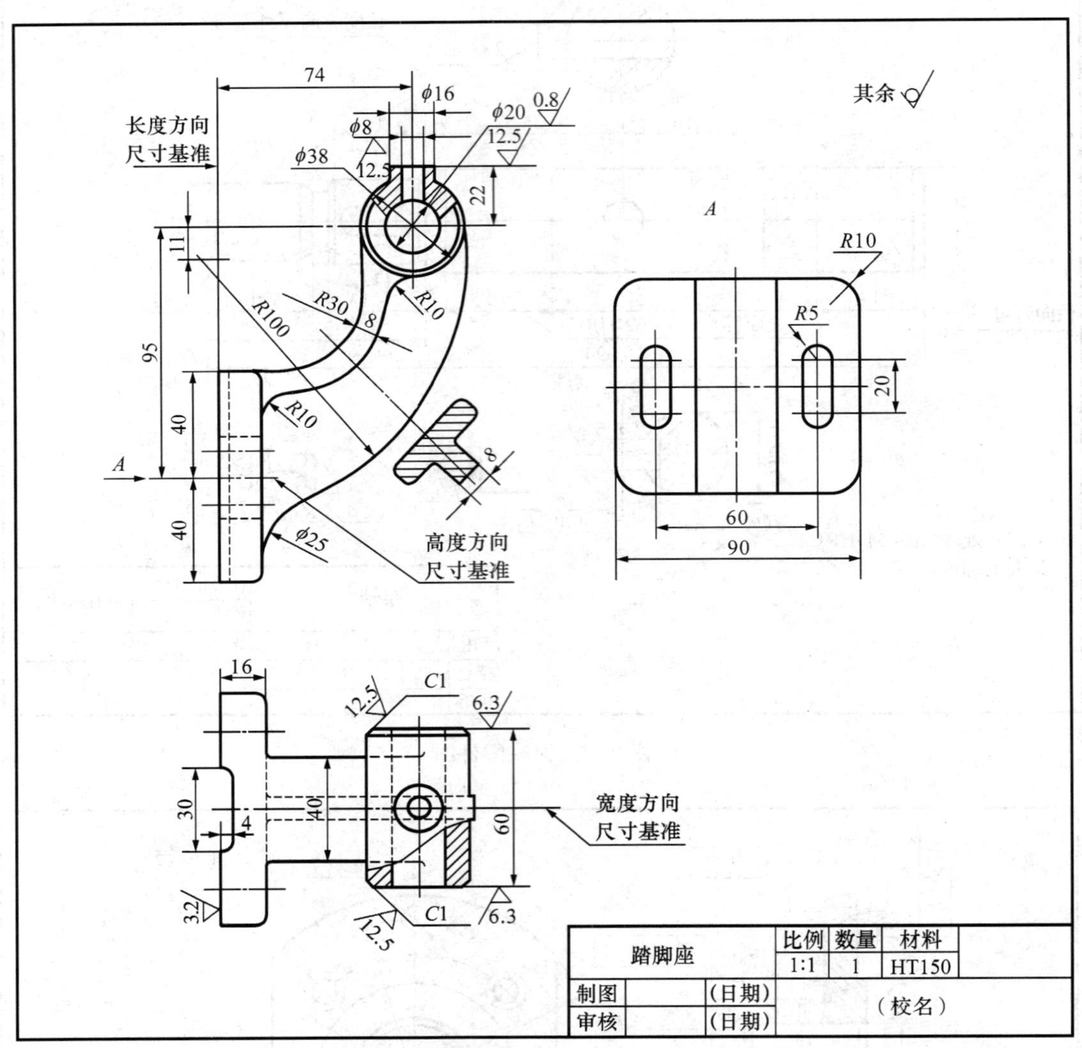

图 8-8 踏脚座零件图

4. 箱体类零件

(1) 结构分析。这类零件主要有各种泵体、阀体、变速箱体、机座等。它们主要用来支承、容纳、保护运动零件。箱体类零件结构比较复杂，常有内腔、轴承孔、凸台、螺孔等结构。其毛坯多为铸件，需经多道工序加工而成。

(2) 视图的选择。主视图的选择主要考虑工作位置和各组成部分的形状及相对位置特征。零件常需要配置多个视图、剖视等方法表达，如图 8-9 所示。

箱体类零件通常选用设计上要求的轴线、重要的安装面、箱体上主要结构的对称面等作为尺寸基准。

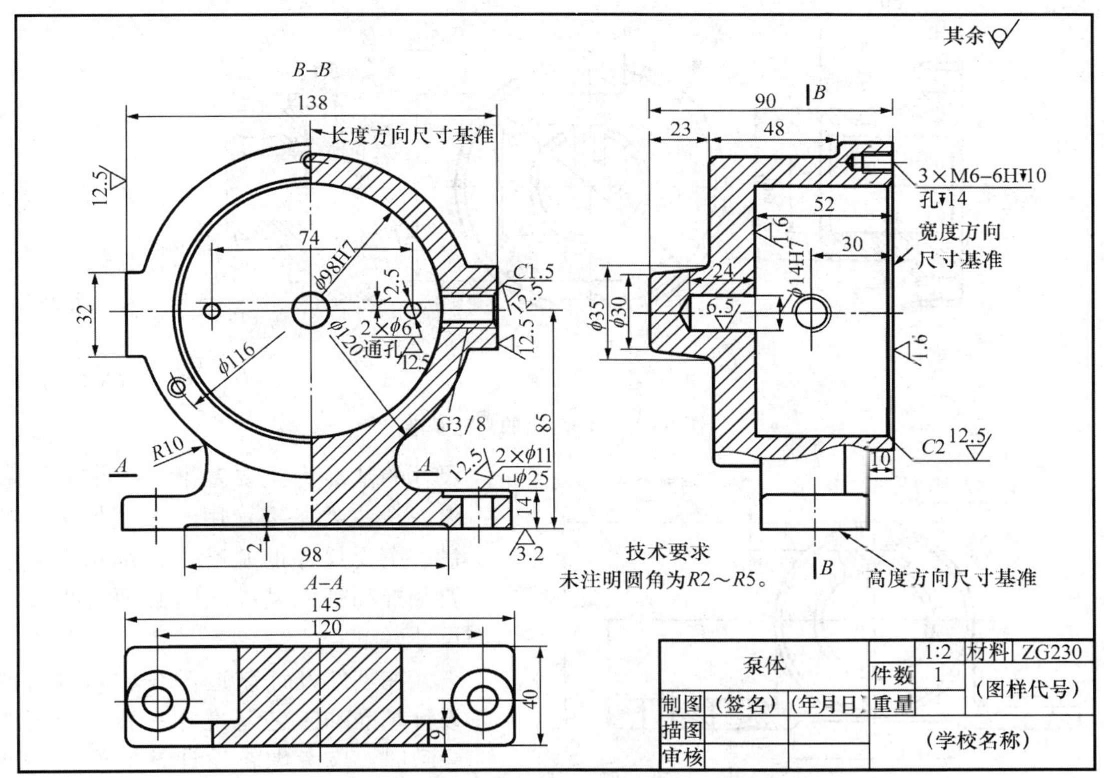

图 8-9 箱体类零件图

第三节 零件图的尺寸标注

零件图上的尺寸是零件加工、检验的依据。在零件图中标注尺寸，除了须满足正确、完整、清晰的基本要求外，还应作到“合理”。所谓合理就是指所标注的尺寸既要保证设计要求，又要符合加工、测量等工艺要求。要做到合理地标注尺寸，首先应正确地选择尺寸基准，其次是恰当地配置尺寸。

一、尺寸基准

尺寸基准根据其作用分为两类。

(1) 设计基准。零件设计时，用以确定该零件在设备或部件中位置的基准称为设计基准。

例如轴类和轮盘类零件的轴线为径向设计基准，轴肩或端面为长度设计基准。大多箱体类零件的底面、主要工作部分的轴线、对称面为设计基准。

(2) 工艺基准。零件加工过程中，用以确定装夹零件、刀具位置，或者测量零件的基准称为工艺基准。如图 8-10 所示的法兰盘，在车床上加工定位时，若左端面为定位面，则左端面就是工艺基准。

此外，根据尺寸基准的重要性不同，还可将其分为主要基准和辅助基准。决定零件主要

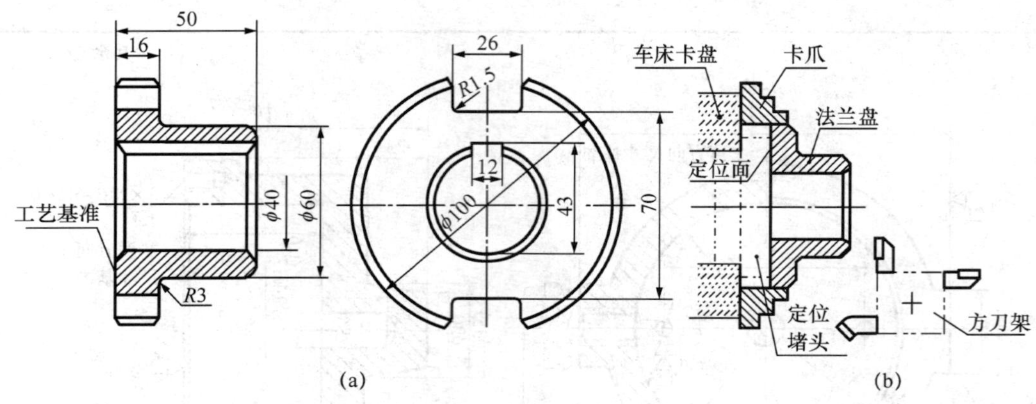

图 8-10　法兰盘的工艺基准

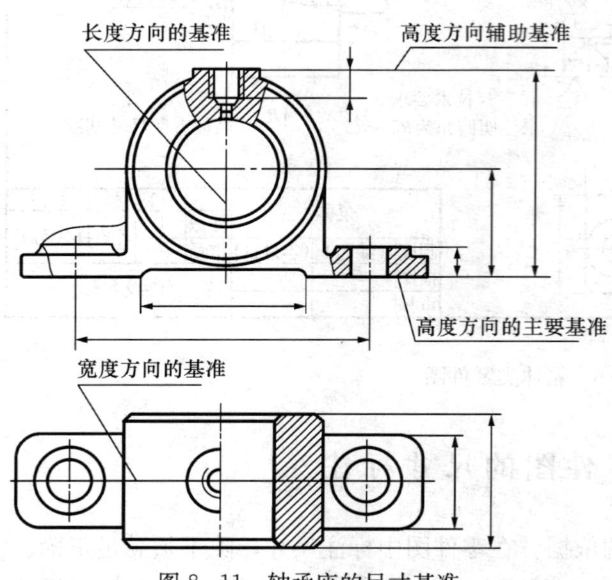

图 8-11　轴承座的尺寸基准

尺寸的基准为主要基准，一个方向只设一个主要基准；用于方便加工、测量、次要尺寸的基准为辅助基准。主要基准和辅助基准之间必须有直接的尺寸联系。

在零件设计制造过程中，尽量使设计基准和工艺基准相一致。当不能一致时，应考虑将设计基准作为主要基准，工艺基准作为辅助基准。即将重要的尺寸从设计基准出发进行标注，优先满足设计要求。次要的尺寸从工艺基准标出，以满足加工和测量的需要。如图 8-11 所示，轴承座中，长、宽方向的尺寸基准以及底面高度方向的尺寸基准既是设计基准又是工艺基准。轴承部的螺孔是从顶面加工测量的，顶面作为工艺基准是辅助基准。

二、合理配置尺寸

(1) 主要尺寸应直接标出。主要尺寸是指与其他零件有配合要求的，或影响质量、使用性能的尺寸，应将它们直接标注出来。如 8-11 轴承座图中，轴孔中心高是主要尺寸须直接标出，底板两孔中心距因与其他零件配合应直接标出。如图8-12所示的轴中，轴两端因装轴承，中间安装齿轮，所以这些尺寸如 30、32、17 应直接标出。

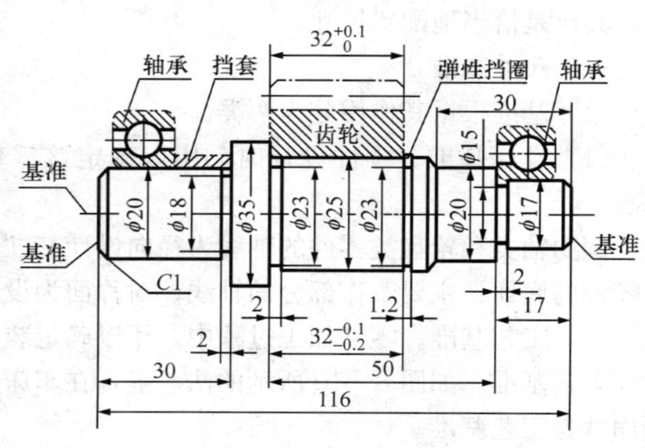

图 8-12　尺寸注法实例

(2) 避免出现封闭尺寸链。同一方

向连续标注的尺寸首尾相接，再标注一个总体尺寸，这就是“封闭尺寸链”。这种标注方法要使各段尺寸的积累误差小于或等于总长度的误差，这给制造加工带来很大的困难，一般不标注成“封闭尺寸链”。解决的方法通常是在封闭尺寸链中选择最次要的尺寸不标注，如图 8 - 13 所示。

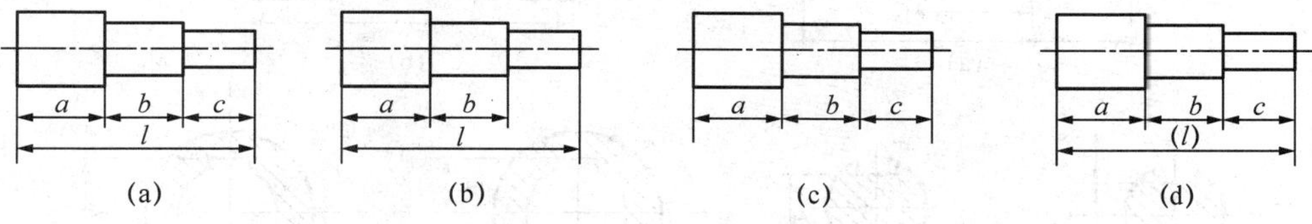

图 8 - 13　不封闭尺寸链标注

（3）标注尺寸要方便制造工艺

1）尽量按加工顺序标注尺寸，方便工人加工时看图，如图 8 - 14、图 8 - 15 所示。

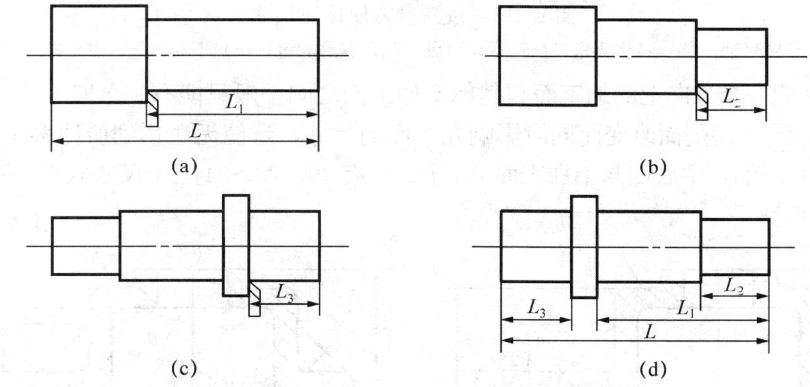

图 8 - 14　按加工顺序标注尺寸（一）

（a）落料定 L，车 L_1；（b）车 L_2；（c）调头，车 L_3；（d）按加工顺序标尺寸

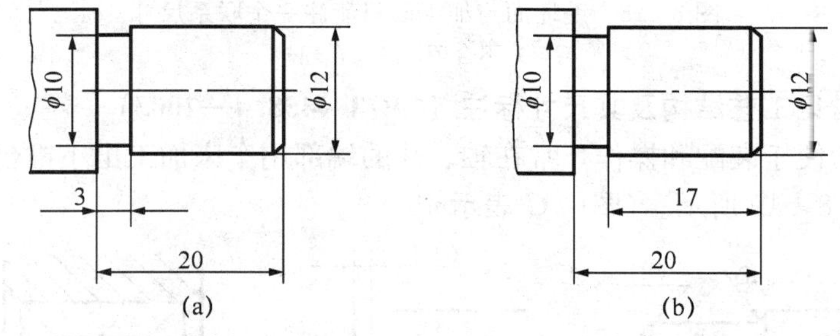

图 8 - 15　按加工顺序标注尺寸（二）

（a）便于加工；（b）不便于加工

2）按加工方法标注尺寸。如图 8 - 16 所示，滑动轴承下轴衬的半圆槽是和上轴衬合起来按孔来加工的，所以虽然是半圆但仍按加工尺寸直径标注。

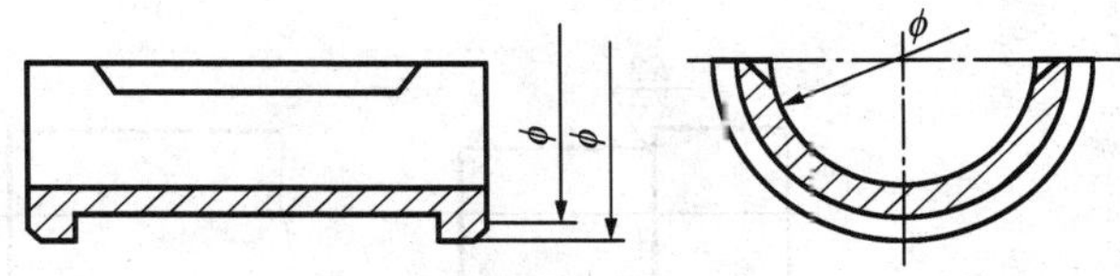

图 8 - 16　下轴衬的尺寸标注

3）标注尺寸要便于测量。标注的尺寸应尽量保证使用普通测量工具就能直接测量出来，如图 8 - 17 所示。

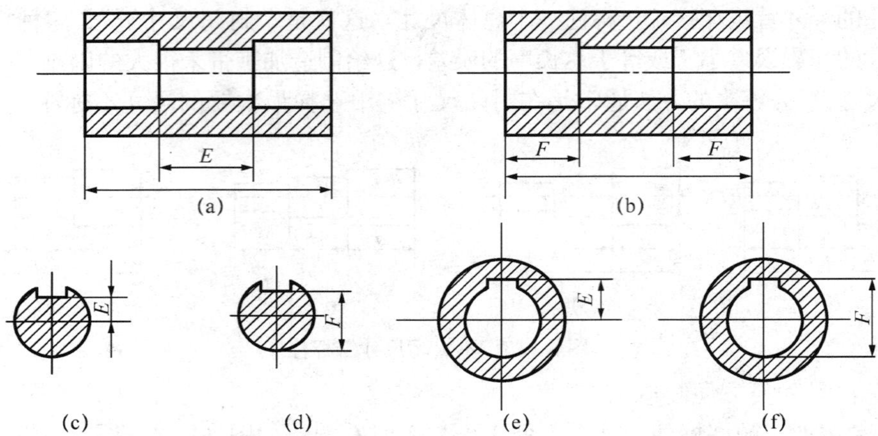

图 8-17 按测量方便标注尺寸

(a) 不易测量；(b) 容易测量；(c) 不易测量；(d) 容易测量；(e) 不易测量；(f) 容易测量

4）零件在同一个方向上的加工面和其他不加工面之间一般只能有一个联系尺寸。这样以免在切削加工时，一个切削面改变而同时影响几个面的尺寸，致使无法达到所注多个尺寸的要求，如图 8-18 (a) 所示，中底面与不加工面 A、B、C 有 10、28、34 三个尺寸联系，不合理。

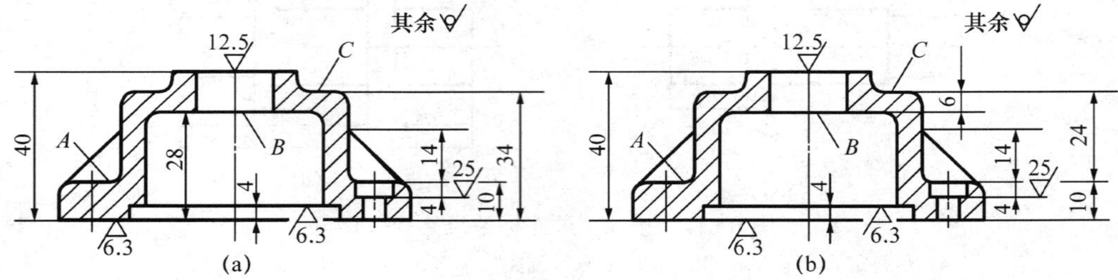

图 8-18 毛坯面与加工面只能注一个联系尺寸

(a) 不合理；(b) 合理

三、零件的常见工艺结构及其尺寸标注（GB/T 4458.4—2003）

（1）倒角。为便于装配和操作，常在轴、孔的端部用车床加工出小锥台，称为倒角。常用 45°倒角，如图 8-19 所示。(图中 C 表示 45°)

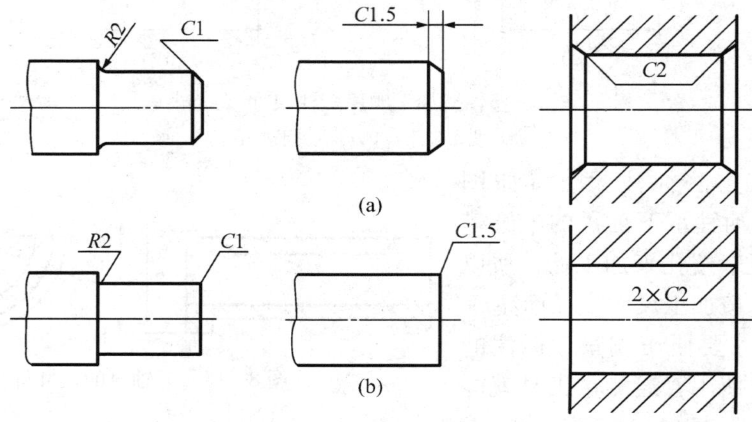

图 8-19 倒角、圆角尺寸注法

（2）退刀槽和砂轮越程槽。车削时为方便退刀，或磨削时为保证要求表面全部被磨削到，常在被加工面的末端预先车出退刀槽或砂轮越程槽，如图 8－20 所示。尺寸可按两种形式注出。

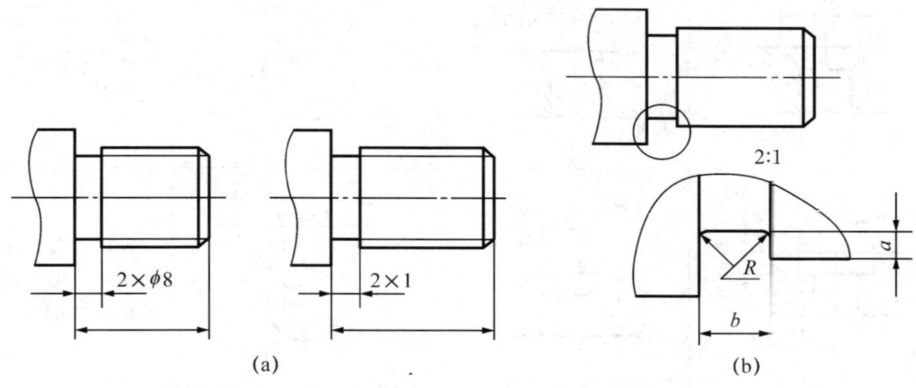

图 8－20　退刀槽和砂轮越程槽的标注

四、零件上常见孔的尺寸标注（如表 8－1 所示）

表 8－1　　**零件上常见孔的尺寸标注**

类型	普通注法	旁注法		说明
光孔	4×ϕ4；10	4×ϕ4↧10	4×ϕ4↧10	“↧”为孔深符号
	4×ϕ4H7；10；12	4×ϕ4H7↧10 ↧12	4×ϕ4H7↧10 ↧12	钻孔深度为 12，精加工孔（铰孔）深度为 10
	该孔无普通注法。注意：ϕ4 是指与其相配的圆锥销的公称直径（小端直径）	锥销孔ϕ4 配作	锥销孔ϕ4 配作	“配作”系指该孔与相邻零件的同位锥销孔一起加工
锪孔	ϕ13；4×ϕ6.6	4×ϕ6.6 ⌴ϕ13	4×ϕ6.6 ⌴ϕ13	“⌴”为锪平或沉孔符号 锪孔通常只需锪出圆平面即可，因此沉孔深度一般不注

续表

类型	普通注法	旁注法		说明
沉孔	90° φ13 6×φ6.6	6×φ6 ⌵φ13×90°	6×φ6 ⌵φ13×90°	“⌵”为埋头孔符号 该孔为安装开槽沉头螺钉所用
	φ11 6.8 4×φ6	4×φ6 ⌴φ11↧6.8	4×φ6 ⌴φ11↧6.8	该孔为安装内六角圆柱头螺钉所用，承装头部的孔深应注出
螺孔	3×M6-6H EQS	3×M6-6H	3×M6-6H EQS	“EQS”为均布孔的缩写词
	3×M6-6H EQS 10	3×M6-6H↧10	3×M6-6H↧10 EQS	
	3×M6-6H EQS 10 12	3×M6-6H↧10 孔↧12	3×M6-6H↧10 孔↧12 EQS	

第四节 零件图上的技术要求

零件图上除了图形和尺寸以外，还有对零件各项质量的要求，如：表面粗糙度、尺寸公差、形状和位置公差、材料及其热处理等，这些内容就是零件的技术要求。

一、表面粗糙度（GB/T 131—1993）

1. 表面粗糙度的概念

被加工过的零件表面，无论采用何种的精加工工艺，粗看起来很光滑平整，但由于在加工过程中不可避免的机床震动、材料变形、刀痕、摩擦等原因，使这些表面在显微镜下观察时都存在着许多微小的高低不平状况。这种零件表面具有较小间距和微小峰谷的微观几何特征称为表面粗糙度，如图 8－21 所示。

2. 表面粗糙度的评定参数

表面粗糙度的评定参数有轮廓算术平均偏差 Ra，微观不平度 10 点高度 Ry，轮廓最大高度 Rz。生产中常用的是轮廓算术平均偏差 Ra。

轮廓算术平均偏差 Ra，表示在取样长度 L 内，被测轮廓偏距（在测量方向上的点与基准线之间的距离）绝对值的算术平均值称为轮廓算术平均偏差 Ra，如图 8－22 所示。

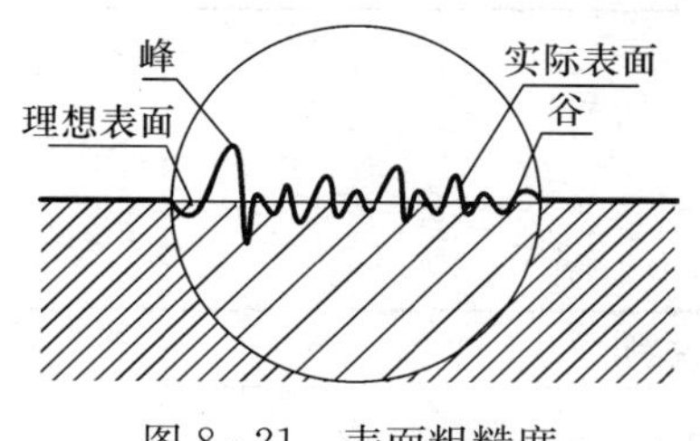

图 8－21 表面粗糙度

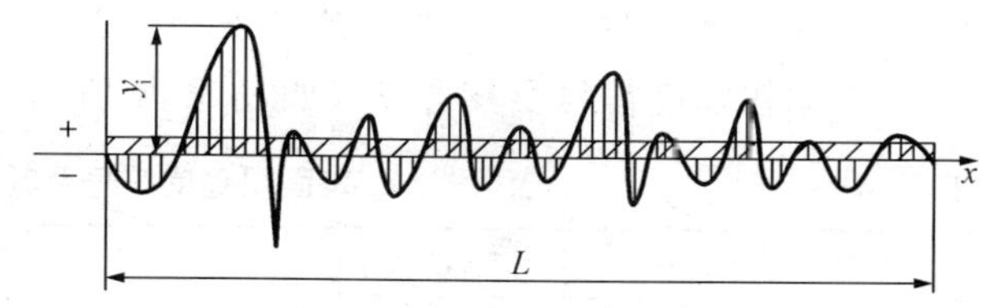

图 8－22 轮廓算术平均偏差 Ra

Ra 用公式表示为

$$Ra = \frac{1}{l}\int_0^l |y(x)|\,\mathrm{d}x$$

近似表示为

$$Ra = \frac{|y_1| + |y_2| + |y_3| + \cdots + |y_n|}{n}$$

由此可以看出，Ra 数值越大，说明微观几何形状误差越大，表面越粗糙。

表面粗糙度是评定表面质量的一个重要指标。它对零件的配合质量、抗疲劳强度、抗腐蚀性、密封性、耐磨性等都产生影响。虽然降低表面粗糙度数值可提高表面质量，但加工成本相应也增加。因此，在保证使用要求的前提下，尽量选择高的表面粗糙度数值。表 8－2 列出了国家标准推荐的 Ra 优先选用值。表面粗糙度 Ra 数值的选用如表 8－3 所示。

表 8－2　　Ra 优先选用值　　μm

0.012 0.025 0.05 0.1	0.2 0.4 0.8 1.6	3.2 6.3 12.5 25	50 100

表 8－3　　表面粗糙度 Ra 数值的选用举例

Ra/μm	表面特征	应 用 举 例
50 25 12.5	粗面	多用于粗加工的非配合表面。 如机座底面、轴的端面、倒角、钻孔、键槽非工作面，以及铸、锻件的不接触面等
6.3 3.2 1.6	半光面	较重要的接触面和一般配合表面。 如键槽和键的工作面、轴套及齿轮的端面、定位销的压人孔表面

续表

$Ra/\mu m$	表面特征	应 用 举 例
0.8 0.4 0.2	光面	要求较高的接触面和配合表面 。 如齿轮工作面、轴承的重要表面、圆锥销孔等
0.1 0.05 0.025	镜面	高精度的配合表面。 如要求密封性能好的表面、精密量具的工作表面等

3. 表面粗糙度符号

(1) 表面粗糙度符号及其含义（如表 8 - 4 所示）。

表 8 - 4　　表面粗糙度符号及其含义

	符　号	意 义 及 说 明
符号		基本符号，表示表面可用任何方法获得。当不加注粗糙度数值或有关说明（如表面热处理、局部热处理等）时，仅适用于简化标注
		表示表面是用去除材料的方法获得。如：车、铣、钻、磨、剪切、抛光、腐蚀、电火花加工、气割等
		表示表面是用不去除材料的方法获得。如：铸、锻、压、轧、粉末冶金等。或者是用于原供应状况的表面（或保持上道工序的状况）
标注示例	3.2	可用任何方法获得的表面，Ra 的上限值为 3.2μm
	3.2	用去除材料的方法获得表面，Ra 的上限值为 3.2μm
	3.2	用不去除材料的方法获得的表面，Ra 的上限值为 3.2μm
	3.2 1.6	用去除材料的方法获得表面，Ra 的上限值为 3.2μm，Ra 的下限值为 1.6μm

(2) 表面粗糙度符号的画法（如图 8 - 23 所示）。

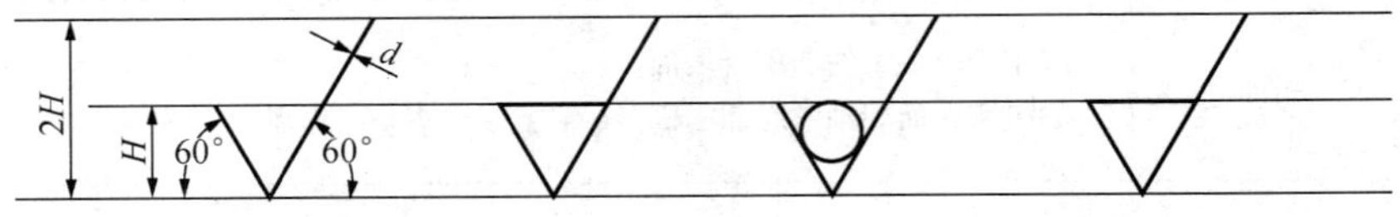

其中 $H=1.4h$　h 字高

图 8 - 23　表面粗糙度符号的画法

4. 表面粗糙度的标注

（1）表面粗糙度符号一般标注在可见轮廓线、尺寸界线、引出线或它们的延长线上。符号尖端必须从材料外指向表面。*Ra* 书写方向和尺寸数字规则相同，30°范围采用引出标注。表面粗糙度的规定标注如图 8 - 24 所示。

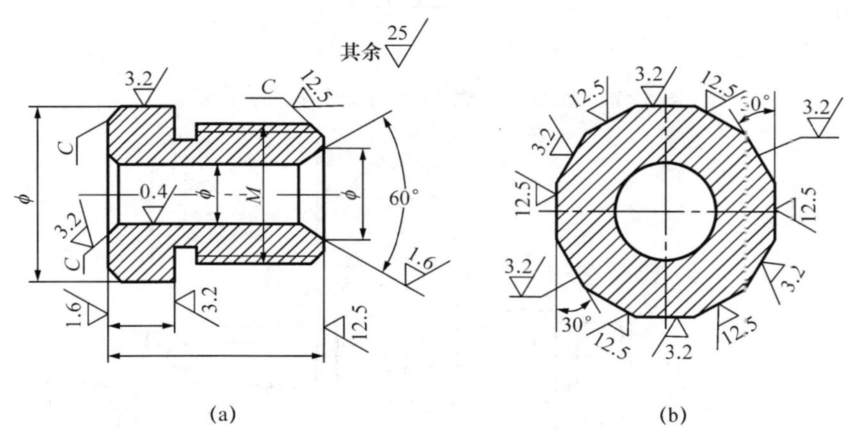

图 8 - 24　表面粗糙度标注示例

（2）同一图样上，每一表面的粗糙度一般只标注一次，符号尽可能靠近有关的尺寸线，不便标注时可以引出标注，如图 8 - 25 所示。

（3）当零件大部分表面具有相同的表面粗糙度要求时，对其中使用最多的一种符号或代号可以统一标注在图样的右上角，并加注“其余”两字，如图 8 - 24 所示。采用统一标注时，其符号、代号或数字高度均应是图形上其他表面所注符号、代号或数字高度的 1.4 倍，如图 8 - 26 所示。

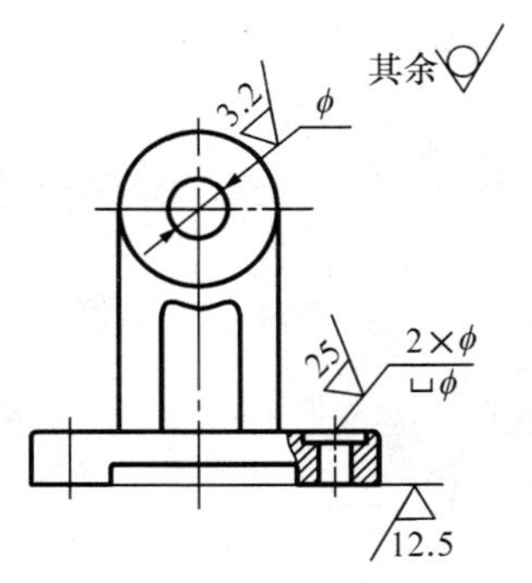

图 8 - 25　表面粗糙度引出标注示例

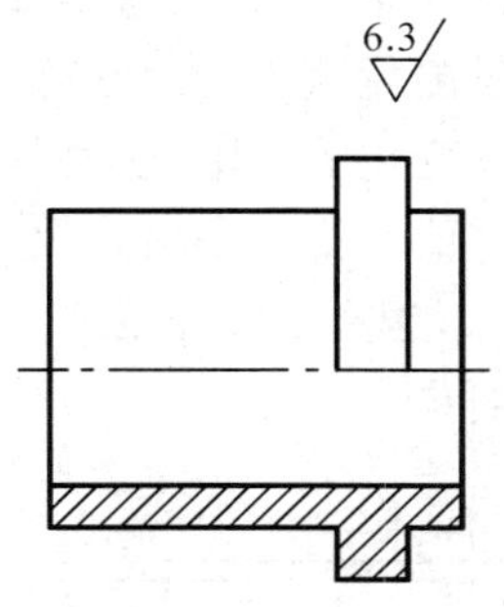

图 8 - 26　表面粗糙度统一标注示例

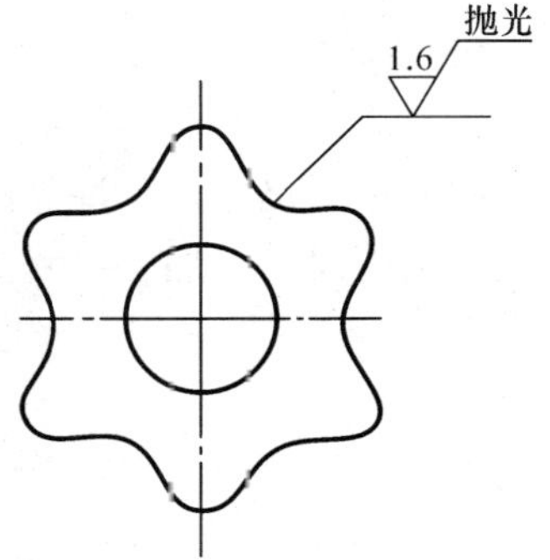

图 8 - 27　连续表面标注示例

（4）零件上连续表面及重复要素（孔、槽、齿）的表面，其表面粗糙度只标注一次，如图 8 - 27 所示。

（5）齿轮、键槽、螺纹的表面粗糙度标注如图 8 - 28 所示。

（6）轴上常见结构的表面粗糙度标注如图 8 - 29 所示。

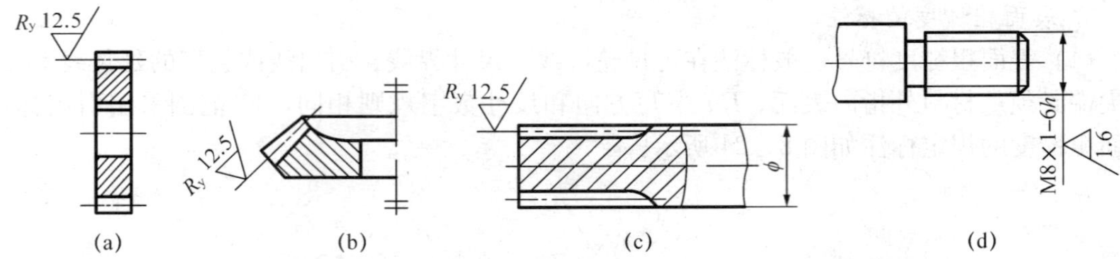

图 8-28 齿轮、键槽、螺纹表面粗糙度标注示例

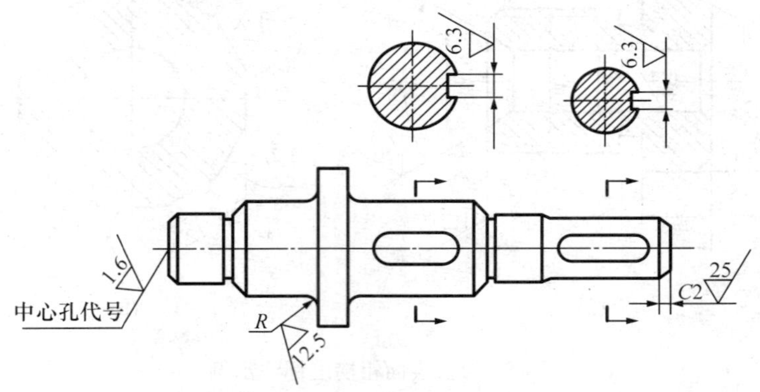

图 8-29 中心孔、键槽、倒角、圆角的表面粗糙度标注示例

二、公差与配合（GB/T 1800.1—1997）

在一批规格相同的零件中不需任何挑选和修配，任取一个装到部件或机器上就能达到使用要求，这种性质称为互换性。它为成批大量生产、降低成本、维修方便提供了有利条件。

为使零件具有互换性，现根据不同的使用要求，对配合的零件尺寸限定一个合理的变动范围，由此产生了“公差与配合”的知识。

1. 基本概念

（1）基本尺寸。设计给定的尺寸称为基本尺寸。例如：$\phi 80$。

（2）实际尺寸。零件加工后，经过测量获得的尺寸称为实际尺寸。

（3）极限尺寸。允许零件加工尺寸变化的极限值为极限尺寸。加工尺寸的最大允许值称为最大极限尺寸，加工尺寸的最小允许值称为最小极限尺寸，如图 8-30 所示。

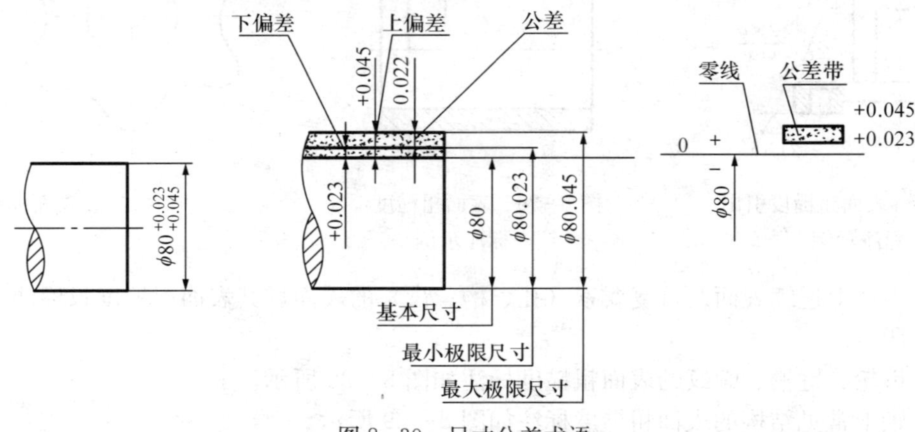

图 8-30 尺寸公差术语

该轴的最大极限尺寸为 ϕ80.045。

该轴的最小极限尺寸为 ϕ80.023。

（4）极限偏差。极限尺寸减其基本尺寸的代数值称为极限偏差。最大极限尺寸减其基本尺寸的代数值称为上偏差。最小极限尺寸减其基本尺寸的代数值称为下偏差。

国标规定孔的上偏差用 ES 表示，下偏差用 EI 表示；轴的上偏差用 es 表示，下偏差用 ei 表示。

该轴的上偏差 es 为 ϕ80.045－ϕ80＝＋0.045。

该轴的下偏差 ei 为 ϕ80.023－ϕ80＝＋0.023。

（5）尺寸公差（简称公差）。允许尺寸的变动量称为尺寸公差。其恒为正值。

尺寸公差＝最大极限尺寸－最小极限尺寸＝上偏差－下偏差。

该轴的尺寸公差＝ϕ80.045－ϕ80.023＝＋0.045－0.023＝0.022。

（6）尺寸公差带（简称公差带）。由代表极限尺寸（或极限偏差）的两直线所限定的一个区域称为公差带。为简化起见，一般只画出由极限尺寸（或极限偏差）所围成的方框简图，称为公差带图。在公差带图中，零线是表示基本尺寸的直线，正偏差位于零线以上，负偏差位于零线以下，公差带的宽度代表公差值。公差值越小，零件的尺寸精度就越高，加工越困难，反则反之。

（7）标准公差与基本偏差（GB/T 1800.2—1998）。在公差带图解中可以看出，尺寸公差由公差带的宽度和公差带的位置这两个因素决定，国家标准对其作了规定。

国家标准规定的公差值叫标准公差。国家标准将公差分为 20 个等级，分别为 IT01、IT02、IT1、IT2、…、IT18。其中 IT01 精度最高（公差等级最高），其余依次降低。公差值的大小由基本尺寸和公差等级决定。同等级的标准公差值随基本尺寸的增大也相应增大。

为了确定公差带相对于零线的位置，将上、下偏差中靠近零线的那个偏差规定为基本偏差，如图 8 - 31 所示。基本偏差可以是上偏差、下偏差或零。

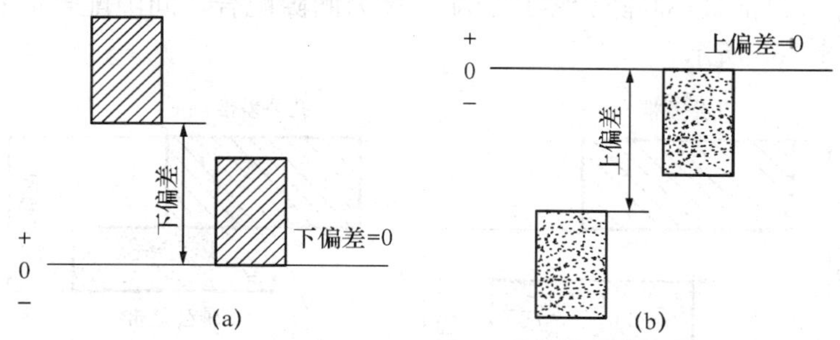

图 8 - 31　基本偏差示意图

（a）基本偏差为下偏差；（b）基本偏差为上偏差

孔、轴的基本偏差代号有 28 种，用字母表示。孔的基本偏差代号用大写字母表示；轴的基本偏差代号用小写字母表示。需要注意的是，基本尺寸相同的轴、孔的基本偏差代号相同，基本偏差值一般情况下互为相反数，如图 8 - 32 所示。公差带不封口，因为基本偏差只决定公差带的位置。

公差带可以用代号表示，其由表示公差带位置的基本偏差代号和表示公差带大小的公差等级代号以及基本尺寸组成。如孔 ϕ50H8、轴 ϕ50f5。H、f 为基本偏差，8、5 分别为公差等级 IT8、IT5。

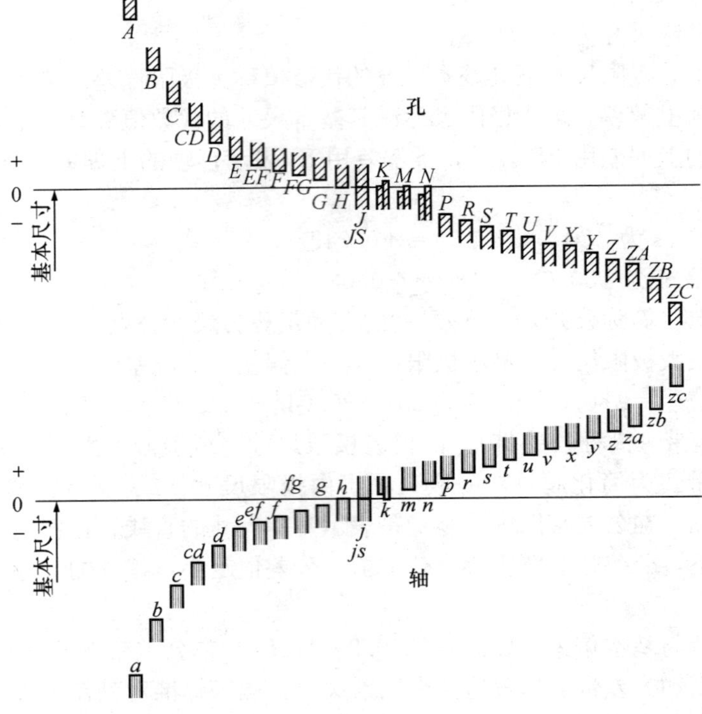

图 8-32 基本偏差系列

2. 配合的类别和基准制

(1) 配合的类别。基本尺寸相同时，相互结合的轴和孔公差带之间的关系称为配合。配合分三种：间隙配合、过盈配合、过渡配合。

1) 具有间隙（包括最小间隙为零）的配合称为间隙配合。间隙配合的孔公差带在轴公差带上方，如图 8-33 所示。

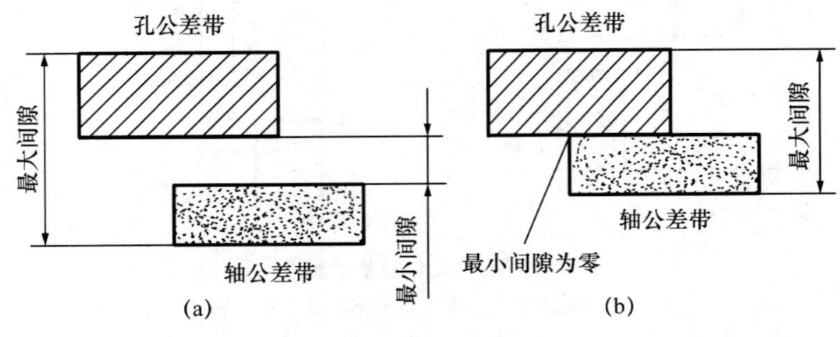

图 8-33 间隙配合

最大间隙＝孔的最大极限尺寸－轴的最小极限尺寸；

最小间隙＝孔的最小极限尺寸－轴的最大极限尺寸。

2) 具有过盈（包括最小过盈为零）的配合称为过盈配合。过盈配合的孔公差带在轴公差带下方，如图 8-34 所示。

最大过盈＝孔的最小极限尺寸－轴的最大极限尺寸；

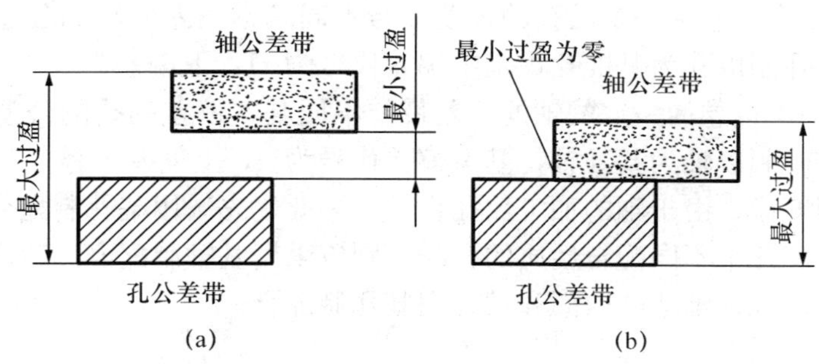

图 8-34 过盈配合

最小过盈＝孔的最大极限尺寸－轴的最小极限尺寸。

3）可能具有间隙或具有过盈的配合称为过渡配合。过渡配合的孔、轴公差带相互交叠，如图 8-35 所示。

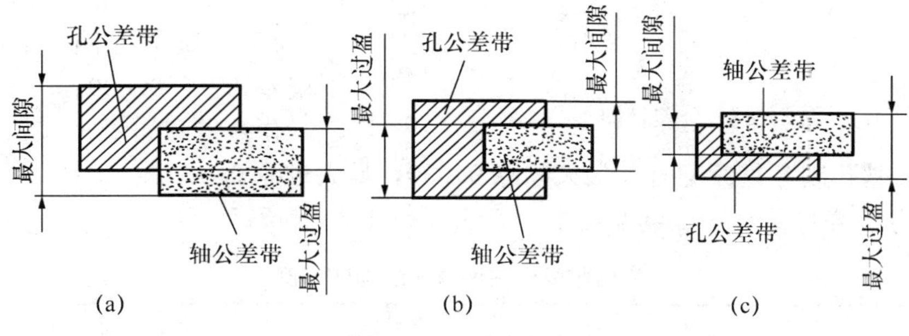

图 8-35 过渡配合

（2）基准制。基本尺寸确定以后，通过改变相配合的孔、轴的基本偏差可以得到需要的配合形式。为设计方便，将其中一个零件的基本偏差不变，而通过改变另一个零件的基本偏差来达到配合的要求。为此国标规定两种配合制度：基孔制、基轴制，如图 8-36 所示。

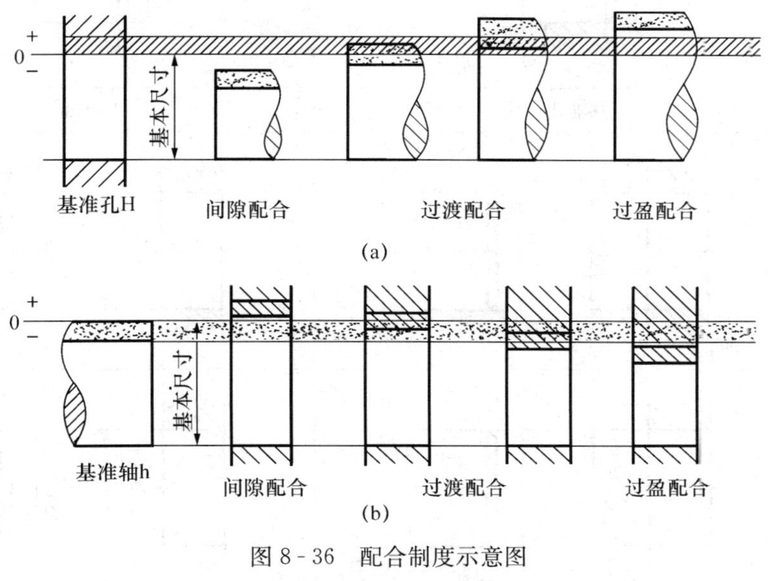

图 8-36 配合制度示意图

（a）基孔制；（b）基轴制

1）基孔制是基本偏差为一定的孔的公差带与不同基本偏差的轴的公差带形成的各种配合的一种制度。基孔制以孔为基准孔，基本偏差代号为 H，下偏差为零。

2）基轴制是基本偏差为一定的轴的公差带与不同基本偏差的孔的公差带形成的各种配合的一种制度。基轴制以轴为基准轴，基本偏差代号为 h，上偏差为零。

在选用配合制度时，由于轴的加工比孔容易，因此优先选用基孔制配合。如果一根等直径的轴上需同时装配几个不同配合性质的孔时，则应采用基轴制配合。滚动轴承的外圈和箱体采用基轴制配合。滚动轴承的内圈和轴采用基孔制配合。

【例 8-1】 查表确定 $\phi 50\ \frac{H8}{f7}$ 中轴、孔的极限偏差，画出公差带图并判断配合性质。

解 查表 ϕ50H8 孔的上偏差 $E_S=+0.039$，下偏差 $E_I=0$；

ϕ50f7 轴的上偏差 $e_s=+0.025$，下偏差 $e_i=+0.009$。

公差带图如图 8-37 所示。

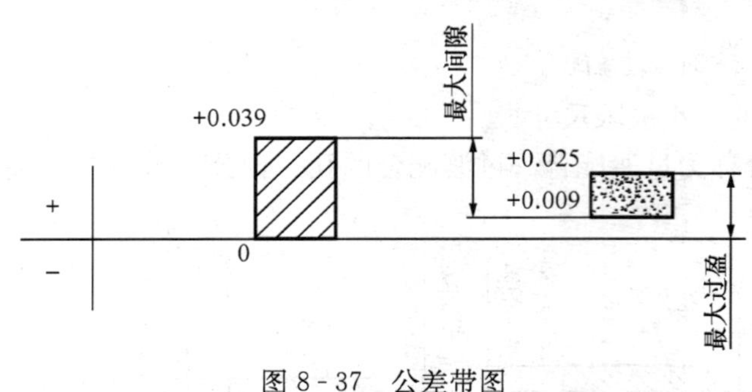

图 8-37 公差带图

配合性质基孔制，过渡配合。最大间隙 0.030，最大过盈 0.025。

3. 极限与配合在零件图、装配图中的标注（如表 8-5 所示）

表 8-5 极限与配合在图样上的标注示例

配合种类		基孔制	基轴制
在装配图上的注法		$\phi 50\frac{H8}{f7}$ 基孔制	$\phi 50\frac{k7}{h6}$ 基轴制
在零件图上的注法	孔或轴	基准孔 轴	基准轴 孔
	标注代号	ϕ50H8 ϕ50f7	ϕ50k7 ϕ50h6
	标注偏差值	$\phi 50^{+0.039}_{0}$ $\phi 50^{-0.025}_{-0.050}$	$\phi 50^{+0.007}_{-0.018}$ $\phi 50^{0}_{-0.016}$

续表

配合种类		基 孔 制	基 轴 制
在零件图上的注法	标注代号及偏差值	$\phi50H8(^{+0.039}_{0})$　$\phi50f7(^{-0.025}_{-0.050})$	$\phi50K7(^{+0.007}_{-0.018})$　$\phi50h6(^{0}_{-0.016})$

三、形状与位置公差（GB/T 1182—1996、GB/T 18780.1—2002）

1. 形位公差

形状与位置公差简称形位公差。

零件在加工过程中，不仅会产生尺寸误差，而且还会产生形状和位置误差。形状误差是指零件的实际形状对其理想形状的变动量。限定形状误差的最大允许值称为形状公差。

位置误差是指零件的实际位置对其理想位置的变动量。限定位置误差的最大允许值称为位置公差，如图 8 - 38 所示。

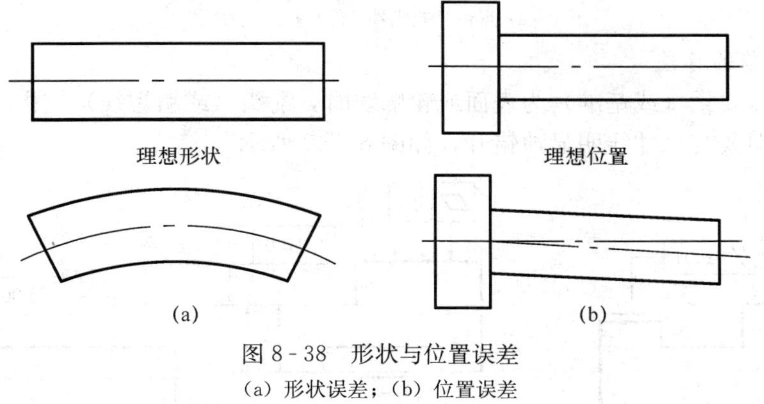

图 8 - 38　形状与位置误差

（a）形状误差；（b）位置误差

2. 形位公差特征项目及符号

形位公差共 14 项，其中形状公差 6 项，位置公差 8 项，项目及符号见表 8 - 6。

表 8 - 6　　**形位公差项目及符号**

分 类	项 目	符 号	分 类		项 目	符 号
形状公差	直线度	—	位置公差	定向	平行度	//
	平面度	▱			垂直度	⊥
	圆 度	○			倾斜度	∠
	圆柱度	⌭		定位	同轴度	◎
	线轮廓度	⌒			对称度	⌯
	面轮廓度	⌓			位置度	⌖
				跳动	圆跳动	↗
					全跳动	⌰

注　形位公差符号线宽为 $b/2 \sim b$，但跳动符号箭头外的短线仍为细实线。

3. 形位公差代号

公差框格用细实线绘制，分成数格，形状公差需二格，位置公差需三格或多格。框格的内容从左到右填写如下：公差特征项目符号、公差值（公差带是圆或圆柱在公差值前加“ϕ”)、基准字母。公差框格应水平或垂直放置。

基准代号一般由基准符号、圆圈、连线组成。基准符号为粗短线，其余为细实线。基准代号的字母一律水平方向书写，如图 8-39 所示，其中 h 为字高，基准符号长度 5～10，基准符号中的字母水平注写。

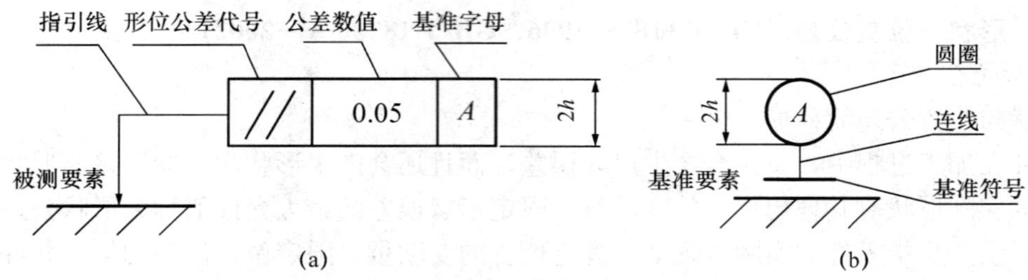

图 8-39 形位公差标注代号

(a) 形位公差代号；(b) 基准代号

4. 形位公差的标注

(1) 当被测要素（或基准）为表面或轮廓线时，箭头（或粗短线）应指在该要素的投影或延长线上，但要与尺寸线明显地错开，如图 8-40 所示。

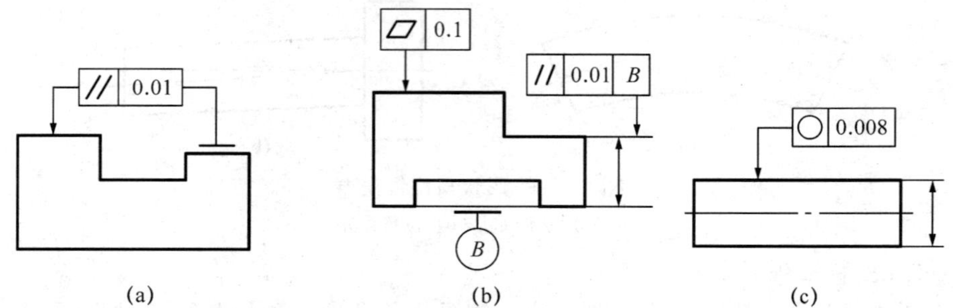

图 8-40 被测要素为表面或轮廓线的标注

(2) 当被测要素（或基准）为轴线、球心、中心平面时，箭头（或粗短线）应与该要素的尺寸线对齐，如图 8-41 所示。

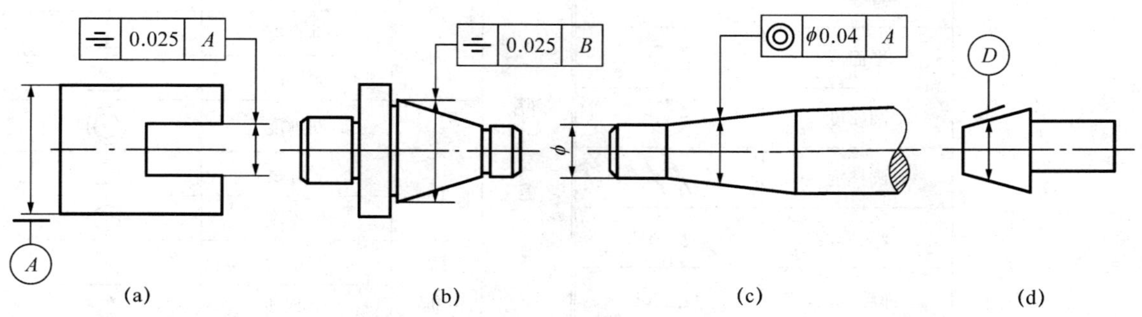

图 8-41 被测要素（或基准）为轴线、中心平面的标注

（3）当指引线或基准符号和尺寸箭头重叠时，该尺寸箭头可以省略，如图 8－42 所示。

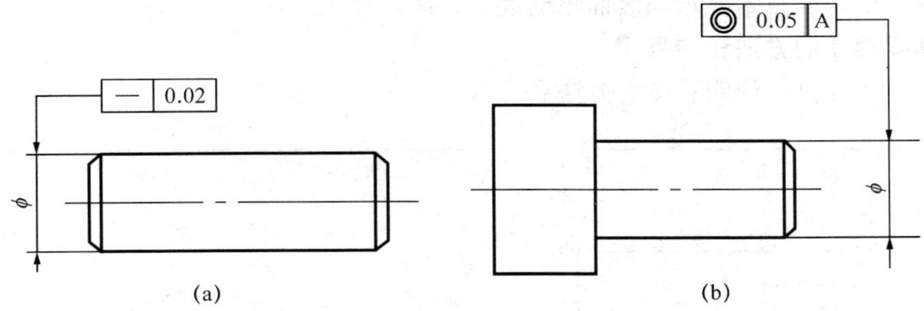

图 8－42　省略尺寸箭头的标注

5. 形位公差代号标注示例（如图 8－43 所示）

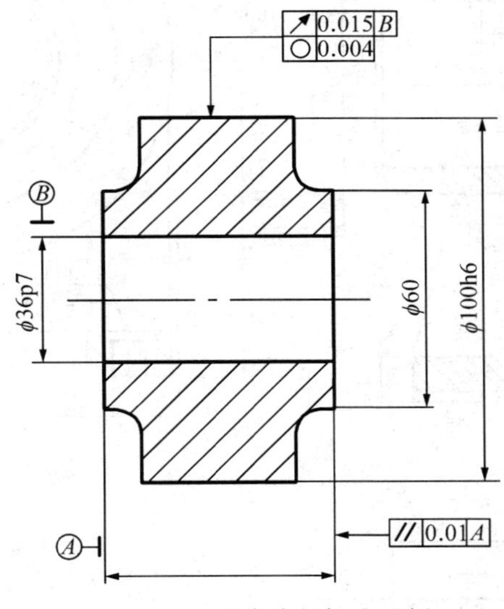

图 8－43　形位公差标注示例

（1）

↗	0.015	B
○	0.004	

表示直径为 ϕ100 的外圆柱面为被测要素，其形状公差圆度为 0.004，位置公差径向圆跳动为 0.015，基准要素为 ϕ36 的内孔轴线。

（2）

//	0.01	A

表示右端面相对左端面的位置公差平行度为 0.01。

第五节　看　零　件　图

一、看零件图的目的

正确、熟练地看懂零件图是技术人员必须掌握的基本技能。通过阅读零件图可以大致了解零件的以下内容。

（1）对零件有一个概括的了解，如名称、材料、数量等。

（2）根据图形想象出零件各组成部分的结构形状和相对位置，明确零件在机器中的作用。

（3）通过尺寸分析了解零件各部分的大小，确定尺寸的主要基准。

（4）通过给定的技术要求如表面粗糙度等，确定加工方法。

二、读零件图的方法和步骤

以图 8 - 44 为例，说明看图的方法和步骤。

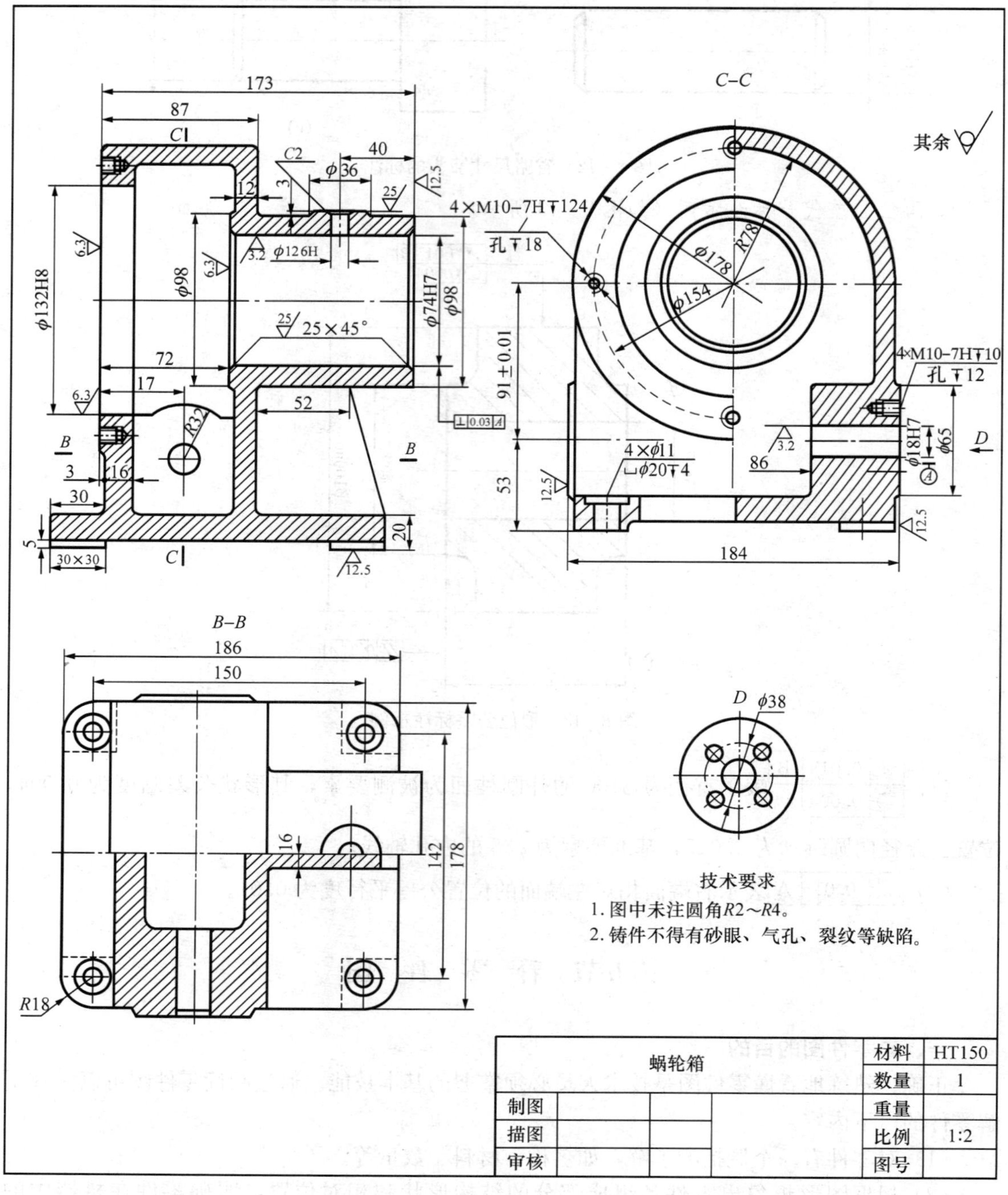

图 8 - 44 蜗轮箱

（1）看标题栏。通过看标题栏，知道该零件的名称为蜗轮箱，材料为铸铁 HT150，绘图是缩小比例 1∶2。从名称上看该零件在机器中起容纳、支撑作用。

（2）明确视图关系。一般零件图比较复杂，表达方法多，看零件图想象形状不可死盯着一个视图看，首先应梳理好各个视图之间的关系，及其表达的重点。

该零件主视图采用了全剖视图（重点表达内形），左视图采用了半剖（说明零件前后对称）、局部剖（从位置看是底板上的沉孔），俯视图采用了半剖（对照剖切位置，突出内腔及肋板的宽度），以及 D 向视图（对照 D 向位置表达前面凸台的形状）的形式。

（3）分析视图，想象形状。利用组合体的看图方法，对零件分部分，想形状，综合起来想整体。看图时应注意要先看主要部分，后看次要部分；先看容易部分，后看次难以确定部分；先看整体轮廓，后看细部结构。该零件主要由三部分构成，上部从左到右是上方带内腔的圆拱门结构和圆柱，下部是底板，三者之间用一肋板相连接。

其次要看清各部分的细部结构。底板上有 4 个沉孔，4 个角是圆角，底板的底部只有 4 个角是凸起的，便于安装。圆柱内是 $\phi 74$ 的孔，两端有倒角。上方带内腔的圆拱门结构其左端面有凸台，其上有 4 个螺孔。前后面的外侧各有一小凸台其上有 4 个螺孔，内测为了支撑蜗轮轴需要的强度有一凸起。

（4）看尺寸，分析基准。该零件的作用一方面是容纳蜗轮、蜗杆，另一方面是支撑蜗轮、蜗杆轴。因此确定两轴的位置是标注尺寸应考虑的主要内容。

长度方向的主要尺寸基准是粗糙度为 6.3 的箱体的左端面，高度方向的主要尺寸基准是底板的安装底面，宽度方向的主要尺寸基准为蜗轮箱的前后对称面。从这些基准出发所注的尺寸均是主要尺寸。如长度方向的尺寸 17、72、87、173；宽度方向的尺寸 142、178、184、86；高度方向的尺寸 20、53。

（5）分析技术要求。从零件图技术要求中可知道该零件是铸件。两轴孔表面粗糙度 Ra 值要求最低，需要精加工。两轴孔的尺寸都给出了公差代号，均为基孔制配合的基准孔。

第六节 零 件 测 绘

零件测绘是依据实际零件目测比例，徒手或部分徒手画出图形，然后进行测量记入尺寸、确定技术要求、填写标题栏完成草图，再根据草图画出零件图的过程。在仿造修配机器时，如果零件损坏，既无配件又无图纸时，常需要零件测绘。

一、零件的测绘方法和步骤

1. 了解和分析测绘对象

首先应了解零件的名称、用途、材料。了解它在机器（或部件）中的位置、作用和与相邻零件的关系。然后对零件进行结构和形状分析。

如图 8-45 所示的阀体，该阀体是球阀系统用于调节流量以及开闭系统的主要零件，材料为 ZG25，是一铸件。阀体的左端通过螺栓和阀盖相连，右端连接管路，上部容纳筏杆，内腔容纳筏芯。

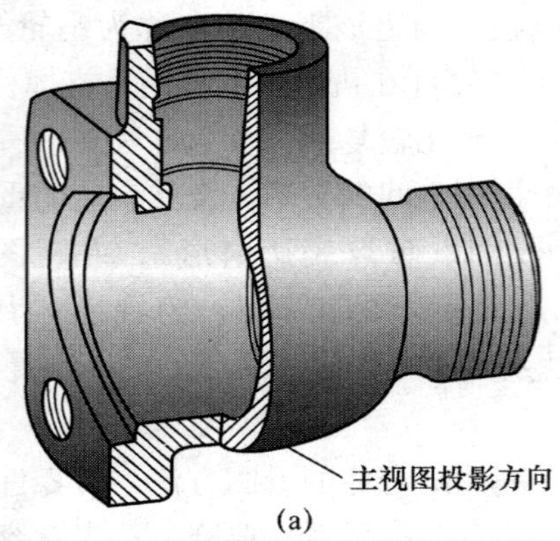

(a)

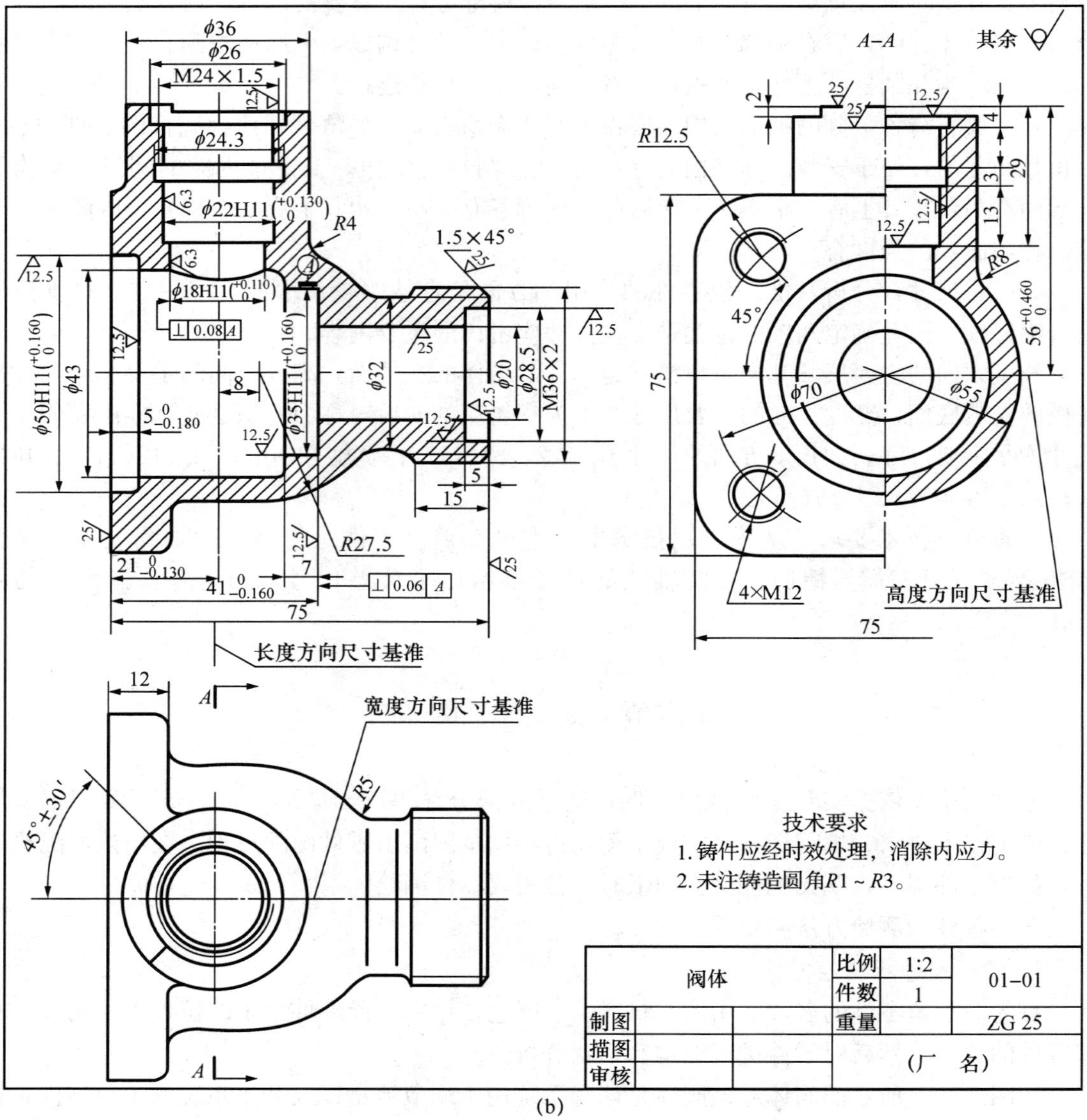

A–A

其余

长度方向尺寸基准

宽度方向尺寸基准

高度方向尺寸基准

技术要求

1. 铸件应经时效处理，消除内应力。
2. 未注铸造圆角R1 ~ R3。

阀体		比例	1:2	01–01
		件数	1	
制图		重量		ZG 25
描图		（厂 名）		
审核				

(b)

图 8-45 阀体

(a) 阀体的轴测图；(b) 阀体的零件图

2. 确定视图的表达方案

首先要根据零件的结构形状特征、工作位置及加工位置等情况选择主视图，再根据零件的内外结构选择其他视图、剖视、断面等表达方法。

如图 8-45 所示的阀体箭头方向为主视图的投影方向，为表达内形采用全剖视图，左视图对称采用半剖，俯视图采用外形视图。

3. 绘制零件草图

（1）画出各主要视图的作图基准线，确定各视图的位置。

（2）目测比例，详细画出零件的内外结构形状。

（3）确定尺寸基准，画出尺寸界线、尺寸线、剖面线等。

（4）逐个测量并标注尺寸。

（5）拟定技术要求。

（6）检查、填写标题栏，完成草图。

二、测量零件尺寸的方法

零件的草图完成以后，最重要的环节就是接下来的测量尺寸，尺寸测量准确与否，将直接影响机器的装配和工作性能的好坏，因此，测量尺寸要谨慎。

测量零件时，应根据零件的尺寸精度要求选用不同的测量工具。

图 8-46～图 8-51 为常见的测量方法，在图 8-50 中，中心高可以用直尺和卡钳（或游标卡尺）测出，如图中左侧 $\phi50$ 孔的中心高 $A_1=L_1+\frac{1}{2}D$，右侧 $\phi18$ 孔的中心高 $A_2=L_2+\frac{1}{2}d$。图 8-51 所示为对标准齿轮轮齿模数的计算，可以先用游标卡尺测量 d_a，再计算得到模数 $m=\frac{d_a}{z+2}$。奇数齿的齿顶圆直径 $d_a=2e+d$。

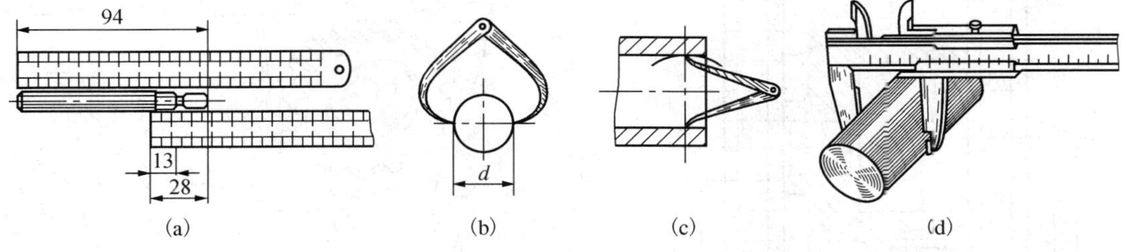

图 8-46　线性尺寸及内、外径尺寸的测量方法

（a）用钢直尺测一般轮廓尺寸；（b）用外卡钳测外径；（c）用内卡钳测内径；（d）用游标卡尺测精确尺寸

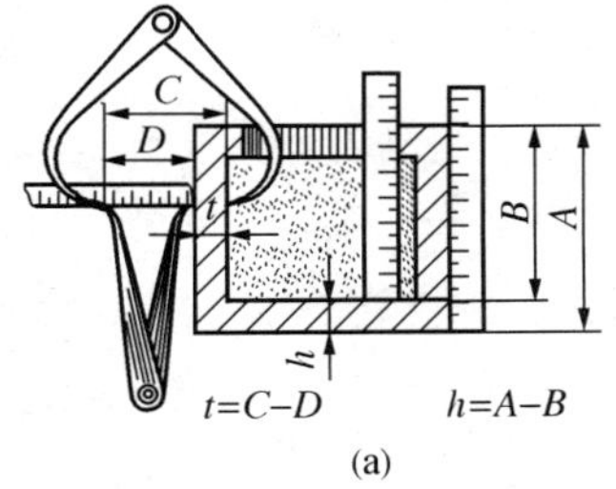

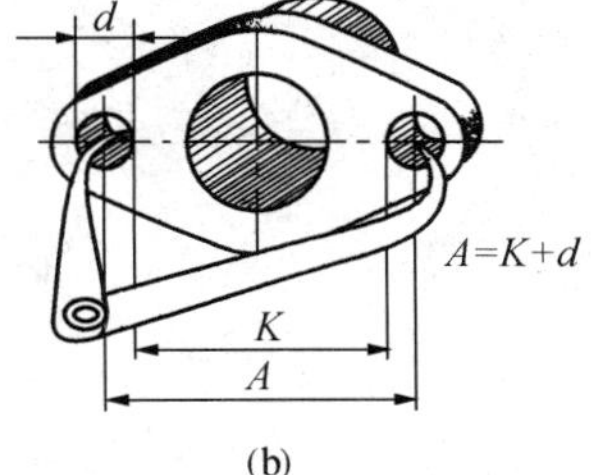

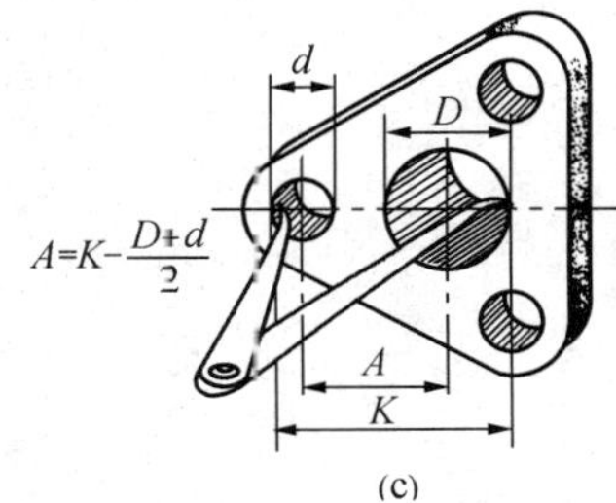

图 8-47　壁厚、孔间距的测量方法

（a）测量壁厚；（b）测量孔间距；（c）测量孔间距

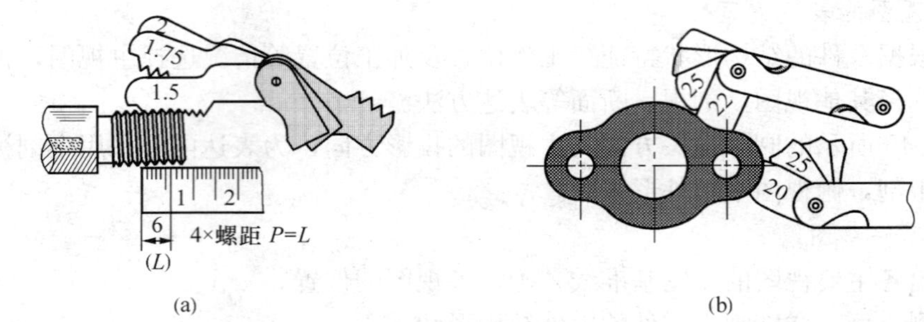

图 8-48 螺距、圆弧半径的测量方法
(a) 用螺纹规测量螺距；(b) 用圆角规测量圆弧半径

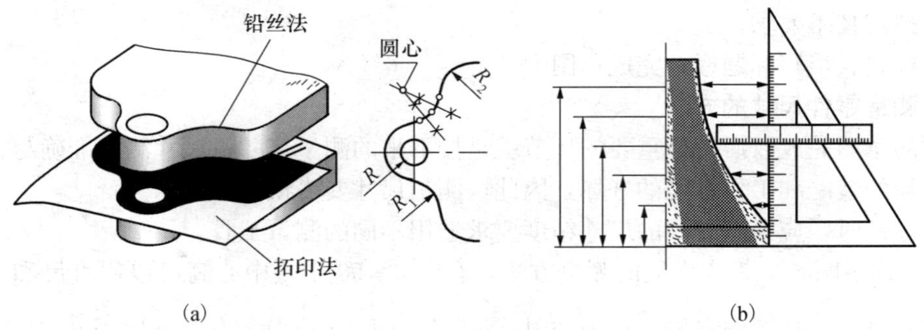

图 8-49 曲面、曲线的测量方法
(a) 用铅丝法和拓印法测量曲面；(b) 用坐标法测量曲线

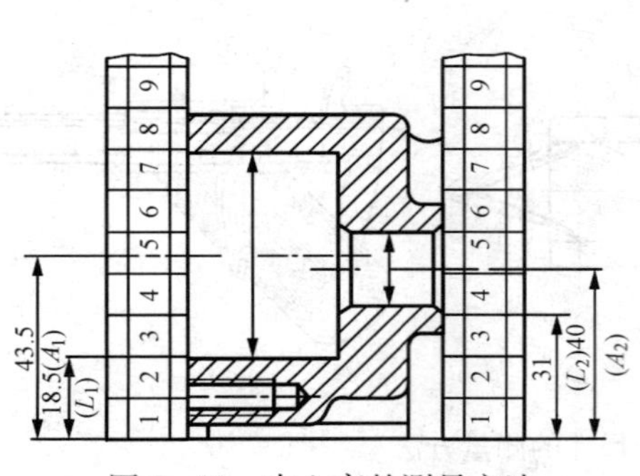

图 8-50 中心高的测量方法

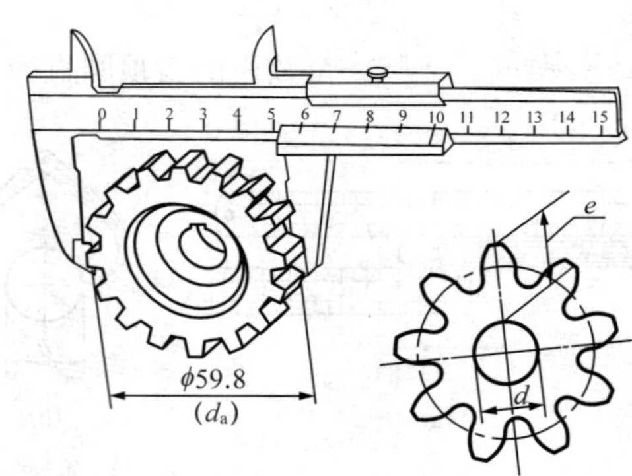

图 8-51 齿轮参数的测量方法

第九章

装　配　图

第一节　装配图的作用和内容

机器或部件都是由零件按照设计要求装配而成的，如图 9－1 所示。表示机器或部件的图样称为装配图，如图 9－2 所示。

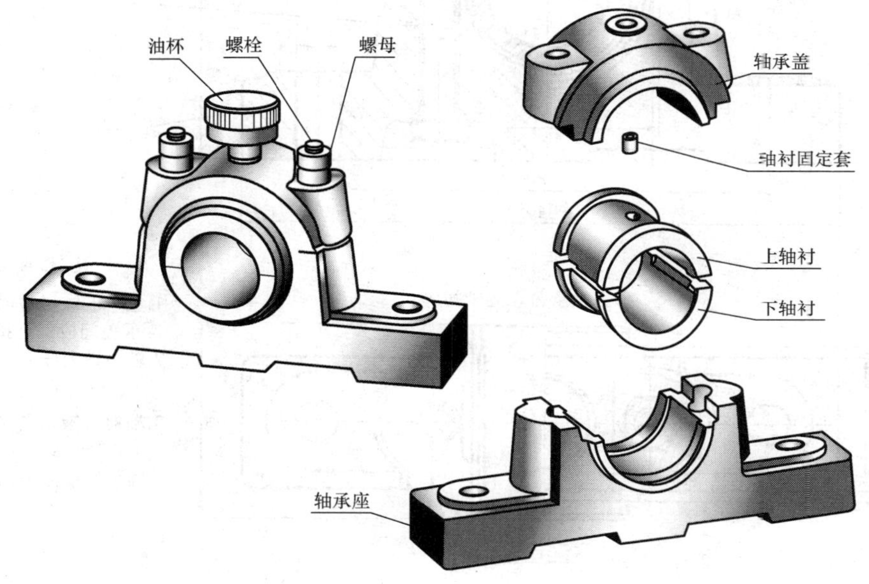

图 9－1　滑动轴承轴测图

一、装配图的作用

在设计新机器或改进原有机器时，一般先要画出装配图以确定各零件的结构、装配关系和连接方式等，然后再根据装配图完成零件设计，画出零件图。在进行机器或部件的装配工作时，要根据装配图的要求进行装配和检验，因此装配图是设计、制造、检验以及安装和维修等多项工作的重要技术要求。

二、装配图的内容

（1）一组视图：用以表示机器或部件的工作原理、各零件的装配关系和零件的主要结构。

（2）必要的尺寸：用以表示机器或部件的规格以及装配、检验、安装等所需的尺寸。

（3）技术要求：用文字或符号说明机器或部件的性能以及装配、检验、使用、安装等方面的要求。

（4）零件序号及明细表：在装配图中，除用标题栏填写部件的名称、图号、比例等外，还需对每种零件编号，说明机器或部件的名称、材料、数量、标准号等。

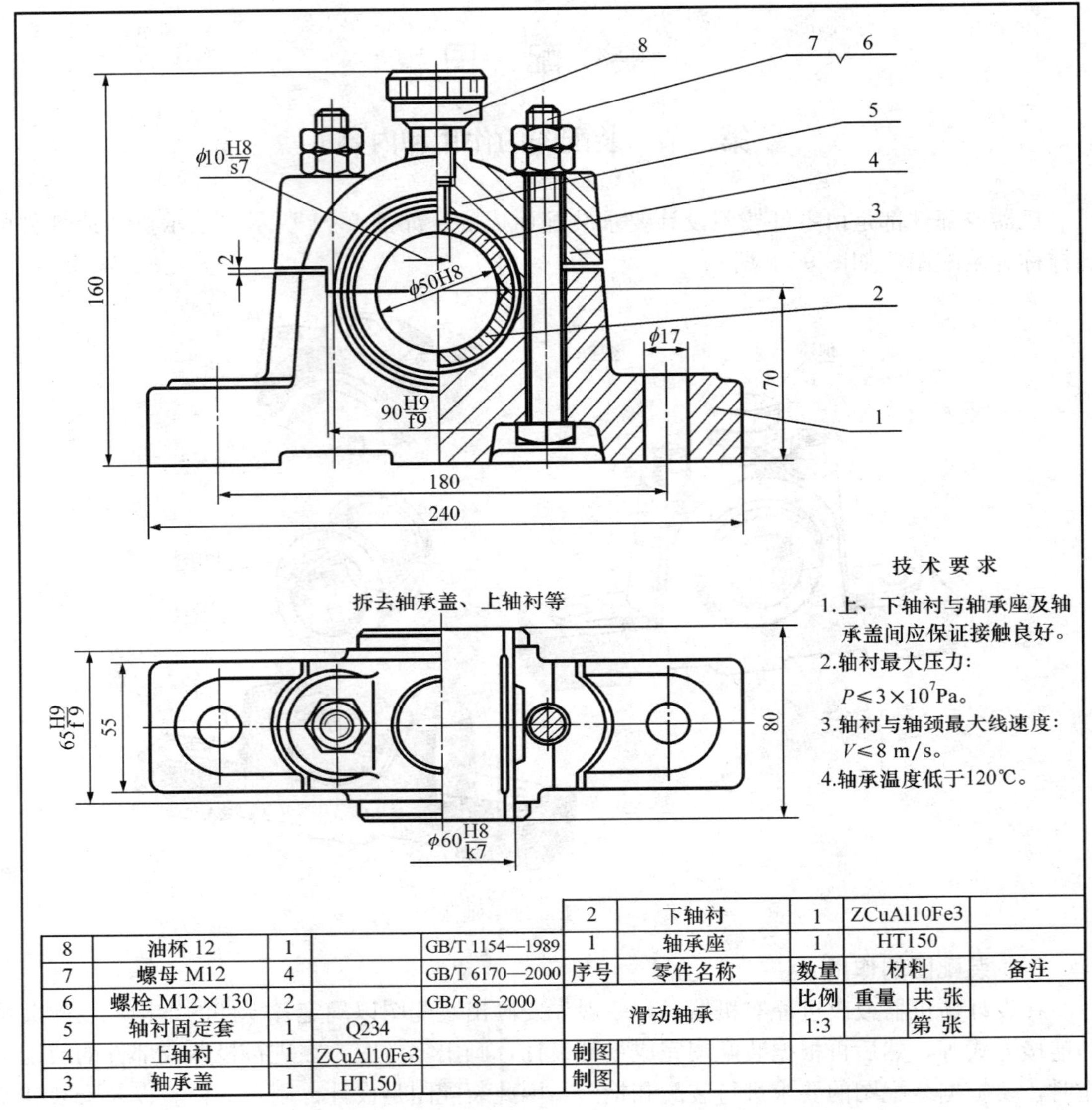

序号	零件名称	数量	材料	备注
8	油杯 12	1		GB/T 1154—1989
7	螺母 M12	4		GB/T 6170—2000
6	螺栓 M12×130	2		GB/T 8—2000
5	轴衬固定套	1	Q234	
4	上轴衬	1	ZCuAl10Fe3	
3	轴承盖	1	HT150	
2	下轴衬	1	ZCuAl10Fe3	
1	轴承座	1	HT150	

滑动轴承	比例	重量	共 张
	1:3		第 张
制图			
制图			

图 9-2　滑动轴承装配图

第二节　装配图的表达方法

机件的各种表达方法都适用于装配图的表达。由于装配图所要表达的是由若干零件所组成的机器或部件，因此除一般表达方法外，还需要根据装配图的特点用以下的规定画法和特殊表达方法。

一、装配图的规定画法（GB/T 16675.1—1996）

（1）相邻两个零件的接触面和配合面只画一条线；不接触或不配合的表面，即使间隙很小，也必须画出两条轮廓线。

（2）相邻的金属零件，剖面线方向相反，或方向一致而间隔不等；但对于同一零件，在不同的剖视图或断面图中的剖面线方向和间隔必须相同。在图样中，宽度小于或等于 2mm 的狭小面积的剖面，允许将剖面涂黑来代替剖面线，如图 9－3 所示。

（3）对于螺栓、螺母、垫圈等螺纹紧固件，以及轴、连杆、球等实心零件，如果剖切平面通过其对称面或轴线时，这些零件均按不剖绘制，如图 9－3 所示。如需要表明这些零件上的局部结构时，可采用局部剖视，如图 9－3 所示。如果剖切平面垂直于上述零件的轴线，则应在这些零件的断面上画剖面符号。

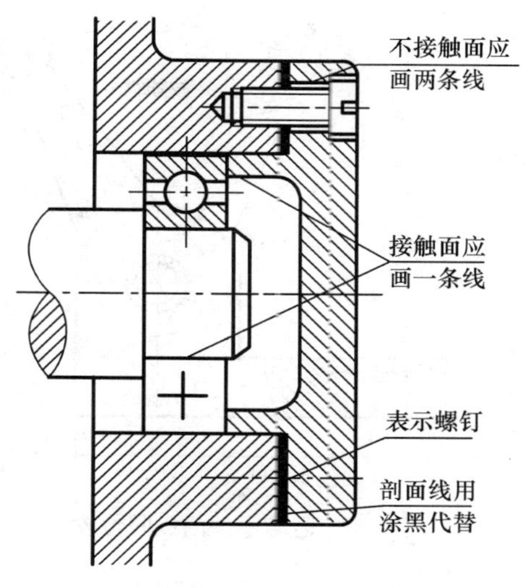

图 9－3 规定画法和简化画法

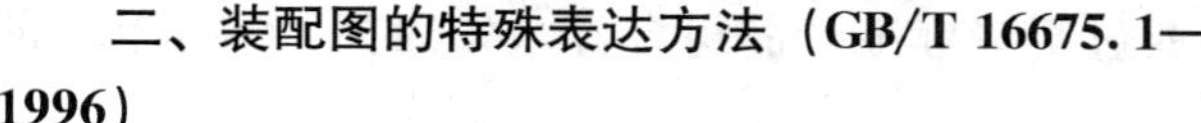

二、装配图的特殊表达方法（GB/T 16675.1—1996）

1. 沿零件的结合面剖切和拆卸画法

当某个或某些零件遮住了需要表达的其他部分时，可假想沿零件的结合面剖切或将某些零件拆卸后绘制，需要说明时可加注“拆去××等”字样，如图 9－2 中的俯视图；沿零件的结合面剖切时，零件的结合面不画剖面线，但被剖到的其他零件需画剖面线，如图 9－2 中的俯视图中的螺栓。

2. 假想画法

当为了表达机器或部件的安装方法以及与其有装配关系的零件时，可将其相邻零件的部分轮廓线用双点画线画出，如图 9－4 所示。当需要表示运动零件的极限位置时，可用双点画线画出其另一极限位置的轮廓，如图 9－5 所示。

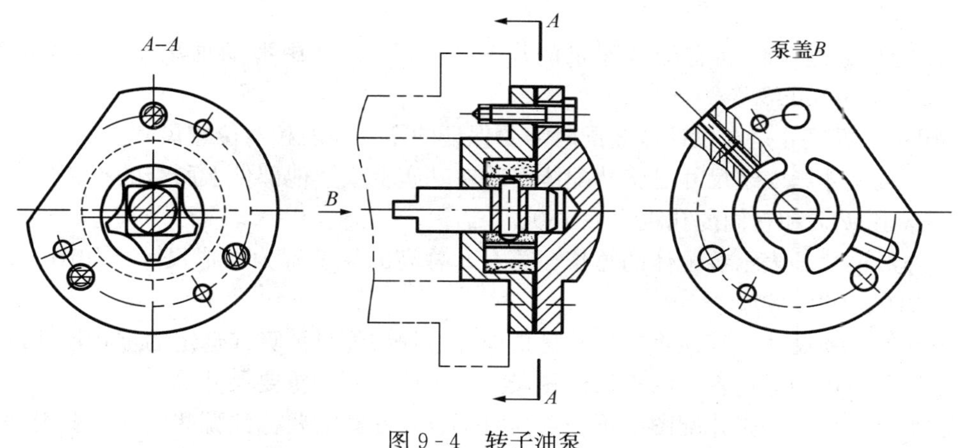

图 9－4 转子油泵

3. 夸大画法

装配图中的细小间隙、薄片等允许不按比例而适当夸大画出，以明显表示这些结构，如图 9－3 中垫片的画法。

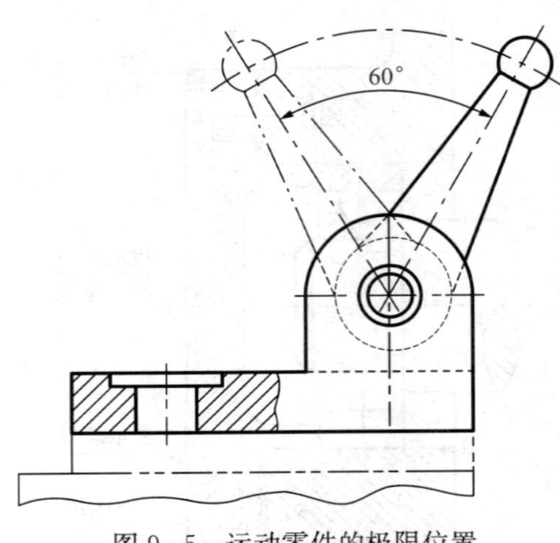

图 9-5　运动零件的极限位置

4. 单个零件的表示法

当某个零件的结构形状未表达清楚且对理解装配关系有影响时，可单独画出该零件的视图，但必须在视图上方注明该零件的名称或件号，在相应的视图附近用箭头指明投射方向，并注上同样的字母，如图 9-4 中的“泵盖 B”。

5. 简化画法

（1）对于装配图中若干个相同的零件或零件组如螺栓连接等，可详细地画出一处，其余的仅用点划线表示其装配位置即可，如图 9-3 所示。

（2）装配图中，零件的某些较小工艺结构如起模斜度、倒角、圆角等可以不画。

（3）装配图中的滚动轴承可以按简化画法或示意画法画，如图 9-3 所示。当剖切平面通过某些标准产品组合件（如油杯、油标等）的轴线时，可以只画外形。

第三节　装配图的尺寸标注和技术要求

一、装配图的尺寸标注

装配图主要是为了满足部件装配、检修、安装、运输的要求，所以在装配图中标注尺寸时，不必把制造零件所需的尺寸都标注出来，只需标注以下几类尺寸。

（1）规格、性能尺寸。表示装配体的规格或工作性能的尺寸称为规格、性能尺寸，这类尺寸是设计产品的依据和要求，如图 9-2 中的轴孔直径 ϕ50H8。

（2）装配尺寸。机器或部件在进行装配时所需要的尺寸称为装配尺寸，其一般又分为以下两种。

1）配合尺寸是零件间有配合要求的尺寸，如图 9-2 中滑动轴承装配图中的配合尺寸 Φ60H8/k7、Φ50H8 等。

2）相对位置尺寸是在设计或装配时需要保证的零件间的相对位置尺寸。

（3）安装尺寸。安装尺寸是将装配体安装在基座上或其他部件上所需的有关尺寸，如图 9-2 中安装孔 ϕ17 和它们的孔距尺寸 180。

（4）外形尺寸。表示装配体的总长、总宽、总高的尺寸称为外形尺寸，如图 9-2 中的外形尺寸 240、160、80。

（5）其他重要尺寸。其他重要尺寸是指设计过程中经过计算或选定的重要尺寸以及其他必须保证的尺寸，如运动零件的极限位置尺寸，主体零件的重要尺寸等。

上述 5 类尺寸在一张装配图中不一定同时都有，究竟需要标注哪些尺寸，要根据装配图的具体要求而定。另外，同一个尺寸有时也可属于两类以上不同性质的尺寸。

二、装配图的技术要求

不同性能的机器或部件，其技术要求也不同。一般来说，装配图应对机器或部件在装配、实验、调整、检验和使用等方面提出技术指标、措施及性能上的要求，或就其中某些项目提出要求。技术要求一般注写在明细表的上方或标题栏的左边，也可以另编写技术文件附于图样。

第四节　装配图中零、部件的序号和明细栏

为了看图方便、图样管理和生产准备，在装配图中必须对每种零件或部件进行编号，并将其序号、名称、材料等有关内容填写入明细栏内。

一、装配图中零、部件的序号（GB/T 4458.2—1984）

标注零件序号时，在所需标注零件的轮廓线内点一圆点，对薄件或涂黑的剖面可用箭头指向轮廓线，然后用细实线画指引线、标注线或圆圈，在标注线上或圆圈内写上零件序号。编写零件序号时，应遵守以下规定。

（1）装配图中形状、大小完全相同的零件应只有一个序号，不能重复。

（2）指引线应从零件表达最清楚的视图中引出，尽可能少穿越其他零件。指引线不能互相交叉，必要时允许画成折线，但只能曲折一次。当通过有剖面线的区域时，指引线应尽量不与剖面线平行。

（3）一组紧固件以及装配关系清楚的零件组，允许采用公共指引线，如图 9－6 所示。

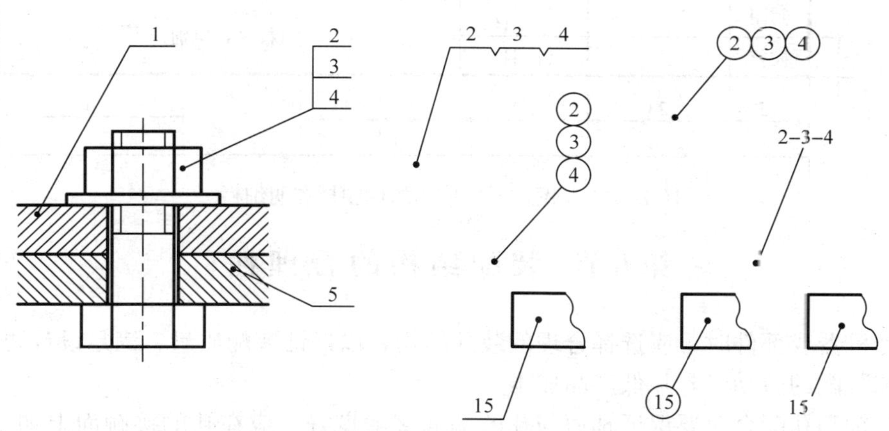

图 9－6　零部件序号的编注形式

（4）序号应注在视图轮廓线的外边，按顺时针或逆时针方向顺序排列整齐。在整个图上无法连续时，可只在某个图的水平方向或垂直方向顺序排列。

（5）序号的字体须大于图上尺寸的字体。

二、明细栏（GB/T 10609.1—1989）

明细栏是机器或部件中全部零件的详细目录，内容包括零件的序号、代号、名称、数量和材料等。明细栏应紧接在标题栏的上方并对齐，顺序地由上向下填写。如位置不够时，可在标题栏左方继续列表，若零件过多在图中列不下明细栏时，也可另外用纸填写，明细栏格式如图 9－7 所示。制图作业中标题栏及明细栏的内容、格式可参考图 9－8。

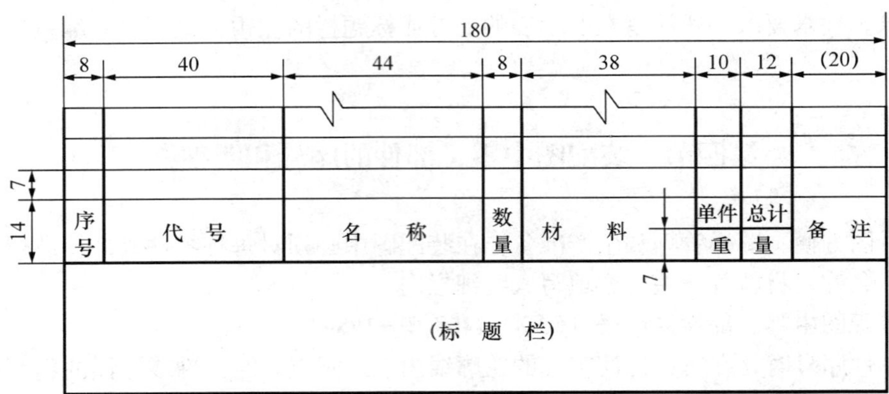

图 9-7 明细栏的格式

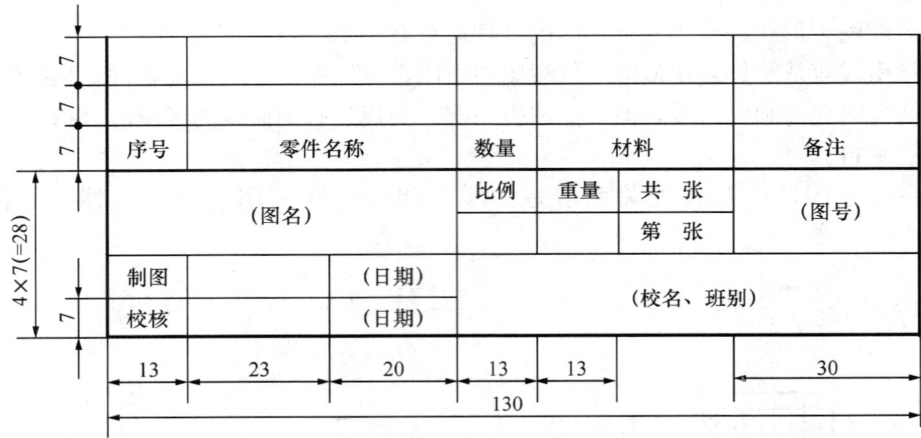

图 9-8 制图作业中使用的标题栏和明细栏

第五节 装配结构的合理性

在设计机器或部件时，应选择合理的装配结构，以保证装配质量、满足设计要求，从而减少加工和装配的劳动量，降低产品成本。

（1）当轴和孔配合时要保证轴肩与孔的端面接触良好，应在孔的接触面上加工出倒角，或在轴肩根部切槽，如图 9-9 所示。

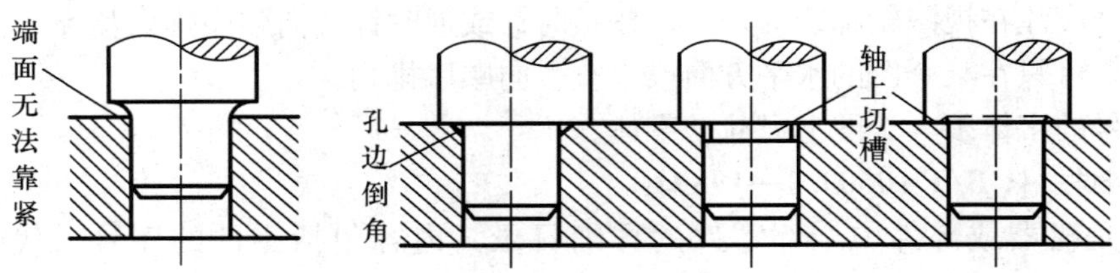

图 9-9 轴肩与孔口接触的画法

（2）两个零件表面接触时为了保证相应部分的装配精度和便于加工零件，在同一方向上接触面的数量一般只应有一个，如图 9-10 所示。

（3）应考虑零件装拆的方便与可能如图 9-11 中螺母的装拆以及留出的扳手空间。

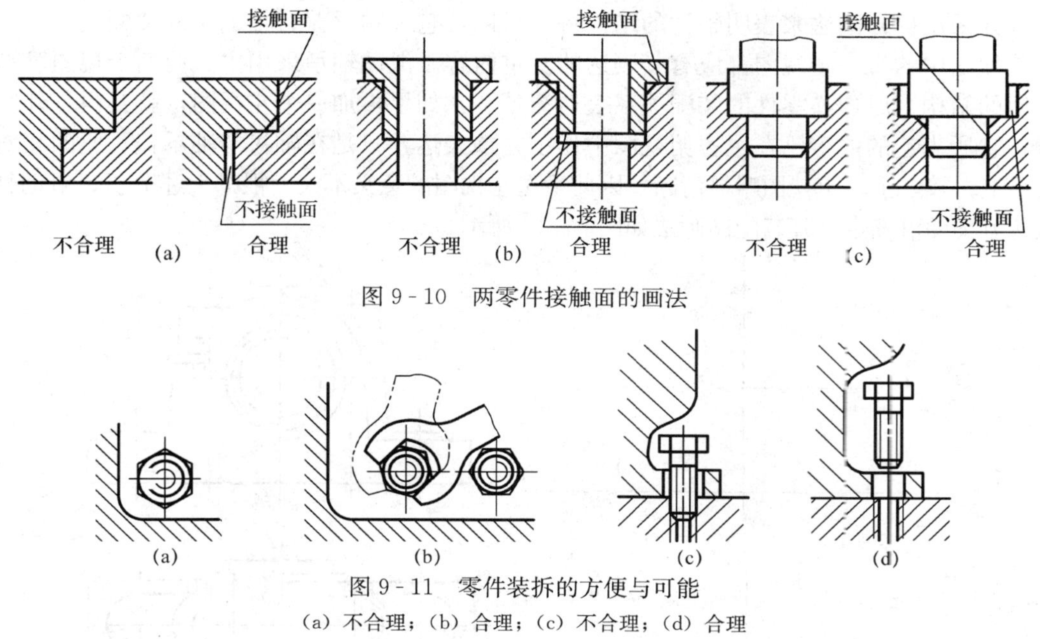

图 9 - 10　两零件接触面的画法

图 9 - 11　零件装拆的方便与可能

(a) 不合理；(b) 合理；(c) 不合理；(d) 合理

第六节　装配图的画法

一、装配图表达方案的选择

以图 9 - 1 所示的滑动轴承为例，说明装配图的画法。

1. 分析机器或部件

对要绘制的机器或部件的工作原理、装配关系及主要零件的形状、零件与零件之间的相对位置、定位方式等进行细致地分析。图 9 - 1 所示的滑动轴承其作用是支撑旋转轴，主要零件有轴承盖、轴承座和上、下轴瓦。轴承盖和轴承座水平方向由止口定位，竖直方向由轴瓦的外圆定位。装配关系主要表达这四个零件的相对位置和结构形状。图 9 - 12 是滑动轴承装配示意图，依此可拼画装配图。

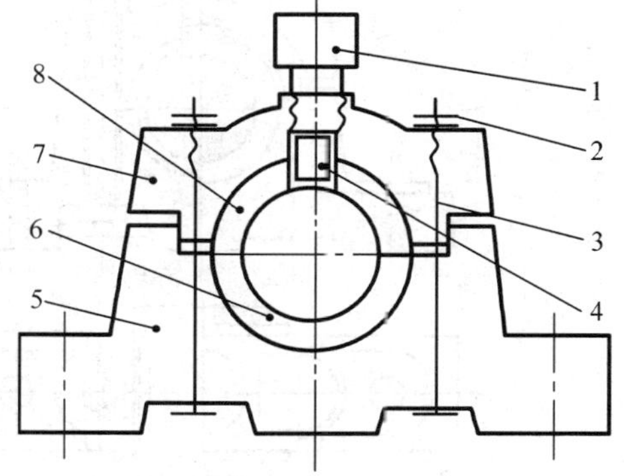

图 9 - 12　滑动轴承装配示意图

1—油标；2—螺母；3—螺栓；4—固定套；5—轴承座；6—下轴衬；7—轴承盖；8—上轴衬

2. 确定主视图

主视图的选择应能较好地表达机器或部件的工作原理和主要装配关系，并尽可能按工作位置放置，使主要装配轴线处于水平或垂直位置。由于结构对称，所以图 9 - 2 所示的滑动轴承的主视图采用了半剖。这样既清楚地表达了轴承盖和轴承座由螺栓连接、止口定位的装配关系，也表达了盖和座的外形结构。

3. 选择其他视图

针对主视图还没有表达清楚的装配关系和零件间的相对位置，选用其他视图及采用视图上的剖视图（包括拆卸画法、沿零件结合面剖切）和断面等来表达清楚。对于图 9 - 1 所示的滑动轴承，当其主视图确定后，对于其滑动轴承宽度方向的形状结构则应选用俯视图加以表达，并采用拆卸画法来表明轴衬的结构特点，以及它和轴承盖、轴承座的装配关系。

装配图中的每一个视图都应有其表达的侧重内容。滑动轴承采用主、俯两个视图已将该装配体的结构、原理，零件的装配关系表达清楚了，如果再加一个左视图，就其内、外结构而言，它所表达的内容已在主、俯视图中作了完整表达，只是在轴衬与轴承盖、座的相对位置关系上，较之主、俯视图略显清晰，因此增选左视图的意义不大。根据上述分析，滑动轴承的表达方案即可确定，其装配图画法如图 9 - 13 所示。

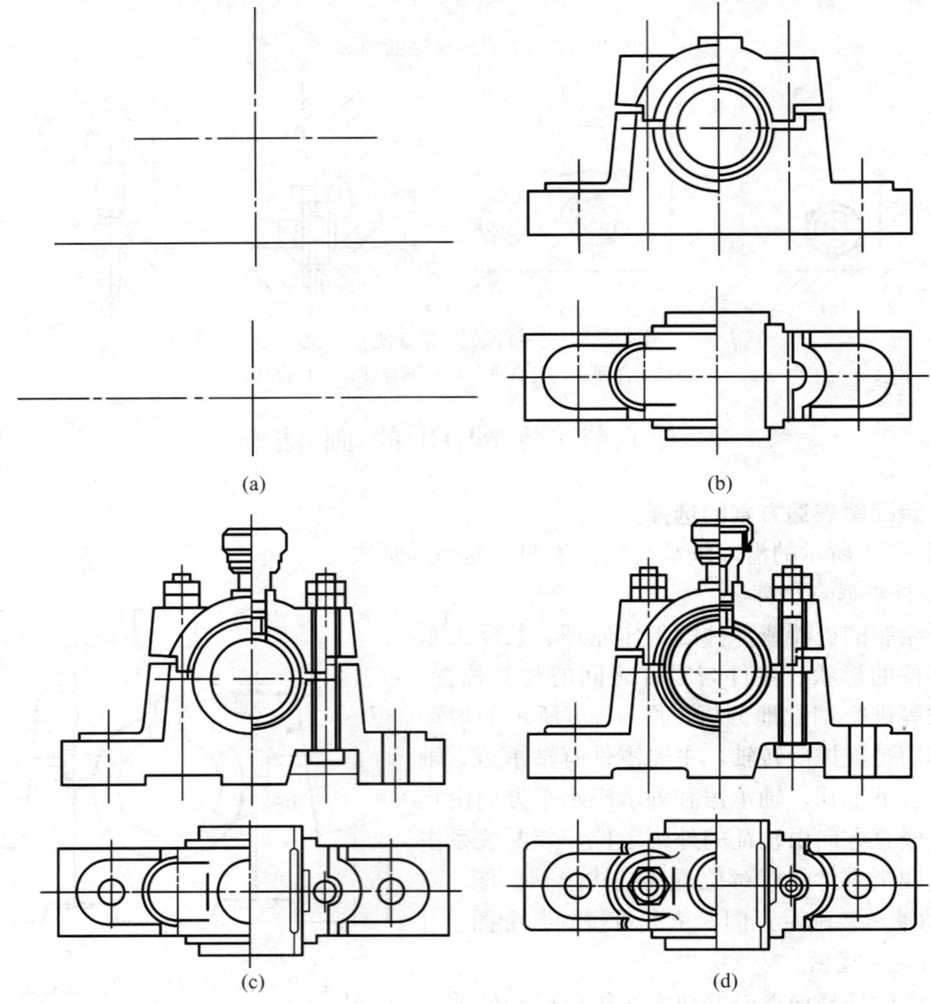

图 9 - 13 滑动轴承装配图画法

二、画装配图的步骤

（1）根据所确定的视图表达方案，选取适当比例及图幅，合理布图。画图的比例及图幅大小，应根据装配体的大小、复杂程度及所确定的表达方案而定，同时还要考虑尺寸标注。

（2）画图时，应先画出各视图的作图基准线，以装配干线为准，由里向外逐一画出。

（3）检查、修改底稿。

（4）填写明细栏、标题栏和技术要求。

第七节　读装配图及拆画零件图

在生产中无论是机器的设计制造、技术交流还是机器的使用、维修都要用到装配图。因此从事工程技术的人员必须能读懂装配图。

一、读装配图的基本要求

通过读装配图一般应了解如下内容。

(1) 装配体的名称、用途、和工作原理。

(2) 各零件的相对位置及装配关系，调整方法和装拆顺序。

(3) 主要零件的形状和在该装配体中的作用。

现以齿轮油泵装配图（图 9 - 14）为例，说明装配图的看图方法。

二、读装配图的方法和步骤

1. 概括了解

从标题栏中了解部件名称，按图上序号对照明细表，了解组成该装配体各零件的名称、材料和数量。通过初步观察，对装配体结构、工作原理有一个概括了解。通过概括了解可知齿轮油泵的传动路线：动力由电动机轴通过传动件和键 4 带动主动轴齿轮 3，进而带动从动轮 12 旋转。由此可分析出其工作原理：当一对齿轮在泵体内啮合传动时，啮合区内的油在大气压作用下进入油泵低压区内的进油口，随着齿轮的传动，齿槽中的油不断被轮齿带至出油口，从而把油压出，齿轮油泵装配示意图如图 9 - 15 所示。

2. 分析视图

通过阅读了解装配图的表达方案，分析所选用的视图、剖视图、断面图及其他表达方法所侧重表达的内容，了解装配关系。

油泵装配图选用了主、俯、右三个基本视图。主视图按装配体的工作位置绘制，作了局部剖，保留了下部出油口附近的外形。这样的表达，除了一对齿轮啮合的特征未能表示外，其他各零件的相对位置关系，装配连接关系已大部分表达清楚了。

右视图以拆卸画法（拆去泵盖 9），将一对齿轮啮合情况与进、出油口的关系表达清楚，该视图反映了油泵的工作原理。右视图与主视图相对照，将油泵的主要零件泵体 1 的结构形状（除了安装底板）已表达得比较清楚了。

俯视图是通过两齿轮轴线剖切的全剖视图。它所表达的重点是主动轴齿轮 3、从动齿轮 12，小轴 13 三者与泵体 1 、泵盖 9 的装配关系，以及泵体上安装板的形状，4 个孔的分布情况。

3. 搞清装配关系

首先从装配关系入手。油泵的主动齿轮与轴是一个整体（ 称作轴齿轮 ）。从动齿轮与小轴是以过盈配合（ϕ16R7/h6），牢固连接，实现其吸油、压油的功能的。小轴与泵盖、泵体上的孔都是间隙配合（ϕ16H7/h6），既可保证小轴在泵盖、泵体中转动，又可减少或避免轴的径向跳动。

其次从连接方式来看，从图中可以看出齿轮油泵采用了两个圆柱销定位、8 个双头螺柱紧固，将泵盖与泵体牢固地连接在一起。

4. 看懂零件

在看清了各视图表达的内容后，对照明细栏和图中的序号，按先简单后复杂的顺序，逐一了

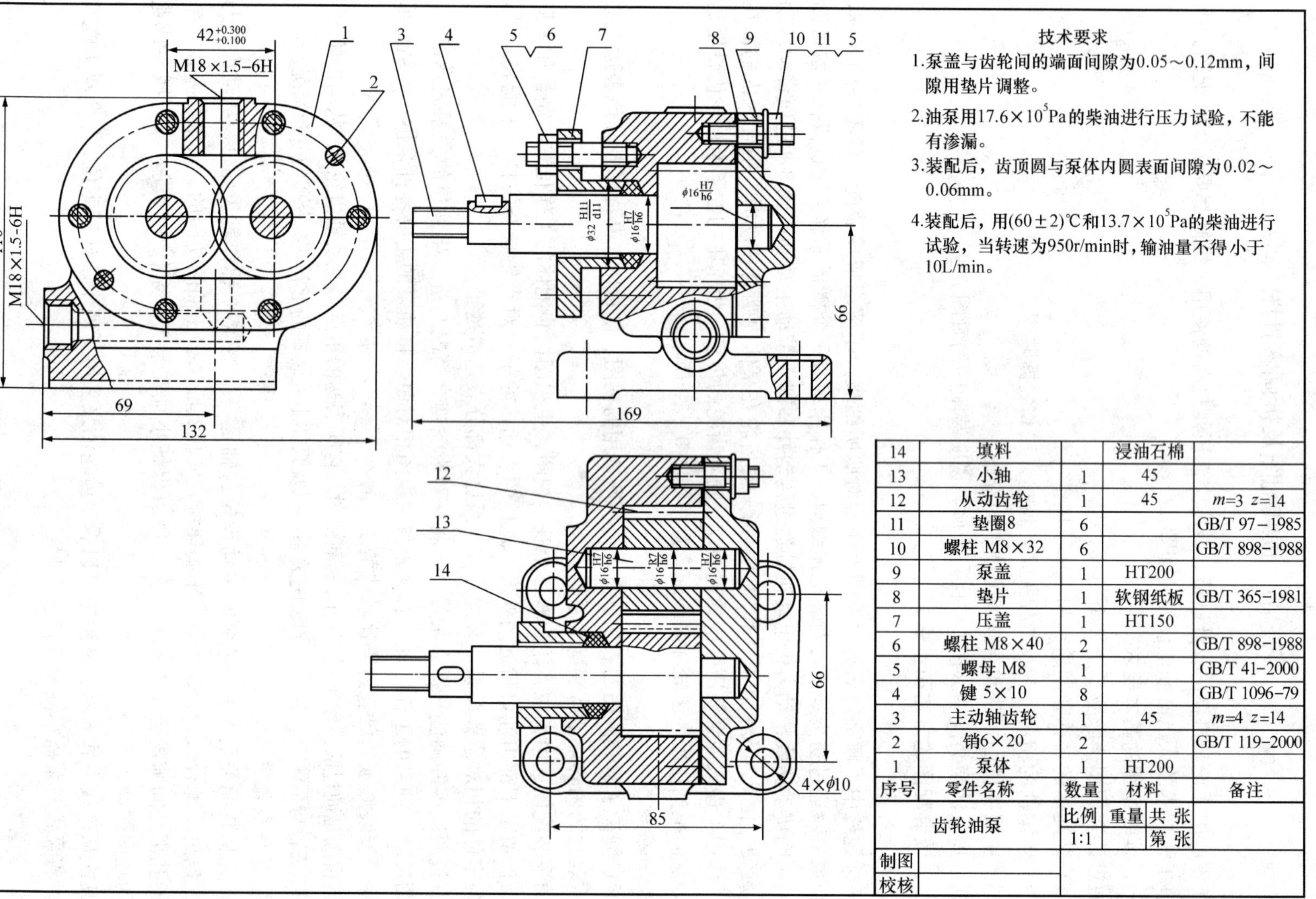

图 9-14 齿轮油泵装配图

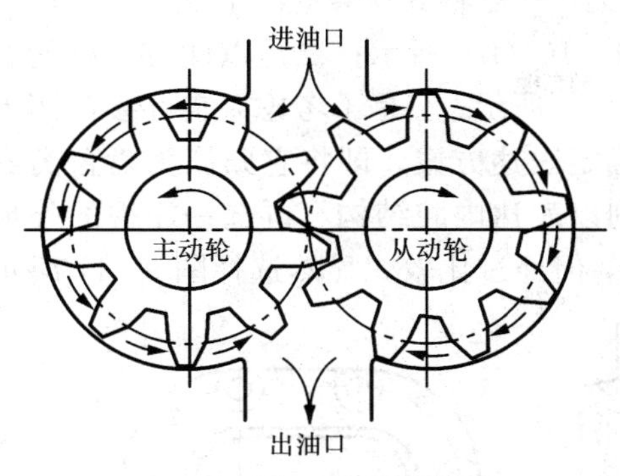

图 9－15 齿轮油泵装配示意图

解各零件的结构形状。对于比较熟悉的连接件、常用件以及一些较简单的零件，可先将它们看懂，从图中逐一“分离”出去，最后剩下个别较复杂的零件（例如泵体），再集中力量去分析、看懂。

通过上述各项分析，把所获得的对齿轮油泵的全部认识加以归纳及综合。这样装配体的工作原理、各零件的传动路线、装配关系、装拆顺序、使用和维护的注意事项等就更为明确了。作为一个整体，齿轮油泵的形象就更为鲜明、准确地浮现在头脑中，从而就能够全面看懂装配图了。

三、由装配图拆画零件图

在设计过程中，一般是先画出装配图，而为了生产制造，还必须根据装配图拆画零件图。拆画零件图应在看懂装配图的基础上进行。

下面仍以齿轮油泵为例介绍由装配图拆画零件图的知识。

1. 拆画零件图应注意的几个问题

（1）完善零件结构。装配图主要是表达装配关系，有些零件的结构形状往往表达得不够完整，因此在拆图时，应根据零件的作用加以设计、补充和完善。

（2）重新选择表达方案。装配图的视图选择是从表达装配关系和整个部件的情况上考虑的，因此在选择零件的表达方案时，不应简单照搬，应根据零件的结构形状，按照零件图的视图选择原则重新考虑。但在多数情况下，尤其是箱体类零件其主视图方位与装配图还是一致的。对于轴套类零件，一般应按加工位置（轴线水平位置）选取主视图。

（3）补全工艺结构。在装配图上零件上的细小工艺结构，如倒角、圆角、退刀槽等往往予以省略，在拆图时这些结构均应补全，并加以标准化。

（4）补齐所缺尺寸，协调相关尺寸。装配图上的尺寸很少，所以拆画零件图时必须补足所缺的尺寸。装配图已注出的尺寸，应将其直接注在相应零件图上。未注的尺寸，可按装配图的比例直接从装配图上量取，再圆整为整数后标注。装配图上尚未体现的，则需自行确定。

相邻零件接触面的有关尺寸和连接件的有关定位尺寸必须一致，拆画零件图时应一并将它们注在相关零件图上。对于配合尺寸和重要的相对位置尺寸，应注出偏差数值。

（5）确定表面粗糙度。零件上各表面的粗糙度是根据其作用和要求确定的。接触面与配合面的粗糙度要低些，而自由表面的粗糙度要高些。有密封、耐磨蚀、美观等要求的表面粗糙度要低些。

（6）注写技术要求。技术要求在零件图上占有重要的地位，它直接影响零件的加工质量。正确判定技术要求，涉及到许多专业知识，初学者可参照同类产品的相似零件图，用类比法确定。

2. 拆画零件图举例

下面以拆画齿轮油泵泵盖为例，介绍拆图的方法和步骤。

（1）确定零件的结构形状。在图 9－14 中，泵盖通过主、俯视图已作了表达。由于在右视图中它被拆去未画，所以使其端面形状不明确。此时可根据泵盖在油泵中所起的作用及右视图中所表示的泵体端面形状予以确定，即二者接触面的形状及周边孔的数量与分布情况完全相同。

（2）选择表达方案。该泵盖可有以下三种表达方案：一是将其从装配图上照搬，需用三个视图（主视图、俯视图、右视图或左视图），如图 9 - 16（b）所示；二是以此方案中的右视图作为主视图，再配以全剖的俯视图，如图 9 - 16（c）所示；三是不考虑泵盖在装配图上的表达方法，而是根据其结构特点和加工方法重新确定表达方案，即将它归属为盘盖类零件，按其加工位置和常规位置选择主视图，并取全剖以表达内腔结构，再选一左视的外形图，以表达泵盖的端面形状和沉孔、销孔的分布情况，但经过比较，显然选择图 9 - 17 所示

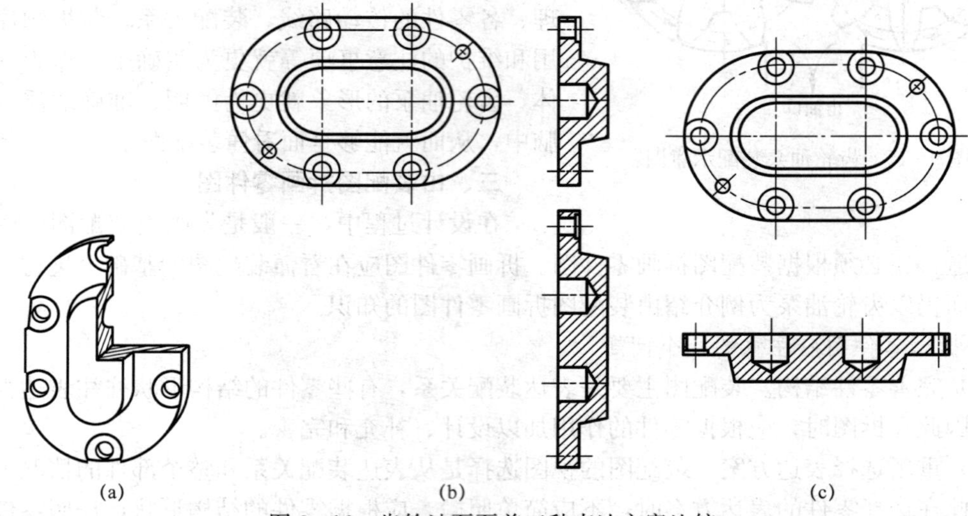

图 9 - 16 齿轮油泵泵盖三种表达方案比较

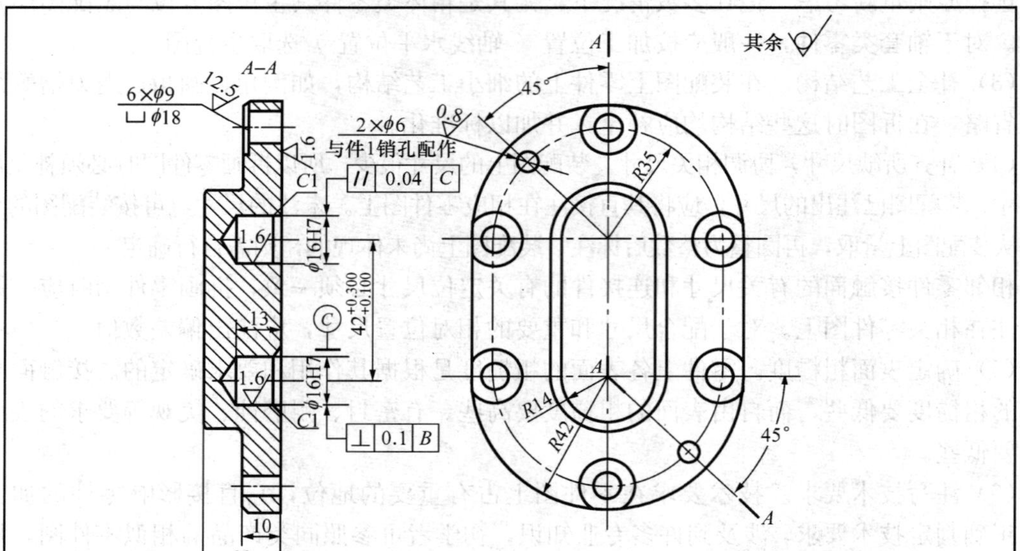

技术要求

1.未注圆角半径皆为R5。

2.去尖角锐边。

泵 盖		比例	数量	材料	图号
		1:1	1	HT200	
制图					
设计					
审核					

图 9 - 17 齿轮油泵泵盖零件图

的方案更为合适。图 9 - 18 所示为齿轮油泵零件图。

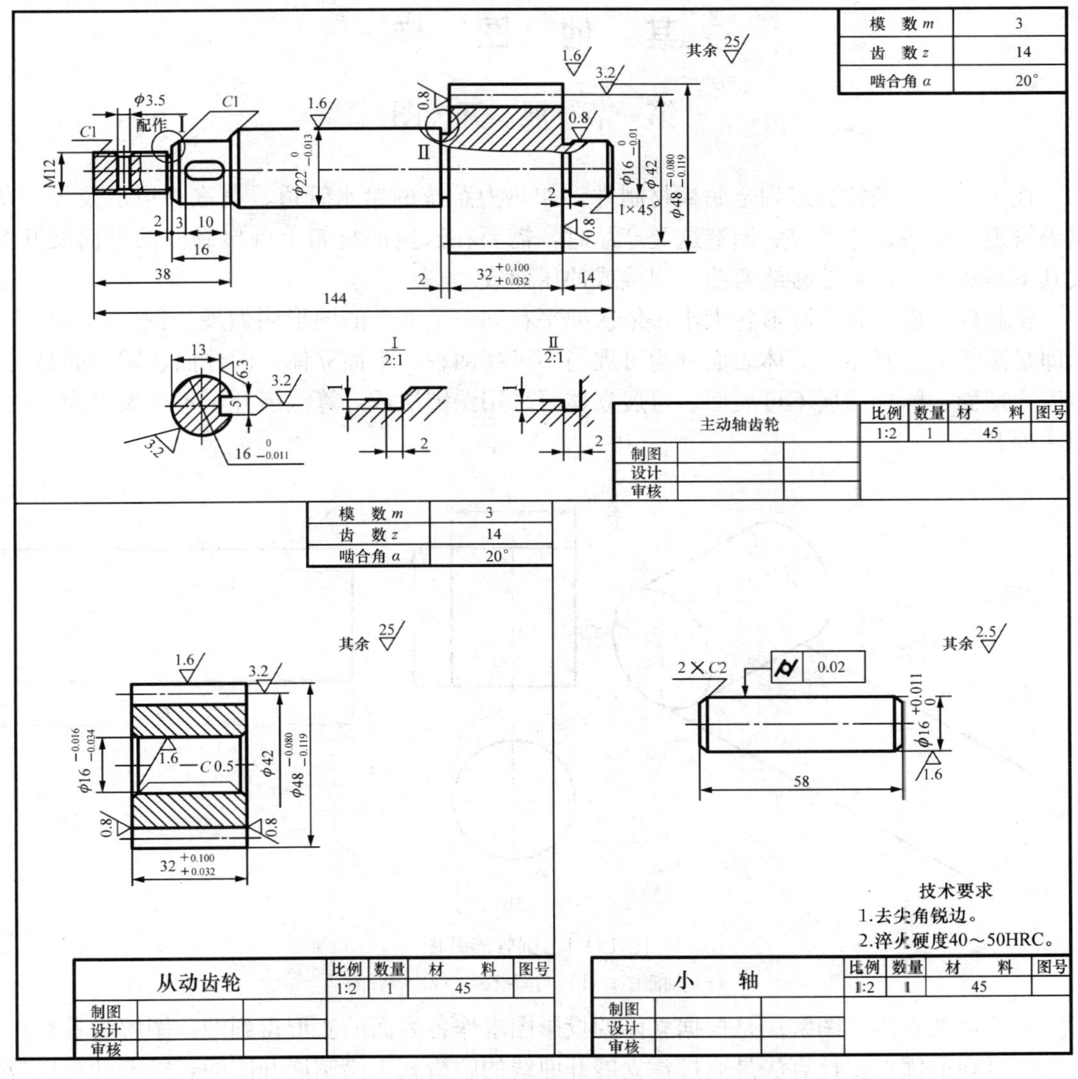

图 9 - 18　齿轮油泵零件图

第十章

其 他 图 样

第一节 展 开 图

在生产中，经常会遇到金属板材制件，如热力系统的给水管道、蒸汽管道以及煤、灰、风等管道的接头、弯管等。制造这类产品时，需要在选定的材料上画出制件的平面展开图，按其下料成型后，再按接缝弯曲、焊接或冲压而成。

将制件表面按其实际形状大小，依次摊平在同一平面上的图形叫做展开图，图 10-1 所示即是圆管的展开图。立体表面分为可展与不可展两种。平面立体、圆柱面、圆锥面是可展表面，球面、圆环面属不可展面。可展立体可采用图解法或计算法展开，不可展表面采用近似法展开。

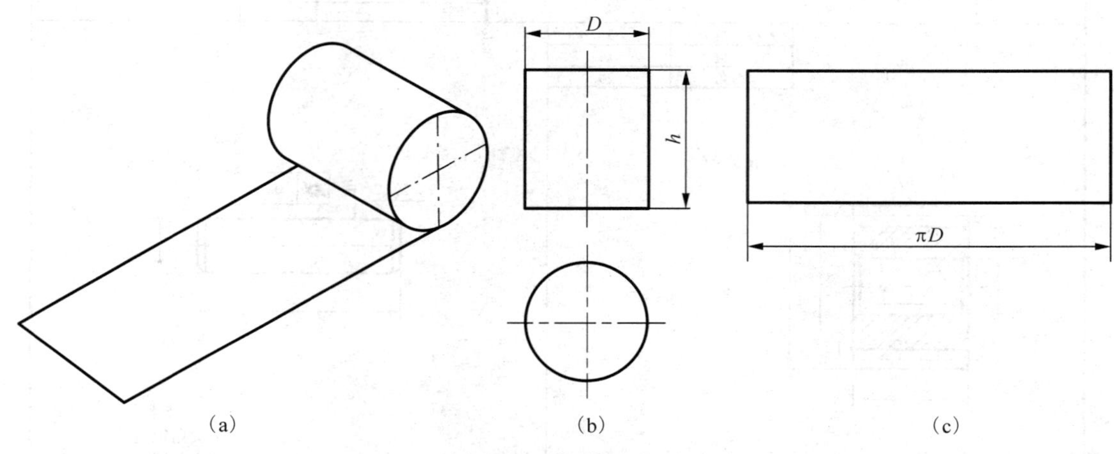

图 10-1 圆管展开图
(a) 轴测图；(b) 两面投影；(c) 展开图

对于可展立体，图解法是根据立体的投影图求作各表面的实形得到的。图解法具有作图简洁、直观的优点。计算法是通过建立展开曲线的解析式来绘制展开图的，随着计算机技术的发展，这种方法以其绘图精度高、速度快、便于修改的优点得到了广泛应用。本节将介绍可展立体的图解法展开。

一、平面立体的展开

由于平面立体的各个表面都是多边形，所以对于平面立体的展开，应分别作出组成表面的实形，将各表面的实形依次排列在一个平面上即可。要求作各表面的实形就要求出线段的实长，一般位置直线段在视图中不能反映实长，本节采用直角三角形法求一般位置线段的长度，其作图步骤如下。

(1) 以一般位置线段的某一投影（如图 10-2 所示的水平投影 bd）的长度为一直角边。

(2) 以线段两端点的另一面投影（如图 10-2 所示的 $b'd'$）相对该投影面（水平投影面）的距离差 H 为另一条直角边。

(3) 作出直角三角形，斜边即为该线段的实长。

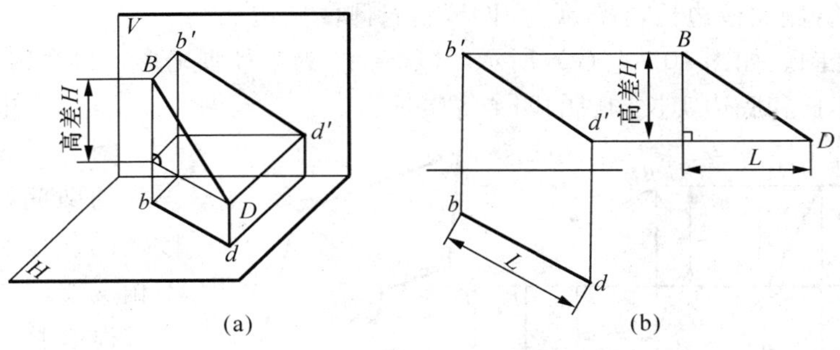

图 10 - 2 直角三角形法求一般位置线段实长

(a) 作图原理；(b) 作图方法

1. 棱柱管展开

图 10 - 3 所示是斜口直四棱柱管的展开图。

由于斜口直四棱柱管的底面和水平面平行，因此水平投影反映各底边的实长。同时，由于棱线与底面垂直，正面投影反映各棱线的实长。

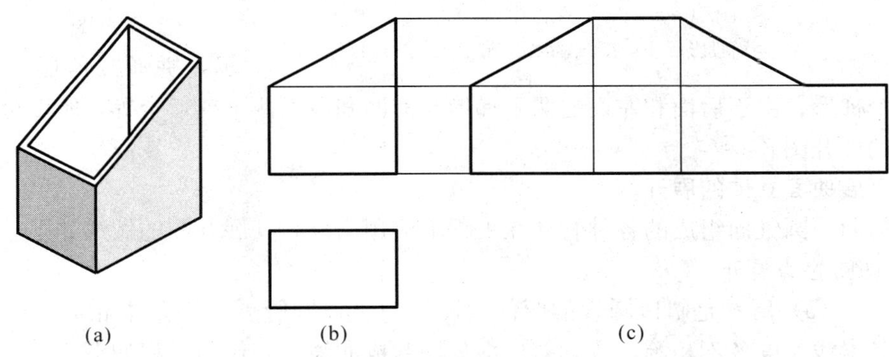

图 10 - 3 斜口直四棱柱管的展开

(a) 轴测图；(b) 两面投影；(c) 展开图

2. 棱锥管展开

图 10 - 4 (a) 所示是一四棱台管的两面视图，其棱线延长后相交于 S，形成一个四棱锥。可以看出该四棱台管底面和水平面平行，水平投影反映各底边的实长。其侧面为 4 个等腰梯形，主、俯视图均不能反映各侧面棱边的实长，因此需先求出各侧面棱边的实长。其作图过程如下。

(1) 求棱线实长。在图 10 - 4 (b) 中利用 Z 坐标差作一直角边，以水平投影作另一直角边，

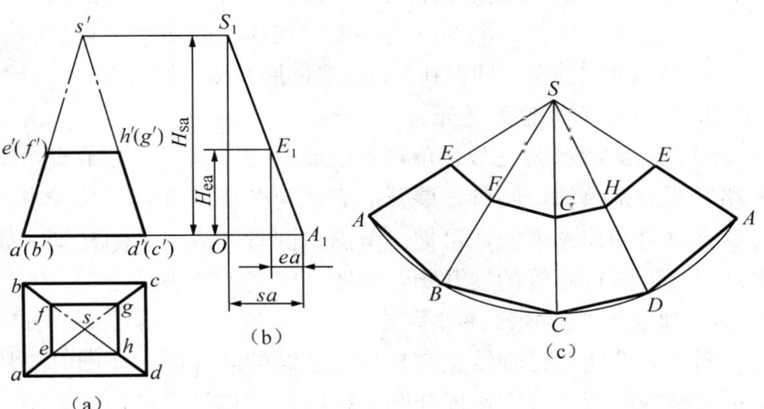

图 10 - 4 棱锥管的展开

(a) 两面投影；(b) 求实长；(c) 展开图

S_1A_1 为四棱锥管侧面棱边长，E_1A_1 为四棱台管侧面棱边长。

(2) 做展开图。如图 10-4 (c) 所示，以 S_1A_1 为半径画扇形，再在扇形内截出以四棱台管侧面棱线实长和底边实长构成的四个等腰梯形。

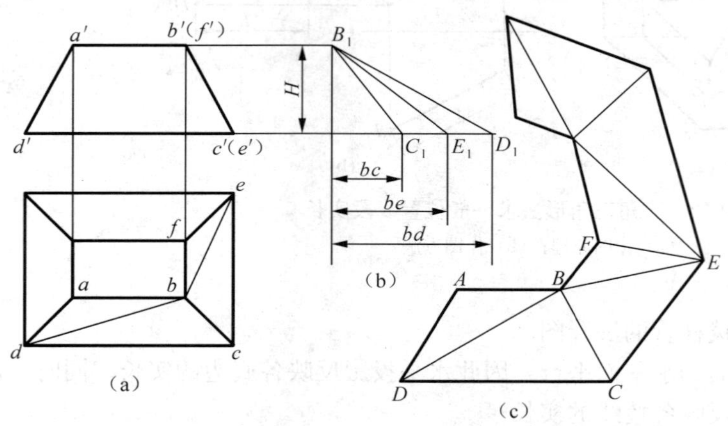

图 10-5 煤斗的展开
(a) 两面投影；(b) 实长图；(c) 展开图

图 10-5 (a) 所示是一煤斗的两面视图，它的 4 条棱线的长度相等，但延长后不相交于一点，其展开图作图过程如下。

(1) 如图 10-5 (a) 所示，把俯视图中前面和右面的梯形分别分成两个三角形。

(2) 如图 10-5 (b) 所示，用直角三角形法求出 BD、BC、BE 的实长。

(3) 如图 10-5 (c) 所示，拼画三角形，作出前面和右面两个梯形。由于后面和左面的两个梯形与前面和右面两个梯形全等，所以可同样作出该两侧面的展开图。

二、可展曲面立体的展开

由圆柱面、圆锥面组成的各种管件在工程上应用广泛，其展开图的做法如下。

1. 斜口圆管的展开

图 10-6 (a) 所示是斜口圆管的两面视图，与平口圆管展开图基本相同。由于斜口圆管柱面上各素线长度各不相等，故其斜口部分展开成曲线。其作图过程如下。

(1) 在斜口圆管的俯视图上将圆周等分（图中取 12 等分），作出相应素线的正面投影，如 $1'a'$、$2'b'$、$3'c'$…。

(2) 展开底圆得到一水平线，其长度为 πD。分成与俯视图同样等分数目的等分点Ⅰ、Ⅱ、Ⅲ…，如果准确度要求不高，可按底圆各分段弧的弦长量取。

(3) 过各等分点Ⅰ、Ⅱ、Ⅲ…作垂线，在其上量取各素线的实长，得到 A、B、C…点，将 A、B、C…各点光滑连接，即得到斜口圆管的展开图，如图 10-6 (b) 所示。

2. 三节直角弯管的展开

图 10-7 所示为三节直角弯管的展开图。圆柱形三节直角弯管由三节斜口圆管组成，其两端的两节是单斜口圆管，展开的方法与图 10-6 所示完全相同，中间一节是两斜口圆管。为节省材料和作图方便，可把三节斜口圆管拼成一个圆柱管，如图 10-7 所示，这样可以一次画出三节斜口圆管的展开图，如图 10-7 (b) 所示。

3. 轴线正交异径三通管的展开

图 10-8 所示是轴线正交异径三通管的展开图。作图时应从相贯线处将三通管分解为两个不完整的圆管，分别作展开图。视图中的相贯线必须精确绘出，不能用近似方法绘制。其展开图作图过程如下。

(1) 作小圆管展开图。其作图方法与斜口圆管的展开相同，如图 10-8 (b) 所示。

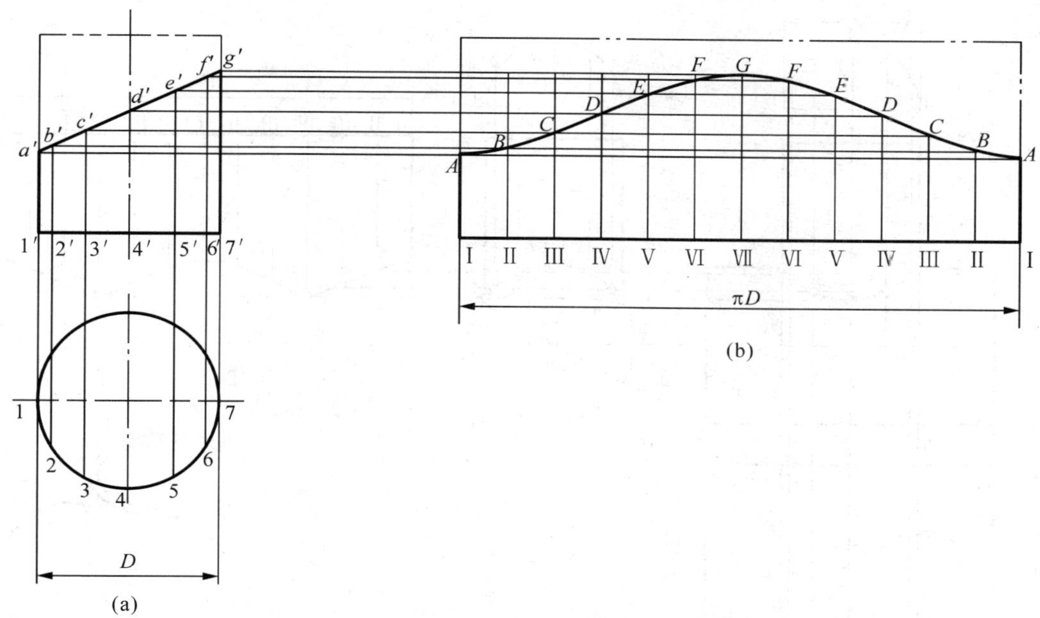

图 10-6　斜口圆管的展开

（a）两面投影；（b）展开图

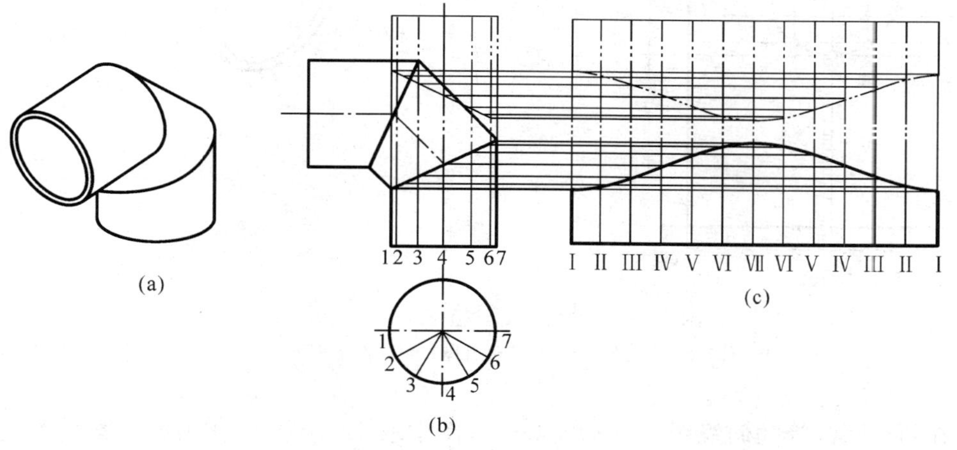

图 10-7　三节直角弯管的展开

（a）轴测图；（b）表面视图；（c）展开图

（2）作大圆管展开图。在主视图的下方作边长分别为 πD_1 和 L 的矩形，作出完整大圆管的展开图。在矩形的中央，量取 $c=\overset{\frown}{1''2''}$、$d=\overset{\frown}{2''3''}$、$e=\overset{\frown}{3''4''}$（取弦长代替弧长），引水平线，与过主视图上的 1′、2′、3′、4′各点向下引垂线得到相应素线相交于点Ⅰ、Ⅱ、Ⅲ、Ⅳ；将Ⅰ、Ⅱ、Ⅲ、Ⅳ各点光滑连接，即得到大圆管的展开图，如图 10-8（c）所示。

4. 斜口圆锥管的展开

图 10-9 所示是斜口圆锥管的展开图。斜口圆锥管表面上各素线长度各不相等，其实长也不能在主视图上反映，应求出各素线实长。其作图过程如下。

（1）画出完整圆锥展开图，以 L 为半径，弧长 $=\pi D$，圆心角 $\alpha=360°\pi D/(2\pi L)=$

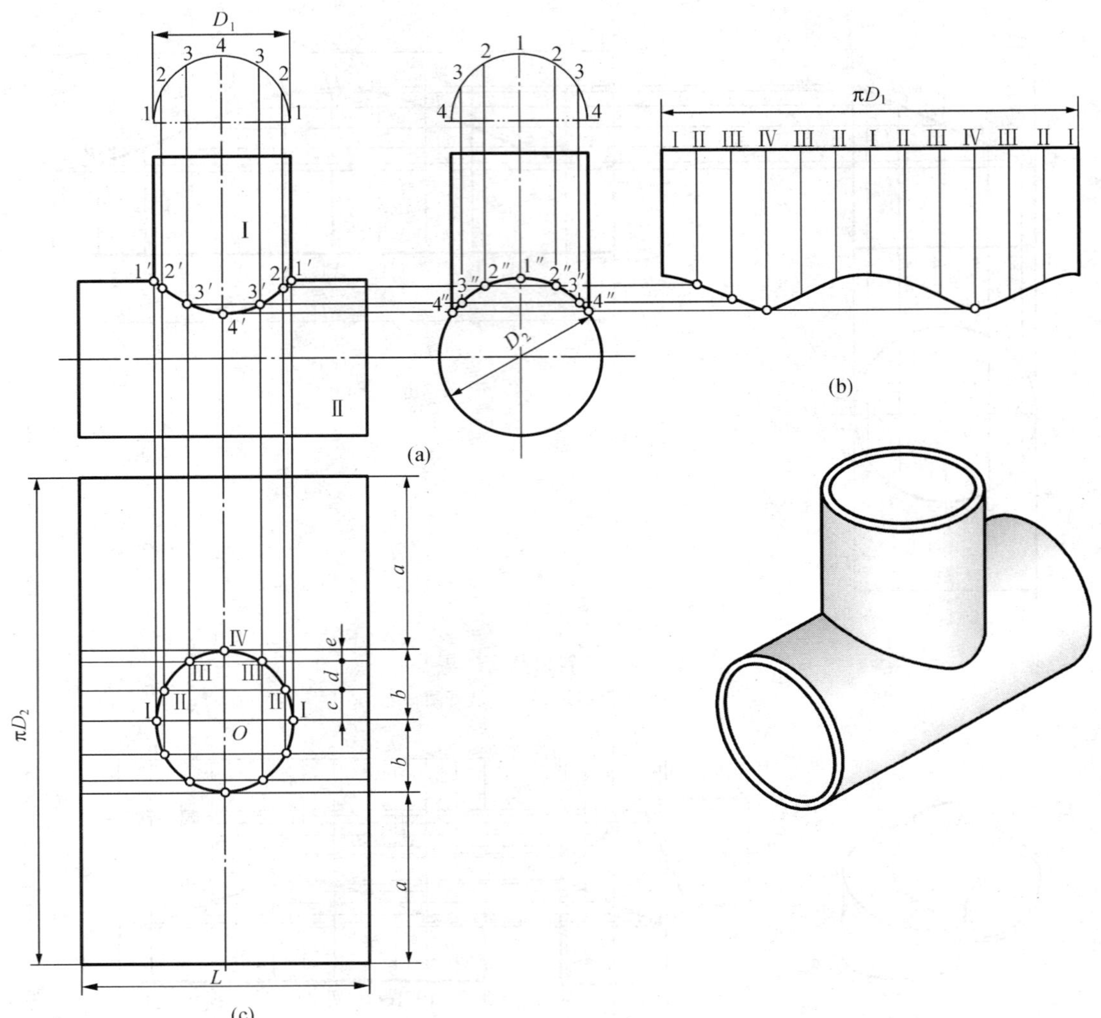

图 10 - 8　轴线正交异径三通管的展开

（a）两面投影；（b）管Ⅰ展开图；（c）管Ⅱ展开图

$180°D/L$。

（2）在斜口圆锥管的俯视图上将圆周等分（图中取 12 等分），作出相应素线的正面投影，如 $1'a'$、$2'b'$、$3'c'$…，并求得它们的实长，如图 10 - 9（a）所示。

（3）在完整圆锥展开图上分成与俯视图同样等分数目的等分点Ⅰ、Ⅱ、Ⅲ…，如果准确度要求不高，可按底圆各分段弧的弦长量取。将 $1'a'$、$2'b'$、$3'c'$…的实长依次在 SⅠ、SⅡ、SⅢ…上量取，得到 A、B、C…点，将 A、B、C…各点光滑连接，即得到斜口圆锥管的展开图，如图 10 - 9（b）所示。

5. 变形接头的展开

图 10 - 10 所示是方圆变形接头的展开图。方圆变形接头一般是用来连接管路中的圆管和方管的。图 10 - 10 所示的变形接头由四个全等的等腰三角形和四部分锥面组成。画展开图时，先将俯视图的圆锥面分成三个（或多个）小三角形，再依次展开这些小三角形和四个等腰三角形，即可得到变形接头的展开图。其作图过程如下。

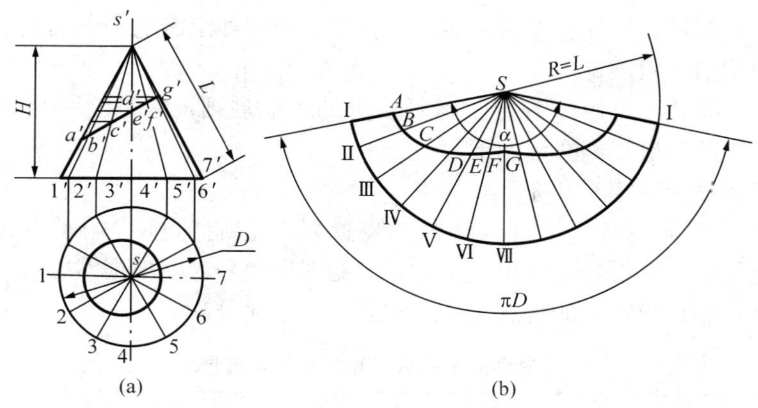

图 10-9　斜口圆锥管的展开

（a）两面投影；（b）展开图

（1）将俯视图的圆锥面分成三个小三角形，得到等分点 1、2、3、4，连接 1a、2a、3a、4a，如图 10-10（a）所示。

（2）用直角三角形法求 AⅠ和 AⅣ、AⅡ和 AⅢ的实长分别为 M 和 N，如图 10-10（b）所示。

（3）作展开图，如图 10-10（c）所示。

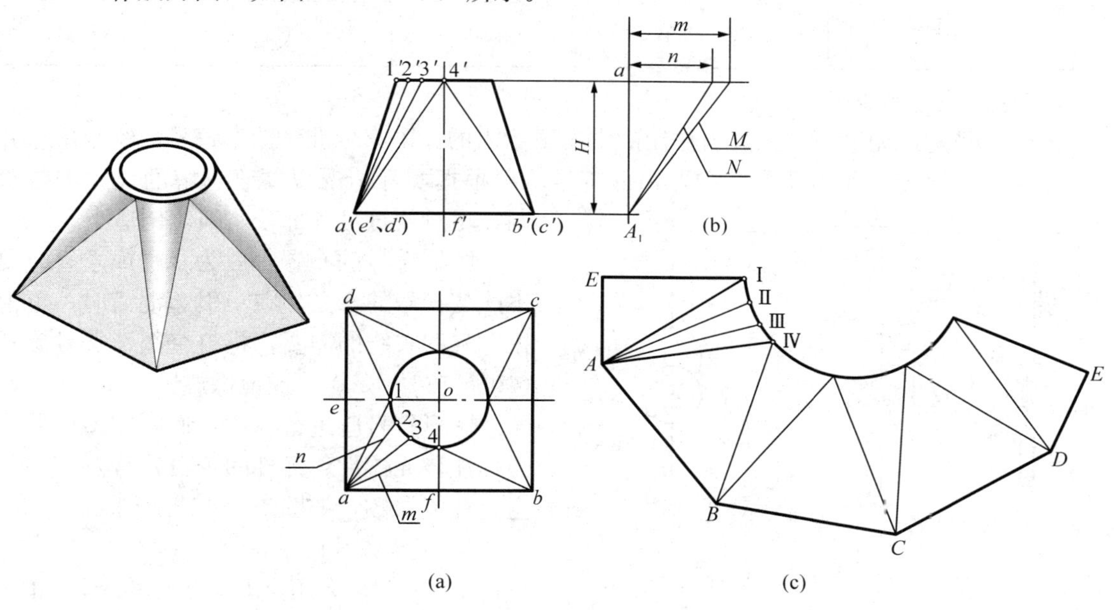

图 10-10　变形接头的展开

（a）两面投影；（b）求实长；（c）展开图

第二节　电　气　图　样

随着科学技术的不断发展，在产品的设计和制造图样中，常常既有机械图样又有电气图样。电气图样主要是表达各种电气设备和元、器件间的电路连接情况的，其不涉及它们的具体结构形状和尺寸大小，所以电气图样在表达方式上只以简单的示意图形式，用规定的图形符号和文字代号来表示各种电气设备和元、器件，并画出符号间的连线即可。本节将介绍有关电气图样的基础知识，以便在今后的实际工作中对识读和绘制电气图起到指导作用。

一、电气制图的一般规定

国家标准 GB 6988.2—1986 规定了电气制图的一般规则，它是绘制和识读电气图样的基本规范，其通用的一般规则介绍如下。

1. 图形符号和文字符号

电气图样中的各种设备、元件、导线、装置以及它们的接线端子等，都必须按 GB 4728—1985《电气图用图符号》的规定画出它们的图形代号，并根据 GB 7159—1987《电气技术中的文字符号制订通则》的规定注写出它们的文字代号。

表 10-1 元器件的图形符号和文字符号摘录

元件名称	图形符号	文字符号	元件名称	图形符号	文字符号
电容器		C	电池		GB
电阻器		R	开关		Q
电感或绕组		L	指示灯		H
晶体管		V	插头		XP
扬声器		B	插座		XS

2. 图形符号的绘制原则

图形符号是按无电压、无外力作用的常态下示出的。国家标准对图形符号的绘制尺寸并没有作统一的规定。在实际绘图中，图形符号均可根据实际情况以便于理解的尺寸进行绘制，尽量使符号各部分之间比例适当。

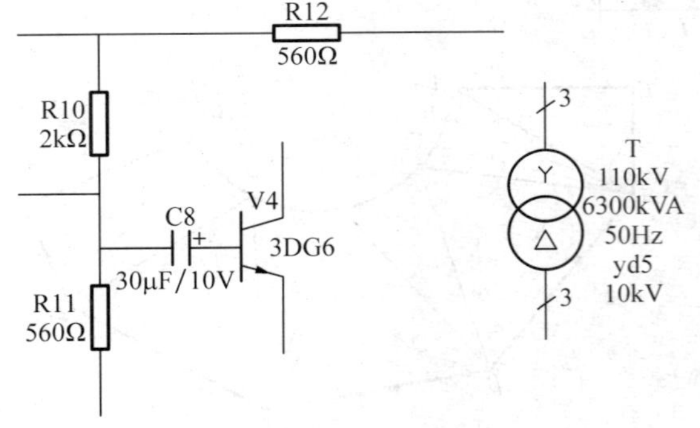

图 10-11 图形符号的标注

图形符号的布置一般为水平或垂直只要不改变符号的含义。在不引起混淆时，可根据电气图布线的需要，将整个图形符号旋转（90°，180°，270°）或镜像放置。

图形符号应进行标注，通常在图形符号旁标注该元器件、部件的项目代号及有关的主要性能参数，如图 10-11 所示。

3. 文字符号的注写

文字符号应采用拉丁字母大写直体，单字母符号优先选用。需要将项目进一步划分时，采用双字母符号。在使用双字母符号时，第一个字母一定是 GB 7159《电气技术中的文字符号制订通则》中的单字母表示的种类符号，第二个字母若标准中没有，可按英文术语的缩写选用一个字母，原则上文字符号不超过两个字母。如“SP”表示压力传感器，“YB”表示电磁制动器。

二、电气图的画法

（1）电气图样布图的基本要求是：布局合理，排列均匀，图面清晰，便于识读。通常可以从以下几个方面考虑。

电路图或表示设备与元件的图形符号等要按功能布置，并尽可能按其工作（或动作）顺序排列。如图 10 - 12 中，自下而上基本上是按发电—变电—输电的顺序排列的。

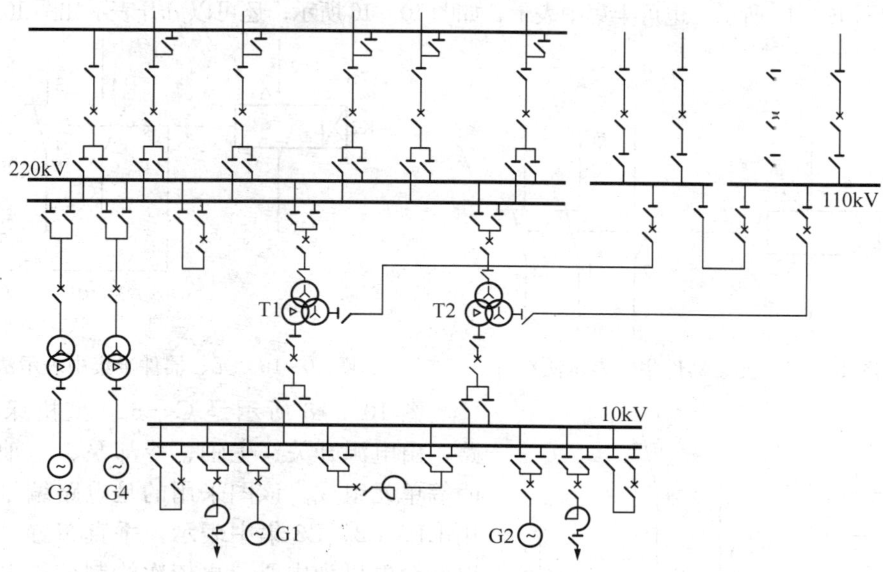

图 10 - 12 某中型热电厂的电气主接线图

（2）表示导线、连接线等的图线应该是交叉和弯曲最少的直线。图线一般水平布置，也可垂直布置，还可考虑各元件、设备间排列的对称性交叉布置，同一张图样上应采用相同的格式。图线的相交形式如图 10 - 13 所示。

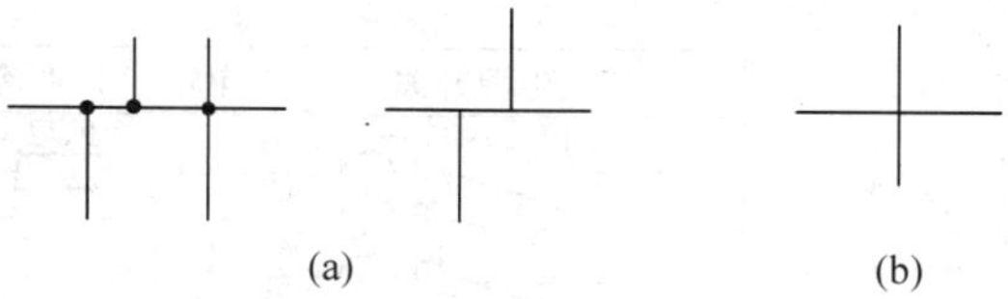

（3）对于图样中的功能单元部分，可以用点划线在图中画出围框，围框的大小和形状不作规定，但不能用曲线或倾斜的直线，围框不应与元器件符号相交，如图 10 - 14 所示。

(a) (b)

图 10 - 13 图线的交叉与相交

（4）电气图中的引出线或引入线，最好布置在图纸的边框附近，一般信号的输入在左边，输出在右边。

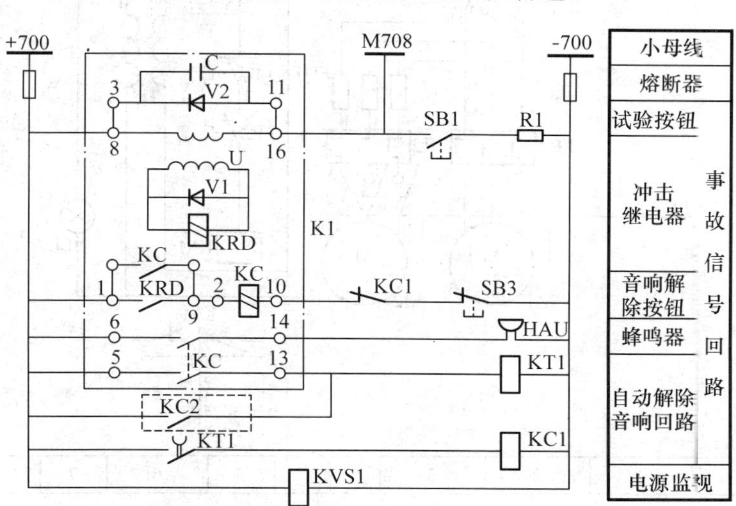

图 10 - 14 某中央事故音响信号电路图

（5）元、器件和设备的可动部分通常应表示在非激励或不工作状态或位置上。元、器件可以集中表示，如图 10 - 15 所示；也可半集中表示，如图 10 - 16 所示；还可以分开表示如图 10 - 17 所示。

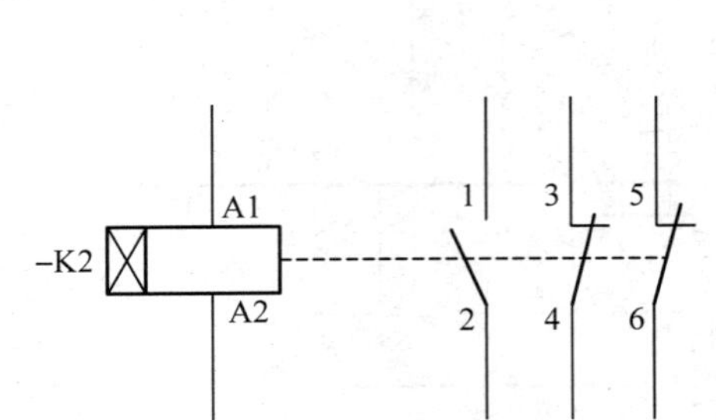

图 10 - 15　元、器件集中表示法

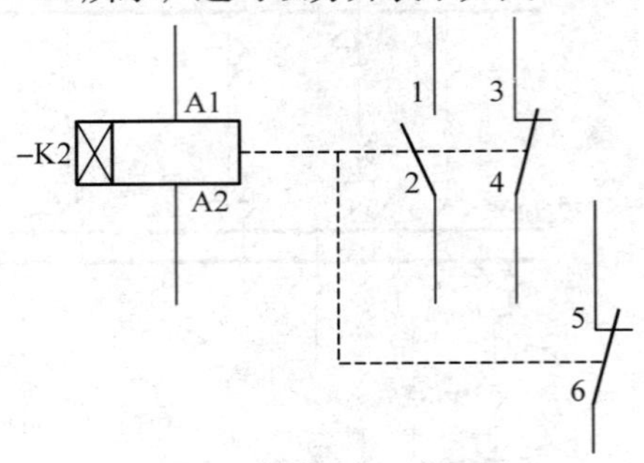

图 10 - 16　元、器件半集中表示法

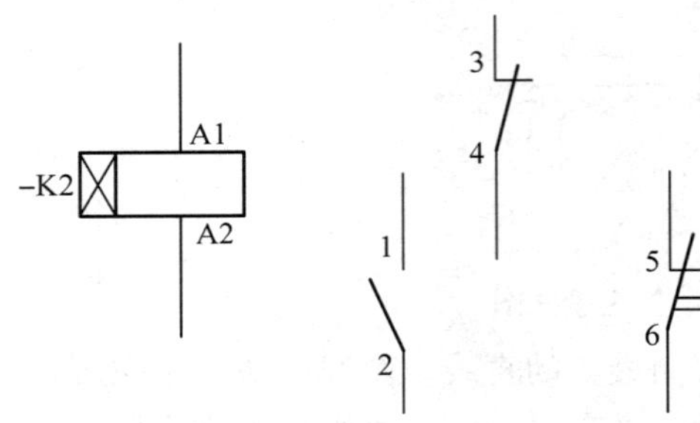

图 10 - 17　元、器件分开表示法

图 10 - 18 所示是 C－620 型机床的控制电路，由电源开关、主轴、冷却泵、主轴控制、照明等单元组成。该图采用的是电路编号法，电源用 L1、L2、L3 集中表示，垂直布置。作图时是以两台电机为中心，再依次绘制控制电路、信号电路和照明电路等。元、器件间的连接线由先绘制主电路，后绘制控制电路、信号电路的顺序绘制。最后补齐元、器件的代号和主要技术参数。

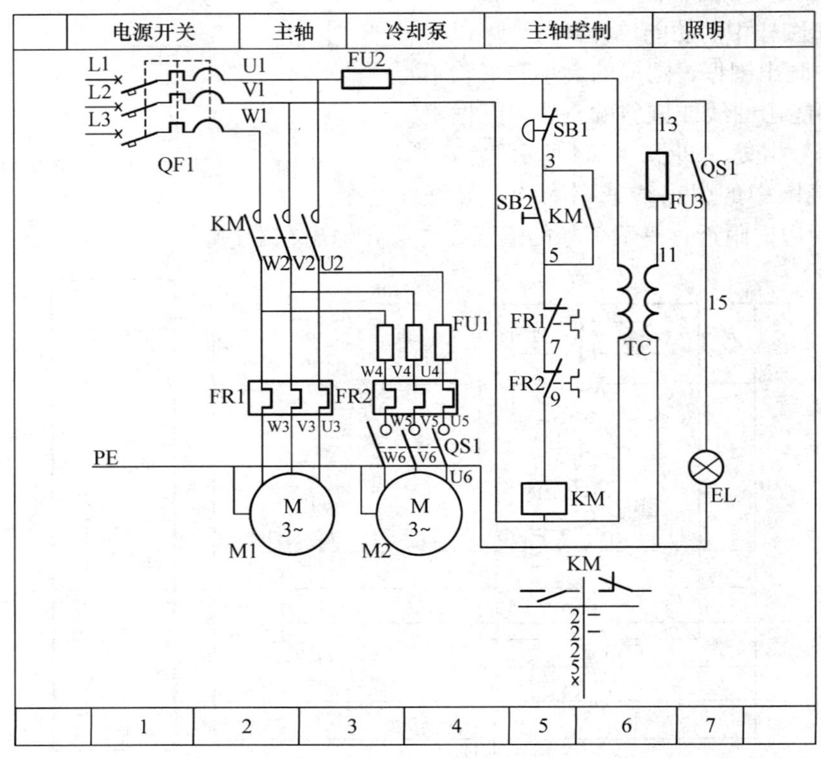

图 10 - 18　C－620 型机床的控制电路

第十一章

计 算 机 绘 图

第一节 AutoCAD2004 简 介

AutoCAD是国际上使用最广泛的计算机绘图软件之一。它由美国Autodesk公司开发研制，1982年正式发行。经过二十多年的发展，其版本不断推陈出新，功能也日趋完善，在电子、电气、机械设计 、工厂自动化、土木建筑、地质、机器人、服装业、出版业、计算机艺术等各个领域得到广泛应用。本章主要介绍AutoCAD2004的知识和操作技术。

一、AutoCAD2004的用户界面

在Windows环境下，采用以下方法可以启动AutoCAD2004。

（1）用鼠标左键双击桌面上的快捷方式图标。

（2）用鼠标右键单击该图标，在弹出的快捷菜单中选择“打开”。

（3）从“开始”菜单的“程序”中选择“AutoCAD2004”。

启动AutoCAD2004后，在显示器屏幕上出现AutoCAD2004的用户界面，如图11-1所示。它主要由标题栏、菜单栏、工具栏、绘图区、命令行、状态行、坐标系图标、滚动条等组成。

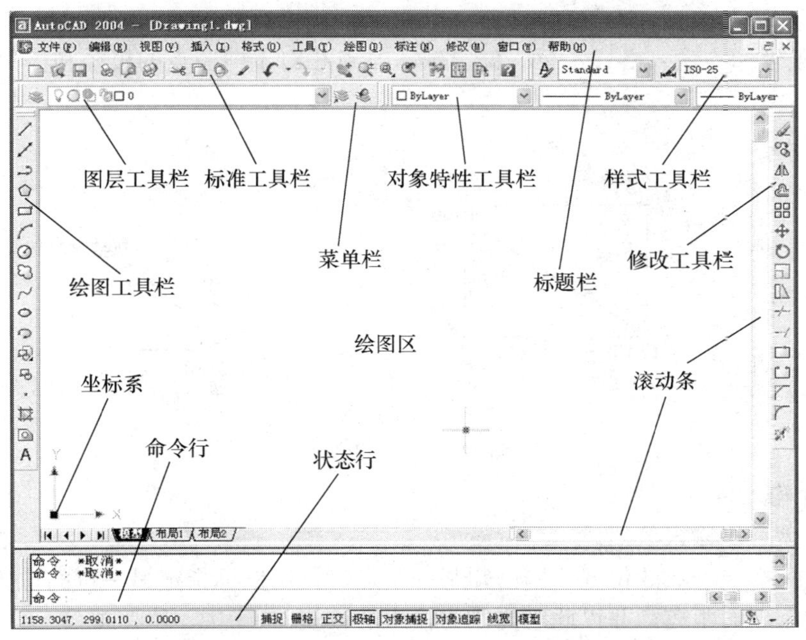

图11-1 AutoCAD2004的用户界面

二、AutoCAD2004的基本操作

1．命令的输入

（1）键盘输入。从键盘输入命令名或简化的命令名，按回车键即执行该命令。

（2）下拉菜单输入。用鼠标或使用快捷键打开下拉菜单，激活相应的菜单项。

（3）工具栏输入。AutoCAD2004 的命令按功能分类，并以图标的形式表示为 29 条工具栏。将光标移至某工具栏的某图标按钮上，单击左键，即开始执行该命令。

命令执行时，命令行提示符的含义：

“［］”：括号内列出执行该命令的各种选项。

“/”：用于分隔该命令的各个不同选项。

“（）”：从键盘输入括号内的字母，表示选择此命令选项。

“<>”：括号中的内容表示系统默认值或默认选项。

2．点的输入

（1）用鼠标输入点。利用鼠标移动屏幕上的十字光标到所需的位置后，按下鼠标左键，该点的坐标值即被输入。

（2）用键盘输入点的坐标。AutoCAD 绘制二维图形，用键盘输入点的坐标时，可以使用直角坐标或极坐标。

1）绝对直角坐标。输入格式：X，Y。如图 11－2，“20，10”表示相对于当前坐标原点的点的 X、Y 坐标值。

2）相对直角坐标。输入格式：@X，Y。以前一点为相对原点，输入某点相对于前一点沿 X 轴和 Y 轴的位移。如图 11－2，“@30，20”。

3）绝对极坐标。输入格式：$L<\theta$。L 表示极径，即某点与坐标原点连线的长度；θ 表示极角，即该连线与 X 轴正向的夹角，按 AutoCAD 的初始设置，逆时针夹角为正值。如图 11－2，“15<30”。

4）相对极坐标。输入格式：@$L<\theta$。输入某点相对于前一点的极径和极角。如图 11－2，“@25<45”。

例如（见图 11－2）：

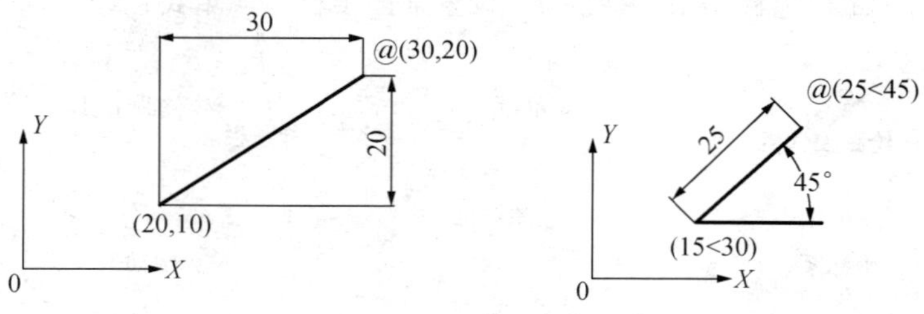

图 11－2　点的坐标

3．数值的输入

（1）从键盘直接输入数值。

（2）用鼠标指定一点的位置。当已知某一基点时，用鼠标指定另一点的位置，系统自动计算基点到指定点的距离，并以此距离作为输入的数值。

4．角度的输入

初始状态下，X 轴的正向为 0°方向，逆时针方向为正值，顺时针方向为负值。

（1）用键盘输入角度值。

（2）通过两点输入角度值。输入第一点与第二点的连线方向确定角度。规定第一点为起始点，第二点为终点，角度数值是指从起点到终点的连线与起始点为原点时 X 轴正向的逆时针夹角。

第二节 基本绘图命令

在 AutoCAD 中，绘图命令是通过下拉菜单【绘图】（如图 11-3）绘图工具栏（如图 11-4）或在命令行键入命令三种方式来调用的。

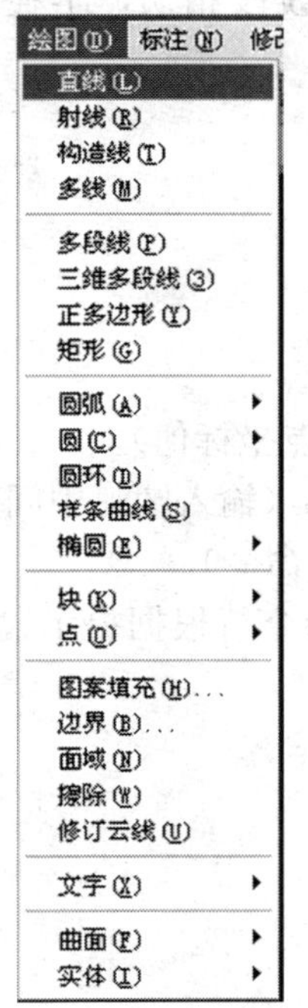

图 11-3 “绘图”下拉菜单

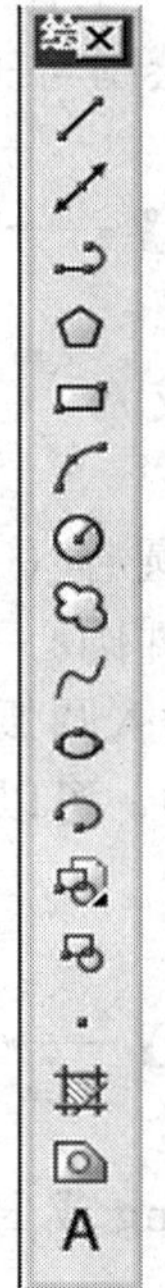

图 11-4 “绘图”工具栏

一、直线

（1）下拉菜单：【绘图】⟶【直线】

（2）工具栏图标：

（3）键盘命令：Line 或 L

命令行提示：

指定第一点：（输入直线的第一点）。

指定下一点或［放弃 U］：（指定下一点，如输入 U，放弃第一点）。

指定下一点或［闭合 C/放弃 U］：（指定下一点，如输入 C，与第一点相连，并结束命令）

…

二、圆

（1）下拉菜单：【绘图】⟶【圆】

（2）工具栏图标：

（3）键盘命令：Circle 或 C

命令行提示：

指定圆的圆心或［三点（3P）/两点（2P）/相切、相切、半径（T）］：（输入圆心坐标。也可选择［］内的选项指定画圆方式，默认方式为根据“圆心、半径”画圆）。

指定圆的半径或［直径（D）］<当前值>：（输入半径值，结束命令。或输入 D 回车，再输入直径值画圆）。

画圆的方式有 6 种，可以通过下拉菜单或在命令行根据提示输入选项来选择画圆的方式：选择“三点（3P）”，输入圆上三点画圆；选择“两点（2P）”，输入两点作为圆的直径画圆；选择“相切、相切、半径（T）”，绘制与两条线段相切，半径已知的圆；选择“相切、相切、相切（A）”，绘制与三条线段均相切的圆。

三、圆弧

（1）下拉菜单：【绘图】⟶【圆弧】

（2）工具栏图标：

（3）键盘命令：Arc 或 A

命令行提示：

指定圆弧的起点或［圆心（C）］：（输入圆弧的起点坐标值）。

指定圆弧的第二点或［圆心（CE）/端点（EN）］：（输入圆弧中间某一点的坐标值）。

指定圆弧的端点：（输入圆弧终点的坐标值，结束命令）。

画圆弧的方式有 11 种，可以通过下拉菜单或在命令行根据提示输入选项来选择画圆弧的方式。

四、矩形

（1）下拉菜单：【绘图】⟶【矩形】

（2）工具栏图标：

（3）键盘命令：Rectang 或 R

命令行提示：

指定第一个角点或［倒角（C）/标高（E）/圆角（F）/厚度（T）/宽度（W）］：（输入矩形第一个角点的坐标）。

指定另一个角点或［尺寸（D）］：（输入矩形第二个角点的坐标，结束命令。或输入 D 回车，再输入矩形的长度和宽度绘制矩形）。

AutoCAD 将以“第一个角点”和“另一个角点”作为矩形的对角顶点绘制矩形。

“倒角（C）”用于设置矩形的倒角距离，绘制四个顶角处带倒角的矩形；“圆角（F）”用于设置矩形的圆角半径，绘制四个顶角处带圆角的矩形；“标高（E）”用于设置矩形相对于当前 *XOY* 坐标面的标高；“厚度（T）”用于设置矩形在垂直于当前 *XOY* 坐标面方向的厚度；“宽度（W）”用于设置绘制矩形的多段线的宽度。

五、正多边形

（1）下拉菜单：【绘图】⟶【正多边形】

（2）工具栏图标：

（3）键盘命令：Polygon 或 Pol

命令行提示：

输入边的数目<4>：（输入正多边形的边数，默认为 4）。

指定正多边形的中心点或［边（E）］：（输入正多边形的中心点坐标值或选择用边长来确定正多边形的大小）。

输入选项［内接于圆（I）/外切于圆（C）］<I>：（选择用内接于圆或外切于圆来确定正多边形的大小，默认为内接于圆）。

指定圆的半径：（输入圆的半径，画出正多边形，结束命令）。

六、椭圆和椭圆弧

（1）下拉菜单：【绘图】⟶【椭圆】

（2）工具栏图标：

（3）键盘命令：Ellipse 或 El

命令行提示：

指定椭圆的轴端点或［圆弧（A）/中心点（C）］：（输入椭圆某一轴上的一个端点）。

指定轴的另一端点：（输入椭圆某一轴上的另一个端点，两端点的连线为椭圆的一条轴）。

指定另一条半轴长度或［旋转（R）］：（指定另一条半轴的长度，画出椭圆，结束命令）。

绘制椭圆时还可以用“中心点（C）”方式，指定椭圆中心，指定轴的端点，指定另一条半轴长度绘制椭圆。

绘制椭圆弧可以在下拉菜单中选择【绘图】⟶【椭圆】⟶【圆弧】，也可以在命令窗口根据提示选择“圆弧（A）”选项，或在“绘图”工具栏中单击按钮。

七、样条曲线

通过输入一系列的点绘制一条光滑的样条曲线。

（1）下拉菜单：【绘图】⟶【样条曲线】

（2）工具栏图标：

（3）键盘命令：Spline 或 Spl

命令行提示：

指定第一个点或［对象（O）］：（输入第一点）。

指定下一点：（输入下一点）。

指定下一点或［闭合（C）/拟合公差（F）］<起点切向>：（输入一系列点）。

...

指定下一点或［闭合（C）/拟合公差（F）］<起点切向>：（直接回车）。

指定起点切向：（输入一个点确定起点的切线方向）。

指定端点切向：（输入一个点确定终点的切线方向，结束命令）。

八、多段线

绘制连续的直线和圆弧组成的线段组，并可随意设置线宽。

（1）下拉菜单：【绘图】⟶【多段线】

（2）工具栏图标：

（3）键盘命令：Pline 或 Pl

命令行提示：

指定起点：(输入起点坐标，命令行继续提示)。

当前线宽为 0.0000（显示当前线宽)。

指定下一点或[圆弧（A）/半宽（H）/长度（L）/放弃（U）/宽度（W)]：

如果“指定下一点”，则由起点和下一点画出一段直线段，继续重复以上提示。选择“圆弧（A)”选项，由绘制直线方式转为绘制圆弧方式。选择“半宽（H）或宽度（W)”选项，设置多段线的线宽。选择“长度（L)”选项，将上一直线段延伸指定长度。

九、图案填充

将选定的图案填充到指定的区域，常用于绘制剖视图的剖面符号。

(1) 下拉菜单：【绘图】⟶【图案填充】

(2) 工具栏图标：

(3) 键盘命令：Bhatch 或 Bh

选择上述任一方式输入命令，弹出“边界图案填充”对话框，如图 11-5 所示。

在该对话框中点击...按钮，打开如图 11-6 所示的“填充图案调色板”对话框，选择需要的填充图案，点击“确定”后，返回图 11-5 的“边界图案填充”对话框。在“边界图案填充”对话框中点击“拾取点”按钮，对话框暂时关闭。命令行提示：选择内部点：在需要图案填充的区域内任一点单击鼠标左键，该区域以虚线显示；可以在不同区域多次点击，选择多个填充区域；击回车键，返回“边界图案填充”对话框，点击“确定”按钮，完成图案填充。

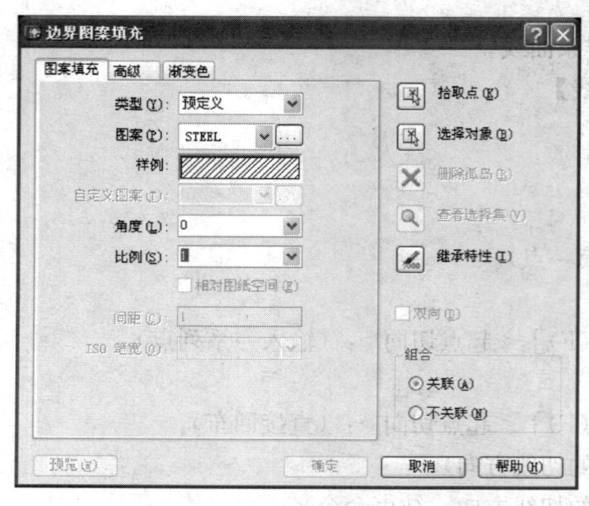

图 11-5　“边界图案填充”对话框

图 11-6　“填充图案调色板”对话框

十、文本

1. 单行文本

(1) 下拉菜单：【绘图】⟶【文字】⟶单行文字

(2) 工具栏图标：

(3) 键盘命令：Dtext 或 Dt

命令行提示：

前文字样式：当前样式名　　当前文字高度：当前高度值

指定文字的起点或［对证（J）/样式（S)］：（输入文字的起始点坐标）。

指定高度＜当前高度值＞：（输入文字高度）。

指定文字的旋转角度＜当前角度值＞：（输入文字与 X 轴正方向的夹角）。

输入文字：（输入文字内容，击回车键换行，或在其他位置单击鼠标左键，确定另一行的位置）。

输入文字：（继续输入文字内容，连续两次击回车键结束命令）。

2. 多行文本

（1）下拉菜单：【绘图】──→【文字】──→多行文字

（2）工具栏图标：A

（3）键盘命令：Mtext 或 Mt

命令行提示：

前文字样式：当前样式名　　当前文字高度：当前高度值

指定第一角点：（输入文本范围矩形框的第一角点）。

指定对角点或［高度（H）/对正（J）/行距（L）/旋转（R）/样式（S）/宽度（W)］：（输入另一对角点的坐标值，弹出如图 11-7 所示“文字格式”对话框）。

在对话框中可以选择文字样式、字体、颜色，设置字高、加粗、倾斜，加下划线等。

在标尺下方输入文字，点击“确定”按钮，结束命令。

图 11-7　“文字格式”对话框

特殊符号的输入：“%%c”表示直径符号“ϕ”；“%%d”表示度数“°”；“%%p”表示正负号“±”。

第三节　常用编辑命令

在 AutoCAD 中，编辑命令是通过下拉菜单【修改】（图 11-8），修改工具栏（图 11-9）或在命令行键入命令三种方式来调用的。本节介绍 AutoCAD 常用的编辑命令。

在编辑对象时，系统会提示“选择对象”，AutoCAD 提供了 17 种目标选择方式，其中最常用的目标选择方式有三种。

（1）单个方式。当命令行提示“选择对象”时，将光标放在被选对象上击左键。

（2）窗口方式。当命令行提示“选择对象”时，用光标在屏幕上从左至右直接拖动一个矩形，完全位于窗口内的实体被选中。

（3）窗交方式。当命令行提示“选择对象”时，用光标在屏幕上从右至左直接拖动一个矩形，只要实体有一部分在矩形内，即被选中。

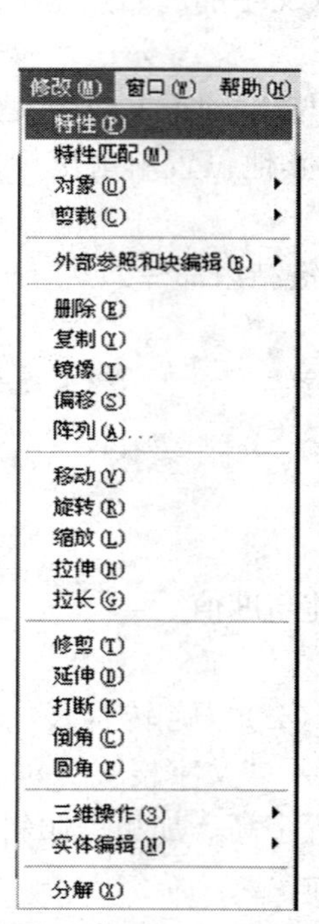

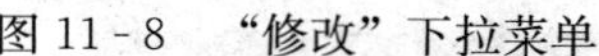
图 11-8 “修改”下拉菜单

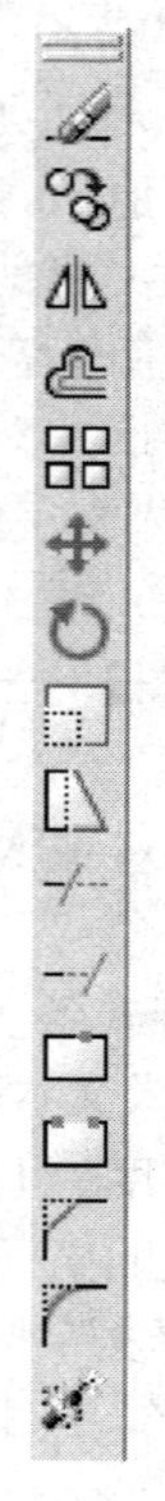
图 11-9 “修改”工具栏

一、删除

(1) 下拉菜单：【修改】⟶【删除】

(2) 工具栏图标：

(3) 键盘命令：Erase 或 E

命令行提示：

选择对象：(选择要删除的对象，回车结束命令)

二、复制

(1) 下拉菜单：【修改】⟶【复制】

(2) 工具栏图标：

(3) 键盘命令：Copy 或 C

命令行提示：

选择对象：(选择要复制的对象)。

选择对象：(继续选择要复制的对象，或回车结束选择)。

指定基点或位移，或者［重复（M)］：(如复制一个，直接指定基点；如复制多个，输入“M”后回车，命令行继续提示：)。

指定基点：(指定基点的坐标值，一般用“对象捕捉”某特殊点)。

指定位移的第二点或<用第一点作位移>：(指定位移的第二点的坐标值)。

…

指定位移的第二点或<用第一点作位移>：（回车结束命令）。

三、镜像

将所选对象以某一条直线为对称线进行对称变换或拷贝。

（1）下拉菜单：【修改】⟶【镜像】

（2）工具栏图标：

（3）键盘命令：Mirror 或 Mi

命令行提示：

选择对象：（选择要镜像的对象）。

选择对象：（继续选择要镜像的对象，回车或单击右键结束选择）。

指定镜像线的第一点：（输入对称线上的第一点）。

指定镜像线的第二点：（输入对称线上的第二点）。

是否删除源对象？[是（Y）/否（N）] <N>：（输入 Y，删除原拾取的对象；输入 N，不删除原拾取的对象）。

四、偏移

对所选择的对象进行等距平移，创建同心圆，平行线和等距曲线。

（1）下拉菜单：【修改】⟶【偏移】

（2）工具栏图标：

（3）键盘命令：Offset 或 O

命令行提示：

指定偏移距离或 [通过（T）] <通过>：（输入偏移距离。如果要通过某一点偏移对象，则输入“T”）。

选择要偏移的对象或<退出>：（选择偏移对象）。

指定点以确定偏移所在一侧：（选择要偏移的一侧）。

选择要偏移的对象或<退出>：（继续选择，或回车结束命令）。

五、修剪

所谓修剪就是当两条或多条线相交时，以某一条线作为剪切边，对其他线进行局部删除。

（1）下拉菜单：【修改】⟶【修剪】

（2）工具栏图标：

（3）键盘命令：Trim 或 Tr

命令行提示：

当前设置：投影=UCS　　边=无

选择剪切边…

选择对象：（拾取作为剪切边的线段）。

选择对象：（继续拾取剪切边，按右键结束选择）。

选择要修剪的对象，或按住 shift 键选择要延伸的对象，或 [投影（P）/边（E）/放弃（U）]：（选择被修剪的线段，回车结束命令）。

六、移动

将所选择的对象移到一个新位置，对象在原位置消失。

(1) 下拉菜单：【修改】⟶【移动】

(2) 工具栏图标：

(3) 键盘命令：Move 或 M

选择对象：(选择要移动的实体，可进行多次选择)。

选择对象：(单击右键或回车，结束选择)。

指定基点或位移：(输入基点，命令行继续提示)。

指定位移的第二点＜或用第一点作位移＞：(输入位移的第二点，如直接回车，则将输入的第一点的坐标值作为位移量)。

七、旋转

将选定的实体绕一点转过指定的角度，正角度逆时针旋转，负角度顺时针旋转。

(1) 下拉菜单：【修改】⟶【旋转】

(2) 工具栏图标：

(3) 键盘命令：Rotate 或 Ro

命令行提示：

选择对象：(选择要旋转的实体，可进行多次选择)。

选择对象：(单击右键或回车，结束选择)。

指定基点：(输入基点，即旋转中心)。

指定旋转角度或 [参照 (R)]：(输入旋转角度，也可以输入“R”，指定参照角)。

指定参考角＜0＞：(输入参考角度)。

指定新角度：(输入一个新的角度值，此时，输入角度值与参考角度值的差值即为旋转角度)。

八、倒角

在两条非平行直线之间做倒角。

(1) 下拉菜单：【修改】⟶【倒角】

(2) 工具栏图标：

(3) 键盘命令：Chamfer 或 Cha

命令行提示：

(“修剪”模式) 当前倒角距离 1 = 当前值，距离 2 = 当前值。

选择第一条直线或 [多段线 (P) /距离 (D) /角度 (A) /修剪 (T) /方法 (M) /多个 (U)]：(选择第一条需要倒角的直线)。

选择第二条直线：(选择第二条需要倒角的直线，即按当前倒角距离和修剪模式做出倒角)。

选择“多段线 (P)”选项，对二维多段线、矩形、正多边形进行倒角。选择“距离 (D) 选项，重新设置倒角的两个距离。选择“角度 (A)”选项，重新设置倒角一边的距离及与该边的夹角。选择修剪 (T) 选项，重新设置两条原线段是否被修剪。选择“方法 (M)”选项，重新设置修剪方法。选择“多个 (U)”选项，连续进行多个倒角的操作。

九、圆角

用指定半径的圆弧将两条直线、圆弧、圆、样条曲线等线段光滑连接起来。

(1) 下拉菜单：【修改】⟶【圆角】

（2）工具栏图标：

（3）键盘命令：Fillet 或 F

命令行提示：

当前设置：模式=修剪，半径=当前

选择第一个对象或[多段线（P）/半径（R）/修剪（T）/多个（U）]：（选择第一条线段）。

选择第二个对象：（选择第二条线段，即按当前半径值画出圆角）。

选择“多段线（P）”选项，对二维多段线、矩形、正多边形进行圆角。选择“半径（R）”选项，重新设置圆角半径。选择“修剪（T）”选项，重新设置两条原线段是否被修剪。选择“多个（U）”选项，连续进行多个圆角的操作。

第四节 绘图工具与绘图环境

一、绘图辅助工具

AutoCAD 提供了多种绘图辅助工具，利用这些功能可以方便、迅速、准确地绘制工程图。绘图辅助工具位于状态栏，在界面的最下方，如图 11-10 所示。要打开绘图辅助工具，只需用鼠标点击相应按钮。

捕捉 栅格 正交 极轴 对象捕捉 对象追踪 线宽 模型

图 11-10 “绘图辅助工具”按钮

1. 正交

打开“正交”工具，光标只能自前一点开始沿当前 X 轴或 Y 轴方向移动。用“正交”工具可以方便地绘制与当前 X 轴或 Y 轴平行的线段，沿 X 轴或 Y 轴方向移动或复制对象等。

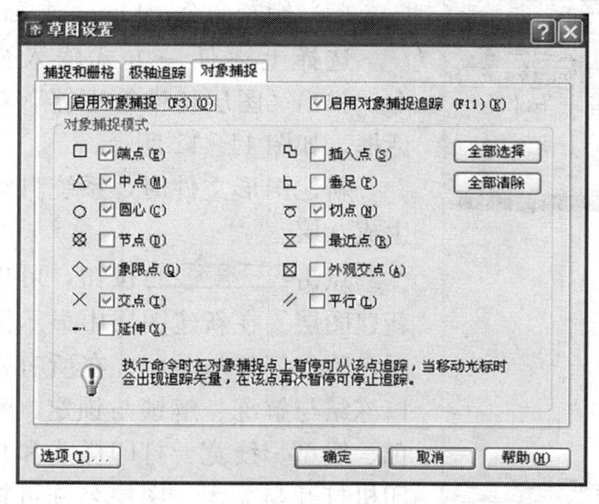

图 11-11 “草图设置”对话框

2. 对象捕捉

打开“对象捕捉”工具，可以对图形的特殊点进行自动捕捉。当系统提示输入点时，移动十字光标经过或接近某特殊点，光标被自动锁定并显示持殊点的标记及提示文字。

在“对象捕捉”按钮上击右键，选右键菜单中的“设置…”，弹出“草图设置”对话框，如图 11-11 所示。在“对象捕捉模式”区，可以打开或关闭特殊点。

3. 自动追踪

在 AutoCAD 中，使用自动追踪可以按指定方向绘制对象。有极轴追踪和对象捕捉追踪两种。

（1）极轴追踪。按下“极轴”按钮，即可以使用极轴追踪。在如图 11-11 所示“草图设置”对话框中，点击“极轴追踪”选项卡，在“极轴角设置区”设置“增量角”，则在“增量角”的整数倍方向将会出现追踪辅助线（虚线）。用户可以沿辅助线方向追踪得到下一点。

也可以新建“附加角”，则在“附加角”的方向也会出现追踪辅助线。在“极轴角测量”

区，“绝对”表示角度值自 X 轴正向测量，“相对上一段”表示相对于上一段线段测量角度值。

（2）对象捕捉追踪。把“对象捕捉”和“对象追踪”按钮同时按下，即打开对象捕捉追踪。使用对象捕捉追踪可以相对于某一特殊点，沿设定的方向追踪到下一点。

当系统要求输入一个点时，先移动光标捕捉某一特殊点，再使光标离开该点，则自该特殊点沿设定的方向出现追踪辅助线，用户可以沿辅助线方向追踪得到要输入的点。

在如图 11 - 11 所示“草图设置”对话框中，点击“极轴追踪”选项卡，在“对象捕捉追踪设置”中设置追踪方向。“仅正交追踪”表示通过对象捕捉点只沿当前 X 轴和 Y 轴方向出现追踪辅助线；“用所有极轴角追踪”表示通过对象捕捉点，在“增量角”的整数倍方向及“附加角”方向均出现追踪辅助线。

4. 栅格与捕捉

打开“捕捉”工具，输入点时，鼠标拖动十字光标只能定位在栅格点上。打开“栅格”工具，在屏幕上以给定间距显示栅格点。

二、图层的设置

图层是 AutoCAD 把图形中的对象进行按类分组管理的工具。每一个图层可以设定不同的颜色、线型、线宽。各层是完全对齐的，即各层有相同的坐标系、图形界限、缩放比例因子等。当图层被赋予某种颜色、线型和线宽时，在该层绘制出来的图形实体，便具有相同的线型、颜色、线宽。

1. 新建图层

利用“图层特性管理器”对话框创建新图层。

（1）下拉菜单：【格式】⟶【图层】

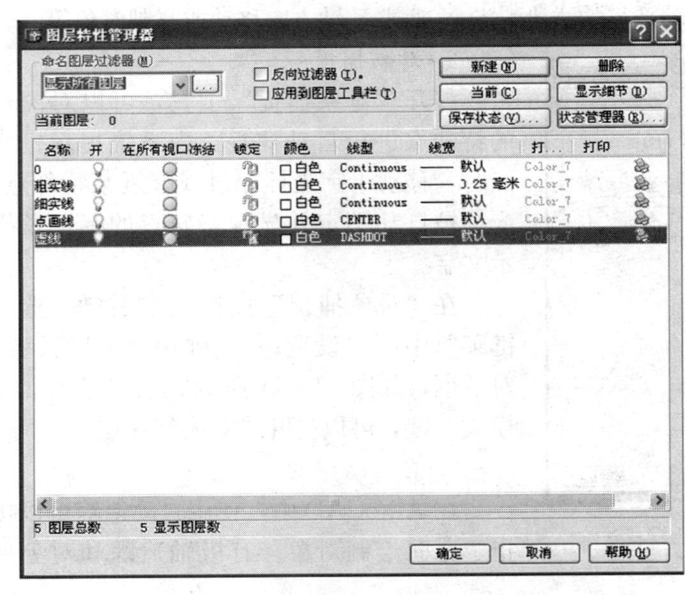

图 11 - 12 “图层特性管理器”对话框

（2）工具栏图标：

（3）键盘命令：Layer 或 La

选择上述任一方式输入命令，弹出“图层特性管理器”对话框，如图 11 - 12 所示。

新建图形文件时，系统自动生成 0 层。

点击 新建(N) 按钮，可以新建图层。在新建图层中显示图层名称、打开与关闭、在所有视口冻结与解冻、解锁与锁定、颜色、线型、线宽、打印样式和打印机打开与关闭。图层名称可根据用户需要重新输入。

当图层关闭时，该图层的图形不可见。被关闭图层上的图形不能被打印。

当图层冻结时，该图层的图形不可见。被冻结图层上的图形不能被打印。当前层不能被冻结。

当图层锁定时，不影响该层的图形显示，但不能对其进行编辑。仍然可以在该图层上绘图，并且该图层上的图形可以被打印出来。

每一图层可以设置不同的颜色，左键点击欲改变层的颜色图标，打开如图 11-13 所示“选择颜色”对话框，从中选取所需的颜色。

设置某一图层的线型时，在该图层的“线型”处单击左键，打开如图 11-14 所示“线型选择”对话框，从中选取所需的线型。如果该对话框中没有所需的线型，可单击 加载(L)... 按钮，打开如图 11-15 所示“加载或重载线型”对话框，找到所需的线型，点击“确定”即可。

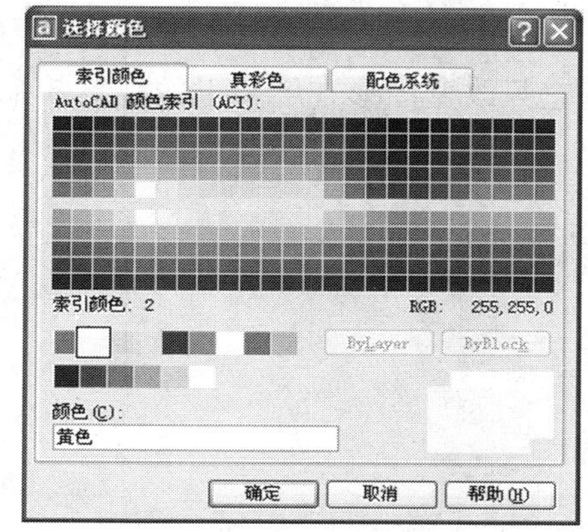

图 11-13 “选择颜色”对话框

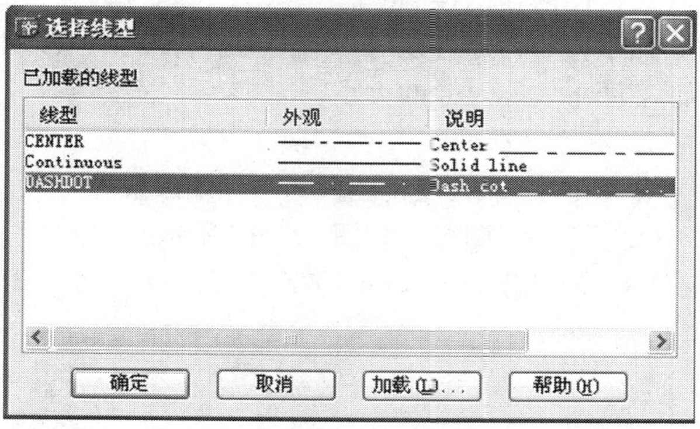

图 11-14 “线型选择”对话框

要设置某一层的线宽，在该图层的“线宽”处单击后，弹出如图 11-16 所示的“线宽”选择框，拖动右侧的滚动条，选择所需的线宽。

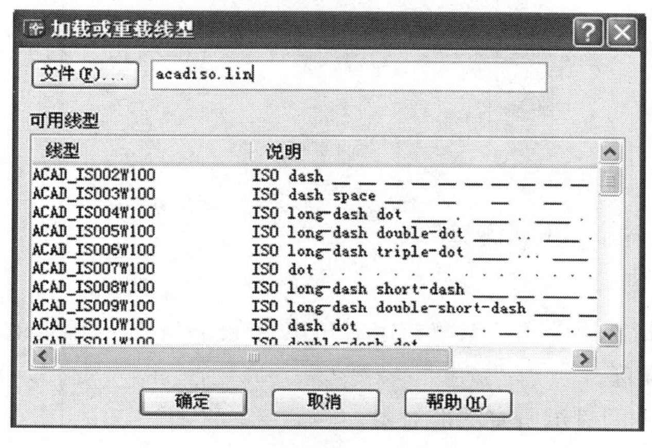

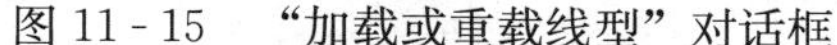

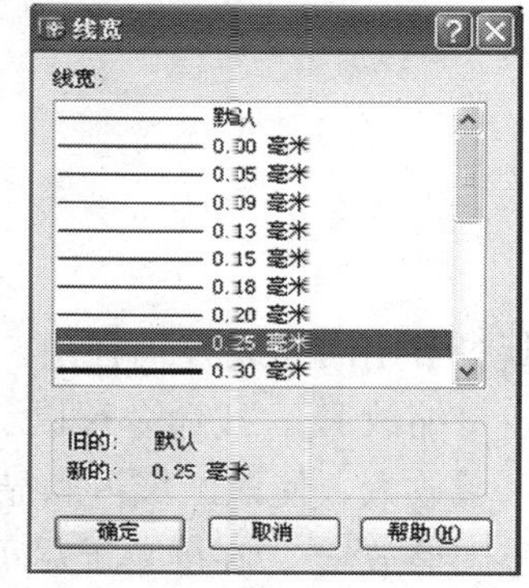

图 11-15 “加载或重载线型”对话框

图 11-16 “线宽”选择框

当某一层的线宽为“默认”时，AutoCAD 初始设置的默认值为 0.25mm，若要修改默认值，选择【格式】——→【线宽】，打开“线宽设置”对话框，从中选择新值。要在屏幕上显示图形对象的线宽，应按图 11-10 所示“绘图辅助工具”按钮中的“线宽”。

2. 设置当前层

当前正在进行操作的图层称为当前层，只能在当前层绘制对象。当前层显示在“图层”

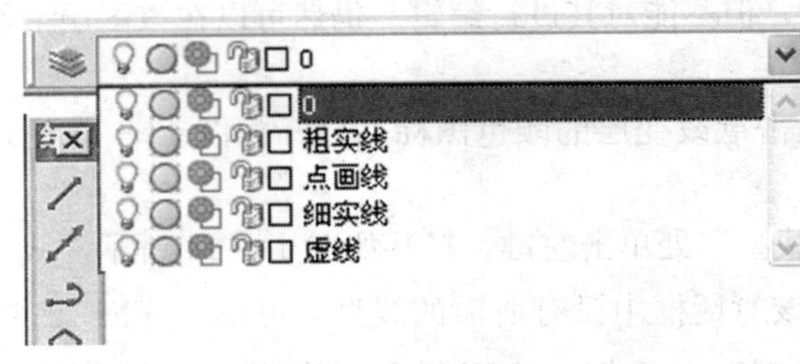

图 11 - 17 “图层”工具栏

工具栏中。单击“图层”工具栏，弹出图层列表，如图 11 - 17 所示，用鼠标左键选择所需图层，即将该图层设为当前层。

3. 修改对象的图层

如果某一对象没有绘制在预先设置的图层上，这时可选中该对象，然后将光标移至图 11 - 17 的“图层”工具栏上，单击左键，在弹出的图层下拉列表中，选择预设的图层，再按 ESC 键即可。

三、图形显示控制

显示控制命令可以对当前图形进行缩放、移动等。它只改变图形在屏幕上的视觉效果，不改变图形实际尺寸的大小。

1. 缩放（Zoom）

（1）下拉菜单：【视图】⟶【缩放】

（2）工具栏图标：如图 11 - 18 所示

（3）键盘命令：Zoom 或 Z

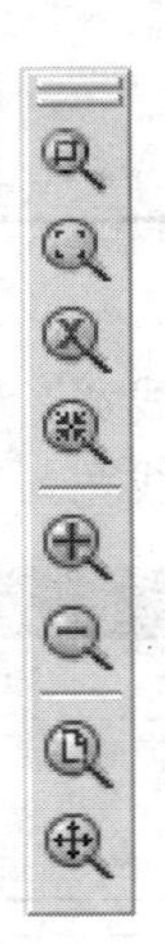

图 11 - 18 缩放工具栏

其中常用的缩放方式有：

窗口缩放。按命令行提示“指定第一角点”、“指定对角点”，把两个角点确定的矩形窗口区域放大，使该区域占满显示屏幕。

范围缩放。在屏幕上尽可能大的显示所有图形对象。

缩放上一个。恢复上一次显示的图形。

2. 平移（Pan）

（1）下拉菜单：【视图】⟶【平移】

（2）工具栏图标： 在“标准”工具栏中

（3）键盘命令：Pan 或 P

缩放或平移对象时，使用鼠标中键是非常方便的。将十字光标放在要缩放的图形对象处，使中键滚轮向前滚动放大图形，向后滚动缩小图形。按下鼠标中键，屏幕上的光标变成“手”型，按住中键并拖动鼠标，屏幕上的图形对象将随光标移动。

第五节 尺 寸 标 注

AutoCAD 提供了强大的尺寸标注功能，并能自动测量标注对象的大小，也可以不按测量值进行标注，重新输入尺寸数字、代号和其他文字说明。

一、尺寸标注类型（见图 11 - 19）

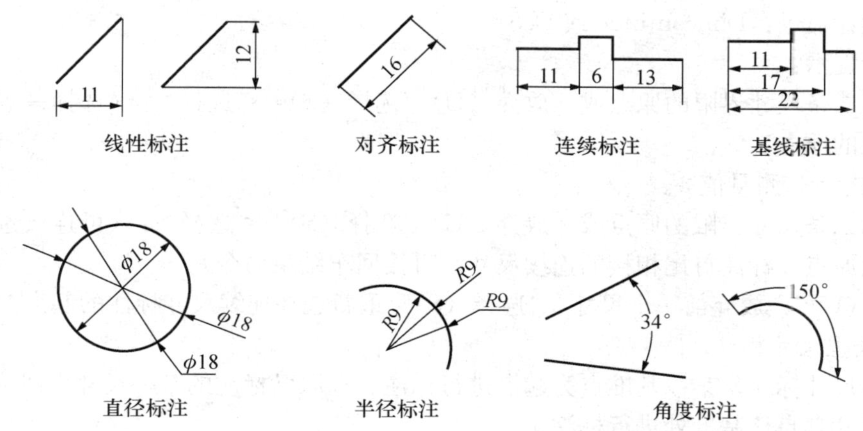

图 11 - 19 常见尺寸标注类型

二、尺寸标注命令

1. 线性尺寸标注

用于标注水平、垂直和指定角度的长度尺寸。

（1）下拉菜单：【标注】⟶【线性】

（2）工具栏图标：

（3）键盘命令：Dimlinear 或 Dli

命令行提示：

指定第一条尺寸界限的起点或＜选择对象＞：（选择标注线段的端点作为第一条尺寸界限的起点，或直接回车，选择对象）。

指定第二条尺寸界限的起点：（选择标注线段的另一个端点）。

指定尺寸线的位置或［多行文字（M）/文字（T）/角度（A）/水平（H）/垂直（V）/旋转（R）］：（用鼠标拖动尺寸到合适的位置，点击左健，按测量值注出尺寸）。

选择“多行文字（M）”，使用多行文字修改尺寸值；选择“文字（T）”，使用单行文字修改尺寸值；选择“角度（A）”，指定标注文字的角度；选择“水平（H）”，标注水平方向的线性尺寸；选择“垂直（V）”，标注垂直方向的线性尺寸；选择“旋转（R）”，指定尺寸线的角度。

2. 对齐尺寸标注

用于标注带有倾斜尺寸线的长度尺寸，使尺寸线与所标注线段平行。

（1）下拉菜单：【标注】⟶【对齐】

(2) 工具栏图标：

(3) 键盘命令：Dimalingned 或 Dal

输入命令，操作提示与“线性”标注类似（略）。

3. 连续型尺寸标注

用于标注首尾相连的尺寸。连续型尺寸标注以上一个尺寸标注的第二条尺寸界限为起点开始标注。

(1) 下拉菜单：【标注】⟶【连续】

(2) 工具栏图标：

(3) 键盘命令：.Dimcontinue 或 Dco

命令行提示：

指定第二条尺寸界限的原点或［放弃（U）/选择（S）］<选择>：(选择一点作为第二条尺寸界限的原点)。

标注文字=<测量值>。

指定第二条尺寸界限的原点或［放弃（U）/选择（S）］<选择>：(可连续选择第二条尺寸界限的原点，标注首尾相接的连续尺寸。直接回车结束命令)。

“放弃（U）”，放弃前一个尺寸；“选择（S）”重新选择连续尺寸标注的起点。

4. 基线型尺寸标注

基线型尺寸标注是某一基准点为起点进行标注。选取已标注的某一尺寸界线为基准，后面所注的尺寸都自该基准处进行标注。

(1) 下拉菜单：【标注】⟶【基线】

(2) 工具栏图标：

(3) 键盘命令：Dimbaseline 或 Dba

命令行提示：

选择基准标注：(选择已标尺寸的某一尺寸界限作为基准线)。

指定第二条尺寸界限的原点或［放弃（U）/选择（S）］<选择>：(选择一点作为第二条尺寸界限的原点，可连续选择第二条尺寸界限的原点，标注自同一基准的并列尺寸，直接回车结束命令)。

“放弃（U）”，放弃前一个尺寸；“选择（S）”重新选择尺寸基准。

5. 半径尺寸标注

(1) 下拉菜单：【标注】⟶【半径】

(2) 工具栏图标：

(3) 键盘命令：Dimradius 或 Dra

命令行提示：

选择圆或圆弧：

指定尺寸线的位置或［多行文字（M）/文字（T）/角度（A）］：(输入一点以指定尺寸线的位置，完成尺寸标注)。

6. 直径尺寸标注

(1) 下拉菜单：【标注】⟶【直径】

(2) 工具栏图标：

（3）键盘命令：Dimdiameter 或 Ddi

命令行提示：

选择圆弧或圆：

指定尺寸线位置或［多行文字（M）/文字（T）/角度（A）］：指定点或输入选项。

7. 角度标注

（1）下拉菜单：【标注】——→【角度】

（2）工具栏图标：

（3）键盘命令：Dimangular 或 Dan

命令行提示：

选择圆弧、圆、直线或＜指定顶点＞：选择圆弧、圆或直线，或按回车键，通过指定三点创建角度标注。

指定标注弧线位置或［多行文字（M）/文字（T）/角度（A）］：（指定标注尺寸的位置，完成尺寸标注）。

绘图举例：绘制如图 11-20 所示端盖的零件图。

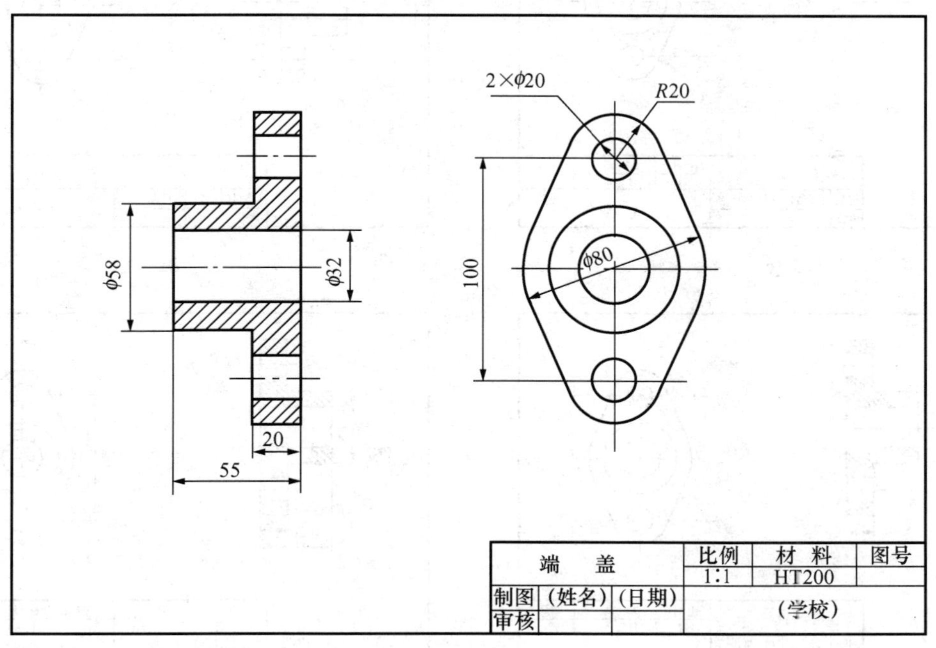

图 11-20 端盖零件图

绘图步骤如下：

（1）设置绘图环境。

（2）绘制图框、标题栏，见图 11-21（a）。

（3）绘制主视图和左视图中的细点划线，见图 11-21（b）、图 11-21（c）。

（4）绘制两视图中的粗实线，见图 11-21（d）。

（5）绘制剖面线，见图 11-21（e）。

（6）标注尺寸，完成全图，见图 11-21（f）。

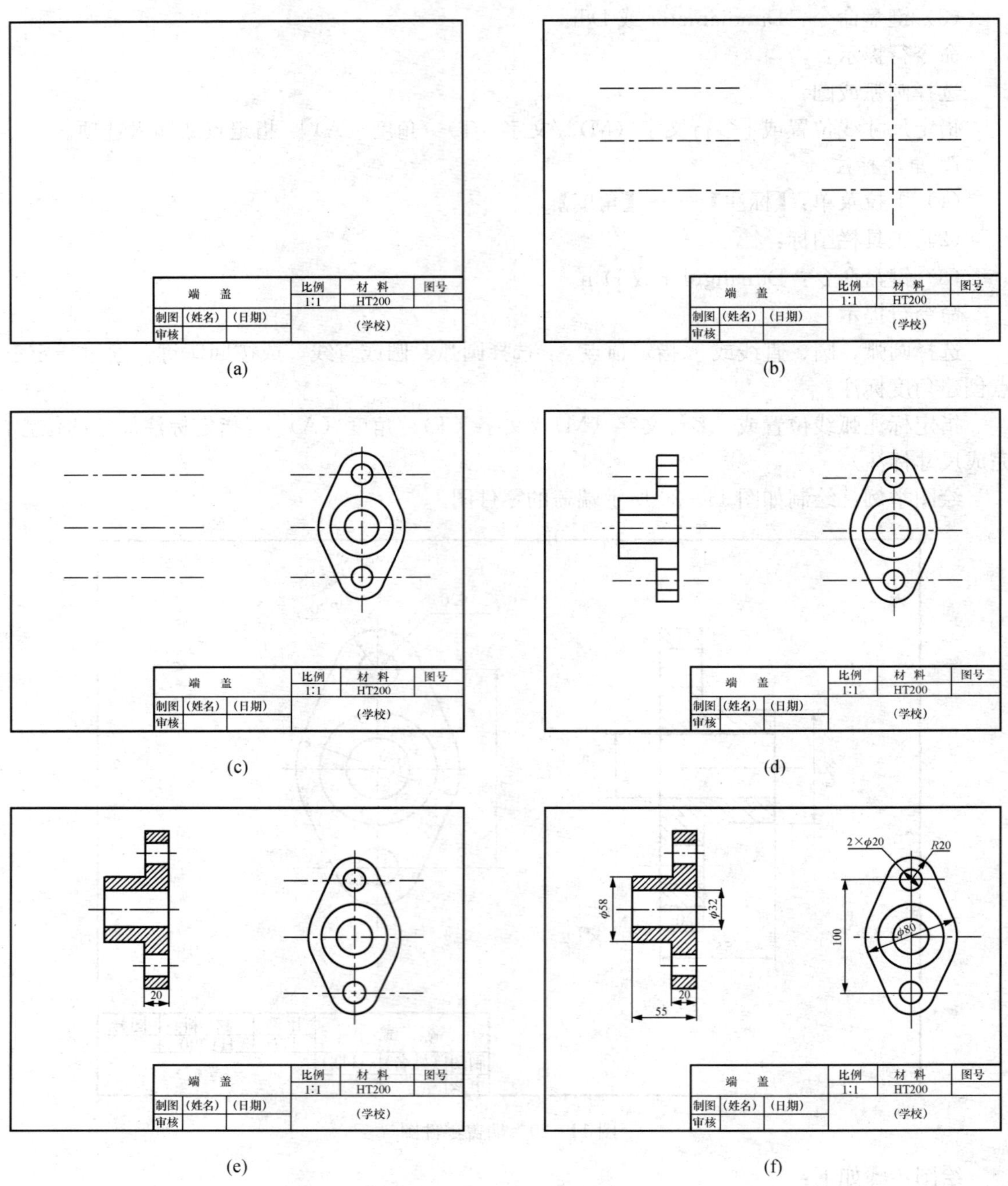

图 11-21　绘制端盖零件图步骤

附　　录

一、极限与配合

附表 1　基本尺寸小于 500mm 的标准公差（摘自 GB/T 1800.3—1988）　μm

基本尺寸/mm	公差等级																	
	IT1	IT2	IT3	IT4	IT5	IT6	IT7	IT8	IT9	IT10	IT11	IT12	IT13	IT14	IT15	IT16	IT17	IT18
≤3	0.8	1.2	2	3	4	6	10	14	25	40	60	100	140	250	400	600	1000	1400
>3～6	1	1.5	2.5	4	5	8	12	18	30	48	75	120	180	300	480	750	1200	1800
>6～10	1	1.5	2.5	4	6	9	15	22	36	58	90	150	220	360	580	900	1500	2200
>10～18	1.2	2	3	5	8	11	18	27	43	70	110	180	270	430	700	1100	1800	2700
>18～30	1.5	2.5	4	6	9	13	21	33	52	84	130	210	330	520	840	1300	2100	3300
>30～50	1.5	2.5	4	7	11	16	25	39	62	100	160	250	390	620	1000	1600	2500	3900
>50～80	2	3	5	8	13	19	30	46	74	120	190	300	460	740	1200	1900	3000	4600
>80～120	2.5	4	6	10	15	22	35	54	87	140	220	350	540	870	1400	2200	3500	5400
>120～180	3.5	5	8	12	18	25	40	63	100	160	250	400	630	1000	1600	2500	4000	6300
>180～250	4.5	7	10	14	20	29	46	72	115	185	290	460	720	1150	1850	2900	4600	7200
>250～315	6	8	12	16	23	32	52	81	130	210	320	520	810	1300	2100	3200	5200	8100
>315～400	7	9	13	18	25	36	57	89	140	230	360	570	890	1400	2300	3600	5700	8900
>400～500	8	10	15	20	27	40	63	97	155	250	400	630	970	1550	2500	4000	6300	9700

附表 2 轴的极限偏差（摘自 GB/T 1800.4—1999） μm

基本尺寸/mm		常用公差带												
		a	b		c			d				e		
大于	至	11	11	12	9	10	11	8	9	10	11	7	8	9
—	3	−270 −330	−140 −200	−140 −240	−60 −85	−60 −100	−60 −120	−20 −34	−20 −45	−20 −60	−20 −80	−14 −24	−14 −28	−14 −39
3	6	−270 −345	−140 −215	−140 −260	−70 −100	−70 −118	−70 −145	−30 −48	−30 −60	−30 −78	−30 −105	−20 −32	−20 −38	−20 −50
6	10	−280 −370	−150 −240	−150 −300	−80 −116	−80 −138	−80 −170	−40 −62	−40 −76	−40 −98	−40 −130	−25 −40	−25 −47	−25 61
10	14	−290 −400	−150 −260	−150 −330	−95 −165	−95 −165	−95 −205	−50 −77	−50 −93	−50 −120	−50 −160	−32 −50	−32 −59	−32 −75
14	18													
18	24	−300 −430	−160 −290	−160 −370	−110 −162	−110 −194	−110 −240	−65 −98	−65 −117	−65 −149	−65 −195	−40 −61	−40 −73	−40 −92
24	30													
30	40	−310 −470	−170 −330	−170 −420	−120 −182	−120 −220	−120 −280	−80 −119	−80 −142	−80 −180	−80 −240	−50 −75	−50 −89	−50 112
40	50	−320 −480	−180 −340	−180 −430	−130 −192	−130 −230	−130 −290							
50	65	−340 −530	−190 −380	−190 −490	−140 −214	−140 −260	−140 −330	−100 −146	−100 −174	−100 −220	−100 −290	−60 −90	−60 −106	−60 −134
65	80	−360 −550	−200 −390	−200 −500	−150 −224	−150 −270	−150 −340							
80	100	−380 −600	−200 −440	−220 −570	−170 −257	−170 −310	−170 −399	−120 −174	−120 −207	−120 −206	−120 −340	−72 −107	−72 −126	−72 −159
100	120	−410 −630	−240 −460	−240 −590	−180 −267	−180 −320	−180 −400							
120	140	−520 −710	−260 −510	−260 −660	−200 −300	−200 −360	−200 −450	−145 −208	−145 −245	−145 −305	−145 −395	−85 −125	−85 −148	−85 −185
140	160	−460 −770	−280 −530	−280 −680	−210 −310	−210 −370	−210 −460							
160	180	−580 −830	−100 −560	−310 −710	−230 −330	−230 −390	−230 −480							
180	200	−600 −950	−340 −630	−340 −800	−240 −355	−240 −425	−240 −530	−170 −242	−170 −285	−170 −355	−170 −460	−100 −146	−100 −172	−100 −215
200	225	−740 −1030	−380 −670	−380 −840	−260 −375	−260 −445	−260 −550							
225	250	−820 −1110	−420 −710	−420 −880	−280 −395	−280 −465	−280 −570							
250	280	−920 −1240	−480 −800	−480 −1000	−300 −430	−300 −510	−300 −620	−190 −271	−190 −320	−190 −400	−190 −510	−110 −162	−110 −191	−110 −240
280	315	−1050 −1370	−540 −860	−540 −1060	−330 −460	−330 −540	−330 −650							
315	355	−1200 −1560	−600 −960	−800 −1170	−360 −500	−360 −590	−360 −720	−210 −299	−210 −350	−210 −440	−210 −570	−125 −182	−125 −214	−125 −265
355	400	−1350 −1710	−680 −140	−680 −1250	−400 −540	−400 −630	−400 −760							

续表

基本尺寸/mm		常用公差带															
		f					g			h							
大于	至	5	6	7	8	9	5	6	7	5	6	7	8	9	10	11	12
—	3	−6 −10	−6 −12	−6 −16	−6 −20	−6 −31	−2 −6	−2 −8	−2 −12	0 −4	0 −6	0 −10	0 −14	0 −25	0 −40	0 −60	0 −100
3	6	−10 −15	−10 −18	−10 −22	−10 −28	−10 −40	−4 −9	−4 −12	−4 −16	0 −5	0 −8	0 −12	0 −18	0 −30	0 −48	0 −75	0 −120
6	10	−13 −19	−13 −22	−13 −28	−13 −35	−13 −49	−5 −11	−5 −14	−5 −20	0 −6	0 −9	0 −15	0 −22	0 −36	0 −58	0 −90	0 −150
10 14	14 18	−16 −24	−16 −27	−16 −34	−16 −43	−16 −59	−6 −14	−6 −17	−6 −24	0 −8	0 −11	0 −18	0 −27	0 −43	0 −70	0 −110	0 −180
18 24	24 30	−20 −29	−20 −33	−20 −41	−20 −53	−20 −72	−7 −16	−7 −20	−7 −28	0 −9	0 −13	0 −21	0 −33	0 −52	0 −84	0 −130	0 −210
30 40	40 50	−25 −36	−25 −41	−25 −50	−25 −64	−25 −87	−9 −20	−9 −25	−9 −34	0 −11	0 −16	0 −25	0 −39	0 −62	0 −100	0 −160	0 −300
50 65	65 80	−30 −43	−30 −49	−30 −60	−30 −76	−30 −104	−10 −23	−10 −29	−10 −40	0 −13	0 −19	0 −30	0 −46	0 −74	0 −120	0 −190	0 −300
80 100	100 120	−36 −51	−36 −58	−36 −71	−36 −90	−36 −123	−12 −27	−12 −34	−12 −47	0 −15	0 −22	0 −35	0 −54	0 −87	0 −140	0 −220	0 −350
120 140 160	140 160 180	−43 −61	−43 −68	−43 −83	−43 −106	−43 −143	−14 −32	−14 −39	−14 −54	0 −18	0 −25	0 −40	0 −63	0 −100	0 −160	0 −250	0 −400
180 200 225	200 225 250	−50 −70	−50 −79	−50 −96	−50 −122	−50 −165	−15 −35	−15 −44	−15 −61	0 −20	0 −29	0 −46	0 −72	0 −115	0 −185	0 −290	0 −460
250 280	280 315	−56 −79	−56 −88	−56 −108	−56 −137	−56 −186	−17 −40	−17 −49	−17 −69	0 −23	0 −32	0 −52	0 −81	0 −130	0 −210	0 −320	0 −520
315 355	355 400	−62 −87	−62 −98	−62 −119	−62 −15	−62 −202	−18 −43	−18 −54	−18 −75	0 −25	0 −36	0 −57	0 −89	0 −140	0 −230	0 −360	0 −570

续表

基本尺寸/mm		常用公差带														
		js			k			m			n			p		
大于	至	5	6	7	5	6	7	5	6	7	5	6	7	5	6	7
—	3	±2	±3	±5	+4 0	+6 0	+10 0	+6 +2	+8 +2	+12 +2	+8 +4	+10 +4	+14 +4	+10 +6	+12 +6	+16 +6
3	6	±2.5	±4	±6	+6 +1	+9 +1	+13 +1	+9 +4	+12 +4	+16 +4	+13 +8	+16 +8	+20 +8	+17 +12	+20 +12	+24 +12
6	10	±3	±4.5	±7	+7 +1	+10 +1	+16 +1	+12 +6	+15 +6	+21 +6	+16 +10	+19 +10	+25 +10	+21 +15	+24 +15	+30 +15
10	14	±4	±5.5	±9	+9 +1	+12 +1	+19 +1	+15 +7	+18 +7	+25 +7	+20 +12	+23 +12	+30 +12	+26 +18	+29 +18	+36 +18
14	18															
18	24	±4.5	±6.5	±10	+11 +2	+15 +2	+23 +2	+17 +8	+21 +8	+29 +8	+24 +15	+28 +15	+36 +15	+31 +22	+35 +22	+43 +22
24	30															
30	40	±5.5	±8	±12	+13 +2	+18 +2	+27 +2	+20 +9	+25 +9	+34 +9	+28 +17	+33 +17	+42 +17	+37 +26	+42 +26	+51 +26
40	50															
50	65	±6.5	±9.5	±15	+15 +2	+21 +2	+32 +2	+24 +11	+30 +11	+41 +11	+33 +20	+39 +20	+50 +20	+45 +32	+51 +32	+62 +32
65	80															
80	100	±7.5	±11	±17	+18 +3	+25 +3	+38 +3	+28 +13	+35 +13	+48 +13	+38 +23	+45 +23	+58 +23	+52 +37	+59 +37	+72 +37
100	120															
120	140	±9	±12.5	±20	+21 +3	+28 +3	+43 +3	+33 +15	+40 +15	+55 +15	+45 +27	+52 +27	+67 +27	+61 +43	+68 +43	+83 +43
140	160															
160	180															
180	200	±10	±14.5	±23	+24 +4	+33 +4	+50 +4	+37 +17	+46 +17	+63 +17	+51 +31	+60 +31	+77 +31	+70 +50	+79 +50	+96 +50
200	225															
225	250															
250	280	±11.5	±16	±26	+27 +4	+36 +4	+56 +4	+43 +20	+52 +20	+72 +20	+57 +34	+66 +34	+86 +34	+79 +56	+88 +56	+108 +56
280	315															
315	355	±12.5	±18	±28	+29 +4	+40 +4	+61 +4	+46 +21	+57 +21	+78 +21	+62 +37	+73 +37	+94 +37	+87 +62	+98 +62	+119 +62
355	400															

续表

基本尺寸/mm		常用公差带														
		r			s			t			u		v	x	y	x
大于	至	5	6	7	5	6	7	5	6	7	6	7	6	6	6	6
—	3	+14 +10	+16 +10	+20 +10	+18 +14	+20 +14	+24 +14	—	—	—	+24 +18	+28 +18	—	+26 +20	—	+32 +26
3	6	+20 +15	+23 +15	+27 +15	+24 +19	+27 +19	+31 +19	—	—	—	+31 +23	+35 +23	—	+36 +28	—	+43 +35
6	10	+25 +19	+28 +19	+34 +19	+29 +23	+32 +23	+38 +23	—	—	—	+37 +28	+43 +28	—	+43 +34	—	+51 +42
10	14	+31 +23	+34 +23	+41 +23	+36 +28	+39 +28	+46 +28	—	—	—	+44 +33	+51 +33	—	+51 +40	—	+61 +50
14	18							—	—	—			+50 +39	+56 +45	—	+71 +60
18	24	+37 +28	+41 +28	+49 +28	+44 +35	+48 +35	+56 +35	—	—	—	+54 +41	+62 +41	+60 +47	+67 +54	+76 +63	+86 +73
24	30							+50 +41	+54 +41	+62 +41	+61 +48	+69 +48	+68 +55	+77 +64	+88 +75	+101 +88
30	40	+45 +34	+50 +34	+59 +34	+54 +43	+59 +43	+68 +43	+59 +48	+64 +48	+73 +48	+76 +60	+85 +60	+84 +68	+96 +80	+110 +94	+128 +112
40	50							+65 +54	+70 +54	+79 +54	+86 +70	+95 +70	+97 +81	+113 +97	+130 +114	+152 +136
50	65	+54 +41	+60 +41	+71 +41	+66 +53	+72 +53	+83 +53	+79 +66	+85 +66	+96 +66	+106 +87	+117 +87	+121 +102	+141 +122	+163 +144	+191 +172
65	80	+56 +43	+62 +43	+73 +43	+72 +59	+78 +59	+89 +59	+88 +75	+94 +75	+105 +75	+121 +102	+132 +102	+139 +120	+165 +146	+193 +174	+229 +210
80	100	+66 +51	+73 +51	+86 +51	+86 +71	+93 +71	+106 +91	+106 +91	+113 +91	+126 +91	+146 +124	+159 +124	+168 +146	+200 +178	+236 +214	+280 +258
100	120	+69 +54	+76 +54	+89 +54	+94 +79	+101 +79	+114 +79	+110 +104	+126 +104	+136 +104	+166 +144	+179 +144	+194 +172	+232 +210	+276 +254	+332 +310
120	140	+81 +63	+88 +63	+103 +63	+110 +92	+117 +92	+132 +92	+140 +122	+147 +122	+162 +122	+195 +170	+210 +170	+227 +202	+273 +248	+325 +300	+390 +365
140	160	+83 +65	+90 +65	+105 +65	+118 +100	+125 +100	+140 +100	+152 +134	+159 +134	+174 +134	+215 +190	+230 +190	+253 +228	+305 +280	+365 +340	+440 +415
160	180	+86 +68	+93 +68	+108 +68	+126 +108	+133 +108	+148 +108	+164 +146	+171 +146	+186 +146	+235 +210	+250 +210	+277 +252	+335 +310	+405 +380	+490 +465
180	200	+97 +77	+106 +77	+123 +77	+142 +122	+151 +122	+168 +122	+185 +166	+195 +166	+212 +166	+265 +236	+282 +236	+313 +284	+379 +350	+454 +425	+549 +520
200	225	+100 +80	+109 +80	+126 +80	+150 +130	+159 +130	+176 +130	+200 +180	+209 +180	+226 +180	+287 +258	+304 +256	+339 +310	+414 +385	+499 +470	+604 +575
225	250	+104 +84	+113 +84	+130 +84	+160 +140	+169 +140	+186 +140	+216 +196	+225 +196	+242 +196	+313 +284	+330 +284	+369 +340	+454 +425	+549 +520	+669 +640
250	280	+117 +94	+126 +94	+146 +94	+181 +158	+290 +158	+210 +158	+241 +218	+250 +218	+270 +218	+347 +315	+367 +315	+417 +385	+507 +475	+612 +680	+742 +710
280	315	+121 +98	+130 +98	+150 +98	+193 +170	+202 +170	+222 +170	+263 +240	+272 +240	+292 +240	+382 +350	+402 +350	+457 +425	+557 +525	+682 +650	+822 +790
315	355	+133 +108	+144 +108	+165 +108	+215 +190	+226 +190	+247 +190	+293 +268	+304 +268	+325 +268	+426 +390	+447 +390	+511 +475	+626 +590	+766 +730	+936 +900
355	400	+139 +114	+150 +114	+171 +114	+233 +208	+244 +208	+265 +208	+319 +294	+330 +294	+351 +294	+471 +435	+492 +435	+566 +530	+696 +660	+856 +820	+1036 +1000

附表 3 **孔的极限偏差（摘自 GB/T 1800.4—1999）** μm

基本尺寸/mm		常用公差带													
		A	B		C	D				E		F			
大于	至	11	11	12	11	8	9	10	11	8	9	6	7	8	9
—	3	+330 +270	+200 +140	+240 +140	+120 +60	+34 +20	+45 +20	+60 +20	+80 +20	+28 +14	+39 +14	+12 +6	+16 +6	+20 +6	+31 +6
3	6	+345 +270	+215 +140	+260 +140	+145 +70	+48 +30	+60 +30	+78 +30	+105 +30	+38 +20	+50 +20	+18 +10	+22 +10	+28 +10	+40 +10
6	10	+370 +280	+240 +150	+300 +150	+170 +80	+62 +40	+76 +40	+98 +40	+170 +40	+47 +25	+61 +25	+22 +13	+28 +13	+35 +13	+49 +13
10 14	14 18	+400 +290	+260 +150	+330 +150	+205 +95	+77 +50	+93 +50	+120 +50	+160 +50	+59 +32	+75 +32	+27 +46	+34 +16	+43 +16	+59 +16
18 24	24 30	+430 +300	+290 +160	+370 +160	+240 +110	+98 +65	+117 +65	+149 +65	+195 +65	+73 +40	+92 +40	+33 +20	+41 +20	+53 +20	+72 +20
30	40	+470 +310	+330 +170	+420 +170	+280 +170	+119 +80	+142 +80	+180 +80	+240 +80	+89 +50	+112 +50	+41 +25	+50 +25	+64 +25	+87 +25
40	50	+480 +320	+340 +180	+430 +180	+290 +180										
50	65	+530 +340	+389 +190	+490 +190	+330 +140	+146 +100	+170 +100	+220 +100	+290 +100	+106 +60	+134 +80	+49 +30	+60 +30	+76 +30	+104 +30
65	80	+550 +360	+330 +200	+500 +200	+340 +150										
80	100	+600 +380	+440 +220	+570 +220	+390 +170	+174 +120	+207 +120	+260 +120	+340 +120	+126 +72	+159 +72	+58 +36	+71 +36	+90 +36	+123 +36
100	120	+630 +410	+460 +240	+590 +240	+400 +180										
120	140	+710 +460	+510 +260	+660 +260	+450 +200	+208 +145	+245 +145	+305 +145	+395 +145	+148 +85	+135 +85	+68 +43	+83 +43	+106 +43	+143 +43
140	160	+770 +520	+530 +280	+680 +280	+460 +210										
160	180	+830 +580	+560 +310	+710 +310	+480 +230										
180	200	+950 +660	+630 +340	+800 +340	+530 +240	+242 +170	+285 +170	+355 +170	+460 +170	+172 +100	+215 +100	+79 +50	+96 +50	+122 +50	+165 +50
200	225	+1030 +740	+670 +380	+840 +380	+550 +260										
225	250	+1110 +820	+710 +420	+880 +420	+570 +280										
250	280	+1240 +320	+800 +480	+1000 +480	+620 +300	+271 +190	+320 +190	+400 +190	+510 +190	+191 +110	+240 +110	+88 +56	+108 +56	+137 +56	+186 +56
280	315	+1375 +1050	+860 +540	+1060 +540	+650 +330										
315	355	+1560 +1200	+960 +600	+1170 +600	+720 +360	+299 +210	+350 +210	+440 +210	+570 +210	+214 +125	+265 +125	+98 +62	+119 +62	+151 +62	+202 +62
355	400	+1710 +1350	+1040 +680	+1250 +680	+760 +400										

续表

基本尺寸/mm		常用公差带																	
		G		H							JS			K			M		
大于	至	6	7	6	7	8	9	10	11	12	6	7	8	6	7	8	6	7	8
—	3	+8 +2	+12 +2	+6 0	+10 0	+14 0	+25 0	+40 0	+60 0	+100 0	±3	±5	±7	0 −6	0 −10	0 −11	−2 −8	−2 −12	−2 −16
3	6	+12 +4	+16 +4	+8 0	+12 0	+18 0	+30 0	+48 0	+75 0	+120 0	±4	±6	±9	+2 −6	+3 −9	+5 −13	−1 −9	0 −12	+2 −16
6	10	+14 +5	+20 +5	+9 0	+15 0	+22 0	+36 0	+58 0	+90 0	+150 0	±4.5	±7	±11	+2 −7	+5 −10	+6 −16	−3 −12	0 −15	+1 −21
10 14	14 18	+17 +6	+24 +6	+11 0	+18 0	+27 0	+43 0	+70 0	+110 0	+180 0	±5.5	±9	±3	+2 −9	+6 −12	+8 −19	−4 −15	0 −18	+2 −25
18 24	24 30	+28 +7	+28 +7	+13 0	+21 0	+33 0	+52 0	+84 0	+130 0	+210 0	±6.5	±10	±16	+2 −11	+6 −15	+10 −22	−4 −17	0 −21	+4 −29
30 40	40 50	+25 +9	+34 +9	+16 0	+25 0	+39 0	+62 0	+100 0	+160 0	+250 0	±8	±12	±19	+3 −13	+7 −18	+12 −27	−4 −20	0 −25	+5 −34
50 65	65 80	+29 +10	+40 +10	+19 0	+30 0	+46 0	+74 0	+120 0	+190 0	+300 0	±9.5	±15	±23	+4 −15	−9 −21	+14 −32	−5 −24	0 −30	+5 −41
80 100	100 120	+34 +12	+47 +12	+22 0	+35 0	+54 0	+87 0	+140 0	+220 0	+350 0	±11	±17	±27	+4 −18	+10 −25	+16 −33	−6 −28	0 −35	+6 −43
120 140 160	140 160 180	+39 +14	+54 +14	+25 0	+40 0	+63 0	+100 0	+160 0	+250 0	+400 0	±12.5	±20	±31	+4 −21	+12 −28	+20 −43	−8 −33	0 −40	+8 −55
180 200 225	200 225 250	+44 +15	+61 +15	+29 0	+46 0	+72 0	+115 0	+185 0	+290 0	+46 0	±14.5	±23	±36	+5 −24	−13 −33	+22 −50	−8 −37	0 −46	+9 −63
250 280	280 315	+49 +17	+69 +17	+32 0	+52 0	+81 0	+130 0	+210 0	+320 0	+520 0	±16	±26	±40	+5 −27	+16 −36	+25 −56	−9 −41	0 −52	+9 −72
315 355	355 400	+54 +18	+75 +18	+36 0	+57 0	+89 0	+140 0	+230 0	+360 0	+570 0	±18	±28	±44	+7 −29	+17 −40	+28 −61	−10 −46	0 −57	+11 −78

续表

基本尺寸/mm		常用公差带											
		N			P		R		S		T		U
大于	至	6	7	8	6	7	6	7	6	7	6	7	7
—	3	−4 −10	−4 −14	−4 −18	−6 −12	−6 −16	−10 −16	−10 −20	−14 −20	−14 −24	—	—	−18 −28
3	6	−5 −13	−4 −16	−2 −20	−9 −17	−8 −20	−12 −20	−11 −23	−16 −24	−15 −27	—	—	−19 −31
6	10	−7 −16	−4 −19	−3 −25	−12 −21	−9 −24	−16 −25	−13 −28	−20 −29	−17 −32	—	—	−22 −37
10	14	−9 −20	−5 −23	−3 −30	−15 −26	−11 −29	−20 −31	−16 −34	−25 −36	−21 −39	—	—	−26 −44
14	18												
18	24	−11 −24	−7 −28	−3 −36	−18 −31	−14 −35	−24 −37	−20 −41	−31 −44	−27 −48	—	—	−33 −54
24	30										−37 −50	−33 −54	−40 −61
30	40	−12 −28	−8 −33	−3 −42	−21 −37	−17 −42	−29 −45	−25 −50	−38 −54	−34 −59	−43 −59	−39 −64	−51 −76
40	50										−49 −65	−45 −70	−61 −76
50	65	−14 −33	−9 −39	−4 −50	−26 −45	−21 −51	−35 −54	−30 −60	−47 −66	−42 −72	−60 −79	−55 −85	−86 −106
65	80						−37 −56	−32 −62	−53 −72	−48 −78	−69 −88	−64 −94	−91 −121
80	100	−16 −38	−10 −45	−4 −58	−30 −52	−24 −59	−44 −66	−38 −73	−64 −86	−58 −93	−84 −106	−78 −113	−111 −146
100	120						−47 −69	−41 −76	−72 −94	−66 −101	−97 −119	−91 −126	−131 −166
120	140	−20 −45	−12 −52	−4 −67	−36 −61	−28 −68	−56 −81	−48 −88	−85 −110	−77 −117	−115 −140	−107 −147	−155 −195
140	160						−58 −83	−50 −90	−93 −118	−85 −125	−137 −152	−110 −159	−175 −215
160	180						−61 −86	−53 −93	−101 −126	−93 −133	−139 −164	−131 −171	−195 −235
180	200	−22 −51	−14 −60	−5 −77	−41 −70	−33 −79	−68 −97	−60 −106	−113 −142	−101 −155	−157 −186	−149 −195	−219 −265
200	225						−71 −100	−63 −109	−121 −150	−113 −159	−171 −200	−163 −209	−241 −287
225	250						−75 −104	−67 −113	−131 −160	−123 −169	−187 −216	−179 −225	−317 −263
250	280	−25 −57	−14 −66	−5 −86	−47 −79	−36 −88	−85 −117	−74 −126	−149 −181	−138 −190	−209 −241	−198 −250	−295 −347
280	315						−89 −121	−78 −130	−161 −193	−150 −202	−231 −263	−220 −272	−330 −382
315	355	−26 −62	−16 −73	−5 −94	−51 −87	−41 −98	−97 −133	−87 −144	−179 −215	−169 −226	−257 −293	−247 −304	−369 −426
355	400						−103 −139	−93 −150	−197 −233	−187 −244	−283 −319	−273 −330	−414 −471

二、常用螺纹及螺纹紧固件

1. 普通螺纹（摘自 GB/T 193—1981、GB/T 196—1981）

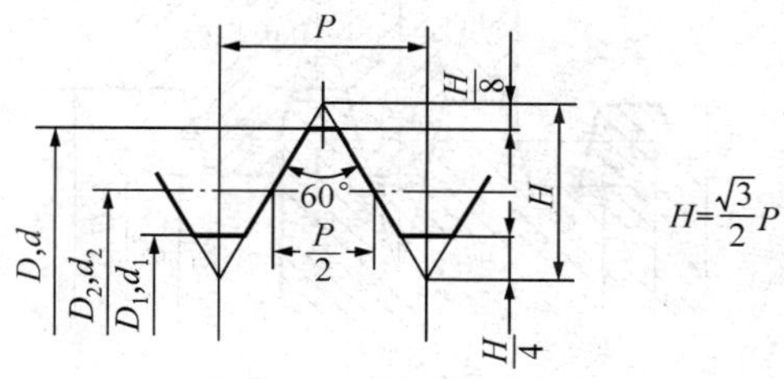

附表 4　　**直径与螺距系列、基本尺寸**　　mm

公称直径 D、d 第一系列	公称直径 D、d 第二系列	螺距 P 粗牙	螺距 P 细牙	粗牙小径 D_1、d_1	公称直径 D、d 第一系列	公称直径 D、d 第二系列	螺距 P 粗牙	螺距 P 细牙	粗牙小径 D_1、d_1
3		0.5	0.35	2.459		22	2.5	2,1.5,1,(0.75),(0.5)	19.294
	3.5	(0.6)		2.850	24		3	2, 1.5, 1, (0.75)	20.752
4		0.7	0.5	3.242		27	3	2, 1.5, 1, (0.75)	23.752
	4.5	(0.75)		3.688					
5		0.8		4.134	30		3.5	(3), 2, 1.5, 1, (0.75)	26.211
6		1	0.75,(0.5)	4.917		33	3.5	(3), 2, 1.5, (1), (0.75)	29.211
8		1.25	1,0.75,(0.5)	6.647	36		4	3, 2, 1.5, (1)	31.670
10		1.5	1.25,1,0.75,(0.5)	8.376		39	4		34.670
12		1.75	1.5,1.25,1,(0.75),(0.5)	10.106	42		4.5	(4), 3, 2, 1.5, (1)	37.129
	14	2	1.5,(1.25),1,(0.75),(0.5)	11.835		45	4.5		40.129
16		2	1.5,1,(0.75),(0.5)	13.835	48		5		42.587
	18	2.5	2,1.5,1,(0.75),(0.5)	15.294		52	5		46.587
20		2.5		17.294	56		5.5	4, 3, 2, 1.5, (1)	50.046

注　1. 优先选用第一系列，括号内尺寸尽可能不用。第三系列未列入。

2. 中径 D_2、d_2 未列入。

2. 梯形螺纹（摘自 GB/T 5796.2—1986、GB/T 5796.3—1986）

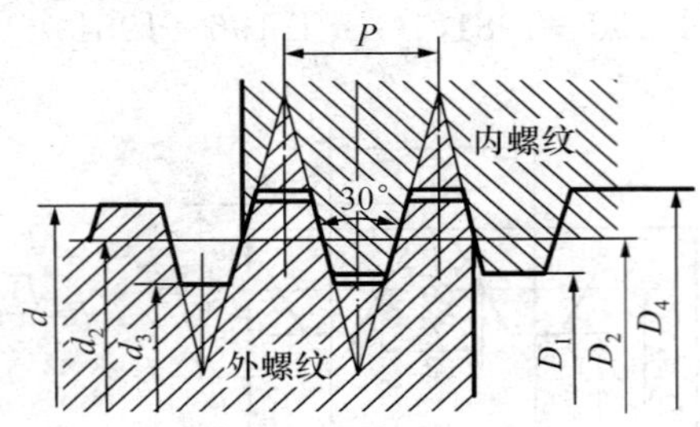

附表 5 **直径与螺距系列、基本尺寸** mm

公称直径 d		螺距	中径	大径	小 径	
第一系列	第二系列	P	$d_2=D_2$	D_4	d_3	D_1
8		1.5	7.25	8.30	6.20	6.50
	9	1.5	8.25	9.30	7.20	7.50
		2	8.00	9.50	6.50	7.00
10		1.5	9.25	10.30	8.20	8.50
		2	9.00	10.50	7.50	8.00
	11	2	10.00	11.50	8.50	9.00
		3	9.50	11.50	7.50	8.00
12		2	11.00	12.50	9.5	10.00
		3	10.50	12.50	8.50	9.00
	14	2	13.00	14.50	10.50	12.00
		3	12.50	14.50	11.50	11.00
16		2	15.00	16.50	13.50	14.00
		4	14.00	16.50	11.50	12.00
	18	2	17.00	18.50	15.50	16.00
		4	16.00	18.50	13.50	14.00
20		2	19.00	20.50	17.50	18.00
		4	18.00	20.50	15.50	16.00
	22	3	20.50	22.50	18.50	19.00
		5	19.50	22.50	16.50	17.00
		8	18.00	23.00	13.00	14.00
24		3	22.50	24.50	20.50	21.00
		5	21.50	24.50	18.50	19.00
		8	20.00	25.00	15.00	16.00
	26	3	24.50	26.50	22.50	23.00
		5	23.50	26.50	20.50	21.00
		8	22.00	27.00	17.00	18.00
28		3	26.50	28.50	24.50	25.00
		5	25.50	28.50	22.50	23.00
		8	24.00	29.00	19.00	20.00
	30	3	28.50	30.50	26.50	29.00
		6	27.00	31.00	23.00	24.00
		10	25.00	31.00	19.00	20.00
32		3	30.50	32.50	28.50	29.00
		6	29.00	33.00	25.00	26.00
		10	27.00	33.00	21.00	22.00
	34	3	32.50	34.50	30.50	31.00
		6	31.00	35.00	27.00	28.00
		10	29.00	35.00	23.00	24.00
36		3	34.50	36.50	32.50	33.00
		6	33.00	37.00	29.00	30.00
		10	31.00	37.00	25.00	26.00
	38	3	36.50	38.50	34.50	35.00
		7	34.50	39.00	30.00	31.00
		10	33.00	39.00	27.00	28.00
40		3	38.50	40.50	36.50	37.00
		7	36.50	41.00	32.00	33.00
		10	35.00	41.00	29.00	30.00

3. 非螺纹密封的管螺纹（摘自 GB/T 7307—1987）

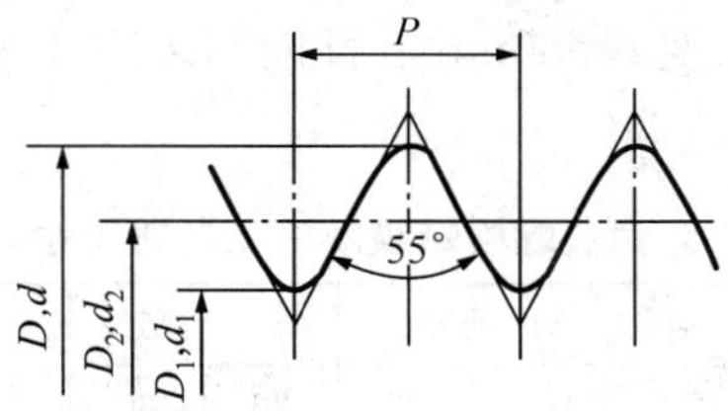

附表 6　管螺纹的尺寸代号、螺距、基本直径　mm

尺寸代号	每 25.4mm 内的牙数 n	螺　距　P	基本直径	
			大径 D、d	小径 D_1、d_1
1/8	28	0.907	9.728	8.566
1/4	19	1.337	13.157	11.445
3/8	19	1.337	16.662	14.950
1/2	14	1.814	20.955	18.631
5/8	14	1.814	22.911	20.587
3/4	14	1.814	26.441	24.117
7/8	14	1.814	30.201	27.877
1	11	2.309	33.249	30.291
$1\frac{1}{8}$	11	2.309	37.897	34.939
$1\frac{1}{4}$	11	2.309	41.910	38.952
$1\frac{1}{2}$	11	2.309	47.803	44.845
$1\frac{3}{4}$	11	2.309	53.746	50.788
2	11	2.309	59.614	56.656
$2\frac{1}{4}$	11	2.309	65.710	62.752
$2\frac{1}{2}$	11	2.309	75.184	72.226
$2\frac{3}{4}$	11	2.309	81.534	78.576
3	11	2.309	87.884	84.926

4. 螺栓

六角头螺栓—C 级（GB/T 5780—2000）、六角头螺栓—A 和 B 级（GB/T 5782—2000）

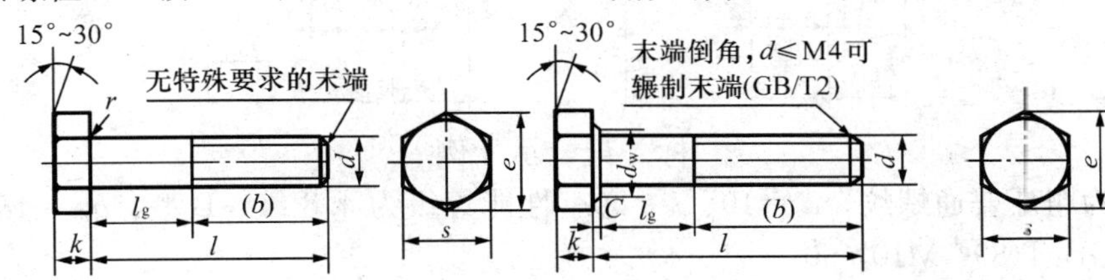

标 记 示 例

螺纹规格 d＝M12、公称长度 l＝80mm、性能等级为 8.8 级，表面氧化、A 级的六角头螺栓：螺栓 GB/T 5782 M12×80

附表 7 **六角头螺栓螺纹规格及系列尺寸** mm

螺纹规格 d			M3	M4	M5	M6	M8	M10	M12	M16	M20	M24	M30	M36	M42
b 参考	$l \leqslant 125$		12	14	16	18	22	26	30	38	46	54	66	—	—
	$125 < l \leqslant 200$		18	20	22	24	28	32	36	44	52	60	72	84	96
	$l > 200$		31	33	35	37	41	45	49	57	65	73	85	97	109
c			0.4	0.4	0.5	0.5	0.6	0.6	0.6	0.8	0.8	0.8	0.8	0.8	1
d_w	产品等级	A	4.57	5.88	6.88	8.88	11.63	14.63	16.63	22.49	28.19	33.61	—	—	—
		B、C	4.45	5.74	6.74	8.74	11.47	16.47	16.47	22	27.7	33.25	42.75	51.11	59.95
e	产品等级	A	6.01	7.66	8.79	11.05	14.38	17.77	20.03	26.75	33.53	39.98	—	—	—
		B、C	5.88	7.50	8.63	10.89	14.20	17.59	19.85	26.17	32.95	39.55	50.85	60.79	72.02
k	公称		2	2.8	3.5	4	5.3	6.4	7.5	10	12.5	15	18.7	22.5	26
r			0.1	0.2	0.2	0.25	0.4	0.4	0.6	0.6	0.8*	0.8	1	1	1.2
s	公称		5.5	7	8	10	13	16	18	24	30	36	46	55	65
l（商品规格范围）			20～30	25～40	25～50	30～60	40～80	45～100	50～120	65～160	80～200	90～240	110～300	140～360	160～440
l 系列			12，16，20，25，30，35，40，45，50，55，60，65，70，80，90，100，110，120，130 140，150，160，180，200，220，240，260，280，300，320，340，360，380，400，420，440，460，480，500												

注 1. A 级用于 $d \leqslant 24$ 和 $l \leqslant 10d$ 或 $\leqslant 150$ 的螺栓；

B 级用于 $d > 24$ 和 $l > 10d$ 或 > 150 的螺栓。

2. 螺纹规格 d 范围：GB/T 5780 为 M5～M64；GB/T 5782 为 M1.6～M64。

3. 公称长度范围：GB/T 5780 为 25～500；GB/T 5782 为 12～500。

5. 双头螺柱

双头螺柱—b_m＝1d（GB/T 897—1988）

双头螺柱—b_m＝1.25d（GB/T 898—1988）

双头螺柱—b_m＝1.5d（GB/T 899—1988）

双头螺柱—b_m＝2d（GB/T 900—1988）

A型 B型

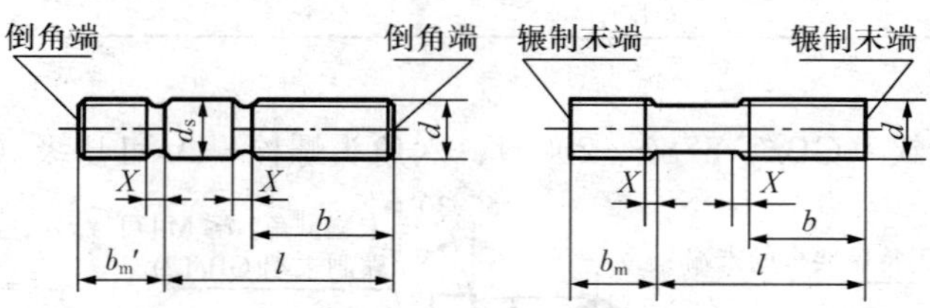

标 记 示 例

两端均为粗牙普通螺纹，d＝10、l＝50、性能等级为 4.8 级、B 型、b_m＝1d 的双头螺柱：螺柱 GB/T 897 M10×50

旋入机体一端为粗牙普通螺纹、旋螺母一端为螺距 1 的细牙普通螺纹、d=10mm、l=50mm、性能等级为 4.8 级、A 型、$b_m=1d$ 的双头螺柱：螺柱　GB/T 897　AM10—M10×1×50

附表 8　　　**双头螺柱螺纹规格及系列尺寸**　　　mm

螺纹规格		M5	M6	M8	M10	M12	M16	M20	M24	M30	M36	M42
b_m（公称）	GB/T 897	5	6	8	10	12	16	20	24	30	36	42
	GB/T 898	6	8	10	12	15	20	25	30	38	45	52
	GB/T 899	8	10	12	15	18	24	30	36	45	54	65
	GB/T 900	10	12	16	20	24	32	40	48	60	72	84
d_s（max）		5	6	8	10	12	16	20	24	30	36	42
x（max）		2.5P										
$\frac{l}{b}$		$\frac{16\sim22}{10}$ $\frac{25\sim50}{16}$	$\frac{20\sim22}{10}$ $\frac{25\sim30}{14}$ $\frac{32\sim75}{18}$	$\frac{20\sim22}{12}$ $\frac{25\sim30}{16}$ $\frac{32\sim90}{22}$	$\frac{25\sim28}{14}$ $\frac{30\sim38}{16}$ $\frac{40\sim120}{26}$ $\frac{130}{32}$	$\frac{25\sim30}{16}$ $\frac{32\sim40}{20}$ $\frac{45\sim120}{30}$ $\frac{130\sim180}{36}$	$\frac{30\sim38}{20}$ $\frac{40\sim55}{30}$ $\frac{60\sim120}{38}$ $\frac{130\sim200}{44}$	$\frac{35\sim40}{25}$ $\frac{45\sim65}{35}$ $\frac{70\sim120}{46}$ $\frac{130\sim200}{52}$	$\frac{45\sim50}{30}$ $\frac{55\sim75}{45}$ $\frac{80\sim120}{54}$ $\frac{130\sim200}{60}$	$\frac{60\sim65}{40}$ $\frac{70\sim90}{50}$ $\frac{95\sim120}{60}$ $\frac{130\sim200}{72}$ $\frac{210\sim250}{85}$	$\frac{65\sim75}{45}$ $\frac{80\sim110}{60}$ $\frac{120}{78}$ $\frac{130\sim200}{84}$ $\frac{210\sim300}{91}$	$\frac{65\sim80}{50}$ $\frac{85\sim110}{70}$ $\frac{120}{90}$ $\frac{130\sim200}{96}$ $\frac{210\sim300}{109}$
l 系列		16，(18)，20，(22)，25，(28)，30，(32)，35，(38)，40，45，50，(55)，60，(65)，70，(75)，80，(85)，90，(95)，100，110，120，130，140，150，160，170，180，190，200，210，220，230，240，250，260，280，300										

注　P 是粗牙螺纹的螺距。

6. 螺钉

(1) 开槽圆柱头螺钉（摘自 GB/T 65—2000）。

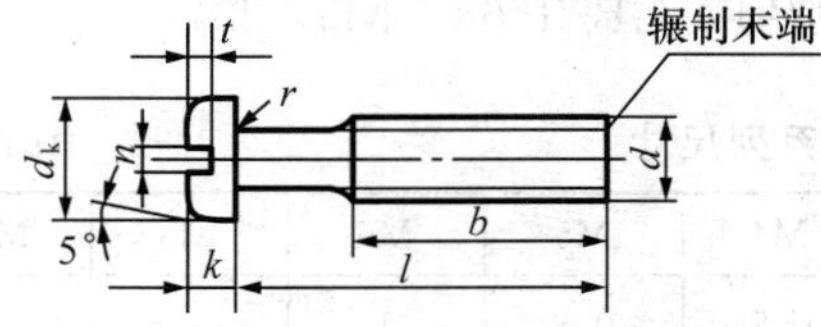

标　记　示　例

螺纹规格 d=M5、公称长度 l=20mm、性能等级为 4.8 级、不经表面处理的 A 级开槽圆柱头螺钉：螺钉　GB/T 65　M5×20

附表 9　　　**开槽圆柱头螺钉的螺纹规格及系列尺寸**　　　mm

螺纹规格 d	M4	M5	M6	M8	M10
P（螺距）	0.7	0.8	1	1.25	1.5
b	38	38	38	38	38
d_k	7	8.5	10	13	16
k	2.6	3.3	3.9	5	6
n	1.2	1.2	1.6	2	2.5
r	0.2	0.2	0.25	0.4	0.4
t	1.1	1.3	1.6	2	2.4
公称长度 l	5～40	6～50	8～60	10～80	12～80
l 系列	5，6，8，10，12，(14)，16，20，25，30，35，40，45，50，(55)，60，(65)，70，(75)，80				

注　1. 公称长度 $l \leqslant 40$mm 的螺钉，制出全螺纹。

2. 括号内的规格尽可能不采用。

3. 螺纹规格 d=M1.6～M10；公称长度 l=2～80mm。

（2）开槽盘头螺钉（摘自 GB/T 67—2000）。

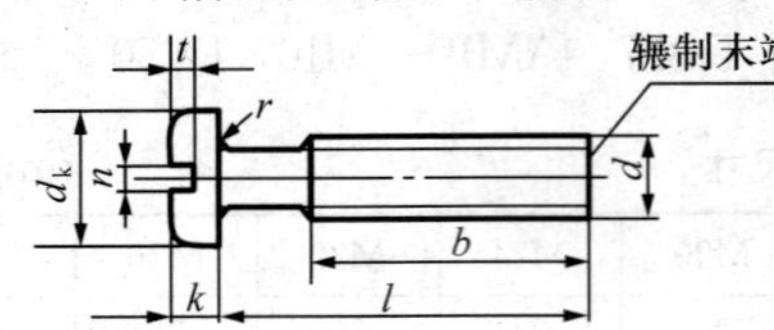

标　记　示　例

螺纹规格 d = M5、公称长度 l = 20mm、性能等级为 4.8 级、不经表面处理的 A 级开槽盘头螺钉：螺钉　GB/T 67　M5×20

附表 10　　开槽盘头螺钉的螺纹规格及系列尺寸　　mm

螺纹规格 d	M1.6	M2	M2.5	M3	M4	M5	M6	M8	M10
P（螺距）	0.35	0.4	0.45	0.5	0.7	0.8	1	1.25	1.5
b	25	25	25	25	38	38	38	38	38
d_k	3.2	4	5	5.6	8	9.5	12	16	20
k	1	1.3	1.5	1.5	2.4	3	3.6	4.8	6
n	0.4	0.5	0.6	0.8	1.2	1.2	1.6	2	2.5
r	0.1	0.1	0.1	0.1	0.2	0.2	0.25	0.4	0.4
t	0.35	0.6	0.5	0.7	1	1.2	1.4	1.9	2.4
公称长度 l	2～16	2.5～20	3～25	4～30	5～40	6～50	8～60	10～80	12～80
l 系列	2，2.5，3，4，5，6，8，10，12，（14），16，20，25，30，35，40，45，50，（55），60，（65），70，（75），80								

注　1. 括号内的规格尽可能不采用。

2. M1.6～M3 的螺钉，公称长度 l≤30mm 的，制出全螺纹；M4～M10 的螺钉，公称长度 l≤40mm 的，制出全螺纹。

（3）开槽沉头螺钉（摘自 GB/T 68—2000）。

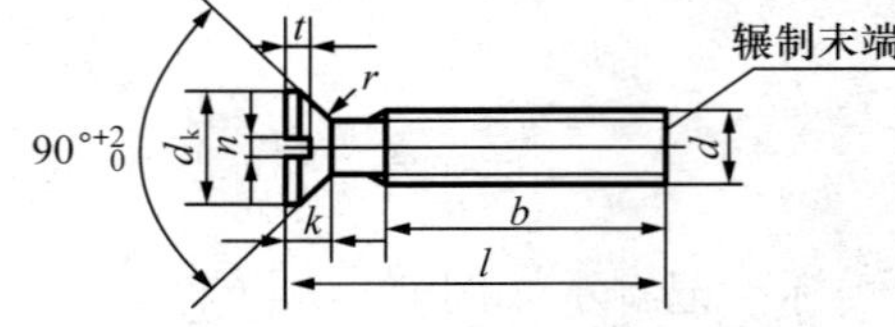

标　记　示　例

螺纹规格 d = M5、公称长度 l = 20mm、性能等级为 4.8 级，不经表面处理的 A 级开槽沉头螺钉：螺钉　GB/T 68　M5×20

附表 11　　开槽沉头螺钉的螺纹规格及系列尺寸　　mm

螺纹规格 d	M1.6	M2	M2.5	M3	M4	M5	M6	M8	M10
P（螺距）	0.35	0.4	0.45	0.5	0.7	0.8	1	1.25	1.5
b	25	25	25	25	38	38	38	38	38
d_k	3.6	4.4	5.5	6.3	9.4	10.4	12.6	17.3	20
k	1	1.2	1.5	1.65	2.7	2.7	3.3	4.65	5
n	0.4	0.5	0.6	0.8	1.2	1.2	1.6	2	2.5
r	0.4	0.5	0.6	0.8	1	1.3	1.5	2	2.5
t	0.5	0.6	0.75	0.85	1.3	1.4	1.6	2.3	2.6
公称长度 l	2.5～16	3～20	4～25	5～30	6～40	8～50	8～60	10～80	12～80
l 系列	2.5，3，4，5，6，8，10，12，（14），16，20，25，30，35，40，45，50，（55），60，（65），70，（75），80								

注　1. 括号内的规格尽可能不采用。

2. M1.6～M3 的螺钉、公称长度 l≤30mm 的，制出全螺纹；M4～M10 的螺钉、公称长度 l≤45mm 的，制出全螺纹。

（4）紧定螺钉。

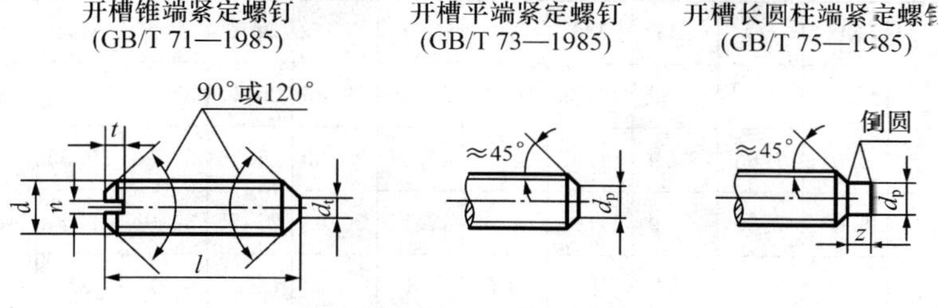

标　记　示　例

螺纹规格 d=M5、公称长度 l=12mm、性能等级为 4H 级、表面氧化的开槽长圆柱端紧定螺钉：螺钉　GB/T 75　$M5\times12$

附表 12　　**紧定螺钉的螺纹规格及系列尺寸**　　mm

螺纹规格 d		M1.6	M2	M2.5	M3	M4	M5	M6	M8	M10	M12
P（螺距）		0.35	0.4	0.45	0.5	0.7	0.8	1	1.25	1.5	1.75
n		0.25	0.25	0.4	0.4	0.6	0.8	1	1.2	1.6	2
t		0.74	0.84	0.95	1.05	1.42	1.63	2	2.5	3	3.6
d_t		0.16	0.2	0.25	0.3	0.4	0.5	1.5	2	2.5	3
d_p		0.8	1	1.5	2	2.5	3.5	4	5.5	7	8.5
z		1.05	1.25	1.5	1.75	2.25	2.75	3.25	4.3	5.3	6.3
l	GB/T 71—1985	2～8	3～10	3～12	4～16	6～20	8～25	8～30	10～40	12～50	14～60
	GB/T 73—1985	2～8	2～10	2.5～12	3～16	4～20	5～25	6～30	8～40	10～50	12～60
	GB/T 75—1985	2.5～8	3～10	4～12	5～16	6～20	8～25	10～30	10～40	12～50	14～60
l 系列		2，2.5，3，4，5，6，8，10，12，(14)，16，20，25，30，35，40，45，50，(55)，60									

注　1 l 为公称长度。

2 括号内的规格尽可能不采用。

7. 螺母

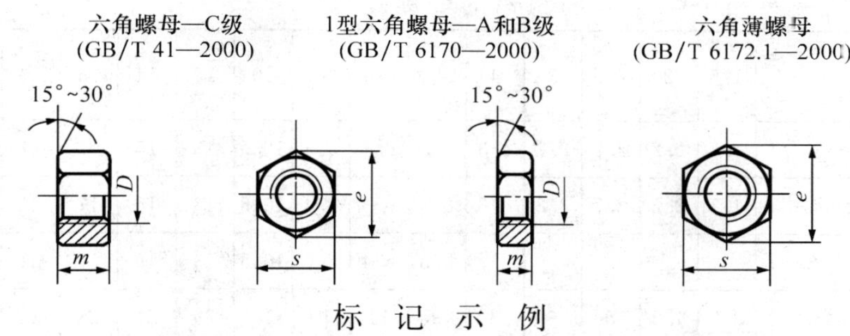

标　记　示　例

螺纹规格 D=M12、性能等级为 5 级、不经表面处理、C 级的六角螺母：螺母　GB/T 41　M12

螺纹规格 D=M12、性能等级为 8 级、不经表面处理、A 级的 1 型六角螺母：螺母　GB/T 6170　M12

附表 13　　　　　　　　**螺母的螺纹规格及系列尺寸**　　　　　　　　mm

螺纹规格 D		M3	M4	M5	M6	M8	M10	M12	M16	M20	M24	M30	M36	M42
e	GB/T 41			8.63	10.89	14.20	17.59	19.85	26.17	32.95	39.55	50.85	60.79	72.02
	GB/T 6170	6.01	7.66	8.79	11.05	14.38	17.77	20.03	26.75	32.95	39.55	50.85	60.79	72.02
	GB/T 6172.1	6.01	7.66	8.79	11.05	14.38	17.77	20.03	26.75	32.95	39.55	50.85	60.79	72.02
s	GB/T 41			8	10	13	16	18	24	30	36	46	55	65
	GB/T 6170	5.5	7	8	10	13	16	18	24	30	36	45	55	65
	GB/T 6172.1	5.5	7	8	10	13	16	18	24	30	36	45	55	65
m	GB/T 41			5.6	6.1	7.9	9.5	12.2	15.9	18.7	22.3	26.4	31.5	34.9
	GB/T 6170	2.4	3.2	4.7	5.2	6.8	8.4	10.8	14.8	18	21.5	25.6	31	34
	GB/T 6172.1	1.8	2.2	2.7	3.2	4	5	6	8	10	12	15	18	21

注　A 级用于 $D \leqslant 16$；B 级用于 $D > 16$。

8. 垫圈

(1) 平垫圈。

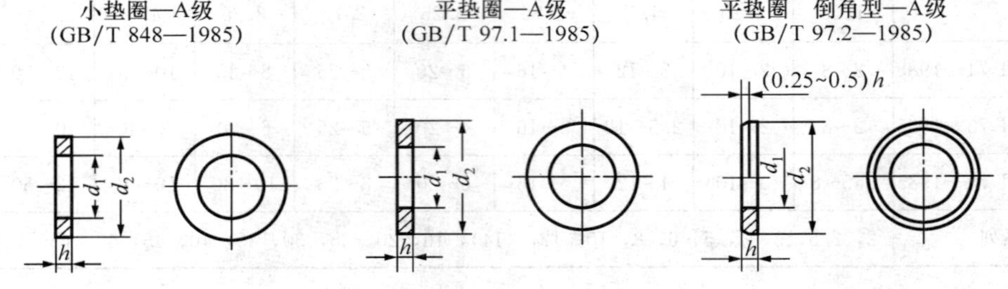

标　记　示　例

标准系列、规格 8、性能等级为 140HV 级、不经表面处理的平垫圈：垫圈　GB/T 97.1　8

附表 14　　　　　　　　**垫圈的公称尺寸**　　　　　　　　mm

公称尺寸（螺纹规格 d）		1.6	2	2.5	3	4	5	6	8	10	12	14	16	20	24	30	36
d_1	GB/T 848	1.7	2.2	2.7	3.2	4.3	5.3	6.4	8.4	10.5	13	15	17	21	25	31	37
	GB/T 97.1	1.7	2.2	2.7	3.2	4.3	5.3	6.4	8.4	10.5	13	15	17	21	25	31	37
	GB/T 97.2						5.3	6.4	8.4	10.5	13	15	17	21	25	31	37
d_2	GB/T 848	3.5	4.5	5	6	8	9	11	15	18	20	24	28	34	39	50	60
	GB/T 97.1	4	5	6	7	9	10	12	16	20	24	28	30	37	44	56	66
	GB/T 97.2						10	12	16	20	24	28	30	37	44	56	66

续表

公称尺寸（螺纹规格 d）		1.6	2	2.5	3	4	5	6	8	10	12	14	16	20	24	30	36
h	GB/T 848	0.3	0.3	0.5	0.5	0.5	1	1.6	1.6	1.6	2	2.5	2.5	3	4	4	5
	GB/T 97.1	0.3	0.3	0.5	0.5	0.8	1	1.6	1.6	2	2.5	2.5	3	3	4	4	5
	GB/T 97.2						1	1.6	1.6	2	2.5	2.5	3	3	4	4	5

（2）弹簧垫圈。

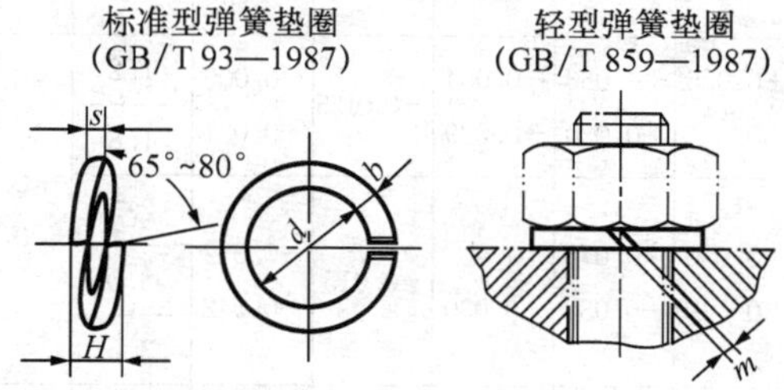

标　记　示　例

规格16、材料为65Mn、表面氧化的标准型弹簧垫圈：垫圈　GB/T　93　16

附表15　　**弹簧垫圈的规格及尺寸**　　mm

规格（螺纹大径）		3	4	5	6	8	10	12	(14)	16	(18)	20	(22)	24	(27)	30
d		3.1	4.1	5.1	6.1	8.1	10.2	12.2	14.2	16.2	18.2	20.2	22.5	24.5	27.5	30.5
H	GB/T 93	1.6	2.2	2.6	3.2	4.2	5.2	6.2	7.2	8.2	9	10	11	12	13.6	15
	GB/T 859	1.2	1.6	2.2	2.6	3.2	4	5	6	6.4	7.2	8	9	10	11	12
S（b）	GB/T 93	0.8	1.1	1.3	1.6	2.1	2.6	3.1	3.6	4.1	4.5	5	5.5	6	6.8	7.5
S	GB/T 859	0.6	0.8	1.1	1.3	1.6	2	2.5	3	3.2	3.6	4	4.5	5	5.5	6
$m\leqslant$	GB/T 93	0.4	0.55	0.65	0.8	1.05	1.3	1.55	1.8	2.05	2.25	2.5	2.75	3	3.4	3.75
	GB/T 859	0.3	0.4	0.55	0.65	0.8	1	1.25	1.5	1.6	1.8	2	2.25	2.5	2.75	3
b	GB/T 859	1	1.2	1.5	2	2.5	3	3.5	4	4.5	5	5.5	6	7	8	9

注　1. 括号内的规格尽可能不采用。

2. m 应大于零。

三、常用键与销

1. 键

（1）平键和键槽的剖面尺寸（GB/T 1095—1979，1990年确认有效）。

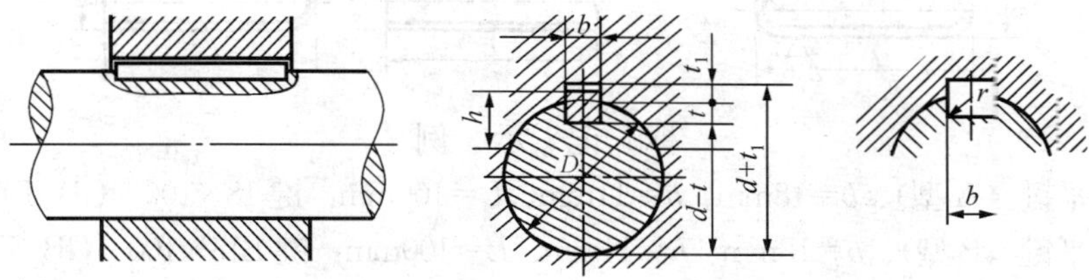

附表 16 **键、槽的尺寸及偏差** mm

<table>
<tr><th>轴</th><th>键</th><th colspan="12">键 槽</th></tr>
<tr><th rowspan="4">公称直径 d</th><th rowspan="4">公称尺寸 b×h</th><th colspan="6">宽 度 b</th><th colspan="4">深 度</th><th rowspan="3" colspan="2">半径 r</th></tr>
<tr><th rowspan="3">公称尺寸 b</th><th colspan="5">偏 差</th><th rowspan="2" colspan="2">轴 t</th><th rowspan="2" colspan="2">毂 t_1</th></tr>
<tr><th colspan="2">较松键联结</th><th colspan="2">一般键联结</th><th>较紧键联结</th></tr>
<tr><th>轴 H9</th><th>毂 D10</th><th>轴 N9</th><th>毂 JS9</th><th>轴和毂 P9</th><th>公称</th><th>偏差</th><th>公称</th><th>偏差</th><th>最小</th><th>最大</th></tr>
<tr><td>自 6~8</td><td>2×2</td><td>2</td><td rowspan="2">+0.025
0</td><td rowspan="2">+0.060
+0.020</td><td rowspan="2">−0.004
−0.029</td><td rowspan="2">±0.0125</td><td rowspan="2">−0.006
−0.031</td><td>1.2</td><td rowspan="5">+0.1
0</td><td>1</td><td rowspan="5">+0.1
0</td><td rowspan="3">0.08</td><td rowspan="3">0.16</td></tr>
<tr><td>>8~10</td><td>3×3</td><td>3</td><td>1.8</td><td>1.4</td></tr>
<tr><td>>10~12</td><td>4×4</td><td>4</td><td rowspan="3">+0.030
0</td><td rowspan="3">+0.078
+0.030</td><td rowspan="3">0
−0.030</td><td rowspan="3">±0.015</td><td rowspan="3">−0.012
−0.042</td><td>2.5</td><td>1.8</td></tr>
<tr><td>>12~17</td><td>5×5</td><td>5</td><td>3.0</td><td>2.3</td><td rowspan="3">0.16</td><td rowspan="3">0.25</td></tr>
<tr><td>>17~22</td><td>6×6</td><td>6</td><td>3.5</td><td>2.8</td></tr>
<tr><td>>22~30</td><td>8×7</td><td>8</td><td rowspan="2">+0.036
0</td><td rowspan="2">+0.098
+0.040</td><td rowspan="2">0
−0.036</td><td rowspan="2">±0.018</td><td rowspan="2">−0.015
−0.051</td><td>4.0</td><td rowspan="6">+0.2
0</td><td>3.3</td><td rowspan="6">+0.2
0</td></tr>
<tr><td>>30~38</td><td>10×8</td><td>10</td><td>5.0</td><td>3.3</td><td rowspan="5">0.25</td><td rowspan="5">0.40</td></tr>
<tr><td>>38~44</td><td>12×8</td><td>12</td><td rowspan="4">+0.043
0</td><td rowspan="4">+0.120
+0.050</td><td rowspan="4">0
−0.043</td><td rowspan="4">±0.0215</td><td rowspan="4">−0.018
−0.061</td><td>5.0</td><td>3.3</td></tr>
<tr><td>>44~50</td><td>14×9</td><td>14</td><td>5.5</td><td>3.8</td></tr>
<tr><td>>50~58</td><td>16×10</td><td>16</td><td>6.0</td><td>4.3</td></tr>
<tr><td>>58~65</td><td>18×11</td><td>18</td><td>7.0</td><td>4.4</td></tr>
<tr><td>>65~75</td><td>20×12</td><td>20</td><td rowspan="4">+0.052
0</td><td rowspan="4">+0.149
+0.065</td><td rowspan="4">0
−0.052</td><td rowspan="4">±0.026</td><td rowspan="4">−0.022
−0.074</td><td>7.5</td><td rowspan="4">+0.2
0</td><td>4.9</td><td rowspan="4">+0.2
0</td><td rowspan="4">0.40</td><td rowspan="4">0.60</td></tr>
<tr><td>>75~85</td><td>22×14</td><td>22</td><td>9.0</td><td>5.4</td></tr>
<tr><td>>85~95</td><td>25×14</td><td>25</td><td>9.0</td><td>5.4</td></tr>
<tr><td>>95~110</td><td>28×16</td><td>28</td><td>10.0</td><td>6.4</td></tr>
</table>

注 1. 在工作图中轴槽深用（$d-t$）标注，轮毂槽深用（$d+t_1$）标注。平键键槽的长度公差带用 H14。

2. （$d-t$）和（$d+t_1$）两组组合尺寸的极限偏差按相应的 t 和 t_1 的极限偏差选取，但（$d-t$）极限偏差值应取负号（−）。

（2）普通平键的型式尺寸（GB/T 1096—1979，1990 年确认有效）。

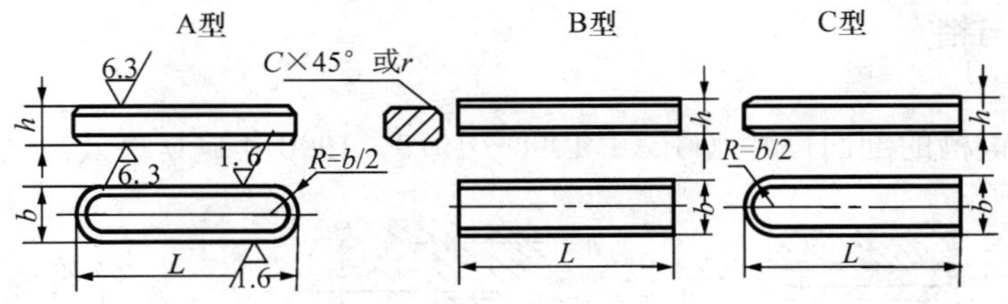

标 记 示 例

圆头普通平键（A 型）、b=18mm、h=11mm、L=100mm：键 18×100 GB/T 1096—1979

方头普通平键（B 型）、b=18mm、h=11mm、L=100mm：键 B18×100 GB/T 1096—1979

单圆头普通平键（C 型）、b=18mm、h=11mm、L=100mm：键 C18×100 GB/T 1096—1979

附表 17　　mm

b	2	3	4	5	6	8	10	12	14	16	18	20	22	25
h	2	3	4	5	6	7	8	8	9	10	11	12	14	14
C 或 r	0.16～0.25			0.25～0.40			0.40～0.60					0.60～0.80		
l	6～20	6～36	8～45	10～56	14～70	18～90	22～110	28～140	36～160	45～180	50～200	56～220	63～250	70～280
l 系列	6，8，10，12，14，16，18，20，22，25，28，32，36，40，45，50，56，63，70，80，90，100，110，125，140，160，180，200，220，250，280													

（3）半圆键和键槽的剖面尺寸（GB/T 1098—1979，1990 年确认有效）

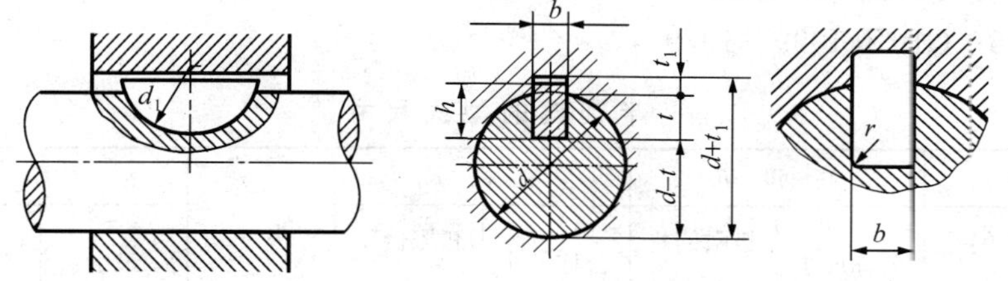

注　在工作图中，轴槽深用 t 或（$d-t$）标注，轮毂槽深用（$d+t_1$）标注。

附表 18　　**键、槽的配合尺寸**　　mm

轴径 d		键	键槽									
			宽度 b				深度				半径 r	
				极限偏差			轴 t		毂 t_1			
				一般键联结		较紧键联结						
键传递扭矩	键定位用	公称尺寸 $b\times h\times d_1$	公称尺寸	轴 N9	毂 JS9	轴和毂 P9	公称尺寸	极限偏差	公称尺寸	极限偏差	最小	最大
自 3～4	自 3～4	1.0×1.4×4	1.0	−0.004 −0.029	±0.012	−0.006 −0.031	1.0	+0.1 0	0.6	+0.1 0	0.08	0.16
>4～5	>4～6	1.5×2.6×7	1.5				2.0		0.8			
>5～6	>6～8	2.0×2.6×7	2.0				1.8		1.0			
>6～7	>8～10	2.0×3.7×10	2.0				2.9		1.0			
>7～8	>10～12	2.5×3.7×10	2.5				2.7		1.2			
>8～10	>12～15	3.0×5.0×13	3.0				3.8	+0.2 0	1.4			
>10～12	>15～18	3.0×6.5×16	3.0				5.3		1.4		0.16	0.25
>12～14	>18～20	4.0×6.5×16	4.0	0 −0.030	±0.015	−0.012 −0.042	5.0		1.3			
>14～16	>20～22	4.0×7.5×19	4.0				6.0		1.3			
>16～18	>22～25	5.0×6.5×16	5.0				4.5		2.3			
>18～20	>25～28	5.0×7.5×19	5.0				5.5		2.3			
>20～22	>28～32	5.0×9.0×22	5.0				7.0	+0.3 0	2.3			
>22～25	>32～36	6.0×9.0×22	6.0				6.5		2.3			
>25～28	>36～40	6.0×10.0×25	6.0				7.5		2.3	−0.2 0	0.25	0.40
>28～32	40	8.0×11.0×28	8.0	0 −0.036	±0.018	−0.015 −0.051	8.0		3.3			
>32～38	—	10.0×13.0×32	10.0				10.0		3.3			

注　（$d-t$）和（$d+t_1$）两个组合尺寸的极限偏差按相应的 t 和 t_1 的极限偏差选取，但（$d-t$）极限偏差值应取负号（−）。

（4）半圆键的型式尺寸（GB/T 1099—1979，1990 年确认有效）。

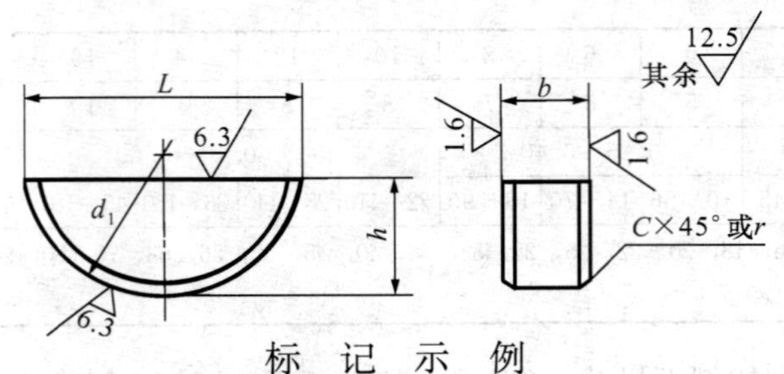

标 记 示 例

半圆键，b=6mm、h=10mm、d_1=25mm

键 6×25 GB/T 1099—1979

附表 19 **半圆键的型式尺寸** mm

键宽 b		高度 h		直径 d_1		L≈	C		每1000件的重量 kg≈
公称尺寸	极限偏差（h9）	公称尺寸	极限偏差（h11）	公称尺寸	极限偏差（h12）		最小	最大	
1.0	0 −0.025	1.4	0 −0.060	4	0 −0.120	3.9	0.16	0.25	0.031
1.5		2.6		7	0 −0.150	6.8			0.153
2.0		2.6		7		6.8			0.204
2.0		3.7	0 −0.075	10		9.7			0.414
2.5		3.7		10		9.7			0.518
3.0		5.0		13	0 −0.180	12.7			1.10
3.0		6.5	0 −0.090	16		15.7			1.80
4.0	0 −0.030	6.5		16		15.7	0.25	0.40	2.40
4.0		7.5		19	0 −0.210	18.6			3.27
5.0		6.5		16	0 −0.180	15.7			3.01
5.0		7.5		19	0 −0.210	18.6			4.09
5.0		9.0		22		21.6			5.73
6.0		9.0		22		21.6			6.88
6.0		10.0		25		24.5			8.64
8.0	0 −0.036	11.0	0 −0.110	28		27.4	0.40	0.60	14.1
10.0		13.0		32	0 −0.250	31.4			19.3

2. 销

（1）圆柱销（GB/T 119.1—2000）——不淬硬钢和奥氏体不锈钢。

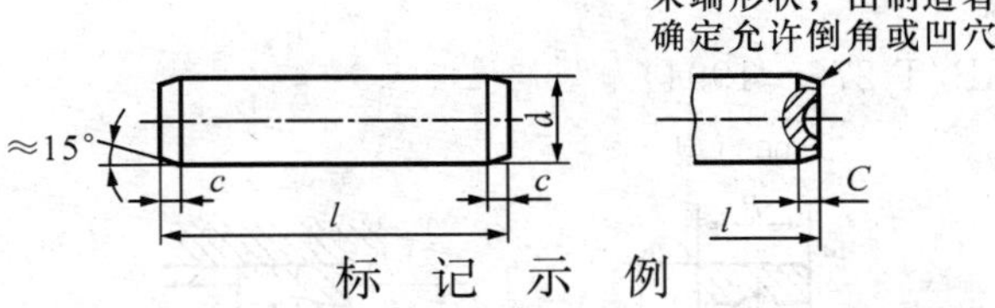

标 记 示 例

公称直径 $d=6$mm、公差为m6、公称长度 $l=30$mm、材料为钢、不经淬火、不经表面处理的圆柱销的标记：销　GB/T 119.1　6m6×30

附表 20　　圆柱销的尺寸　　mm

公称直径 d（m6/h8）	0.6	0.8	1	1.2	1.5	2	2.5	3	4	5
$c\approx$	0.12	0.16	0.20	0.25	0.30	0.35	0.40	0.50	0.63	0.80
l（商品规格范围公称长度）	2～6	2～8	4～10	4～12	4～16	6～20	6～24	8～30	8～40	10～50
公称直径 d（m6/h8）	6	8	10	12	16	20	25	30	40	50
$c\approx$	1.2	1.6	2.0	2.5	3.0	3.5	4.0	5.0	6.3	8.0
l（商品规格范围公称长度）	12～60	14～80	18～95	22～140	26～180	35～200	50～200	60～200	80～200	95～200
l 系列	2，3，4，5，6，8，10，12，14，16，18，20，22，24，26，28，30，32，35，40，45，50，55，60，65，70，75，80，85，90，95，100，120，140，160，180，200									

注　1. 材料用钢时硬度要求为125～245 HV30，用奥氏体不锈钢Al（GB/T 3098.6）时硬度要求210～280 HV30。
2. 公差m6：$Ra\leqslant0.8\mu$m；
公差h8：$Ra\leqslant1.6\mu$m。

（2）圆锥销（GB/T 117—2000）。

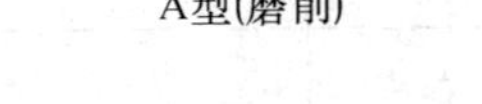

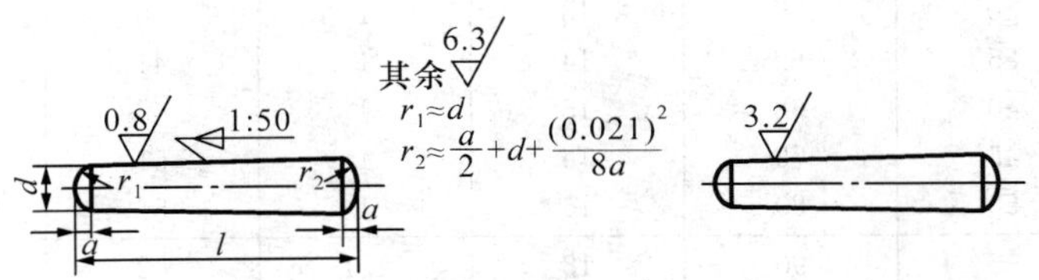

标 记 示 例

公称直径 $d=10$mm、长度 $l=60$mm、材料为35钢、热处理硬度28～38HRC、表面氧化处理的A型圆锥销：销　GB/T 117　10×60

附表 21　　圆锥销的尺寸　　mm

d（公称）	0.6	0.8	1	1.2	1.5	2	2.5	3	4	5
$a\approx$	0.08	0.1	0.12	0.16	0.2	0.25	0.3	0.4	0.5	0.63
l（商品规格范围公称长度）	4～8	5～12	6～16	6～20	8～24	10～35	10～35	12～45	14～55	18～60
d（公称）	6	8	10	12	16	20	25	30	40	50
$a\approx$	0.8	1	1.2	1.6	2	2.5	3	4	5	6.3
l（商品规格范围公称长度）	22～90	22～120	26～160	32～180	40～200	45～200	50～200	55～200	60～200	65～200
l 系列	2，3，4，5，6，8，10，12，14，16，18，20，22，24，26，28，30，32，35，40，45，50，55，60，65，70，75，80，85，90，95，100，120，140，160，180，200									

四、常用滚动轴承

1. 深沟球轴承（GB/T 276—1994）

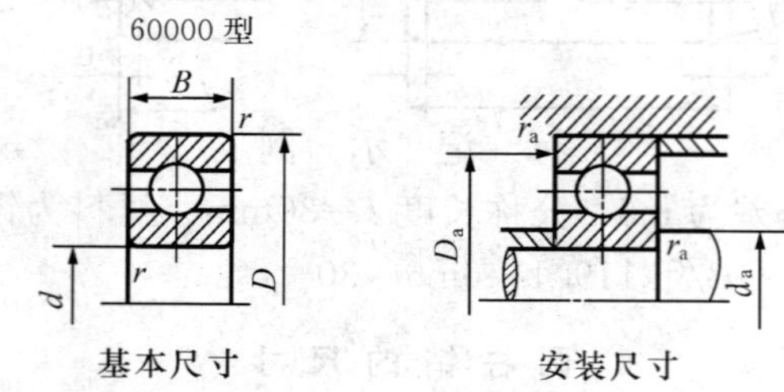

标 记 示 例

内径 d=20mm 的 60000 型深钩球轴承，尺寸系列为（0）2，组合代号为 62：

滚动轴承 6204 GB/T 276—1994

附表 22 **深沟球轴承代号及尺寸** mm

轴承代号	基本尺寸/mm				安装尺寸/mm		
	d	D	B	r_s min	d_a min	D_s max	r_{as} max
(1) 0 尺寸系列							
6000	10	26	8	0.3	12.4	23.6	0.3
6001	12	28	8	0.3	14.4	25.6	0.3
6002	15	32	9	0.3	17.4	29.6	0.3
6003	17	35	10	0.3	19.4	32.6	0.3
6004	20	42	12	0.6	25	37	0.6
6005	25	47	12	0.6	30	42	0.6
6006	30	55	13	1	36	49	1
6007	35	62	14	1	41	56	1
6008	40	68	15	1	46	62	1
6009	45	75	16	1	51	69	1
6010	50	80	16	1	56	74	1
6011	55	90	18	1.1	62	83	1
6012	60	95	18	1.1	67	88	1
6013	65	100	18	1.1	72	93	1
6014	70	110	20	1.1	77	103	1
6015	75	115	20	1.1	82	108	1
6016	80	125	22	1.1	87	118	1
6017	85	130	22	1.1	92	123	1
6018	90	140	24	1.5	99	131	1.5
6019	95	145	24	1.5	104	136	1.5
6020	100	150	24	1.5	109	141	1.5
(0) 2尺寸系列							
6200	10	30	9	0.6	15	25	0.6
6201	12	32	10	0.6	17	27	0.6
6202	15	35	11	0.6	20	30	0.6
6203	17	40	12	0.6	22	35	0.6
6204	20	47	14	1	26	41	1
6205	25	52	15	1	31	46	1

续表

轴承代号	基本尺寸/mm				安装尺寸/mm		
	d	D	B	r_s min	d_a min	D_s max	r_{as} max
6206	30	62	16	1	36	56	1
6207	35	72	17	1.1	42	65	1
6208	40	80	18	1.1	47	73	1
6209	45	85	19	1.1	52	78	1
6210	50	90	20	1.1	57	83	1
6211	55	100	21	1.5	64	91	1.5
6212	60	110	22	1.5	69	101	1.5
6213	65	120	23	1.5	74	111	1.5
6214	70	125	24	1.5	79	116	1.5
6215	75	130	25	1.5	84	121	1.5
6216	80	140	26	2	90	130	2
6217	85	150	28	2	95	140	2
6218	90	160	30	2	100	150	2
6219	95	170	32	2.1	107	158	2.1
6220	100	180	34	2.1	112	168	2.1
(0) 3 尺寸系列							
6300	10	35	11	0.6	15	30	0.6
6301	12	37	12	1	18	31	1
6302	15	42	13	1	21	36	1
6303	17	47	14	1	23	41	1
6304	20	52	15	1.1	27	45	1
6305	25	62	17	1.1	32	55	1
6306	30	72	19	1.1	37	65	1
6307	35	80	21	1.5	44	71	1.5
6308	40	90	23	1.5	49	81	1.5
6309	45	100	25	1.5	54	91	1.5
6310	50	110	27	2	60	100	2
6311	55	120	29	2	65	110	2
6312	60	130	31	2.1	72	118	2.1
6313	65	140	33	2.1	77	128	2.1
6314	70	150	35	2.1	82	138	2.1
6315	75	160	37	2.1	87	148	2.1
6316	80	170	39	2.1	92	158	2.1
6317	85	180	41	3	99	166	2.5
6318	90	190	43	3	104	176	2.5
6319	95	200	45	3	109	186	2.5
6320	100	215	47	3	114	201	2.5
(0) 4 尺寸系列							
6403	17	62	17	1.1	24	55	1
6404	20	72	19	1.1	27	65	1
6405	25	80	21	1.5	34	71	1.5
6406	30	90	23	1.5	39	81	1.5
6407	35	100	25	1.5	44	91	1.5
6408	40	110	27	2	50	100	2

续表

轴承代号	基本尺寸/mm				安装尺寸/mm		
	d	D	B	r_s min	d_a min	D_s max	r_{as} max
6409	45	120	29	2	55	110	2
6410	50	130	31	2.1	62	118	2.1
6411	55	140	33	2.1	67	128	2.1
6412	60	150	35	2.1	72	138	2.1
6413	65	160	37	2.1	77	148	2.1
6414	70	180	42	3	84	166	2.5
6415	75	190	45	3	89	176	2.5
6416	80	200	48	3	94	186	2.5
6417	85	210	52	4	103	192	3
6418	90	225	54	4	108	207	3
6420	100	250	58	4	118	232	3

注 r_{smin}为 r 的单向最小倒角尺寸；r_{asmax}为 r_{as}的单向最大倒角尺寸。

2. 圆锥滚子轴承（GB/T 297—1994）

30000 型

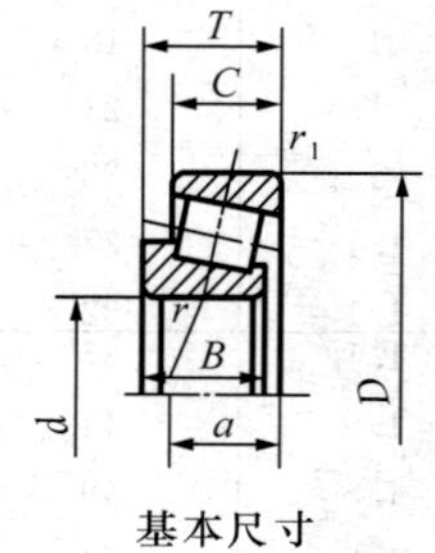

基本尺寸

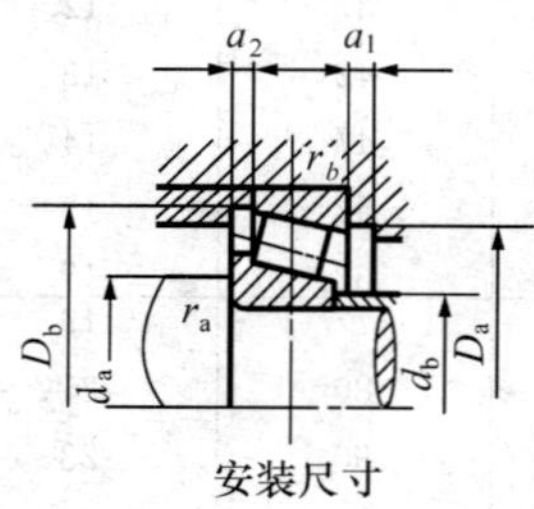

安装尺寸

标 记 示 例

内径 d =20mm，尺寸系列代号为 02 的圆锥滚子轴承；

滚动轴承 30204 GB/T 297—1994

附表 23 **圆锥滚子轴承代号及尺寸** mm

轴承代号	基本尺寸/mm								安装尺寸/mm								
	d	D	T	B	C	r_s min	r_{1s} min	$a\approx$	d_a min	d_b max	D_s min	D_a max	D_b min	a_1 min	a_2 min	r_{as} max	r_{bs} max
02 尺寸系列																	
30203	17	40	13.25	12	11	1	1	9.9	23	23	34	34	37	2	2.5	1	1
30204	20	47	15.25	14	12	1	1	11.2	26	27	40	41	43	2	3.5	1	1
30205	25	52	16.25	15	13	1	1	12.5	31	31	44	46	48	2	3.5	1	1
30206	30	62	17.25	16	14	1	1	13.8	36	37	53	56	58	2	3.5	1	1
30207	35	72	18.25	17	15	1.5	1.5	15.3	42	44	62	65	67	3	3.5	1.5	1.5
30208	40	80	19.75	18	16	1.5	1.5	16.9	47	49	69	73	75	3	4	1.5	1.5

续表

轴承代号	基本尺寸/mm								安装尺寸/mm								
	d	D	T	B	C	r_s min	r_{1s} min	$a\approx$	d_a min	d_b max	D_s min	D_a max	D_b min	a_1 min	a_2 min	r_{as} max	r_{bs} max
30209	45	85	20.75	19	16	1.5	1.5	18.6	52	53	74	78	80	3	5	1.5	1.5
30210	50	90	21.75	20	17	1.5	1.5	20	57	58	79	83	86	3	5	1.5	1.5
30211	55	100	22.75	21	18	2	1.5	21	64	64	88	91	95	4	5	2	1.5
30212	60	110	23.75	22	19	2	1.5	22.3	69	69	96	101	103	4	5	2	1.5
30213	65	120	24.75	23	20	2	1.5	23.8	74	77	106	111	114	4	5	2	1.5
30214	70	125	26.25	24	21	2	1.5	25.8	79	81	110	116	119	4	5.5	2	1.5
30215	75	130	27.25	25	22	2	1.5	27.4	84	85	115	121	125	4	5.5	2	1.5
30216	80	140	28.25	26	22	2.5	2	28.1	90	90	124	130	133	4	6	2.1	2
30217	85	150	30.5	28	24	2.5	2	30.3	95	96	132	140	142	5	6.5	2.1	2
30218	90	160	32.5	30	26	2.5	2	32.3	100	102	140	150	151	5	6.5	2.1	2
30219	95	170	34.5	32	27	3	2.5	34.2	107	108	149	158	160	5	7.5	2.5	2.1
30220	100	180	37	34	29	3	2.5	36.4	112	114	157	168	169	5	8	2.5	2.1
03尺寸系列																	
30302	15	42	14.25	13	11	1	1	9.6	21	22	36	36	38	2	3.5	1	1
30303	17	47	15.25	14	12	1	1	10.4	23	25	40	41	43	3	3.5	1	1
30304	20	52	16.25	15	13	1.5	1.5	11.1	27	28	44	45	48	3	3.5	1.5	1.5
30305	25	62	18.25	17	15	1.5	1.5	13	32	34	54	55	58	3	3.5	1.5	1.5
30306	30	72	20.75	19	16	1.5	1.5	15.3	37	40	62	65	66	3	5	1.5	1.5
30307	35	80	22.75	21	18	2	1.5	16.8	44	45	70	71	74	3	5	2	1.5
30308	40	90	25.25	23	20	2	1.5	19.5	49	52	77	81	84	3	5.5	2	1.5
30309	45	100	27.25	25	22	2	1.5	21.3	54	59	86	91	94	3	5.5	2	1.5
30310	50	110	29.25	27	23	2.5	2	23	60	65	95	100	103	4	6.5	2	2
30311	55	120	31.5	29	25	2.5	2	24.9	65	70	104	110	112	4	6.5	2.5	2
30312	60	130	33.5	31	26	3	2.5	26.6	72	76	112	118	121	5	7.5	2.5	2.1
30313	65	140	36	33	28	3	2.5	28.7	77	83	122	128	131	5	8	2.5	2.1
30314	70	150	38	35	30	3	2.5	30.7	82	89	130	138	141	5	8	2.5	2.1
30315	75	160	40	37	31	3	2.5	32	87	95	139	148	150	5	9	2.5	2.1
30316	80	170	42.5	39	33	3	2.5	34.4	92	102	148	158	160	5	9.5	2.5	2.1
30317	85	180	44.5	41	34	4	3	35.9	99	107	156	166	168	6	10.5	3	2.5
30318	90	190	46.5	43	36	4	3	37.5	104	113	165	176	178	6	10.5	3	2.5
30319	95	200	49.5	45	38	4	3	40.1	109	118	172	186	185	6	11.5	3	2.5
30320	100	215	51.5	47	39	4	3	42.2	114	127	184	201	199	6	12.5	3	2.5
22尺寸系列																	
32206	30	62	21.25	20	17	1	1	15.6	36	36	52	56	58	3	4.5	1	1
32207	35	72	24.25	23	19	1.5	1.5	17.9	42	42	61	65	68	3	5.5	1.5	1.5
32208	40	80	24.75	23	19	1.5	1.5	18.9	47	48	68	73	75	3	6	1.5	1.5
32209	45	85	24.75	23	19	1.5	1.5	20.1	52	53	73	78	81	3	6	1.5	1.5

续表

轴承代号	基本尺寸/mm								安装尺寸/mm								
	d	D	T	B	C	r_s min	r_{1s} min	$a\approx$	d_a min	d_b max	D_s min	D_a max	D_b min	a_1 min	a_2 min	r_{as} max	r_{bs} max
32210	50	90	24.75	23	19	1.5	1.5	21	57	57	78	83	86	3	6	1.5	1.5
32211	55	100	26.75	25	21	2	1.5	22.8	64	62	87	91	96	4	6	2	1.5
32212	60	110	29.75	28	24	2	1.5	25	69	68	85	101	105	4	6	2	1.5
32213	65	120	32.75	31	27	2	1.5	27.3	74	75	104	111	115	4	6	2	1.5
32214	70	125	33.25	31	27	2	1.5	28.8	79	79	108	116	120	4	6.5	2	1.5
32215	75	130	33.25	31	27	2	1.5	30	84	84	115	121	126	4	6.5	2	1.5
32216	80	140	35.25	33	28	2.5	2	31.4	90	89	122	130	135	5	7.5	2.1	2
32217	85	150	38.5	36	30	2.5	2	33.9	95	95	130	140	143	5	8.5	2.1	2
32218	90	160	42.5	40	34	2.5	2	36.8	100	101	138	150	153	5	8.5	2.1	2
32219	95	170	45.5	43	37	3	2.5	39.2	107	106	145	158	163	5	8.5	2.5	2.1
32220	100	180	49	46	39	3	2.5	41.9	112	113	154	168	172	5	10	2.5	2.1
23尺寸系列																	
32303	17	47	20.25	19	16	1	1	12.3	23	24	39	41	43	3	4.5	1	1
32304	20	52	22.25	21	18	1.5	1.5	13.6	27	26	43	45	48	3	4.5	1.5	1.5
32305	25	62	25.25	24	20	1.5	1.5	15.9	32	32	52	55	58	3	4.5	1.5	1.5
32306	30	72	28.75	27	23	1.5	1.5	18.9	37	38	59	56	66	4	6	1.5	1.5
32307	35	80	32.75	31	25	2	1.5	20.4	44	43	66	71	74	4	8.5	2	1.5
32308	40	90	35.25	33	27	2	1.5	23.3	49	49	73	81	83	4	8.5	2	1.5
32309	45	100	38.25	36	30	2	1.5	25.6	54	56	82	91	93	4	8.5	2	1.5
32310	50	110	42.25	40	33	2.5	2	28.2	60	61	90	100	102	5	9.5	2	2
32311	55	120	45.5	43	35	2.5	2	30.4	65	66	99	110	111	5	10	2.5	2
32312	60	130	48.5	46	37	3	2.5	32	72	72	107	118	122	6	11.5	2.5	2.1
32313	65	140	51	48	39	3	2.5	34.3	77	79	117	128	131	6	12	2.5	2.1
32314	70	150	54	51	42	3	2.5	36.5	82	84	125	138	141	6	12	2.5	2.1
32315	75	160	58	55	45	3	2.5	39.4	87	91	133	148	150	7	13	2.5	2.1
32316	80	170	61.5	58	48	3	2.5	42.1	92	97	142	158	160	7	13.5	2.5	2.1
32317	85	180	63.5	60	49	4	3	43.5	99	102	150	166	158	8	14.5	3	2.5
32318	90	190	67.5	64	53	4	3	46.2	104	107	157	176	178	8	14.5	3	2.5
32319	95	200	71.5	67	55	4	3	49	109	114	166	186	187	8	16.5	3	2.5
32320	100	215	77.5	73	60	4	3	52.9	114	122	177	201	201	8	17.5	3	2.5

注　r_{smin}等含义同上表。

3. 推力球轴承（GB/T 301—1995）

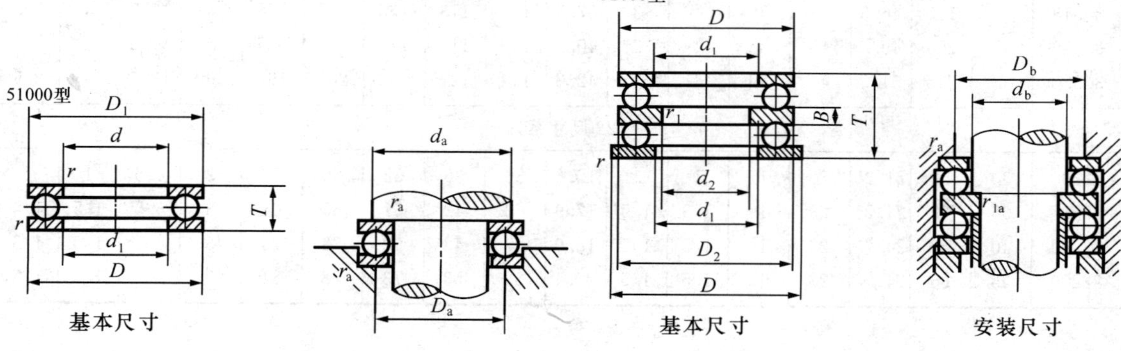

基本尺寸　　基本尺寸　　安装尺寸

标　记　示　例

内径 d＝20mm，51000 型推力球轴承，12 尺寸系列

滚动轴承　51204　GB/T 301—1995

附表 24　**推力球轴承代号及尺寸**　mm

轴承代号		基本尺寸/mm											安装尺寸/mm					
		d	d_2	D	T	T_1	d_1 min	D_1 max	D_2 max	B	r_s min	r_{1s} min	d_a min	D_a max	D_b min	d_b max	r_{as} max	r_{1as} max
12（51000 型）、22（52000 型）尺寸系列																		
51200	—	10	—	26	11	—	12	26	—	—	0.6	—	20	16		—	0.6	—
51201	—	12	—	28	11	—	14	28	—	—	0.6	—	22	18		—	0.6	—
51202	52202	15	10	32	12	22	17	32	32	5	0.6	0.3	25	22		15	0.6	0.3
51203	—	17	—	35	12	—	19	35	—	—	0.6	—	28	24		—	0.6	—
51204	52204	20	15	40	14	26	22	40	40	6	0.6	0.3	32	28		20	0.6	0.3
51205	52205	25	20	47	15	28	27	47	47	7	0.6	0.3	38	34		25	0.6	0.3
51206	52206	30	25	52	16	29	32	52	52	7	0.6	0.3	43	39		30	0.6	0.3
51207	52207	35	30	62	18	34	37	62	62	8	1	0.3	51	46		35	1	0.3
51208	52208	40	30	68	19	36	42	68	68	9	1	0.6	57	51		40	1	0.6
51209	52209	45	35	73	20	37	47	73	73	9	1	0.6	62	56		45	1	0.6
51210	52210	50	40	78	22	39	52	78	78	9	1	0.6	67	61		50	1	0.6
51211	52211	55	45	90	25	45	57	90	90	10	1	0.6	76	69		55	1	0.6
51212	52212	60	50	95	26	46	62	95	95	10	1	0.6	81	74		60	1	0.6
51213	52213	65	55	100	27	47	67	100		10	1	0.6	86	79	79	65	1	0.6
51214	52214	70	55	105	27	47	72	105		10	1	1	91	84	84	70	1	1
51215	52215	75	60	110	27	47	77	110		10	1	1	96	89	89	75	1	1
51216	52216	80	65	115	28	48	82	115		10	1	1	101	94	94	80	1	1
51217	52217	85	70	125	31	55	88	125		12	1	1	109	101	109	85	1	1
51218	52218	90	75	135	35	62	93	135		14	1.1	1	117	108	108	90	1	1
51220	52220	100	85	150	38	67	103	150		15	1.1	1	130	120	120	100	1	1
13（51000 型）、23（52000 型）尺寸系列																		
51304	—	20	—	47	18	—	22	47		—	1	—	36	31	—	—	1	—
51305	52305	25	20	52	18	34	27	52		8	1	0.3	41	36	36	25	1	0.3
51306	52306	30	25	60	21	38	32	60		9	1	0.3	48	42	42	30	1	0.3
51307	52307	35	30	68	24	44	37	68		10	1	0.3	55	48	48	35	1	0.3
51308	52308	40	30	78	26	49	42	78		12	1	0.6	63	55	55	40	1	0.6
51309	52309	45	35	85	28	52	47	85		12	1	0.6	69	61	61	45	1	0.6
51310	52310	50	40	95	31	58	52	95		14	1.1	0.6	77	68	68	50	1	0.6
51311	52311	55	45	105	35	64	57	105		15	1.1	0.6	85	75	75	55	1	0.6
51312	52312	60	50	110	35	64	62	110		15	1.1	0.6	90	80	80	60	1	0.6
51313	52313	65	55	115	36	65	67	115		15	1.1	0.6	95	85	85	65	1	0.6
51314	52314	70	55	125	40	72	72	125		16	1.1	1	103	92	92	70	1	1
51315	52315	75	60	135	44	79	77	135		18	1.5	1	111	99	99	75	1.5	1
51316	52316	80	65	140	44	79	82	140		18	1.5	1	116	104	104	80	1.5	1
51317	52317	85	70	150	49	87	88	150		19	1.5	1	124	114	114	85	1.5	1
51318	52318	90	75	155	50	88	93	155		19	1.5	1	129	116	116	90	1.5	1
51320	52320	100	85	170	55	97	103	170		21	1.5	1	142	128	128	100	1.5	1

续表

轴承代号		基本尺寸/mm											安装尺寸/mm					
		d	d_2	D	T	T_1	d_1 min	D_1 max	D_2 max	B	r_s min	r_{1s} min	d_a min	D_a max	D_b min	d_b max	r_{as} max	r_{1as} max
14（51000型）、24（52000型）尺寸系列																		
51405	52405	25	15	60	24	45	27	60		11	1	0.6	46	39		25	1	0.6
51406	52406	30	20	70	28	52	32	70		12	1	0.6	54	46		30	1	0.6
51407	52407	35	25	80	32	59	37	80		14	1.1	0.6	62	53		35	1	0.6
51408	52408	40	30	90	36	65	42	90		15	1.1	0.6	70	60		40	1	0.6
51409	52409	45	35	100	39	72	47	100		17	1.1	0.6	78	67		45	1	0.6
51410	52410	50	40	110	43	78	52	110		18	1.5	0.6	86	74		50	1.5	0.6
51411	52411	55	45	120	48	87	57	120		20	1.5	0.6	94	81		55	1.5	0.6
51412	52412	60	50	130	51	93	62	130		21	1.5	0.6	102	88		60	1.5	0.6
51413	52413	65	50	140	56	101	68	140		23	2	1	110	95		65	2.0	1
51414	52414	70	55	150	60	107	73	150		24	2	1	118	102		70	2.0	1
51415	52415	75	60	160	65	115	78	160	160	26	2	1	125	110		75	2.0	1
51416	—	80	—	170	68	—	83	170	—	—	2.1	—	133	117		—	2.1	—
51417	52417	85	65	180	72	128	88	177	179.5	29	2.1	1.1	141	124		85	2.1	1
51418	52418	90	70	190	77	135	93	187	189.5	30	2.1	1.1	149	131		90	2.1	1
51420	52420	100	80	210	85	150	103	205	209.5	33	3	1.1	165	145		100	2.5	1

注 r_{smin}等含义同上表。